Jens Ruppenthal
Raubbau und Meerestechnik

HISTORISCHE MITTEILUNGEN – BEIHEFTE

Im Auftrage der *Ranke-Gesellschaft. Vereinigung für Geschichte im öffentlichen Leben e.V.* herausgegeben von Jürgen Elvert

Wissenschaftlicher Beirat: Winfried Baumgart, Michael Kißener, Ulrich Lappenküper, Ursula Lehmkuhl, Bea Lundt, Christoph Marx, Sönke Neitzel, Jutta Nowosadtko, Johannes Paulmann, Wolfram Pyta, Wolfgang Schmale, Reinhard Zöllner

Band 100

ranke
gesell
schaft
geschichte
weiter denken

Jens Ruppenthal

Raubbau und Meerestechnik

Die Rede von der
Unerschöpflichkeit der Meere

 Franz Steiner Verlag

Umschlagabbildung: Hochseefischer nach dem Entleeren eines Schleppnetzes an Bord
eines Fischtrawlers, 1960er Jahre. © Archiv des Deutschen Schifffahrtsmuseums

Bibliografische Information der Deutschen Nationalbibliothek:
Die Deutsche Nationalbibliothek verzeichnet diese Publikation in der Deutschen
Nationalbibliografie; detaillierte bibliografische Daten sind im Internet über
<http://dnb.d-nb.de> abrufbar.

© Franz Steiner Verlag, Stuttgart 2018
Druck: Laupp & Göbel, Gomaringen
Gedruckt auf säurefreiem, alterungsbeständigem Papier.
Printed in Germany.
ISBN 978-3-515-12121-7 (Print)
ISBN 978-3-515-12212-2 (E-Book)

Für Katja

INHALTSVERZEICHNIS

VORWORT

Dieses Buch handelt vom Meer und entstand größtenteils tief im Binnenland. Es ist die gekürzte Fassung meiner geschichtswissenschaftlichen Habilitationsschrift, die im Wintersemester 2015/16 von der Philosophischen Fakultät der Universität zu Köln unter dem Titel „Meeresnutzung contra Raubbau. Marine Ressourcen in deutschen und internationalen Debatten 1950–2000" angenommen wurde. Ich schulde Jürgen Elvert Dank dafür, dass er die Entstehung dieses Werkes kundig und wohlwollend begleitet und mich in diesem Vorhaben immer mit freundschaftlichem Rat und dem nötigen Meeresbewusstsein bestärkt hat. Ihm und den Herausgebern der HMRG bin ich auch für die Aufnahme des Buches in die Reihe der HMRG-Beihefte verbunden. Enorme Unterstützung leistete während der ganzen Zeit Susanne Krauß in unseren Gesprächen bei unzähligen Mittagessen und Kaffees. Eine tolle Bestätigung war schließlich die Auszeichnung der Schrift mit dem 2. Preis der „Stiftung zur Förderung der Schifffahrts- und Marinegeschichte" im Herbst 2016.

Wie üblich kann man viele der für dieses Buch ausgewerteten Quellen nicht einfach selbst irgendwo aus dem Regal ziehen: Für die Hilfe bei meinen Recherchen bin ich den Mitarbeiterinnen und Mitarbeitern des Bundesarchivs in Koblenz, des Archivs für deutsche Polarforschung am Alfred-Wegener-Institut und diverser Bibliotheken dankbar. Das gilt ganz besonders für die fachkundige und hilfsbereite Belegschaft der Bibliothek des Deutschen Schiffahrtsmuseums in Bremerhaven. Susanne Krauß, Ole Sparenberg und Jan Steffen lasen und kommentierten Teile des Manuskripts und gaben wertvolle Hinweise. Katharina Stüdemann vom Franz Steiner Verlag danke ich für die geduldige und herzliche Betreuung. Was noch an Fehlern in diesem Text steckt, geht allein auf mein Konto.

Bremerhaven/Koblenz, im Mai 2018   *Jens Ruppenthal*

1

EINLEITUNG

„Ob der Mensch das Meer ruinieren kann?" Im Januar 1979 stand diese Frage über einem längeren Artikel im *Spiegel* „über die Nutzung, Ausbeutung und Zerstörung der Ozeane."[1] Das Magazin zitierte damit den Kieler Meeresbiologen Gotthilf Hempel, der nach eigenem Bekunden nur zehn Jahre zuvor noch keine derartigen Befürchtungen gehabt hatte. 1979 aber sah er sich veranlasst, seine Meinung über die destruktiven Kapazitäten des Menschen zu revidieren: „Jetzt würde ich sagen: er kann."[2] Tatsächlich bildeten die folgenden Seiten eine Art Katalog der globalen Meeresprobleme, aber auch der Zukunftskonzepte zur Verbesserung von lange praktizierten Nutzungsformen einerseits und zur Erschließung neuer Ressourcen andererseits. Dazu zählten die Überfischung traditioneller Nutzfischarten ebenso wie die Suche nach bisher ungenutzten Nahrungspotenzialen wie dem Kleinkrebs Krill, der Ausbau der Offshore-Öl- und Gasförderung ebenso wie die Exploration mineralischer Rohstoffe in der Tiefsee. Zu den Aspekten von realer und geplanter Nutzung und Ausbeutung des Meeres kam außerdem seine Zerstörung in Gestalt einer zunehmenden Meeresverschmutzung. Und schließlich stand dieser Komplex von ozeanischen Chancen und Risiken im Schatten einer internationalen Diskussion um die künftige Gestaltung des Seerechts, die gerade in der Frage der Nutzung mariner Ressourcen schon seit Jahren auf der Stelle trat. Entsprechend harsch fiel das Urteil in diesem Artikel aus: „Auf kaum einem Sektor wird nationaler Eigensinn so ungeniert zelebriert wie beim Umgang mit den Meeren."[3]

Aus Sicht des Meeresforschers Hempel hatte sich das Verhältnis von Mensch und Meer im Laufe der 1970er Jahre insgesamt erheblich verschlechtert. Daran konnten die genannten Entwürfe für zukunftsfähige Meeresnutzungskonzepte wenig ändern. Gerade die ambivalente Situation auf dem Gebiet der marinen Ressourcen legt es für eine geschichtswissenschaftliche Betrachtung nahe, das Thema Meeresnutzung

---

1 „Ob der Mensch das Meer ruinieren kann?" In: *Der Spiegel*, 2 (1979), 138–146.
2 Zit. nach ebd., 139.
3 Ebd., 146.

im Kontext der siebziger Jahre als Dekade des Wandels und der Krise zu verorten.[4] Diese Einordnung entspricht einer in der Zeitgeschichtsschreibung verbreiteten Bewertung, wobei mehrere Jahre aufgrund herausragender Ereignisse als konkrete Wendemarken zur Diskussion stehen, etwa in Verbindung mit der Ölpreiskrise oder dem Ende des Vietnamkriegs.[5] Jüngst legte Frank Bösch dar, dass das Jahr 1979 von dermaßen vielen politischen, ökonomischen und gesellschaftlichen Umbrüchen gekennzeichnet gewesen sei, dass es als Scheitelpunkt in einer Phase der globalen Transformation begriffen werden könne.[6] Aus umwelthistorischer Sicht tragen hingegen insbesondere die Jahre unmittelbar um 1970 einen Wendecharakter, weil z. B. eine transnationale Umweltbewegung, oft im Einklang mit der Wissenschaft, in ungewohnter Deutlichkeit auf ökologische Krisen aufmerksam machte.[7] Zweifellos wäre es aber viel zu kurz gefasst, für den langfristigen Wandel im Verhältnis von Mensch und Meer den Zeitraum eines einzelnen Jahrzehnts zu veranschlagen – auch wenn gerade die 1970er Jahre Entwicklungen und Ereignisse aufwiesen, die einen solchen Wandel nicht nur in der Rückschau nachvollziehbar erscheinen lassen, sondern schon den Zeitgenossen signalisierten, dass die Meere nicht mehr das waren, was sie einmal gewesen.

Der historische Wandel im Verhältnis von Mensch und Meer ist der weiteste thematische Kontext, in den sich die vorliegende Untersuchung einordnen lässt. Die Nutzung des Meeres und seiner Ressourcen ist ein wesentlicher Aspekt in diesem Verhältnis.[8] Die Art und Weise, in der Menschen sich über den Stellenwert der Meere als Ressourcenräume und über die Auswirkungen ihrer Nutzung äußerten und so sukzessive die Wahrnehmung der Meere veränderten, wird hier einer genaueren Betrachtung unterzogen. Die Studie fällt damit sowohl in das Gebiet der Umweltgeschichte als auch in das der Maritimen Geschichte oder *Maritime History* – die eng-

---

4 Anselm Doering-Manteuffel, Langfristige Ursprünge und dauerhafte Auswirkungen. Zur historischen Einordnung der siebziger Jahre, in: Konrad H. Jarausch (Hg.), *Das Ende der Zuversicht? Die siebziger Jahre als Geschichte*, Göttingen 2008, 313–329; Johanna Sackel, Food justice, common heritage and the oceans: Resource narratives in the context of the Third Conference on the Law of the Sea, in: IJMH 29, 3 (2017), 645–659, hier 646.
5 Sabine Höhler, *Spaceship Earth in the Environmental Age, 1960–1990*, London 2015, 10–11.
6 Frank Bösch, Umbrüche in die Gegenwart. Globale Ereignisse und Krisenreaktionen um 1979, in: *Zeithistorische Forschungen / Studies in Contemporary History*, Online-Ausgabe, 9, 1 (2012), URL: http://www.zeithistorische-forschungen.de/1-2012/id=4421 [30.04.2018].
7 Höhler, *Spaceship Earth in the Environmental Age*, 11.
8 Rudolf Holbach / Dietmar von Reeken, Das Meer als Geschichtsraum, oder: Warum eine historische Erweiterung der Meeresforschung unabdingbar ist, in: dies. (Hg.), „Das ungeheure Wellen-Reich". Bedeutungen, Wahrnehmungen und Projektionen des Meeres in der Geschichte (Oldenburger Schriften zur Geschichtswissenschaft, Bd. 15), Oldenburg 2014, 7–22, hier v. a. 11–12.

lische Bezeichnung ist auch in der deutschen Geschichtswissenschaft nach wie vor
weitaus gängiger. Über sie schrieb der australische Historiker Frank Broeze in einem
immer noch grundlegenden Beitrag aus dem Jahr 1989, die Maritime History sei nicht
nur eine Nische – gerade geräumig genug für Schiffsliebhaber und Marineenthusias-
ten, um über nautische Spezialfragen zu fachsimpeln und in Seefahrtromantik zu
schwelgen, ließe sich hinzufügen. Broeze machte sich vielmehr dezidiert für ein breites Verständnis von Maritime History stark, „based on the use of the sea by humans"
und allem, was mit dieser Nutzung in Zusammenhang stehe.[9] Unter den sechs Kategorien einer als Teildisziplin verstandenen Maritimen Geschichte platzierte er – noch
vor der Schifffahrt – die Nutzung der Ressourcen des Meeres und des Meeresbodens
an erster Stelle.[10] Dass Broeze in seinen weiteren Ausführungen nur auf die Nutzung
der biologischen und nicht der mineralischen Ressourcen einging, dürfte vor allem
dem Umstand geschuldet gewesen sein, dass gerade der Meeresbergbau 1989 weder in
Politik und Wirtschaft noch in der Geschichtswissenschaft ein viel beachtetes Thema
war.

Broezes US-amerikanischer Fachkollege John B. Hattendorf definiert Maritime
History ähnlich konzise als „multidimensional study of human interactions with the
world's water-covered regions"[11] und erklärt somit den Fischfang implizit zu einem
ihrer quasi konstitutiven Untersuchungsgegenstände. Hattendorf tritt nicht nur für
eine stärkere Profilbildung der Maritime History ein, sondern beklagt zugleich ihre
Fragmentierung in spezialisierte Bereiche, aus denen heraus zu wenig für ebenjene
Profilierung getan werde. Die Fischereigeschichte sei ein solcher Spezialbereich.[12] Sie
präsentiert sich also gleich in doppelter Hinsicht als klassischer Bestandteil der Maritime History, schwer überwindbarer Nischencharakter inbegriffen. Maritime Historians belassen es in jüngeren programmatischen Publikationen bei Verweisen auf
Fischerei als Form der maritimen Ressourcennutzung und ihre Anschlussfähigkeit
in weiteren geschichtswissenschaftlichen Kontexten. Auf eine Möglichkeit für eine
solche historiographische Kontextualisierung weist Patrick Manning hin, indem er

---

9 Frank Broeze, From the Periphery to the Mainstream: The Challenge of Australia's Maritime
History, in: *The Great Circle* 11, 1 (1989), 1–13, hier 2. Zur nachhaltigen Wirkung von Broezes Bei-
trag vgl. Lewis R. Fischer, Are We in Danger of Being Left with Our Journals and Not Much Else:
The future of maritime history? In: *The Mariner's Mirror* 97, 1 (2011), 366–381.

10 Broeze, From the Periphery to the Mainstream, 6. Die übrigen fünf Kategorien waren: die
Nutzung des Meeres für den Transport, für machtpolitische Zwecke, für die wissenschaftliche
Forschung, zur Erholung und schließlich seine Bedeutung für Kultur und Ideengeschichte.

11 John B. Hattendorf, Maritime History Today, in: Perspectives on History, Februar 2012, URL:
http://www.historians.org/publications-and-directories/perspectives-on-history/february-
2012/maritime-history-today [30.04.2018].

12 Ebd.

Maritime History und Globalgeschichte einander gegenüberstellt, um die Schnittmenge beider Bereiche aufzuzeigen und Konzepte zu ihrer Verknüpfung anzuregen. Zwischen der Fischerei als Teilgebiet der Maritimen Geschichte und der Umwelt als Unterkategorie der Globalgeschichte sieht Manning grundsätzlich eine breite Überschneidung. Manning selbst erläutert seine These allerdings ausführlicher anhand anderer Beispiele.[13]

Wenngleich die vorliegende Studie nach diesem breiten Verständnis als Beitrag zur Maritime History gesehen werden kann, ist sie doch vorrangig als umwelthistorische Arbeit zu verstehen. Das Hauptaugenmerk liegt auf dem Wandel von wissenschaftlichen, politischen und gesellschaftlichen Perspektiven auf die Nutzung von Meeresressourcen und ihren Folgen in der zweiten Hälfte des 20. Jahrhunderts in der Bundesrepublik Deutschland. Grundsätzlich gelten die bei Melanie Arndt in dem folgenden Satz konzentrierten Definitionen von Umweltgeschichte: „Umweltgeschichte ist die Geschichte der Wechselbeziehungen zwischen Mensch und Natur."[14] Hier geht es demnach zum einen und sozusagen mittelbar mit der Meeresnutzung um das „Bestreben, die Natur zu beherrschen" und zum anderen um die damit verknüpfte und sich über Zeit wandelnde Erkenntnis „der gleichzeitigen unabänderlichen Abhängigkeit menschlicher Individuen und Gesellschaften von der physischen Welt."[15]

Unter den zahlreichen überblickhaften Beschreibungen der Umweltgeschichte ist für die hier verfolgte Zielsetzung John McNeills Gliederung der Umweltgeschichte in drei „Hauptforschungsgebiete" hilfreich: die wechselseitigen Einflüsse von Mensch und Natur in ihren „materiellen" oder gleichsam sicht- und fühlbaren Ausprägungen, die politischen Bemühungen um die Regulierung der menschlichen Einflüsse und ihrer Folgen und schließlich die kultur- und ideengeschichtlichen Aspekte der Umweltgeschichte, zu denen die kulturelle und gesellschaftliche Wahrnehmung und Deutung von Umwelt und Umweltveränderungen gehört.[16] Nimmt man diese drei thematischen Zugriffe als Hintergrundfolie dieser Arbeit, so kann sie vorrangig als Verknüpfung des dritten mit dem ersten Bereich gesehen werden, nämlich als eine Kulturgeschichte der materiellen Beziehungen zwischen Mensch und Meeresumwelt. Diese Betrachtungsweise des Themas findet sich bei Frank Uekötter gut auf den Punkt gebracht: „Im Prinzip ist das Ökologische ein Diskursprodukt, die Summe dessen, was ein Land in seinen Beziehungen zur natürlichen Umwelt für problematisch

13 Patrick Manning, Global History and Maritime History, in: *IJMH 25, 1 (2013)*, 1–22, hier 12.
14 Melanie Arndt, Umweltgeschichte, Version: 3.0, in: Docupedia-Zeitgeschichte, 10.11.2015, URL: http://docupedia.de/zg/Arndt_umweltgeschichte_v3_de_2015 [30.04.2018].
15 Ebd.
16 John R. McNeill, Umweltgeschichte, in: Ulinka Rublack (Hg.), *Die Neue Geschichte. Eine Einführung in 16 Kapiteln*, Frankfurt a. M. 2013, 385–404, hier 385–386.

erachtete."[17] Die von McNeill im zweiten Forschungsbereich verortete „politikbe-
zogene Umweltgeschichte" fungiert hier schließlich als untergeordneter Aspekt der
Kulturgeschichte.

Die Untersuchung versteht sich also in erster Linie als Beitrag zur Umweltgeschichte mit der erweiterten Zielsetzung, die Erkenntnismöglichkeiten einer Verknüpfung von Umweltgeschichte und Maritime History auszuloten. Indem hier der
Blick auf die Nutzung mariner Ressourcen konzentriert wird, betritt sie ein Gebiet,
das in der deutschen Umweltgeschichtsschreibung noch nicht als etabliert gelten
kann. Freilich gehört der Ressourcenverbrauch zu den gleichsam klassischen Gegenständen der Umweltgeschichte.[18] In der deutschen Forschung fand die Themati-
tik beispielsweise in der Debatte um die „Holznot" eine besondere Ausprägung.
Joachim Radkau zog 1986 die lange vorherrschende Ansicht in Zweifel, dass im 18.
und 19. Jahrhundert in Deutschland ein realer Mangel an Holz als Brenn- und Bauma-
terial geherrscht habe. Entsprechende Aussagen in den Quellen seien vielmehr Ausdruck einer aus politischen oder ökonomischen Gründen künstlich herbeigeführten
Debatte, um Nutzungsrechte in Frage stellen und Waldbewirtschaftung nach neuen
Konzepten betreiben zu können. Demgegenüber wird unter Verweis auf das Bevöl-
kerungswachstum um 1800 die in vielen Quellen betonte Holzkrise als zumindest
partiell zutreffend angesehen.[19] Es wäre interessant zu fragen, welche Ähnlichkeiten
zwischen den historischen Debatten um Holznot und Überfischung bestehen und
mit welchen Argumenten Experten, Politiker und Unternehmer ihre jeweiligen Positionen untermauerten.

Hinsichtlich der marinen Ressourcen – biologischer und anderer – ist jedoch anders zu differenzieren. In der deutschen Umweltgeschichtsschreibung war das Meer
generell bislang selten ein Gegenstand. In den mittlerweile recht zahlreichen Einfüh-
rungswerken und Handbüchern zur Umweltgeschichte sind die Meere und Ozeane
deutlich unterrepräsentiert. Mitunter bleiben sie vollständig unberücksichtigt, häufiger erscheinen sie in Kombination mit anderen Gewässern wie Flüsse und Seen.[20]

17 Frank Uekötter, Deutschland in Grün. Eine zwiespältige Erfolgsgeschichte, Göttingen 2015, 24.
18 Frank Uekötter, Gibt es eine europäische Geschichte der Umwelt? Bemerkungen zu einer
überfälligen Debatte, Themenportal Europäische Geschichte, Dokumenterstellung: 8.7.2009,
URL: http://www.europa.clio-online.de/Portals/_Europa/documents/B2009/E_Uekoetter_
Geschichte_der_Umwelt.pdf [30.04.2018].
19 Franz-Josef Brüggemeier, Schranken der Natur. Umwelt, Gesellschaft, Experimente. 1750 bis
heute, Essen 2014, 65–68.
20 Vgl. Frank Uekötter, Umweltgeschichte im 19. und 20. Jahrhundert (Enzyklopädie deutscher
Geschichte, Bd. 81), München 2007; Verena Winiwarter / Martin Knoll, Umweltgeschichte. Eine
Einführung, Köln/Weimar/Wien 2007.

Dass ihnen ein eigenes Kapitel gewidmet ist, war bisher die Ausnahme.[21] Im Falle der Berücksichtigung des maritimen Raumes bilden die Fischerei und die Meeresverschmutzung die beiden Schwerpunkte der Thematik. Allerdings sind auch dann oft Binnen- und Seefischerei eng zusammengeführt.[22] Neben den maritimen Passagen in einzelnen Überblickswerken sticht allerdings als Pionierpublikation der deutschsprachigen Meeresumwelthistoriografie der 2014 von Christian Kehrt und Franziska Torma herausgegebene Themenband *Lebensraum Meer* der Zeitschrift *Geschichte und Gesellschaft* hervor. Er vereint sechs Aufsätze mit politik- oder wissenschaftshistorischen Schwerpunkten zum Umgang mit den Meeren als Habitate oder Ressourcenräume vorwiegend in den 1960er und 1970er Jahren. Dabei lautet eine Quintessenz der Herausgeber, die auch für diese Studie leitend ist: „Fragen der Meeresnutzung und Meerespolitik eröffnen [...] auch neue Wege für eine Globalgeschichte der Bundesrepublik."[23]

Erheblich präsenter als in der deutschsprachigen Geschichtswissenschaft ist das Meer in der Umweltgeschichte der USA und Großbritanniens und in anderen europäischen Ländern. Hier hat sich die *Marine Environmental History* als schmales, aber klar abgegrenztes Feld entwickelt.[24] Die Geschichte der Fischerei steht auch dort im Zentrum der Aufmerksamkeit. Im Zuge dessen wurden Versuche zur interdisziplinären Verknüpfung von meeresbiologischer und historischer Forschung unternommen.[25] Insgesamt stellt sich die Marine Environmental History die Aufgabe, neben der Geschichte des menschlichen Handelns auf dem Meer bzw. seinem Umgang mit dem Meer auch die Geschichte des Meeres selbst zu erfassen. Prämisse sei, so der amerikanische Umwelthistoriker Jeffrey Bolster, dass die Ozeane nicht außerhalb der

---

21 S. immerhin in einer Globalgeschichte der Umwelt, die zuerst 2000 in den USA unter dem Titel *Something New Under the Sun* erschien, in deutscher Übersetzung: John R. McNeill, *Blue Planet. Die Geschichte der Umwelt im 20. Jahrhundert*, Frankfurt a. M. 2003.

22 Joachim Radkau, *Natur und Macht. Eine Weltgeschichte der Umwelt*, München 2000, 67.

23 Christian Kehrt / Franziska Torma, Einführung: Lebensraum Meer. Globales Umweltwissen und Ressourcenfragen in den 1960er und 1970er Jahren, in: *Geschichte und Gesellschaft 40* (2014), Heft 3, 313–322, hier 315.

24 W. Jeffrey Bolster, Opportunities in Marine Environmental History, in: John R. McNeill / Alan Roe (eds.), *Global Environmental History. An introductory reader*, London/New York 2013, 53–81; Poul Holm / David J. Starkey / Tim D. Smith, Introduction, in: dies. (eds.), *The Exploited Seas: New Directions for Marine Environmental History (Research in Maritime History 21)*, St. John's 2001, xiii–xix.

25 Jeremy B. C. Jackson / Michael X. Kirby / Wolfgang H. Berger u. a., Historical Overfishing and the Recent Collapse of Coastal Ecosystems, in: *Science 293 (2001)*, 629–638; Poul Holm / David J. Starkey / Tim D. Smith (eds.), *The Exploited Seas: New Directions in Marine Environmental History (Research in Maritime History 21)*, St. Johns 2001.

Geschichte existierten.[26] Aus diesen Bemerkungen ergibt sich ein erster Eindruck zur Literaturlage: Für die Umweltgeschichte im Allgemeinen kann von einem guten Forschungsstand ausgegangen werden, während der Bereich der Umweltgeschichte des Meeres noch wenig beforscht ist. Zur Geschichte der Fischerei als einem traditionellen Bestandteil der Maritimen Geschichte liegen zahlreiche Studien von oft sehr speziellem oder lokalem Charakter sowie eine Reihe neuerer internationaler Überblickswerke vor, die jedoch mehrheitlich keinen umwelthistorischen Blickwinkel einnehmen. Das Thema der Nutzung von nicht-lebenden Ressourcen des Meeres ist mit Ausnahme der in den letzten Jahren von Ole Sparenberg verfassten Aufsätze bisher nahezu unberücksichtigt geblieben.[27] Insgesamt besteht hier ein echtes Desiderat.

Allgemein lassen sich die Ressourcen des Meeres in lebende und nicht-lebende Ressourcen unterteilen; für erstere wird hier der Bereich der Fischerei in den Blick genommen, für letztere der des Meeresbergbaus. In der Fischerei verdoppelten sich die weltweiten Fangmengen zunächst vom Ende des Zweiten Weltkriegs bis 1960. In den folgenden zehn Jahren taten sie das erneut. Zwar brach diese Entwicklung ab 1970 für etwa eine Dekade ab, doch danach nahmen die Zahlen mit etwas geringerer Intensität wieder zu. Die Gesamtfangmenge war so bis zum Ende des Jahrhunderts um das Fünffache angestiegen. Die exorbitante Zunahme der den Meeren entnommenen Menge an biologischen Ressourcen war vor allem einer konstanten Verbesserung und Rationalisierung der Fang- und Verarbeitungstechniken, mit einem Wort: der Industrialisierung der Fischerei zuzuschreiben.[28] Deshalb können die 1970er Jahre zwar als

---

26 Bolster, Opportunities in Marine Environmental History, 63.

27 Ole Sparenberg, Mining for Manganese Nodules. The Deep Sea as a Contested Space (1960s–1980s), in: Marta Grzechnik / Heta Hurskainen (eds.), *Beyond the Sea. Reviewing the Manifold Dimensions of Water as Barrier and Bridge*, Köln/Weimar/Wien 2015, 149–164; ders., Meeresbergbau nach Manganknollen (1965–2014). Aufstieg, Fall und Wiedergeburt? In: Der Anschnitt 67 (2015), Heft 4/5, 128–145; ders., Ressourcenverknappung, Eigentumsrechte und ökologische Folgewirkungen am Beispiel des Tiefseebergbaus, ca. 1965–1982, in: Günther Schulz / Reinhold Reith (Hg.), Wirtschaft und Umwelt vom Spätmittelalter bis zur Gegenwart. Auf dem Weg zur Nachhaltigkeit? (VSWG-Beiheft 233), Stuttgart 2015, 109–124; ders., The Oceans: A Utopian Resource in the 20th Century, in: *Deutsches Schiffahrtsarchiv 30* (2007), 407–420; ders., *„Segen des Meeres“: Hochseefischerei und Walfang im Rahmen der nationalsozialistischen Autarkiepolitik (Schriften zur Wirtschafts- und Sozialgeschichte, Bd. 86)*, Berlin 2012.

28 John R. McNeill / Peter Engelke, Mensch und Umwelt im Zeitalter des Anthropozän, in: Akira Iriye (Hg.), *Geschichte der Welt, Bd. 6: 1945 bis heute. Die globalisierte Welt*, München 2013, 357–534, hier 406. Ebenfalls im knappen Überblick Matthew McKenzie, ‚The Widening Gyre‘: Rethinking the Northwest Atlantic Fisheries Collapse, 1850–2000, in: David J. Starkey / Ingo Heidbrink (eds.), *A History of the North Atlantic Fisheries, vol. 2: From the 1850s to the Early Twenty-First Century (Deutsche Maritime Studien, Bd. 19)*, Bremen 2012, 293–305; Poul Holm, World War II and the „Great Acceleration“ of North Atlantic Fisheries, in: *Global Environment 10 (2012)*,

Krisenphase der Fischerei betrachtet werden, nicht jedoch als Krise der lebenden Ressourcen des Meeres. Eine solche Krise war vielmehr die Überfischung als langfristige Veränderung des Zustands der Ozeane über alle etwaigen Zäsuren seit 1945 hinweg.

Bei den nicht-lebenden Ressourcen des Meeres stellte sich die Situation in der zweiten Hälfte des 20. Jahrhunderts etwas anders dar: An erster Stelle standen hier Exploration und Gewinnung fossiler Rohstoffe aus dem Meeresboden. Ab Mitte der 1960er Jahre setzte jedoch in den Industrieländern ein Interesse an den mineralischen Ressourcen der Tiefsee ein. Das utopisch anmutende Thema Meeresbergbau führte für zwei Jahrzehnte zu politischen, wissenschaftlichen und unternehmerischen Aktivitäten und zum Ausbau der meerestechnischen Industrie in diversen westlichen Ländern.[29] Es rief aber auch Verwerfungen in den Internationalen Beziehungen hervor, konkret im Rahmen der Debatte um das Seerecht bei den Vereinten Nationen.[30] Ihr Verlauf und ihr Ergebnis in Form der UN-Seerechtskonvention von 1982 führten maßgeblich mit dazu, dass der Meeres- oder Tiefseebergbau bis auf weiteres theoretisch blieb. Über rund ein Vierteljahrhundert jedoch beeinflussten die politisch-rechtliche Diskussion und die Bemühungen um die technische Realisierung die Wahrnehmung des Meeres als Ressourcenraum.

Gleichwohl ist es nicht das Ziel dieser Untersuchung, eine doppelte Geschichte von Fischfang und Meeresmontanwesen zu verfassen. Stattdessen konzentriert sie sich auf Debatten zur Nutzung von Meeresressourcen in unterschiedlichen Kontexten. An ihnen waren individuelle und kollektive Akteure aus Politik, Wirtschaft, Wissenschaft und Publizistik beteiligt. Ihre publizierten oder in anderer Schriftform erhaltenen Äußerungen zu unterschiedlichen Ereignissen und Entwicklungen geben Aufschluss über die Form der Wahrnehmung und Deutung des Zustands des Meeres vor allem als Ressourcenraum. Die Begriffe Wahrnehmung und Deutung sind hier keineswegs synonym zu verstehen, vielmehr ergänzen sie sich: Mit „Wahrnehmung" sind im Folgenden solche Aussagen und Darstellungen gemeint, denen zeitgenössische Beobachtungen des Meeres, seiner Ressourcen und der Vorgänge ihrer Gewinnung und Nutzung zu entnehmen sind. Unter „Deutung" sind solche Beiträge zu verstehen, die Werturteile und reflektierte Einschätzungen auf der Grundlage von bestehenden Wahrnehmungen darstellen. Zwischen beiden ist selten trennscharf zu

66–91. Außerdem ausführlich D. H. Cushing, *The provident sea*, Cambridge 1988; Callum Roberts, *The Unnatural History of the Sea*, Washington/Covelo/London 2007; Daniel Pauly / Jay Maclean, *In a Perfect Ocean. The State of Fisheries and Ecosystems in the North Atlantic Ocean*, Washington/Covelo/London 2003.

29 Sparenberg, Mining for Manganese Nodules; ders., The Oceans.

30 Martin Ira Glassner, *Neptune's Domain. A political geography of the sea*, Boston 1990; Stephan Hobe / Otto Kimminich, *Einführung in das Völkerrecht*, Tübingen/Basel [8]2004, 439–453.

unterscheiden. Insgesamt jedoch kann eine Analyse ausgewählter Quellen anhand weniger zentraler Ideen, auf die noch eingegangen wird, schrittweise ein Bild vom langfristigen Wandel in Wahrnehmung und Deutung des Meeres entstehen lassen. Der Fokus liegt dabei auf der Bundesrepublik Deutschland und den internationalen Rahmenbedingungen, in denen bundesdeutsche Politik, Industrie und Wissenschaft sich bewegten. Da die Meere den größten Lebensraum der Erde bilden,[31] kann auch der hier verfolgte Zugang einer jener „Wege für eine Globalgeschichte der Bundesrepublik" sein, auf die Kehrt und Torma hingewiesen haben.

Unter „Debatten" sind im Rahmen dieser Untersuchung diskursive Prozesse zum Themenkomplex der Meeresnutzung, ihrer Folgen und ihrer gesellschaftlichen Wahrnehmung zu verstehen. In diesem Sinne wird auf einen Vorschlag Peter Haslingers zur Operationalisierbarkeit der Diskursgeschichte eingegangen: Haslinger fordert, den expliziten Begriff des Diskurses „möglichst sparsam einzusetzen" und stattdessen „von ‚Diskussion', ‚Debatte', ‚Auseinandersetzung' u. ä. zu sprechen", um mit Diskurs tatsächlich nur „personenübergreifende Rede-, Text- oder Sinnsysteme" zu bezeichnen.[32] Er sieht darin eine Maßnahme zur präzisen Abgrenzung von Analyseschritten und Untersuchungsebenen. In der Tat besitzt das Wort „Diskurs" sowohl im Alltag als auch in der Wissenschaft eine hohe Präsenz, ohne dass dabei jedes Mal von einem reflektierten Gebrauch die Rede sein kann.[33] In der kulturhistorischen Forschung gilt das Interesse in den meisten Fällen einem Korpus aus Text-Quellen und den darin enthaltenen Aussagen, die zu einem bestimmten Thema aus diversen Perspektiven getätigt wurden.[34] Mit Achim Landwehr argumentiert Haslinger, dass es bei der Analyse von Diskursen – oder eben Debatten o. ä. – um historische „Wissensbestände und die Rekonstruktion allgemein akzeptierter Deutungen der Wirklichkeit"

31 Es ist geradezu ein Gemeinplatz geworden, dass unser Planet angesichts der Verteilung von Land und Wasser eigentlich nicht „Erde" heißen sollte. Er findet sich immer wieder als „Einstiegshilfe" oder Schlusswort in maritimen Beiträgen unterschiedlicher Provenienz. Vgl. z. B. für die Geschichte Sarah Palmer, The Maritime World in Historical Perspective, in: IJMH 23, 1 (2011), 1–12, hier 1; für die Meeresforschung vgl. z. B. Peter Lemke, Was bewegt das Meer? Ein Blick in die Physik der Ozeane, in: Gerold Wefer / Frank Schmieder / Stephanie Freifrau von Neuhoff (Hg.), Tiefsee. Expeditionen zu den Quellen des Lebens. Begleitbuch zur Sonderausstellung im Ausstellungszentrum Lokschuppen Rosenheim, 23. März bis 4. November 2012, Rosenheim 2012, 16–23, hier 17.
32 Peter Haslinger, Diskurs, Sprache, Zeit, Identität. Plädoyer für eine erweiterte Diskursgeschichte, in: Franz X. Eder (Hg.), Historische Diskursanalysen: Genealogie, Theorie, Anwendungen, Wiesbaden 2006, 27–50, hier 46.
33 Franz X. Eder, Historische Diskurse und ihre Analyse – eine Einleitung, in: ders. (Hg.), Historische Diskursanalysen: Genealogie, Theorie, Anwendungen, Wiesbaden 2006, 9–23, hier 10–11.
34 Vgl. ebd., 11 und 13.

geht.[35] Als weitere Möglichkeit zur Präzisierung des Analyserahmens eignet sich nach Ansicht Haslingers, in Anlehnung an Niklas Luhmann, außerdem der Gebrauch des Terminus „Thema". Er bezeichnet die Gegenstände, die der zu untersuchenden Debatte zugrunde liegen und sie als solche erst erkennbar und nachvollziehbar machen.[36]

Danach lässt sich diese Studie im weitesten Sinne der Diskursgeschichte zuordnen, erhebt jedoch nicht den Anspruch, eine explizite Diskursanalyse zu leisten. Das zu untersuchende Thema sind die bundesdeutschen Debatten über die Eigenschaften der Meere und Ozeane als Ressourcenräume und die allmähliche Veränderung von Deutungen und Bewertungen dieser Eigenschaften aus der Sicht von verschiedenen beteiligten Gruppen.

Für den skizzierten Untersuchungszweck eignen sich die Vorgänge von „Nutzung, Ausbeutung und Zerstörung", die im Untertitel des eingangs zitierten *Spiegel*-Artikels stehen, nur bedingt zur Veranschaulichung: Die genannte Reihenfolge könnte suggerieren, dass die Geschichte der modernen Meeresnutzung ein Prozess der kontinuierlichen Destruktion war, der sich vom unbedenklichen Gewohnheitsgebrauch über den Exzess bis zur Verwüstung mariner Lebensräume steigerte. Tatsächlich war der Umgang mit den biologischen Ressourcen des Meeres in der zweiten Hälfte des 20. Jahrhunderts sowohl von rücksichtsloser Übernutzung als auch von einer intensiven Suche nach Wegen zur Bestandserhaltung gekennzeichnet. In Folge erhaltender Maßnahmen konnten sich auch stark überfischte Bestände durchaus erholen. Die Fischerei bewegte sich damit also in einem Spektrum an Vorgehensweisen zwischen vertretbarer Nutzung und übermäßiger Ausbeutung.[37] Dieser Handlungsrahmen wurde allerdings zu verschiedenen Zeiten und in verschiedenen Meeresräumen überschritten, so dass die Überfischung zum dauerhaften Problem wurde. Diese war insgesamt eine zeitlich und räumlich zu differenzierende Erscheinung von variierenden Ausmaßen – jedoch mit insgesamt steigender Tendenz.

Im Fall des Meeresbergbaus blieben sämtliche Pläne zur Nutzung mineralischer Ressourcen ebenso wie die Befürchtungen zur Übernutzung oder zu negativen Auswirkungen auf das Meer als Lebensraum weitgehend theoretisch. Letztlich nahm zwar nirgendwo der Bergbau im Meer den Betrieb auf, doch gab es eine Entwicklung der kapitalintensiven Technologie und internationale Joint Ventures, die sogar erfolgreiche Versuche zur Förderung durchführten. Meerestechnische Industrie und Bergbauunternehmen standen gemeinsam gleichsam in den Startlöchern, so dass streng genommen nicht mehr von einer Utopie die Rede sein konnte. Die zeitgenössischen

---

35 Haslinger, Diskurs, Sprache, Zeit, Identität, 29.
36 Vgl. ebd., 40–42.
37 Vgl. im Überblick Ingo Heidbrink, Fisheries, in: N. A. M. Rodger (ed.), The Sea in History: The Modern World, Woodbridge 2017, 364–373.

Äußerungen zur Nutzung der mineralischen Ressourcen des Meeres bezogen sich nicht auf reale Übernutzungserscheinungen, wie sie in der Fischerei auftraten, wohl aber auf die Größe des nutzbaren Rohstoffpotenzials, die Optimierung der Methoden zu seiner Ausschöpfung und mögliche Risiken politischer, wirtschaftlicher und technischer oder – anfänglich nur vereinzelt – ökologischer Art.[38]

Sowohl lebende als auch nicht-lebende Ressourcen des Meeres werden auch als marine Ressourcen bezeichnet. Das Adjektiv „marin" ist dabei von „maritim" zu unterscheiden, wenngleich der Duden beide Wörter als „das Meer betreffend" definiert. Als zweite Wortbedeutung von „maritim" wird jedoch „das Seewesen, die Schifffahrt betreffend" angegeben, während „marin" in zweiter Linie als „im Meer lebend; aus dem Meer stammend" konkreter gefasst wird.[39] Der Gebrauch von „marin" oder „maritim" ist deshalb geeignet anzuzeigen, ob ein Gegenstand in einem natürlichen oder einem kulturellen Bezug zum Meer steht. In diesem Sinne wird im Folgenden von Ressourcen des Meeres, Meeresressourcen oder marinen Ressourcen die Rede sein.

Unabhängig von einem erweiterten, universelleren Gebrauch wird der Begriff „Ressource" in der modernen Ressourcenökonomie definiert „als ein Gut, das von der Umwelt bereitgestellt wird."[40] Die Ressourcen der hier untersuchten Bereiche Fischerei und Montanwesen waren klassische natürliche Rohstoffe im unverarbeiteten Zustand. Daher ist die Verwendung des Ressourcenbegriffs in diesem Sinne für die biologischen und mineralischen Rohstoffe des Meeres eindeutig. Die beteiligten Akteure äußerten sich über das, was die Natur zur Verfügung stellte. Im Kern betrafen so die einschlägigen Debatten dezidiert das grundsätzliche Verhältnis von Mensch und Natur, wobei die Natur hier in Gestalt des Meeres und seiner Früchte erschien. Beide Ressourcen – Fische und Erze – gab es zwar auch in Binnengewässern bzw. an Land, doch die im Meer vorhandenen lebenden und nicht-lebenden Ressourcen waren in der fraglichen Form nur dort zu finden und damit spezifisch mariner Natur. Als natürliche Ressourcen unterlagen Vorkommen, Verteilung und Reproduktion natürlichen Schwankungen, die von den Zeitgenossen ausführlich thematisiert wurden.

Zumeist wird zudem zwischen erneuerbaren (Fischbestände) und nicht-erneuerbaren (Mineralvorkommen) Ressourcen unterschieden.[41] Diese Grenze wurde aber in den hier untersuchten Quellen von zwei Einflüssen verwischt: Die Vorstellung

---

38 Sparenberg, Mining for Mangenese Nodules; Wolfgang Schott u. a., *Die Fahrten des Forschungsschiffes „Valdivia" 1971–1978. Geowissenschaftliche Ergebnisse (Geologisches Jahrbuch, Reihe D, Heft 38)*, Hannover 1980.

39 *Duden. Das Fremdwörterbuch*, Mannheim u. a. ⁹2007, 633.

40 Reinhold Reith, Art. „Ressourcennutzung", in: Friedrich Jäger (Hg.), *Enzyklopädie der Neuzeit, Bd. 11: Renaissance – Signatur*, Stuttgart/Weimar 2010, 122–134, hier 122.

41 Ebd., 124.

von genereller oder zumindest praktischer Unerschöpflichkeit aufgrund der durch den Menschen nicht abzubauenden oder abzufischenden Mengen war ein Einfluss in beiden Debatten.[42] Bei den mineralischen Ressourcen kam hinzu, dass die Bildung von Manganknollen als dem zentralen Gegenstand des Interesses trotz der langen Dauer stets für hinreichend Nachschub auf dem Meeresboden sorge. „Zwar können auch erneuerbare [Ressourcen] erschöpft werden", wie Reinhold Reith einschränkt, „doch nur durch extreme Formen der [Ressourcennutzung] wie Raubbau oder Ausrottung."[43] Wie sich zeigen wird, ist der Begriff „Raubbau" gerade im Zusammenhang mit der Nutzung der marinen biologischen Ressourcen ein prägender Begriff und löst die Fischerei aus den gängigen Differenzierungen des Ressourcenbegriffs heraus.

Indes erscheint der Begriff „Ressource" in der Geschichtswissenschaft vermehrt im Kontext von Ressourcenkonflikten. Die Forschung zum 20. Jahrhundert legt dabei das Augenmerk insbesondere auf das Erdöl aufgrund seiner zentralen Bedeutung als Energielieferant und für die Herstellung synthetischer Produkte aller Art.[44] Als Ressourcenkonflikt kann beispielsweise die Auseinandersetzung um Rohstoffe zwischen Staaten, im Kontext des Nord-Süd-Gegensatzes oder in der Konkurrenz der Supermächte im Kalten Krieg verstanden werden.[45] An ersteres knüpft diese Studie in Gestalt von Fischereikonflikten an, die sich in der Regel an der Ausweitung von nationalen Fischereizonen durch einzelne Staaten entzündeten.[46] Im Mittelpunkt steht hierbei jedoch nicht die politische Geschichte dieser Konflikte, sondern deren Einordnung in das allgemeine Bild des marinen Ressourcenpotenzials in der Bundesrepublik Deutschland, das in der politischen, fachlichen und öffentlichen Diskussion zum Ausdruck kam. Die Nutzung der mineralischen Ressourcen des Meeres als bundesdeutsches Thema im internationalen Kontext bildet einen weiteren wichtigen

---

42 Zu ähnlich gelagerten Vorstellungen von Unermesslichkeit, Unergründlichkeit, Ewigkeit u. ä. vgl. Holbach/von Reeken, Das Meer als Geschichtsraum, 17.

43 Ebd.

44 Rüdiger Graf, Ressourcenkonflikte als Wissenskonflikte. Ölreserven und Petroknowledge in Wissenschaft und Politik, in: GWU 63, 9/10 (2012), 582–599; Leonardo Maugeri, The Mythology, History and Future of the World's Most Controversial Resource, Westport, CT 2006.

45 David S. Painter, Oil, resources, and the Cold War, 1945–1962, in: Melvyn P. Leffler / Odd Arne Westad (eds.), The Cambridge History of the Cold War, vol. 1: Origins, Cambridge 2010, 486–507; Bernd Greiner, Wirtschaft im Kalten Krieg. Bilanz und Ausblick, in: ders. / Christian Th. Müller / Claudia Weber (Hg.), Ökonomie im Kalten Krieg (Studien zum Kalten Krieg, Bd. 4), Hamburg 2010, 7–28; Bernd Stöver, Der Kalte Krieg. Geschichte eines radikalen Zeitalters 1947–1991, München 2007, 327–336.

46 Vgl. Ingo Heidbrink, „Deutschlands einzige Kolonie ist das Meer!" Die deutsche Hochseefischerei und die Fischereikonflikte des 20. Jahrhunderts (Schriften des Deutschen Schiffahrtsmuseums, Bd. 63), Bremerhaven/Hamburg 2004; Raymond A. Rogers, The Oceans are Emptying. Fish Wars and Sustainability, Montréal/New York/London 1995.

Aspekt dieser Untersuchung. Marine Ressourcen spielten als Konfliktgegenstände eine Rolle im globalen juristischen Ringen um die Form des Seerechts, an dem auch Deutschland beteiligt war.[47]

Ein wichtiger Beitrag zu diesem Komplex ist Johanna Sackels 2017 erschienener IJMH-Aufsatz über die unterschiedlichen Auffassungen von Ressourcennutzung in der bundesdeutschen Hochseefischerei einerseits und bei Vertretern der Idee von den Meeren als *Common Heritage of Mankind*, wie dem maltesischen UN-Botschafter Arvid Pardo und der Politologin und Seerechtsexpertin Elisabeth Mann Borgese, andererseits.[48] Sackel analysiert den so gelagerten Ressourcenkonflikt auf die dabei zugrunde liegenden *resource narratives* im Sinne eines „system of statements about resources".[49] Ihre Perspektive richtet sich weniger auf Debatten über das Meer und seine Eigenschaften als auf ressourcenbezogene konkurrierende Argumentationsmuster im Rahmen der Seerechtsentwicklung.

Der internationale Seerechtsdiskurs beeinflusste vor allem die Geschehnisse von den späten 1960er bis zu den frühen 1980er Jahren und bildete mithin eine Phase in einer langfristigen Entwicklung, die nach dem Zweiten Weltkrieg begann und bis heute andauert. Die vorliegende Studie nimmt diesen Zeitraum bis zum Jahr 2000 in den Blick. Die Ressourcenkonflikte in diesem Zeitraum werden dabei nach einem erweiterten Verständnis als Ressourcendebatten untersucht, an denen verschiedene Akteure sowohl auf nationaler als auch auf internationaler Ebene teilnahmen. Diese Akteure aus Politik, Wirtschaft, Wissenschaft und Publizistik begründeten zum einen durch ihre Beiträge die öffentliche Debatte um marine Ressourcen in der Bundesrepublik und beteiligten sich zum anderen direkt oder indirekt an dieser Debatte im internationalen Rahmen. Die Studie verfolgt damit das Ziel, ein möglichst umfassendes Bild von der Wahrnehmung und Bewertung des Meeres und seiner Ressourcen zu zeichnen und dem Wandel dieses Bildes nachzugehen. Der fragliche Wandel in der Wahrnehmung des Meeres basierte auf dem realen Wandel der marinen Verhältnisse – die Fischbestände verringerten sich – und auf dem wirksamen Wandel politischer und rechtlicher Rahmenbedingungen für die praktizierte Meeresnutzung. Die Arbeit geht von der Grundannahme aus, dass die deutsche Ressourcendebatte um biologische und mineralische Reserven des Meeres von drei Konzepten gekennzeichnet war: von der Unerschöpflichkeit der im Meer zu findenden Schätze, von der Machbarkeit der Erschließung von bislang ungenutzten Potenzialen des Meeres und

---

47 Für eine zeitgenössische Bilanz am Ende von UNCLOS III vgl. Rudolf Dolzer, Seerechtskonventionsentwurf und Bundesrepublik Deutschland, in: Wolfgang Graf Vitzthum (Hg.), *Die Plünderung der Meere. Ein gemeinsames Erbe wird zerstückelt*, Frankfurt a. M. 1981, 269–300.
48 Sackel, Food justice.
49 Ebd., 649.

von der Verwundbarkeit des Meeres als Ökosystem. Die Vorstellung von Unerschöpflichkeit hat dabei zweifellos die längste Tradition, während das Machbarkeitsdenken
in der hier untersuchten Ausprägung ein Kennzeichen der 1960er und partiell auch
noch der 1970er Jahre war. Die Erkenntnis der Verwundbarkeit des Meeres als sen-
sibler Lebensraum und als wichtiger Faktor für den ökologischen Zustand des Planeten insgesamt hat die jüngste Geschichte der drei Kollektivvorstellungen.

Die Vorstellung von einer grundsätzlichen Unerschöpflichkeit insbesondere
der lebenden Schätze des Meeres war nicht erstmals im 20. Jahrhundert in Frage gestellt worden. Lange vorher war registriert worden, dass es zumindest im begrenzten
räumlichen und zeitlichen Rahmen durchaus möglich war, so viel zu fischen, dass
die bekannten Fischbestände merklich abnahmen. Daher sind Regulierungen von
Fischereiaktivitäten schon aus der Frühen Neuzeit bekannt.[50] Bereits im 19. Jahrhundert wurden in Großbritannien staatliche Untersuchungskommissionen zu Überfischungserscheinungen eingesetzt. Und 1902 nahm der *International Council for the
Exploration of the Sea* (ICES) die Arbeit auf, um Fischereiforschung international zu
verankern.[51] Die Erkenntnis, dass die Früchte des Meeres nicht jederzeit und alleror-
ten unbegrenzt geerntet werden konnten, hatte sich folglich nicht erst im 20. Jahrhundert eingestellt.

Dennoch kennzeichnete eine widerstandsfähige Ambivalenz die fachlichen Erörterungen der Überfischung und erst recht die populäre Auffassung vom Nahrungspotenzial des Meeres. Der französische Historiker und Schriftsteller Jules Michelet
lieferte mit seiner 1861 erschienen Naturgeschichte *La Mer* ein Beispiel für diese ambivalente Deutung: Einerseits beschrieb er die Heringsschwärme zur Fangsaison als
„ein weiteres Meer, das Meer der Heringe" und die „endlose Wasserfläche [...] dann
nicht weit genug, diese lebende Sintflut zu fassen, eine der triumphalsten Offenba-
rungen jener schrankenlosen Fruchtbarkeit der Natur."[52] Andererseits hatte Michelet
sehr wohl registriert, dass technischer Fortschritt in Form des Schleppnetzes – „jenes
verheerende Gerät" – und mit ihm die „kaufmännische industrielle Gier" spätestens
seit dem 18. Jahrhundert die marine Fruchtbarkeit konterkarierten: „Die gewaltige

---

50 Karin Ostrawsky, Art. „Fischereirecht", in: Friedrich Jäger (Hg.), *Enzyklopädie der Neuzeit*,
Bd. 3: *Dynastie – Freundschaftslinien*, Stuttgart/Weimar 2006, 1013–1015.
51 Vgl. im Überblick Jennifer Hubbard, Changing Regimes: Governments, Scientists and Fishermen and the Construction of Fisheries Policies in the North Atlantic, 1850–2010, in: David
J. Starkey / Ingo Heidbrink (eds.), *A History of the North Atlantic Fisheries, vol. 2: From the 1850s
to the Early Twenty-First Century* (Deutsche Maritime Studien, Bd. 19), Bremen 2012, 129–176. Zur
Entstehung der Hochseefischerei in Deutschland ab dem 19. Jahrhundert vgl. Sparenberg, *„Segen
des Meeres"*. Zum ICES grundlegend: Helen M. Rozwadowski, *The Sea Knows No Boundaries. A
Century of Marine Science under ICES*, Seattle/London 2002.
52 Jules Michelet, *Das Meer*, Frankfurt a. M./New York 2006, 31.

Fortpflanzungskraft des Kabeljaus ist doch keine Garantie für sein Überleben."[53] So forderte Michelet bereits Mitte des 19. Jahrhunderts eine internationale Regulierung der Fischerei, um diese „nicht zu einer blinden, barbarischen Jagd zu machen, bei der man mehr tötet als man verwerten kann."[54]

Wie früh bereits auf hoher politischer Ebene die Möglichkeit der Erschöpfung von Fischbeständen erörtert wurde, zeigen schließlich die Empfehlungen jener Royal Commissions, die 1863 und 1883 in Großbritannien eingerichtet wurden.[55] Viele britische Fischer hatten bis 1863 die Befürchtung geäußert, die seinerzeit noch relativ neuen Grundschleppnetze könnten der Fischbrut am Meeresboden schaden und die Reproduktionsfähigkeit der Bestände reduzieren. Doch im Abschlussbericht von 1863 finden sich zunächst Vorwürfe an die Fischer, zu ängstlich auf veränderte Fangerträge zu reagieren und jede Gelegenheit zu suchen, staatliche Hilfe zu fordern, sodann eine Geringschätzung der Auswirkungen von Grundschleppnetzen und schließlich eine Empfehlung an die Politik: „We advise that all Acts of Parliament which profess to regulate, or restrict, the modes of fishing in the open sea be repealed; and that unrestricted freedom of fishing be permitted hereafter."[56] Diese Empfehlung basierte auf der Annahme einer prinzipiell unerschöpflichen Reproduktionsfähigkeit der Meerestiere. Selbst wenn regionale Bestände bis zur Unwirtschaftlichkeit reduziert würden, müsste die dortige Fischerei nur bis zur Erholung der Bestände vorübergehend eingestellt werden. Die zweite Royal Commission von 1883 sollte prüfen, ob sich die Problemlage durch die Einführung dampfbetriebener Trawler verändert hatte. Obwohl zahlreiche Fischer in Anhörungen erneut auf den Rückgang vieler Fischarten hinwiesen, kam die zweite Kommission zu einem ähnlichen Ergebnis.[57]

Immerhin wurden die Kommissionsempfehlungen von einer wachsenden Zahl von Akteuren in Wissenschaft, Politik und Fischerei kontrovers diskutiert. Schließlich gründeten die Küstenstaaten an Nord- und Ostsee 1902 in Kopenhagen den erwähnten International Council for the Exploration of the Sea und institutionalisierten damit die Fischereidebatte auf internationaler Ebene.[58] Ein echter Durchbruch in der Erforschung des Phänomens der Überfischung war allerdings auch in den folgenden Jahrzehnten nicht zu erkennen. Grundsätzlich änderte sich an dem Wissensgemisch aus unzureichenden Daten, beunruhigenden Erfahrungsberichten und ständig angepassten Fangpraktiken bis in die zweite Hälfte des 20. Jahrhunderts nichts. Die Hal-

---

53 Ebd., 242.
54 Ebd., 243.
55 Roberts, *The Unnatural History of the Sea*, 140–144.
56 Zitiert nach ebd., 144.
57 Ebd., 147–157.
58 Zu ICES im Überblick: Rozwadowski, *The Sea Knows No Bounderies*.

tung in allen großen Fischereinationen war die längste Zeit von jener Ambivalenz geprägt, mit der das Spektrum von der kritischen, bewussten Nutzung der Ressource bis zu ihrer intensiven Ausbeutung im Vertrauen auf eine prinzipiell unbegrenzte Reproduktionsfähigkeit möglich war.

Als prinzipiell unerschöpflich galten zunächst auch die nicht-lebenden Ressourcen des Meeres. In den 1960er Jahren postuliert und im Jahrzehnt darauf durch neue Funde von Rohstofflagerstätten im Meer bekräftigt, schätzten Experten die Menge an mineralischen Reserven in der noch weithin unbekannten Tiefsee als so groß ein, dass sie eher nachwachsen als vollständig abgebaut würden. Diese Annahme bezog sich insbesondere auf die sogenannten Manganknollen, um die eine regelrechte Euphorie entbrannte. Auf dem Feld des Meeresbergbaus stand jedoch das Konzept der Machbarkeit klar im Vordergrund. Schließlich lagen die Vorkommen in mehreren tausend Metern Tiefe inmitten der Ozeane, und so entwickelte sich auch in der Bundesrepublik eine meerestechnische Industrie, die sowohl an die bewährten Methoden des Bergbaus anknüpfte als auch neue technische Lösungen erprobte. In diesem Zusammenhang ergab sich eine breite Schnittstelle zur Raumfahrttechnologie. Überhaupt begegneten sich auf diesem Gebiet zwei verwandte Vorstellungen von den letzten, noch zu erschließenden Räumen: dem Weltall und dem Meer, vor allem der Tiefsee.[59] Für den Fortschritt im Bereich der technischen Machbarkeit lagen die Ausgangspunkte von *Outer Space* und *Inner Space* dicht beieinander, und auch die mit ihnen verbundenen Imaginationen ähnelten einander stark. Hinsichtlich der politischen wie der wirtschaftlichen Machbarkeit ihrer Erschließung erschienen die beiden Räume dagegen konkurrierend. Der Gedanke der Machbarkeit bezog sich hier folglich nicht nur auf wissenschaftliche und technische Aktivitäten, sondern ebenso auf die politische wie ökonomische Realisierbarkeit.

Die Erkenntnis der Verwundbarkeit des Meeres bildet den dritten Leitgedanken, dem die vorliegende Studie nachgeht. Gleichwohl tritt dieser Aspekt hinter die beiden zuerst genannten Konzepte im Umfang seiner Behandlung deutlich zurück. Die Verwundbarkeit des Ökosystems Meer spielte zwar in den Debatten um die fischereiliche und bergbauliche Nutzung der marinen Ressourcen eine Rolle, da es sich dort schließlich um Eingriffe in die Meeresnatur handelte, ohne dass die Folgen dieses Tuns verlässlich vorauszuberechnen waren – beim Bergbau noch weniger als bei der Fischerei: War das Wissen um Reproduktion, Migration und Ökosystemrelevanz von Meerestieren schon löchrig, waren zum Tiefseeboden und den dort vorhande-

---

59 Helen M. Rozwadowski, Arthur C. Clarke and the Limitations of the Ocean as a Frontier, in: *Environmental History 17* (2012), 578–602; Keith R. Benson / Helen M. Rozwadowski / David K. van Keuren, Introduction, in: dies. (eds.), *The Machine in Neptune's Garden. Historical Perspectives and the Marine Environment*, Sagamore Beach 2004, xiii–xxviii.

nen Rohstoffen allenfalls punktuelle Aussagen möglich. Doch von einem verbreiteten Bewusstsein in der deutschen Öffentlichkeit von den ökologischen Risiken der Meeresnutzung für das Gesamtökosystem konnte erst in den 1990er Jahren die Rede sein. Während bereits in den 1970er Jahren und mit zunehmender Vehemenz in den 1980er Jahren ein grundlegender Wandel im Umweltbewusstsein eintrat, wobei einzelne Themen mit Meeresbezug durchaus zur Sprache kommen konnten, fügte sich erst in den 1990er Jahren das öffentliche Bild zu einem globalen Problemkomplex.[60] Zweifellos wäre es möglich, vor allem in die Überlegungen zur Verwundbarkeit der Meere im Kontext der Nutzung ihrer Ressourcen auch die Meeresverschmutzung in Verbindung mit den politischen und gesellschaftlichen Bemühungen um ihre Einhegung einzubeziehen. Aus Gründen der Übersichtlichkeit der Darstellung unterbleibt dies jedoch hier.[61] Mit der Beschreibung der Konzepte Unerschöpflichkeit, Machbarkeit und Verwundbarkeit ist im Übrigen der Untersuchungszeitraum dieser Arbeit von ca. 1950 bis zum Ende des 20. Jahrhunderts umrissen.

Die Quellengrundlage dieser Untersuchung besteht aus gedrucktem und ungedrucktem Schriftgut, das geeignet ist, die genannten Wahrnehmungs- und Deutungsvorgänge von politischen, wissenschaftlichen und industriellen Akteuren in diesem Zeitraum nachvollziehbar zu machen. Darunter befindet sich Schriftgut aus vier Bundesministerien – BM für Wirtschaft, BM für Verkehr, BM für Ernährung, Landwirtschaft und Forsten, BM für Forschung und Technologie – und dem Bundeskanzleramt, das sämtlich zu den Beständen des Bundesarchivs am Standort Koblenz zählt. Hinzu kommen Drucksachen und Plenarprotokolle des Bundestages. Über die nationale Ebene hinaus sind zum einen europäische Verträge und Verlautbarungen zur EG-Fischereipolitik und zum anderen einzelne Dokumente der Vereinten Nationen einschließlich des UN-Seerechtsübereinkommens von Belang. Für Beiträge aus Forschung und Wissenschaft zu den Ressourcedebatten sind für den Bereich der Fischerei Jahrbücher und Veröffentlichungen der *Bundesforschungsanstalt für Fische-*

---

60 Zum Meeresumweltschutz vgl. Anna-Katharina Wöbse, *Weltnaturschutz. Umweltdiplomatie in Völkerbund und Vereinten Nationen 1920–1950 (Geschichte des Natur- und Umweltschutzes, Bd. 7)*, Frankfurt a. M./New York 2012; Robert Jay Wilder, *Listening to the Sea. The Politics of Improving Environmental Protection*, Pittsburgh, PA 1998; Thorsten Schulz-Walden, *Anfänge globaler Umweltpolitik. Umweltsicherheit in der internationalen Politik (1969–1975), (Studien zur Internationalen Geschichte, Bd. 33)*, München 2013. Zum Umweltbewusstsein in Deutschland vgl. Kai F. Hünemörder, *Die Frühgeschichte der globalen Umweltkrise und die Formierung der deutschen Umweltpolitik (1950–1973), (HMRG Beihefte, Bd. 53)*, Stuttgart 2004; Brüggemeier, *Schranken der Natur*.
61 Vgl. dazu im Überblick Kurk Dorsey, Crossing Boundaries. The Environment in International Relations, in: Andrew C. Isenberg (ed.), *The Oxford Handbook of Environmental History*, Oxford 2014, 688–715, hier 702–708.

rei (BFAF) herangezogen worden, während der Bereich des Meeresbergbaus durch einschlägige Veröffentlichungen der *Bundesanstalt für Geowissenschaften und Rohstoffe* (BGR) erschlossen wurde. Auch die Gruppe der Akteure aus der Wirtschaft zerfällt in zwei Teilgruppen: Für die Fischerei wurden Periodika und einzelne Veröffentlichungen der Fischwirtschaft genutzt, für die mit dem Thema Meeresbergbau befassten Unternehmen Jahresberichte und Informationsbroschüren von Wirtschaftsverbänden und Unternehmen sowie Berichtspublikationen zu Veranstaltungen.

Wenn im Rahmen dieser Untersuchung Wahrnehmungs- und Deutungsvorgänge zu marinen Ressourcen in der Bundesrepublik Deutschland analysiert werden sollen, ist auch die Frage nach dem zugrundeliegenden Verständnis von Öffentlichkeit zu stellen. Einen eminenten Bestandteil der Quellengrundlage bilden deshalb auch Tages- und Wochenzeitungen und Zeitschriften, die sowohl zur Fischerei als auch zum Meeresbergbau ausgewertet wurden. Dabei wurden einerseits zeitliche Schwerpunkte gebildet, indem die Berichterstattung zu konkreten Ereignissen im Verlauf des Untersuchungszeitraums – etwa Überfischungserscheinungen in besonders ausgeprägter Form oder der Beginn von neuen Verhandlungsrunden der UN-Seerechtskonferenz – verfolgt wurde.[62] Andererseits wurde der Gebrauch von Schlüsselbegriffen bzw. der Konzepte von Unerschöpflichkeit, Machbarkeit und Verwundbarkeit im gesamten Untersuchungszeitraum betrachtet. Hier ist also Öffentlichkeit als Sammelbegriff zu verstehen, zu dem zunächst bestimmte Teil- bzw. Fachöffentlichkeiten gehören: die Vertreter von Fischereiwissenschaft, Fischwirtschaft und Fischereipolitik bilden eine solche Fachöffentlichkeit, die an der Meeresbergbaudebatte beteiligten Akteure aus Politik, Wissenschaft und Industrie eine weitere. Darüber hinaus überschneiden sich beide Fachdebatten mit der breiten Medienöffentlichkeit der Bundesrepublik, die hier nicht nur auf die Printpresse konzentriert bleibt. In Anbetracht der wissenschaftsnahen Inhalte der betrachteten Ressourcenfragen wurde sie auf Sachbücher erweitert.

Sachbücher sind nicht nur als Begleiterscheinung oder gar Abfallprodukte von Wissenschaft und Forschung, sondern als Form der gezielten Darbietung von fachbezogenem Wissen zu verstehen. Es ist deshalb legitim, für diese Form der Vermittlung den Begriff Wissenspopularisierung zu verwenden. Fachbezogenes Wissen muss dabei nicht immer das im akademischen Wissenschaftsbetrieb produzierte Wissen meinen, sondern kann auch Wissen über politische oder ökonomische Entwicklungen der Zeit sein. Da die ausgewerteten Sachbücher – mit unterschiedlicher Schwerpunktsetzung – beiden Bereichen zuzurechnen sind, soll daher nicht der spezifischere Begriff

---

62 Uwe Jenisch, Meeresbewusstsein, in: *Außenpolitik* 37, 2 (1986), 194–205, hier 201.

Wissenschaftspopularisierung verwendet werden.[63] Das Interesse an der Vermittlung bestimmter Themen seitens der Sachbuchautoren hat ebenso wie der jeweils zeitspezifische gesellschaftliche Informationsbedarf einen Einfluss darauf, welches Wissen in welcher Form einer breiten Öffentlichkeit zugänglich gemacht und dargeboten wird. Entstehungskontext und Zielsetzung eines Sachbuchs bedingen dessen Gestalt.[64] Das Meer im Allgemeinen und die Meeresnutzung im Besonderen sind Themenkomplexe, in denen populäres wissenschaftliches, politisches und industrielles Interesse zusammentreffen, so dass Meeressachbücher als Mittel zur Vermittlung von Wissen und Befriedigung von Informationsbedürfnissen produziert werden. Einen Hinweis zur Aussagekraft von Meeressachbüchern im Rahmen dieser Studie gibt wiederum der eingangs zitierte *Spiegel*-Artikel; darin wurde auf ein damals gerade erschienenes und mit „Enzyklopädie über Meer und Meeresforschung" betiteltes Sachbuch verwiesen, das für diese Untersuchung ebenfalls herangezogen werden konnte.[65]

Das folgende Kapitel stellt einige historiographische Überlegungen an, die das seit Jahren zunehmende Interesse von Historikerinnen und Historikern an Meeren und Ozeanen im Allgemeinen und die Marine Environmental History im Besonderen in die Geschichtswissenschaft einzuordnen versuchen. Dieses Vorgehen dient in zweierlei Hinsicht der Schaffung von Grundlagen: Zum einen soll so die begriffliche Basis für die Ausführungen in den darauffolgenden Hauptkapiteln zu Wahrnehmungswandel und Deutungsverschiebungen bei Fischerei und Meeresbergbau ausgebaut, zum anderen einer konzeptionellen Verknüpfung von Umweltgeschichte und Maritime History Substanz verliehen werden. Im darauf folgenden Kapitel schließt zur Verortung der im Rahmen dieser Arbeit beschriebenen Vorgänge im internationalen Geschehen ein Überblick zur Entwicklung der maritimen Rechtsordnung und Bildung eines internationalen Nutzungsregimes im Untersuchungszeitraum an. Bei der dann in zwei großen Kapiteln folgenden Betrachtung der Veränderungen in Wahrnehmung und Bewertung von biologischen und mineralischen Rohstoffen des Meeres wird im Übrigen die Fischerei in erster Linie aus chronologischen Gründen vor dem Meeresbergbau behandelt.

---

63 Zur Frühphase der Popularisierung von Naturwissenschaften mit Schwerpunkt auf populären Zeitschriften vgl. Andreas W. Daum, *Wissenschaftspopularisierung im 19. Jahrhundert. Bürgerliche Kultur, naturwissenschaftliche Bildung und die deutsche Öffentlichkeit, 1848–1914*, München ²2002.

64 Andy Hahnemann / David Oels, Einleitung, in: dies. (Hg.), *Sachbuch und populäres Wissen im 20. Jahrhundert*, Frankfurt a. M. 2008, 7–25, hier 17–18.

65 „Ob der Mensch das Meer ruinieren kann?", 145. Bei dem Buch handelt es sich um den Titel von Nicolas C. Flemming / Jens Meincke (Hg.), *Das Meer. Enzyklopädie der Meeresforschung und Meeresnutzung*, Freiburg/Basel/Wien 1977.

2

MEERE IN DER GESCHICHTSWISSENSCHAFT

2.1 Maritime History

Alles könnte so einfach sein:

> „Meer [...], die fast ¾ der Erdoberfläche bedeckende, zusammenhängende und alles Festland umgebende Masse salzigen Wassers [...]."[1]

So kurz und bündig erklärt das *Deutsche Seemännische Wörterbuch* von 1904, was das Meer sei. Auf diesen scheinbar alles sagenden Satz folgen ebenso knappe Angaben zum begrifflichen Spezifikum „Wattenmeer" sowie zu Wasserfärbungen, die gelegentlich in bestimmten Seegebieten zu beobachten seien, und am Ende des Artikels steht noch etwas redundant und nicht minder allgemein erläutert ein weiterer Unterbegriff:

> „Welt-Meer [...], das Festland der Erde von allen Seiten umgebendes Meer; man unterscheidet: nördliches und südliches Polar- oder Eismeer, den Atlantischen, Indischen und Stillen oder Großen Ozean."[2]

Insgesamt benötigen die Ausführungen zum Lemma „Meer" siebzehn Zeilen. Nun sollte das *Deutsche Seemännische Wörterbuch* weniger das zeitgenössische ozeanografische Wissen darlegen, sondern vielmehr eine Zusammenstellung von nautischen Fachbegriffen für den praktischen Gebrauch in der Schifffahrt leisten. Es wurde von Kapitän zur See a. D. Alfred Stenzel im Auftrag des Reichs-Marine-Amtes herausgegeben. Daher liegt ein Schwerpunkt des Wörterbuchinhalts auf Begriffen mit Bezug zu Marine und Seekrieg. Die Flottenrüstung seit 1898 und eine generelle Zunahme des Seeverkehrs verlangten, schrieb Stenzel, nach einem solchen Nachschlagewerk,

---

1 Art. „Meer", in: *Deutsches Seemännisches Wörterbuch*, hg. von Alfred Stenzel, Berlin 1904, 261.
2 Ebd.

für dessen Finanzierung der Kaiser die erforderlichen Mittel bewilligt habe.[3] Vor diesem Hintergrund kann die Kürze der Definition nicht überraschen. Zumal handelte es sich hier um eine reflektierte Auskunft aus Kreisen, die mit dem Element vertraut waren und ihr Urteil aus professioneller Warte fällten. In anderer Hinsicht ist der Artikel dennoch aufschlussreich: Er offenbart, wie zu Beginn des 20. Jahrhunderts das Meer in seiner Gesamtheit mit wenigen Worten definiert werden konnte.

Diese Vorstellung vom Meer bzw. Weltmeer erweist sich bis heute als dauerhaft. Bis heute versteht die gröbste mögliche Vorstellung das Meer im Allgemeinen als Masse des Wassers im Gegensatz zu den Kontinenten als Masse des Landes. Bei Bedarf wird das Meer in drei oder vier Ozeane unterteilt, je nachdem, ob das (Nord-)Polarmeer als separater, maritimer Großraum angesehen wird. Diese so präsente Vorstellung hat sich in der Tat erst um die Wende vom 19. zum 20. Jahrhundert vor dem Hintergrund europäischer internationaler Vorherrschaft durchgesetzt, wie Martin Lewis gezeigt hat.[4] Je nach Wissensstand, Blickwinkel und Handlungsmöglichkeiten veränderten sich die Auffassungen davon, wie das Weltmeer eingeteilt werden könne. Bevor sich die drei großen Meeresbecken als Ordnungseinheiten durchsetzen konnten, hatte sich lange die Vorstellung von der Existenz eines großen, zusammenhängenden südlichen Ozeans gehalten. Jenseits der spezialisierten Forschung erscheint die Unterteilung in Ozeane so selbstverständlich, wie die Rede von „dem Meer" eine globale Dimension enthält. Da diese Dimension in weiten Teilen der Geschichtswissenschaft nur selten thematisiert wurde, blieb „das Meer" als umfassende Bezeichnung meist diffus.

In den 1990er-Jahren begann sich dies zu ändern. Die pauschalisierende Oberbezeichnung wird mittlerweile im Zuge von buchstäblich großräumigen maritimen Gedanken regelmäßig kritisch hinterfragt. Das geschieht jedoch vor allem im Umfeld vorherrschender Strömungen der Geschichtswissenschaft, namentlich der Kulturgeschichte und der Globalgeschichte. Für jenen Bereich, für den die Forschung zu maritimen Themen konstitutiv ist, gilt dies seltsamerweise nicht. Maritime Historians bringen zwar kontinuierlich eine große Zahl an Spezialstudien beispielsweise zur Geschichte des Schiffbaus, des Seehandels oder der Marine hervor, doch für den maritimen Raum selbst interessierten sie sich bislang höchstens mittelbar.[5]

Einen Überblick über den Fachdiskurs der Maritime History bieten vor allem die Inhalte der einschlägigen Fachzeitschriften, von denen exemplarisch das *International Journal of Maritime History* (IJMH) und das *Journal for Maritime Research* (JMR) sowie für die deutsche Geschichtswissenschaft das *Deutsche Schiffahrtsarchiv*

---

3 Alfred Stenzel, Vorwort, in: *Deutsches Seemännisches Wörterbuch*, Berlin 1904, VIII.
4 Martin W. Lewis, Dividing the Ocean Sea, in: *The Geographical Review 89, 2 (1999)*, 188–214.
5 Vgl. den Überblick zur Institutionalisierung der Maritime History bei Hattendorf, Maritime History Today.

(DSA) genannt seien: Das seit 1989 von der *International Maritime Economic History Association* (IMEHA) herausgegebene IJMH setzt die Schwerpunkte auf maritime Wirtschaft, Seehandel, Sozialgeschichte der Schifffahrt und Fischerei. Obgleich es Beiträge zu praktisch allen Epochen und geographischen Räumen publiziert, offenbarte eine bibliometrische Analyse der Jahrgänge 1989 bis 2012 einen geografischen Schwerpunkt auf dem Atlantischen Raum und einen zeitlichen Fokus auf das 19. Jahrhundert.[6] Das seit 1999 vom National Maritime Museum herausgegebene JMR widmet sich vor allem den Themen Marine, Seekrieg, Seeleute und Navigation, wobei die britische maritime Geschichte im grundsätzlich ebenfalls global angelegten thematischen Rahmen überwiegt. Beide Periodika kennzeichnet zugleich eine relativ geringe Zahl an Beiträgen zur Umweltgeschichte des Meeres. Bei der Nutzung der maritimen Ressourcen geht es vorrangig um Fischerei und im Einzelnen um die Fischwirtschaft, die Technikgeschichte des Fischfangs und die Sozial- und Kulturgeschichte des Fischerberufs. Das DSA schließlich wird seit 1975 als wissenschaftliches Jahrbuch vom *Deutschen Schiffahrtsmuseum* in Bremerhaven herausgegeben und behandelt technische, soziale und kulturelle Aspekte der Schifffahrt, freilich mit einem Schwerpunkt auf der deutschen Geschichte. Der Bereich der Meeresnutzung konzentriert sich auch im DSA auf Fischerei und Walfang.

Nun war bereits 1995 in der Schriftenreihe *Research in Maritime History* ein Band zur Situation der Maritime History in verschiedenen Ländern erschienen.[7] Diverse Autoren zeichneten darin das Bild eines wenig innovativen und in einer Nische verharrenden Teilgebiets der Geschichtsforschung. Herausgeber Frank Broeze kritisierte, dass viele Verfasser maritim-historischer Werke sich selbst gar nicht als *Maritime Historians* sahen und einschlägigen Institutionen oft fernstünden. So könne die Maritime History ihr wissenschaftliches Potenzial nicht ausschöpfen und kein wahrnehmbares fachliches Profil entwickeln.[8] In dem Band bewertete der damalige Direktor des Deutschen Schiffahrtsmuseums, Lars U. Scholl, die deutschen Verhältnisse durchaus ähnlich und sprach von einem „deplorable state of maritime history

---

6 Jari Ojala / Stig Tenold, What is Maritime History? A Content and Contributor Analysis of the International Journal of Maritime History, 1989–2012, in: *IJMH* 25, 2 (2013), 17–34, hier 19 und 25. Speziell zum Thema Fischerei im IJMH vgl. Ingo Heidbrink, Whaling, fisheries and marine environmental history in the International Journal of Maritime History, in: *IJMH* 26, 1 (2014), 117–122.

7 Frank Broeze (ed.), *Maritime History at the Crossroads: A Critical Review of Recent Historiography* (Research in Maritime History 9), St. John's 1995.

8 Frank Broeze, Introduction, in: ders. (ed.), *Maritime History at the Crossroads: A Critical Review of Recent Historiography* (Research in Maritime History 9), St. John's 1995, IX–XXI, hier XVI–XV.

in Germany".[9] An anderer Stelle beklagte Lewis R. Fischer, langjähriges Mitglied im Editorial Board des IJMH, dass rund 60 Prozent aller bei der Zeitschrift eingereichten Beiträge vielfach deshalb abgelehnt würden, weil die Autorinnen und Autoren ihre Inhalte nur unzureichend kontextualisierten.[10]

Angesichts einer langlebigen Konzentration auf die klassischen Themen der Schifffahrts- und Marinegeschichte, die zudem häufig nicht von professionellen Historikern betrieben wurde, begegnete die institutionelle Geschichtsforschung der Maritime History mit einer gewissen „intellectual snobbery", wie es Maria Fusaro vor wenigen Jahren formulierte.[11] Obgleich sich diese Spannung in den vergangenen zwanzig Jahren gelöst habe, fehle es der Maritimen Geschichte weiterhin an „analytical clarity in what the specific and peculiar contributions [...] are to the present and future development of the discipline of history in general".[12] Fusaros Beitrag ist freilich auch ein Beleg dafür, dass die Diskussion über die Beseitigung dieses Mangels bereits begonnen hat.[13]

2.2 Meere in der Globalgeschichte

„Maritime History has, in some respects, been an ignored dimension of global history", schrieb John Hattendorf 2007 über die Schnittstelle zwischen Maritime History und Globalgeschichte.[14] Meere erscheinen sowohl auf direkte als auch indirekte Weise in den Werken der jüngeren Globalgeschichtsschreibung: Entweder werden sie konkret als Interaktionsräume beschrieben, oder es werden zwar Interaktionen zur See erforscht, jedoch ohne explizite Berücksichtigung des maritimen Raumes. Ein prominentes Beispiel für letztere Variante ist Christopher Baylys viel zitierte Glo-

---

9 Lars U. Scholl, German Maritime Historical Research since 1970: A Critical Survey, in: Frank Broeze (ed.), *Maritime History at the Crossroads: A Critical Review of Recent Historiography (Research in Maritime History 9)*, St. John's 1995, 113–133, hier 115.

10 Fischer, Are We in Danger of Being Left with Our Journals and Not Much Else, 368–370.

11 Maria Fusaro, Maritime History as Global History? The Methodological Challenges and a Future Research Agenda, in: dies. / Amélia Polónia (eds.), *Maritime History as Global History (Research in Maritime History 43)*, St. John's 2010, 267–282, hier 267.

12 Ebd., 269.

13 Ähnlich auch Glen O'Hara, Review – Article: ‚The Sea is Swinging Into View': Modern British Maritime History in a Globalised World, in: *English Historical Review CXXIV, No. 510 (2009)*, 1109–1134.

14 John B. Hattendorf, Introduction, in: *The Oxford History of Maritime History, vol. 1: Actium, Battle of – Ex Voto*, Oxford 2007, XVII–XXIV, hier XVII.

balgeschichte des 19. Jahrhunderts.[15] Das Meer oder die Beschaffenheit des maritimen Raumes werden darin nicht explizit thematisiert. Meere und Ozeane erscheinen dagegen vielfach mittelbar, so etwa im Kontext des Seehandels: „Es waren europäische Schiffe und Handelsgesellschaften, [...] die den größten ‚Mehrwert' abfangen konnten, als der Welthandel im 18. Jahrhundert wuchs."[16] Bayly sieht den Seehandel als eine der „treibenden Kräfte des Wandels", die verschiedene „eigenständige[n] Phänomene über die Ozeane hinweg miteinander verband.[17] Von diesem Standpunkt aus wird den Meeren implizit vor allem Bedeutung als Seeverkehrsraum beigemessen. Diese Sichtweise kommt in vielen Darstellungen zur Geschichte des Globalen zum Ausdruck. So bezeichnet Dietmar Rothermund die „weltumspannende[...] Schifffahrt" als zentrale Voraussetzung für die europäische Expansion und den aus ihr hervorgehenden Vorgang der Globalisierung.[18]

Eine explizite Auseinandersetzung mit Meeren und Ozeanen suchen dagegen andere Vertreter der Globalgeschichte. Jürgen Osterhammel widmet ihnen in seiner Geschichte des 19. Jahrhunderts eigene Kapitel. Im Rahmen einer grundsätzlichen Erörterung zur Kategorie des Raumes für die Geschichte der Epoche stellt Osterhammel „Land und Meer" als Interaktionsräume dar.[19] An erster Stelle stehen auch hier das Paradebeispiel des Mittelmeeres und Fernand Braudels einschlägiges Werk, gefolgt vom Indischen Ozean, auf den die auf Braudel rekurrierenden Gedanken zur Reichweite des maritimen Einflusses in das Hinterland vielfach übertragen worden seien.[20] Von den drei großen Ozeanen sei der Atlantische zweifellos der am besten und der Pazifische der bisher am wenigsten erforschte. Die stärksten integrativen Entwicklungen entlang der Küsten dieser beiden Ozeane vollzogen sich allerdings zu unterschiedlichen Zeiten und gegenläufig zueinander: Während der Atlantik vor allem in der Frühen Neuzeit besonders deutlich den Charakter eines Interaktionsraumes angenommen habe, traf das auf den Pazifik erst in der Späten Neuzeit zu. Da begünstigte zum Beispiel die politische und ökonomische Entwicklung der USA und lateinamerikanischer Staaten im Atlantischen Raum bereits wieder desintegrative Dynamiken.[21]

15 Christopher A. Bayly, *Die Geburt der modernen Welt. Eine Globalgeschichte 1780–1914*, Frankfurt a. M./New York 2006.

16 Ebd., 84.

17 Ebd., 591.

18 Dietmar Rothermund, Globalgeschichte und Geschichte der Globalisierung, in: Margarete Grandner / Dietmar Rothermund / Wolfgang Schwentker (Hg.), *Globalisierung und Globalgeschichte (Globalgeschichte und Entwicklungspolitik, Bd. 1)*, Wien 2005, 12–35, hier 27.

19 Jürgen Osterhammel, *Die Verwandlung der Welt. Eine Geschichte des 19. Jahrhunderts*, München ²2009, 154–168.

20 Ebd., 157–159.

21 Ebd., 160–163.

Dabei sind das nur die groben Züge der Geschichte der Meere und Ozeane und ein erster Hinweis auf die notwendige Differenzierung hinsichtlich zahlreicher zeitlicher und regionaler Unterschiede in Ausmaß und Intensität von jeglichen Interaktionen in jedem einzelnen dieser maritimen Räume. Noch etwas mehr als Osterhammel warnt Sebastian Conrad vor allzu einheitlich gezeichneten Bildern. „Als zusammengehörige Entitäten wurden Ozeane konstruiert",[22] betont dieser in seiner Einführung in die Globalgeschichte. Womöglich seien ozeanumfassende Zusammenhänge erst im Zuge der Bildung von imperialen Komplexen entstanden, was die gegenwärtige *Ocean History* als neue Lesart der *Imperial History* enthüllen könnte.[23] Dem Vorwurf der Übertreibung von retrospektiver Konstruktion könnten am ehesten regional begrenzte Studien entgehen, „die sich lösen von relativ immobilen Raum-Definitionen und sich stattdessen an Prozesskategorien orientieren, basierend auf Handel, Reisen, Heiraten, Pilgerfahrt, Krieg, Konversionen, Kolonialismus oder Exil."[24]

Beide Erscheinungsweisen des Maritimen in der Globalgeschichte – explizit wie implizit – heben die Bedeutung einzelner Regionen, bestimmter Meeresräume sowie Küsten und Inseln hervor. Daher lassen sich Maritime History und Globalgeschichte gemeinsam denken, weil beide Konzepte nicht von gedachten Raumordnungen abhängig sind. Sie eignen sich für transnationale, transregionale und transkulturelle Untersuchungen und bieten Gelegenheiten für räumlich und zeitlich weiter gefasste Fragestellungen. Patrick Manning denkt dabei durchaus an menschheitsgeschichtliche Dimensionen und sieht in einer Kombination aus Maritimer und Globalgeschichte neue Möglichkeiten zur Periodisierung der Weltgeschichte.[25] Identisch sind die beiden Konzepte jedoch nicht, wie Amélia Polónia darlegt:

> „In fact, when discussing identities of disciplinary fields rather than territories or frontiers, at least one epistemological issue points to a decisive difference between maritime history and global history. Maritime history is defined much more by the object of its study – the sea and its dynamics, interactions and uses – than by a precise epistemological framework, theoretical focus or concrete methodology. Global history, on the other hand, is defined more by an epistemological standing than by a particular field of study."[26]

22 Sebastian Conrad, *Globalgeschichte. Eine Einführung*, München 2013, 208.
23 Ebd., 208–209.
24 Ebd., 211.
25 Patrick Manning, Global History and Maritime History, in: *IJMH* 25, 1 (2013), 1–22.
26 Amélia Polónia, Maritime History: A Gateway to Global History?, in: Maria Fusaro / Amélia Polónia (eds.), *Maritime History as Global History (Research in Maritime History 43)*, St. John's 2010, 1–20, hier 16.

Eine allzu pragmatische Ineinssetzung beider Konzepte scheidet demnach aus. Polónias Gegenüberstellung zeigt aber auch die Grenzen der programmatischen Strapazierfähigkeit der Maritimen Geschichte auf: Diese orientiert sich, bei aller Tendenz zur Globalisierung auch in der Geschichtswissenschaft, zwangsläufig an einem konkret identifizierbaren Raum, dem Meer.

Maria Fusaros oben zitierte Forderung nach einer klareren Positionierung der Maritime History hinsichtlich ihres prinzipiell globalhistorischen Beitrags zur historischen Forschung im Allgemeinen findet in jüngster Zeit vor allem in Form mehrerer Gesamtdarstellungen und Synthesen zur Geschichte der Meere eine Entsprechung. Diese Werke zielen oft zugleich auf den nicht-akademischen Buchmarkt. Lincoln Paine etwa legt seinem Werk *The Sea & Civilization: A Maritime History of the World* einen globalen Maßstab zugrunde. Es ist sein erklärtes Ziel, das Augenmerk seiner Leserschaft von den Kontinenten auf das Meer zu verlagern.[27] Maritime Geschichte ist dabei ein Teilbereich der Weltgeschichte, weil es in beiden Fällen um „complex interactions between people of distinct backgrounds and orientations" gehe, die nur vollständig zu erfassen seien, wenn die Betrachtung neben den naheliegenden Themen wie Schiffbau, Handel oder Migration auch Kunst, Religion oder Sprache einbeziehe. Somit sei maritime Geschichte als Perspektive zu begreifen, deren universelle Qualität sich zeige, sobald man einmal den Versuch unternehme, Weltgeschichte ausschließlich terrestrisch zu verstehen.[28]

Auch John Gillis betrachtet Maritime History als Möglichkeit Weltgeschichte zu schreiben, orientiert sich auf seinem Gang durch die Menschheitsgeschichte in *The Human Shore: Seacoasts in History* jedoch weniger an Meeresräumen als an Küsten, die zu besiedeln und miteinander zu verbinden die Völker gelernt hätten. Seine Kernthese ist, dass historischer Wandel stets an den Rändern der Kontinente entstand und nicht aus ihrem Innern hervorging. So kann auch Gillis seine Leserschaft zu einem Wechsel des Blickwinkels auffordern.[29]

Darüber hinaus konstatieren Paine und Gillis einen verbreiteten Mangel an Bewusstsein für die historisch gewachsenen maritimen Grundlagen heutiger Gesellschaften. Ein halbes Jahrhundert, so schreibt Paine, habe genügt, um dieses Wissen zu verschütten, obwohl der Einfluss des Seehandels nie weitreichender und vielfältiger

---

27 Lincoln Paine, *The Sea & Civilization. A Maritime History of the World*, New York 2013, 3.
28 Ebd., 4.
29 John R. Gillis, *The Human Shore. Seacoasts in History*, Chicago/London 2012, 4–5. Vgl. dazu auch die kritischen Anmerkungen bei Alexander Kraus und Martina Winkler, Weltmeere. Für eine Pluralisierung der kulturellen Meeresforschung, in: dies. (Hg.), *Weltmeere. Wissen und Wahrnehmung im langen 19. Jahrhundert (Umwelt und Gesellschaft, Bd. 10)*, Göttingen 2014, 9–24, hier 12–13.

war als derzeit.[30] Bei Gillis liegt der Fokus stärker auf Problemen und Gefahren: Katastrophen, Ressourcenverknappung und die Verschmutzung der Meeresumwelt seien zwar seit je Konstanten des Lebens an der Küste, doch fehlten heute die Fähigkeit der Anpassung und das Bewusstsein für die Zunahme der Risiken. Die späte Einsicht in den Klimawandel und den Meeresspiegelanstieg wertet Gillis als Beleg für das frappierende Ausmaß der Entfremdung der Landbewohner von den Ozeanen.[31]

Als drittes Beispiel erwähnt sei Michael Norths *Zwischen Hafen und Horizont*, im Untertitel ebenfalls als *Weltgeschichte der Meere* bezeichnet.[32] North zielt in Anlehnung an globalhistorische Konzepte und Methoden auf meeresbasierte „Netzwerke" und „Verbindungen auf globaler wie auf regionaler Ebene". Wenn er dabei von der „Konnektivität der Meere" spricht, meint er zwar zunächst die verbindende Eigenschaft der Meere und Ozeane zwischen den Kontinenten, doch er schließt auch den Zusammenhang aller großen Meere miteinander ein.[33]

Die hier beispielhaft vorgestellten „Welt-Meeresgeschichten" zeigen, dass die eingangs aus dem *Deutschen Seemännischen Wörterbuch* zitierte Beschreibung des Meeres als „zusammenhängende und alles Festland umgebende Masse salzigen Wassers" durchaus ein Grundgedanke der geschichtswissenschaftlichen Auseinandersetzung mit den Meeren sein kann.

2.3 Meere in der Kulturgeschichte

Die angesprochenen Paine, Gillis und North versuchen in ihren Werken, die Geschichte des Verhältnisses von Mensch und Meer Epochen und Räume übergreifend zu erfassen. Sie verstehen Maritime Geschichte als weiter gefasstes Konzept und nehmen über eine engere schifffahrts-, marine- oder handelsgeschichtliche Fragestellung hinaus auch den maritimen Raum konkret mit in den Blick. Sie fragen mehr oder weniger explizit, was in dem vorliegenden Fall unter „Meer" zu verstehen sei, und stützen sich einerseits auf die allgemein gebräuchliche Vorstellung von zwei klar voneinander getrennten Großräumen Meer und Land, um andererseits kritisch über die historischen Grundlagen dieser Vorstellung zu reflektieren.

Ist es nun angesichts der Forderungen nach einer maritimen Perspektive in der Geschichtsschreibung nicht naheliegend, über die Entstehung eines maritimen *Cultural Turn* nachzudenken? Entsprechend betitelte Jürgen Elvert vor weni-

---

30 Paine, *The Sea & Civilization*, 10.
31 Gillis, 4, 189.
32 Michael North, *Zwischen Hafen und Horizont. Weltgeschichte der Meere*, München 2016.
33 Ebd., 13.

gen Jahren seine diesbezügliche Überlegungen mit: „Brauchen wir einen ‚Maritime Turn'?"[34] Elvert beantwortet die Frage negativ und hält stattdessen für geboten, was der Untertitel seines Aufsatzes anzeigt: eine stärkere Berücksichtigung des Maritimen in der Geschichtswissenschaft insgesamt. Elvert erhofft sich davon nicht nur „neue Perspektiven" und „neue Fragestellungen"; darüber hinaus biete – etwa mittels komparatistischer und interdisziplinärer Methoden – die Auseinandersetzung mit dem Meer als „Bindeglied zwischen Europa und der Welt" die Chance zu einer „Europäisierung" der historischen Forschung.[35] Im Übrigen attestiert er, ähnlich Lincoln Paine, den Europäern eine ausgeprägte „sea blindness", die dem aktuellen Gewicht (politischer) maritimer Fragen widerspreche.[36]

Auch Alexander Kraus und Martina Winkler widmen sich in der Einführung zum kulturhistorischen Sammelband *Weltmeere* der Möglichkeit eines *Maritime* bzw. hier eines *Oceanic Turn*. Sie sind ebenfalls skeptisch und erkennen (noch) keine solche Wende, weil dafür eben „‚Maritimität' zu einer Kategorie historischer Betrachtung" werden müsse.[37] Kraus und Winkler problematisieren besonders deutlich die Vorstellung, es gebe „das" Meer und folgerichtig die Möglichkeit, eine allgemeine Geschichte des Verhältnisses von „dem" Menschen und „dem" Meer zu schreiben. Den Dualismus von Meer und Land, von Ozeanen und Kontinenten nicht zu hinterfragen, erscheint ihnen geschichtswissenschaftlich nicht hinnehmbar. Einer Geschichte des Meeres müsste ansonsten auch eine Geschichte des Landes gegenüber stehen, was „geradezu lächerlich konzeptfrei" wäre.[38] Kraus und Winkler wenden sich gegen die Vorstellung von der Einheitlichkeit des Meeres als Geschichtsraum und fordern, dass Meeresgeschichtsschreibung sich durch Pluralität und nicht durch Simplifizierung auszeichnen müsse – eine Forderung, die prinzipiell auch den Fachdiskurs zur Globalgeschichte präge.[39] Die großen Meeresräume scheiden demnach nicht als Untersuchungsräume aus, doch sie verlangen nach Konzepten. Dies hatte 2006 schon Kären Wigen in einem maritimen Themenschwerpunkt der *American Historical Review* be-

---

34 Jürgen Elvert, Brauchen wir einen „Maritime Turn"? Oder: Warum maritime Fragen in den Geschichtswissenschaften größere Aufmerksamkeit verdient hätten, in: Luise Güth / Niels Hegewisch / Dirk Mellies / Hedwig Richter (Hg.), *Wo bleibt die Aufklärung? Aufklärerische Diskurse in der Postmoderne (Historische Mitteilungen – Beihefte 84)*, Stuttgart 2013, 193–205.
35 Ebd., 204–205.
36 Ebd., 202.
37 Kraus/Winkler, Weltmeere, 17. Der Begriff der Maritimität ist hier nicht zu verwechseln mit seinem Verständnis in der Geopolitik des frühen 20. Jahrhunderts.
38 Ebd.
39 Ebd., 17–18.

tont: Maritime Räume, wie „der Atlantik", seien kulturelle Konstrukte und dennoch zugleich „an indispensable component of oceanic historiographies".[40]

Wigen versuchte 2007, sich von bestehenden Raumkonzeptionen zu lösen und formulierte anlässlich einer Konferenz in den USA unter dem Titel *Seascapes* vier analytische Begriffe, um einen ozeanübergreifenden Ansatz zu gestalten: „constructs, empires, sociologies, transgressors".[41] Letztlich handelt es sich hierbei um eine kulturhistorische Herangehensweise, die potenziell eine globale Dimension besitzt. Damit wird nicht nur das traditionelle Themenspektrum aus „shipping or migration, pirates or fisheries"[42] überwunden. Außerdem lassen sich Meeresräume von unbestimmter geografischer Ausdehnung erschließen. Gäbe es da nicht forschungspraktische Realitäten, würde theoretisch tatsächlich „das" Meer erforschbar. Entscheidend an Wigens Ausführungen ist die Erkenntnis, dass eine maritime Perspektive überkommene räumliche Begriffe und Vorstellungen verändert und über „basic elements of geography as distance, scale, and boundaries" neu nachgedacht werden muss.[43] Demnach verdienen Kulturgeschichte und der *Spatial Turn* besondere Aufmerksamkeit bei der Frage nach dem Profil der Maritime History.[44]

Zunächst lässt sich die Kulturgeschichte als Übergangsbereich charakterisieren, in dem eine scharfe Trennung zwischen den Fächern aus methodischen Gründen weder machbar noch wünschenswert erscheint. Das ist zum einen durch die vielfältigen theoretischen und methodischen Einflüsse aus anderen Disziplinen bedingt. Zum anderen versteht sich die Neue Kulturgeschichte als umfassender Ansatz, der in allen Bereichen der Geschichtswissenschaft zum Tragen kommen kann und sich nicht nur der von Politik-, Wirtschafts- oder Sozialhistorikern vernachlässigten Themen annimmt.[45] Auch eine Verbindung von Maritimer Geschichte und Neuer Kulturgeschichte muss sich keineswegs auf Themen beschränken, die von Politik-, Wirtschafts- oder Sozialhistorikern verschmäht werden. Die Feststellung ist notwendig, da kulturwissenschaftliche maritime Studien bislang oft nicht historisch sind. Noch tragen die meisten

---

40 Kären Wigen, Oceans of History. Introduction, in: *AHR 111, 3 (2006)*, 717–721, hier 719.

41 Kären Wigen, Introduction, in: Jerry H. Bentley / Renate Bridenthal / Kären Wigen (eds.), *Seascapes. Maritime Histories, Littoral Cultures, and Transoceanic Exchanges*, Honolulu 2007, 1–18, hier 3.

42 Ebd., 1.

43 Ebd., 12.

44 Fusaro, Challenges, 272.

45 Knappe, aber instruktive Einführungen zur Neuen Kulturgeschichte bieten aktuell z. B. Helmut Reinalter, Art. „Kulturgeschichte", in: ders. / Peter J. Brenner (Hg.), *Lexikon der Geisteswissenschaften. Sachbegriffe – Disziplinen – Personen*, Wien/Köln/Weimar 2011, 982–986; Achim Landwehr, Kulturgeschichte, Version: 1.0, in: Docupedia-Zeitgeschichte, 14.5.2013, URL: http://docupedia.de/zg/Kulturgeschichte?oldid=86934 [30.04.2018].

eine literaturwissenschaftliche, anthropologische oder ethnologische Handschrift,[46] oder sie stammen von Historikerinnen oder Historikern, die sich Fächer übergreifend mit maritimen Themen befassen.[47]

Ferner verweist das Beispiel des Meeres besonders deutlich auf die Diskussion über das Verhältnis von Natur und Kultur. Zu den großen Themen der Neuen Kulturgeschichte gehört die Kritik an der überkommenen Vorstellung von zwei getrennt voneinander existierenden Wissenschaftswelten, nämlich jener der Geistes- und der Naturwissenschaften. In kulturhistorischer Perspektive, so viel scheint offensichtlich, eignet sich das Meer bestens zur Auseinandersetzung mit zentralen kulturwissenschaftlichen Kategorien wie etwa Imagination oder Wahrnehmung im Spannungsfeld von Natur und Kultur.

Mit Blick auf eben diesen Umstand schreiben die bereits zitierten Kraus und Winkler von der „Pluralisierung der kulturellen Meeresforschung"[48] und plädieren für eine historische Herangehensweise an das Meer. Die Chance – und die Notwendigkeit – zur geschichtswissenschaftlichen Differenzierung sehen sie insbesondere bei den Diskussionen um Großbegriffe: Welche Akteure und Räume sind gemeint, wenn vom Verhältnis „des" Menschen zum Meer die Rede ist? Die Schlüssel dazu lieferten die „Umwelt-, Imperial-, Wirtschafts- oder Mediengeschichte und nicht zu vergessen [...] Politik- und Rechtsgeschichte", denn „diese Subdisziplinen brauchen die Geschichte der Meere ebenso wie diese umgekehrt aus ihnen schöpft."[49] Künftig könnten derartige Verbindungen von kulturwissenschaftlicher Pluralisierung und geschichtswissenschaftlichem Pragmatismus den Forschungsspielraum für den Aufschwung einer Maritimen Kulturgeschichte eröffnen.

Ein Beispiel für genuin kulturhistorische Geschichtsschreibung mit maritimem Bezug ist Alain Corbins erstmals 1988 auf Französisch erschienene Studie *Meereslust*. Für die Historisierung der Küste stellt sie einen Meilenstein dar. Corbin zufolge vollzog sich im Zeitraum von 1750 bis 1840 „das unwiderstehliche Erwachen eines kollektiven Verlangens nach der Küste".[50] Die topografischen und klimatischen Besonderheiten der Küste trugen im Zuge dieses Verlangens zur Herausbildung von Badefreuden und einer neuen Form von Landschaftsgenuss bei. Maritime Berufe wie der des Fischers erschienen als Ausdruck spezifischer Sozial- und Wirtschaftsstrukturen, die auf eine klar

---

46 Fusaro, Challenges, 281.

47 Lincoln Paine, Beyond the Dead White Whales: Literature of the Sea and Maritime History, in: *IJMH 22, 1 (2010)*, 205–228.

48 Kraus/Winkler, Weltmeere, 9–24.

49 Ebd., 16.

50 Alain Corbin, *Meereslust. Das Abendland und die Entdeckung der Küste 1750–1840*, Berlin 1990, 80.

charakterisierbare Küstenbevölkerung hindeuteten. Zur veränderten Wahrnehmung gehörten schließlich auch neue Formen der praktischen Nutzung, der Aneignung der Küste: „Die neuen Formen der Geselligkeit, die sich am Meeresufer herausbilden und entfalten, liefern Richtlinien für eine neue Verwendung der Zeit, für eine Erschließung des Raums."[51] Meereslust legte die Wurzeln für den modernen Tourismus.

Nach Corbin war also die Küste mitnichten ein Landschaftsstreifen aus Strand und Dünen oder ein im Grunde eigenschaftsloser Übergangsbereich, wie ihn im Jahr 1900 Friedrich Ratzel aus geopolitischer Sicht in *Das Meer als Quelle der Völkergröße* beschrieben hatte.[52] Vielmehr nahm die Küste ab der Mitte des 18. Jahrhunderts in der europäischen Wahrnehmung klare und zunehmend positiv konnotierte Konturen an. Sie wurde zu einem Gebiet, dessen Betreten und vor allem Durchquerung einen Wandel in der Wahrnehmung von Land und Meer bewirkten. So lässt sich zum Beispiel zeigen, dass die Betrachtung europäischer Staaten und Regionen von See aus bei Segeltouristen vorhandene Vorstellungen von europäischen historischen Gemeinsamkeiten verstärkten.[53]

Die Umkehr der Blickrichtung auch in theoretisch-methodischer Hinsicht regt die historische Forschung über die Kulturgeschichte hinaus an. Die Küste und Küstenräume führten bisher am stärksten bei archäologisch und ethnologisch angelegten Studien zur Verwendung des Begriffs *seascape*. Er soll die für das Land selbstverständlichen Vorstellungen von beschreibbaren und nutzbaren Konturen auf das Meer übertragen und für die Forschung fruchtbar machen:

> „Seeing and thinking of the sea as seascape – contoured, alive, rich in ecological diversity and in cosmological and religious significance and ambiguity – provides a new perspective on how people in coastal areas actively create their identities, sense of place and histories."[54]

Vom Spatial Turn inspirierte Untersuchungen aus kulturhistorischer Sicht sind indes auch für Meeresräume unter Wasser zu verzeichnen. Der maritime Raum besitzt eine sehr reale dritte Dimension: Die Ozeane formen nicht nur eine zusammenhängende Wasserfläche, die drei Viertel der Erdoberfläche bedeckt, sondern sie stellen eben auch einen euklidischen Raum dar, der rund 1,365 Milliarden Kubikkilometer

---

51 Ebd., 319.
52 Ratzel, Friedrich, *Das Meer als Quelle der Völkergröße. Eine politisch-geographische Studie*, München/Leipzig 1900.
53 Jens Ruppenthal, Europa vom Wasser aus. Die südliche Peripherie aus der Sicht deutscher Segler 1950–1980, in: Frank Bösch / Ariane Brill / Florian Greiner (Hg.), *Europabilder im 20. Jahrhundert. Entstehung an der Peripherie (Geschichte der Gegenwart, Bd. 5)*, Göttingen 2012, 237–258.
54 Gabriel Cooney, Introduction: seeing land from the sea, in: *World Archeology 35, 3 (2003)*, 323–328, hier 323.

Wasser enthält.[55] Bislang hat sich die historische Forschung weniger mit der dritten Dimension des Meeres als mit seiner Oberfläche befasst. Neben der Geschichte der Nutzung maritimer Ressourcen, was nach wie vor ganz überwiegend Fischereigeschichte meint, genießt jedoch zumindest ein kleines Gebiet ein gewisses Interesse unter Historikerinnen und Historikern. Im Grunde handelt es sich auch hierbei um ein Gebiet, das aus zwei Richtungen erschlossen wird, nämlich sowohl von der traditionellen Schifffahrtsgeschichte als auch von Seiten der Kulturgeschichte. Die Rede ist von der Geschichte der Hydrografie und der Tiefseeforschung.

Seit dem Spatial Turn werden hydrografische Forschung und Vermessung vor allem mit zwei Schwerpunkten erforscht: Erstens interessiert die Thematik im Kontext von europäischer Expansion und Imperialismus. Dabei richtet sich das Augenmerk besonders stark auf die konkreten Vorgänge der Vermessung und Kartierung zur Produktion von nautischen Hilfsmitteln, wie Seehandbüchern und Seekarten, die zur Ausbildung einer maritimen Infrastruktur und damit zur Ausübung von Macht im maritimen Raum benötigt wurden. Zum maritimen Raum gehört hier neben der Meeresoberfläche eben auch die Beschaffenheit des Meeresbodens besonders im Hinblick auf Schiffbarkeit von Seegebieten.[56] Zweitens gilt die Aufmerksamkeit der Kulturgeschichte von Wissenschaft und Technik mit dem Fokus auf der disziplinären Entwicklung der Kartografie – vor allem seit Beginn der Vermessung des Meeresbodens[57] – und auf dem Wandel der Wahrnehmung von Raum und Distanz im Zeitalter der Beschleunigung, der auf See in erster Linie mit dem Aufkommen des Dampfschiffs um die Mitte des 19. Jahrhunderts verbunden war.[58]

---

55 Justin E. Manley / Brendan Foley, Deep Frontiers. Ocean Exploration in the Twentieth Century, in: Daniel Finamore (ed.), *Maritime History as World History. New Perspectives on Maritime History and Nautical Archaeology*, Salem, MA 2004, 82–101, hier 82.

56 Robert A. Stafford, Exploration and Empire, in: Robin Winks (ed.), *The Oxford History of the British Empire, vol. 5: Historiography*, Oxford 1999, 290–302; Axel Grießmer, Die Kaiserliche Marine entdeckt die Welt. Forschungsreisen und Vermessungsfahrten im Spannungsfeld von Militär und Wissenschaft (1874 bis 1914), in: *Militärgeschichtliche Zeitschrift 59 (2000)*, 61–98; Andrew S. Cook, Surveying the Seas. Establishing the Sea Routes to the East Indies, in: James R. Akerman (ed.), *Cartographies of Travel and Navigation*, Chicago/London 2006, 69–96.

57 Sabine Höhler, Depth Records and Ocean Volumes: Ocean Profiling by Sounding Technology, 1850–1930, in: *History and Technology 18, 2 (2002)*, 119–154; dies., Profilgewinn. Karten der Atlantischen Expedition (1925–1927) der Notgemeinschaft der Deutschen Wissenschaft, in: *NTM. Zeitschrift für Geschichte der Wissenschaften, Technik und Medizin 10, 4 (2002)*, 234–246; Julia Heunemann, No straight lines. Zur Kartographie des Meeres bei Matthew Fontaine Maury, in: Alexander Kraus / Martina Winkler (Hg.), *Weltmeere. Wissen und Wahrnehmung im langen 19. Jahrhundert (Umwelt und Gesellschaft, Bd. 10)*, Göttingen 2014, 149–168.

58 Christian Holtorf, Die Modernisierung des nordatlantischen Raumes. Cyrus Field, Taliaferro Shaffner und das submarine Telegraphennetz von 1858, in: Alexander C. T. Geppert / Uffa

Gegenüber den eng verwobenen Bereichen von Hydrografie und Kartografie geriet die Erforschung der Unterwasserwelt, insbesondere der Tiefsee bislang nur selten ins Blickfeld der Geschichtswissenschaft. Neben den frühen Werken vornehmlich der 1970er Jahre[59] bieten vor allem die neueren Publikationen der US-Historikerin Helen Rozwadowski umwelt- und wissenschaftshistorische Überblicke über dieses Gebiet.[60] Sie bereichert mit ihren Studien die Forschung zur dritten Dimension des maritimen Raumes und identifiziert vor allem im 19. Jahrhundert eine nachhaltige Veränderung in der Sichtweise auf die Tiefen der Meere:

> „Yet the ocean does have a history. Coastal residents have of course lived with the bounty and tragedy of the sea, but the interdependence between the ocean and every person on earth tightened perceptibly, even dramatically, in the mid-nineteenth century. The deep ocean is a realm with an identifiable, historical relationship to human activity, one that began in the era of mid-nineteenth-century imperialism and industrialization and has intensified with time. The midcentury discovery of the ocean's depth set precedents for resource use that continue today; nowhere but on the sea are we still primarily hunters rather than farmers."[61]

Rozwadowski sieht die Gründe für die zunehmende generelle Aufmerksamkeit gegenüber der Tiefsee in einer Mischung aus ökonomischen Interessen, dem Drang nach politischem Prestige und wissenschaftlichem Erkenntnisstreben. Vereinzelt traten diese Motive in Kombination auf. So wurde zum Beispiel 1860 vor Sizilien ein Telegrafenkabel aus über 3.000 Metern Tiefe geborgen – es war dicht mit Organismen besetzt. Die Annahme des britischen Naturforschers Edward Forbes, dass unter einem Bereich von 500 bis 600 Metern kein Leben im Meer möglich sei, war damit schlagartig widerlegt. Diese ozeanografische Sensation brachte nicht nur Wissenschaftler diverser Disziplinen in Wallung, sondern führte auch zur Kooperation von Forschern und Marine, etwa unter dem Dach des *British Hydrographic Office*.[62]

Jensen / Jörn Weinhold (Hg.), *Ortsgespräche. Raum und Kommunikation im 19. und 20. Jahrhundert*, Bielefeld 2005, 157–178; Peter Borscheid, *Das Tempo-Virus. Eine Kulturgeschichte der Beschleunigung*, Frankfurt a. M. 2004, 135–142.

59 Margaret Deacon, *Scientists and the Sea 1650–1900. A Study of Marine Science*, New York 1971; Susan Schlee, *The Edge of an Unfamiliar World. A History of Oceanography*, London 1975.

60 Rozwadowski, *The Sea Knows No Bounderies*; dies., *Fathoming the Ocean. The Discovery and Exploration of the Deep Sea*, Cambridge, MA/London 2005.

61 Rozwadowski, *Fathoming the Ocean*, 213.

62 Ebd., 136. Zum Transatlantikkabel außerdem Christian Holtorf, *Der erste Draht zur Neuen Welt. Die Verlegung des transatlantischen Telegraphenkabels*, Göttingen 2013.

Darüber hinaus legt die Rede von der dritten Dimension eines Naturraumes einen Vergleich zwischen Meeren und Bergen nahe. Allein ein solcher Vergleich war bisher noch nie Gegenstand einer geschichtswissenschaftlichen Untersuchung. Der Schweizer Umwelthistoriker Jon Mathieu veröffentlichte allerdings 2011 eine konzise Studie unter dem Titel *Die dritte Dimension. Eine vergleichende Geschichte der Berge in der Neuzeit* und benennt darin wiederholt die Ozeane als potenziell vergleichbare „Groß-Ökosysteme".[63] Gewiss wiese eine Gegenüberstellung von Meeren und Bergen mit Mathieus Mitteln eine arge Schieflage auf, weil Mathieu bei der Betrachtung von immerhin 20 Gebirgsregionen auf der ganzen Welt einen Schwerpunkt auf die Bergwelt als Siedlungs- und Wirtschaftsraum des Menschen legt. Einem Vergleich auf dieser Ebene steht die fehlende Eignung der Tiefsee als menschlicher Lebensraum entgegen. Was hingegen die wirtschaftliche Nutzung im Allgemeinen angeht, wären zum Beispiel mit Blick auf die Fischerei oder den Tiefseebergbau Vergleiche der historischen Entwicklung von Nutzungskonzepten oder von Ressourcenkonflikten mögliche Forschungszugänge.

An dieser Stelle seien weitere Gegenstände der Unterwasser-Kulturgeschichte nur ergänzend genannt: Da sind zunächst die Pläne zur Besiedelung des Meeresbodens, wie sie besonders in den 1960er und 1970er Jahren geschmiedet wurden. Diese Form der Utopie war bisher kaum ein Thema der Geschichtswissenschaft.[64] Ferner genießen Unterwasserwelten in der Literatur die Aufmerksamkeit des Faches; insbesondere Jules Verne und seine *20.000 Meilen unter dem Meer* sind hier zu nennen.[65] Und nicht zuletzt stand auch schon die handgreifliche Aneignung des Meeres durch das moderne Bürgertum in Gestalt von Aquarien im Fokus der kulturhistorischen Forschung.[66]

---

63 Jon Mathieu, *Die dritte Dimension. Eine vergleichende Geschichte der Berge in der Neuzeit* (*Wirtschafts-, Sozial- und Umweltgeschichte, Bd. 3*), Basel 2011, 10, 62, 204–205.
64 Sehr knapper Überblick von Daniel Schmiedke / Sven Asim Mesinovic, Der Traum von der Besiedlung der Meere, in: Ingeborg Siggelkow (Hg.), *Gedächtnis, Kultur und Politik (Berliner Kulturanalysen, Bd. 1)*, Berlin 2006, 45–54. Außerdem Rozwadowski, Arthur C. Clarke and the Limitations of the Ocean as a Frontier.
65 Philip E. Steinberg, *The Social Construction of the Ocean*, Cambridge 2001, 121–124; Roland Innerhofer, Bewegung im Bewegten. Das Meer bei Jules Verne, in: Thomas Brandtstetter / Karin Harrasser / Günther Friesinger (Hg.), *Grenzflächen des Meeres*, Wien 2010, 87–106; Werner Tschacher, „Mobilis in mobili". Das Meer als (anti)utopischer Erfahrungs- und Projektionsraum in Jules Vernes 20.000 Meilen unter den Meeren, in: Alexander Kraus / Martina Winkler (Hg.), *Weltmeere. Wissen und Wahrnehmung im langen 19. Jahrhundert (Umwelt und Gesellschaft, Bd. 10)*, Göttingen 2013, 46–65; Dieter Richter, *Das Meer. Geschichte der ältesten Landschaft*, Berlin 2014, 189–192.
66 Bernd Brunner, *Wie das Meer nach Hause kam. Die Erfindung des Aquariums*, Berlin ²2011; Mareike Vennen, „Echte Forscher" und „wahre Liebhaber" – Der Blick ins Meer durch das

2.4 Anthropozän und Aktualität

Die Gegenüberstellung von Maritime History und Globalgeschichte hat bereits gezeigt, dass zunehmend solche Themenfelder in den Vordergrund rücken, die von großräumigem, prinzipiell globalem Charakter sind. Zu ihnen zählen generell umwelthistorische Themen und darunter immer häufiger Ressourcennutzung und Klimawandel.[67] Lutz Raphael erkannte – wenngleich nicht nur – in den „umweltgeschichtlichen Themen" eine besondere „Vitalität" und konstatierte zu Beginn des neuen Jahrtausends, „dass sich neben den Experten zunehmend auch das Publikum für solche übergreifenden Fragestellungen interessiert."[68] Aus der Umweltgeschichte sei gar eine „Variante der neuen Weltgeschichte" erwachsen.[69] Ähnlich ordnen Conrad und Eckert die Umweltgeschichte insbesondere mit Blick auf die „ökologischen Begleiterscheinungen von Industrialisierung und Imperialismus" in das globalhistorische Themenspektrum ein.[70] Und Charles Bright und Michael Geyer schrieben 2007 im Postskriptum zum wiederholten Abdruck ihres 1994 erstmals publizierten, grundlegenden Aufsatzes zum Konzept der Globalgeschichte nachdenklich, dass ihre Einschätzungen zu den historischen Entwicklungen am Ende des 20. Jahrhunderts hinter den dann tatsächlichen Vorgängen zurückgeblieben waren. Einige dieser Vorgänge seien seither noch deutlicher als erwartet hervorgetreten und hätten im globalen Ausmaß „einen ungeheuren Handlungsbedarf" generiert, darunter „die kritische Frage nach der ökologischen Überlebensfähigkeit der globalen Gesellschaft."[71]

Zu den Gründen für den Bedeutungszuwachs der Umweltgeschichte vor dem Hintergrund einer allgemeinen globalhistorischen Tendenz gehört somit der hohe

Aquarium im 19. Jahrhundert, in: Alexander Kraus / Martina Winkler (Hg.), *Weltmeere. Wissen und Wahrnehmung im langen 19. Jahrhundert (Umwelt und Gesellschaft, Bd. 10)*, Göttingen 2013, 84–102; die Beiträge zum Themenschwerpunkt in: Berichte zur Wissenschaftsgeschichte 36, 2 (2013), insbesondere Thomas Brandstetter / Christina Wessely, Einleitung: Mobilis in mobili, 119–127.

67 Polónia, Gateway, 14; Conrad, *Globalgeschichte*, 232–240.

68 Lutz Raphael, *Geschichtswissenschaft im Zeitalter der Extreme. Theorien, Methoden, Tendenzen von 1900 bis zur Gegenwart*, München 2003, 270.

69 Ebd., 210.

70 Sebastian Conrad / Andreas Eckert, Globalgeschichte, Globalisierung, multiple Modernen: Zur Geschichtsschreibung der modernen Welt, in: dies. / Freitag, Ulrike (Hg.), *Globalgeschichte. Theorien, Ansätze, Themen (Globalgeschichte, Bd. 1)*, Frankfurt a. M./New York 2007, 7–49, hier 37–38.

71 Charles Bright / Michael Geyer, Globalgeschichte und die Einheit der Welt im 20. Jahrhundert, in: Sebastian Conrad / Andreas Eckert / Ulrike Freitag (Hg.), *Globalgeschichte. Theorien, Ansätze, Themen (Globalgeschichte, Bd. 1)*, Frankfurt a. M./New York 2007, 53–80, hier 79.

Gegenwartsbezug ökologischer Fragen.[72] Ohne Zweifel spiegelt sich das zunehmende Bewusstsein für die globale Dimension vieler Umweltprobleme in umwelthistorischen Studien. Jon Mathieu bezeichnet in seiner vergleichenden Analyse einer weltweiten Auswahl von Bergregionen die Gebirge insgesamt als Groß-Ökosystem und versucht, mit Hilfe dieses Begriffes eine „potentiell globale Geschichte" der Gebirge zu schreiben, „die in ihrer Weiterführung auch andere ‚Gross-Ökosysteme' wie Wüsten oder Meere umfassen könnte."[73] Zur Untersuchung solcher Räume rät Mathieu zu „kultur- und politikhistorische[n] Fragen zur Wahrnehmung solcher Formationen und zum institutionellen Umgang mit ihnen."[74]

John Gillis kommt mit seiner Weltgeschichte der Küsten diesem Vorschlag bisher wohl am nächsten, wenngleich seine Studie ebenso knapp gehalten ist wie Mathieus Buch der Berge. So fordert Gillis aus einer Verbindung von historischem Erkenntnisinteresse und zeitgenössischem Problembewusstsein:

> „We must rethink not only the relationship between land and sea but that between humanity and nature, giving up distinctions that separate us from other creatures. [...] Perhaps it is time to call a truce between land and water, between ourselves and nature. A first step in this process is to recognize that land and water are not opposites but inseparable parts of an ecological continuum, especially along the shore."[75]

Die historische Dimension menschlicher Eingriffe in Naturräume, etwa in ihre biologische Vielfalt, war Bezugsrahmen für verschiedene umwelthistorische Untersuchungen der letzten Jahrzehnte. Bereits 1986 publizierte Alfred Crosby eine Epochen übergreifende Darstellung zu den Auswirkungen europäischer Expansionsbewegungen auf die globale Verbreitung – zur See und an Land – von Tier- und Pflanzenarten ebenso wie von Krankheitserregern.[76] Enger im Fokus, aber von ähnlichen Prämissen ausgehend, analysierte Richard Grove 1995 die Anfänge des „environmentalism" in europäischen Kolonialreichen am Beispiel des kolonialpraktischen Umgangs mit der Natur tropischer Inseln.[77] Crosby wie Grove konzentrierten sich freilich auf die weiteren Entwicklungen auf den Kontinenten oder Inseln; das Meer fungierte bei beiden vorwiegend als Zwischenraum oder Umgebung der eigentlich zu betrachtenden

---

72 Vgl. Holbach/von Reeken, Das Meer als Geschichtsraum, 9.
73 Mathieu, *Die dritte Dimension*, 10.
74 Ebd., 204.
75 Gillis, *The Human Shore*, 197–198.
76 Alfred W. Crosby, *Ecological Imperialism: The Biological Expansion of Europe, 900–1900*, Cambridge ³2004.
77 Richard H. Grove, *Green imperialism. Colonial expansion, tropical island Edens and the origins of environmentalism, 1600–1860*, Cambridge 1995.

Räume. Grove beginnt seine Studie jedoch mit Verweis auf eben jenes öffentliche Interesse an ökologischen Fragen, das in den letzten Dekaden des 20. Jahrhunderts als breit akzeptierte und vor allen Dingen auch dauerhafte Erscheinung – „an explosion of popular and governmental interest in environmental problems"[78] – zutage trat. Derartige Verweise auf die Aktualität der Thematik finden sich jedoch nicht nur in Arbeiten zu spätneuzeitlichen Untersuchungszeiträumen. John Richards' *The Unending Frontier* von 2003 stellt den Versuch dar, eine Weltumweltgeschichte der Frühen Neuzeit in thematisch-geografischen Fallstudien zu schreiben. Als abgeschlossene Epoche betrachtet Richards diesen Zeitraum freilich nicht; die seit dem Ende des Mittelalters einsetzenden und sich im zeitlichen Wandel intensivierenden Prozesse von Ressourcenverbrauch und Landnutzung sowie von Umweltveränderung und -zerstörung nahmen im 19. und 20. Jahrhundert weiter zu und erreichten neue Qualitäten.[79]

Generell profitiert das Forschungsgebiet der globalhistorisch ausgerichteten Umweltgeschichte vom hohen Gegenwartsbezug vieler ihrer Themen. Zudem wird dieser Umstand zweifellos durch die Rezeption naturwissenschaftlicher Debattenbeiträge durch die Kulturwissenschaften begünstigt. So könnte die maßgeblich von dem niederländischen Chemiker Paul Crutzen zu Beginn des neuen Jahrtausends eingebrachte Bezeichnung des Anthropozän durchaus größeren Anklang in der Geschichtswissenschaft finden.[80] Schließlich sind Periodisierungsfragen ein konstantes Kennzeichen dieser Disziplin; auch für die Kontroverse um die „Industrielle Revolution" könnte Crutzens Vorschlag von Nutzen sein. In der ursprünglichen Auslegung des Begriffs ist das Anthropozän chronologisch deckungsgleich mit dem Bereich der Späten Neuzeit.[81] Für das ausgehende 18. Jahrhundert lassen sich mittels Untersuchungen von entsprechend alten Eisschichten in Polarregionen signifikant steigende Mengen von Kohlendioxid und Methan nachweisen. Die Kombination aus diesen atmosphärischen Veränderungen aufgrund eines stark steigenden Energieverbrauches, wachsender Weltbevölkerung, zunehmender Ausbeutung von Ressourcen und Anbauflächen sowie anderen irreversiblen Veränderungen in der Natur, zum Beispiel in Gestalt von Staudämmen oder Flussregulierungen, müsse nach Crutzen in der

---

78 Ebd., 1.
79 John F. Richards, *The Unending Frontier. An Environmental History of the Early Modern World*, Berkeley/Los Angeles/New York 2003, 2.
80 Paul J. Crutzen, Geology of mankind, in: *Nature 415* vom 3.1.2002, 23; Franz Mauelshagen, „Anthropozän". Plädoyer für eine Klimageschichte des 19. und 20. Jahrhunderts, in: *Zeithistorische Forschungen / Studies in Contemporary History*, Online-Ausgabe, 9, 1 (2012), URL: http://www.zeithistorische-forschungen.de/1–2012/id=4596 [30.04.2018]; Conrad, *Globalgeschichte*, 239–240.
81 Franz Mauelshagen, „Anthropozän".

Summe so verstanden werden, dass die Auswirkungen des menschlichen Handelns seit 1800 mit denen von geologischen Kräften gleichzusetzen seien.[82] Crutzen spricht folglich von der „Geology of mankind" und prognostiziert: „Unless there is a global catastrophe – a meteorite impact, a world war or a pandemic – mankind will remain a major environmental force for many millennia."[83]

Gleichwohl sind längst weitere Vorschläge zur Terminierung des Beginns des Anthropozäns in der Diskussion. Sie reichen von der Neolithischen Revolution vor rund 12.000 Jahren bis zur *Great Accelaration* ab der Mitte des 20. Jahrhunderts, wobei diese beiden extrem weit auseinander liegenden Marken zusammen mit Crutzens erstem Ansatz um 1800 die drei am intensivsten diskutierten Entwürfe darstellen.[84] Ohne den Begriff Anthropozän zu bemühen, konstatiert John McNeill, dass die historische Erforschung der materiellen Eingriffe in die Natur grundsätzlich dazu beiträgt, „die Geschichte der Menschheit in einen größeren Kontext ein[zuordnen], den Kontext von Erde und Leben auf der Erde", und dass sich die meisten derartigen Beiträge auf die vergangenen 200 Jahre beziehen. Freilich orientieren sich die Teilnehmerinnen und Teilnehmer dieser Debatte an den mit wissenschaftlichen Methoden erfassbaren Veränderungen des Klimas oder der Biodiversität. Vor diesem Hintergrund ist das Anthropozän als geologisches Konzept zu verstehen. Demgegenüber führte der Austausch über ein Verständnis als kulturelles Konzept bisher vor allem zu einer Infragestellung von traditionellen Grenzziehungen und Dichotomien, etwa zwischen Natur- und Geistes- oder Kulturwissenschaften sowie zwischen Wissenschaft und Gesellschaft. Im Zuge dessen wird auch die Frage nach dem analytischen Mehrwert des Konzepts intensiv diskutiert.[85] Das Potenzial für eine inter- und transdisziplinäre Kommunikation zeigt sich u. a. in Gestalt einer Zeitschrift wie der 2014 gestarteten *The Anthropocene Review*, die sich als Mittel zur konzeptionellen Neuorientierung der Wissenschaften angesichts anthropogener Einflüsse auf das Erdsystem versteht.[86]

Länder übergreifend ist das Anthropozän in den Geistes-, Kultur-, Sozial- und Rechtswissenschaften sowie insbesondere auch im Wissenschaftsjournalismus seit

---

82 Crutzen, Geology of mankind, 23.

83 Ebd.

84 Helmuth Trischler, The Anthropocene. A Challenge for the History of Science, Technology, and the Environment, in: *NTM Journal of the History of Science, Technology, and Medicine* 24/3 (2016), 309–335, hier S. 313–314. Generell bietet der Beitrag einen hervorragenden Überblick über die interdisziplinäre Debatte.

85 Ebd., 318–319.

86 Frank Oldfield / Anthony D. Barnosky / John Dearing u. a., The Anthropocene Review: Its significance, implications and the rationale for a new transdisciplinary journal, in: *The Anthropocene Review* 1/1 (2014), 3–7, hier 4.

Jahren präsent.[87] Die Diskussionen um sinnvolle Anwendungsmöglichkeiten sind in allen Disziplinen ebenso wie in Politik und Öffentlichkeit in vollem Gang.[88] Vor allem in der deutschsprachigen Geschichtswissenschaft ist der Begriff jedoch noch wenig verbreitet. Vereinzelt erproben Historiker das Konzept und werben mitunter heftig für seine Akzeptanz: So erscheint es für Klimahistoriker besonders attraktiv, da sie auf erdgeschichtliche Maßstäbe und mit naturwissenschaftlichen Methoden erhobene Daten zurückgreifen. Sie können mithin an die Grundlagen der Debatte anknüpfen. Während die Klimageschichte ein spezifisches Themenfeld mit besonders hohem interdisziplinärem Potenzial darstellt, berührt das Anthropozän zum anderen die Grundlagen der Umweltgeschichte, nämlich das Verhältnis des Menschen und seiner Umwelt. Es besteht ein kritischer Konsens darüber, dass Mensch und Natur oder Mensch und Umwelt oder auch Natur und Kultur oder Gesellschaft und Umwelt nicht als schlichte Dichotomien zu verstehen sind. Vielmehr beeinflussten Mensch und Natur einander dauerhaft wechselseitig.[89] Wie erwähnt, wird dieser Konsens durch die Anthropozän-Debatten bestärkt und um Kontroversen um adäquatere Differenzierungen angereichert. Mit der Diskussion um die quasi-geologische Gestaltungskraft der Menschheit in den letzten zwei Jahrhunderten fragt sich im Hinblick auf die umwelthistorischen Grundkategorien, ob eine „Veränderung der Hierarchiebeziehung von Mensch und Natur" zu beobachten ist und welche Erkenntnisgewinne daraus möglich sind.[90] Um das Anthropozän insgesamt wissenschaftlich sinnvoll erörtern zu können, hält Franz Mauelshagen die Mitwirkung der Kulturwissenschaften für unverzichtbar. Das bedeute umgekehrt, dass „[d]er neue Holismus [...] auch sie erreichen und verändern" werde.[91] Uekötter zieht aus geschichtswissenschaftlicher Perspektive

---

87 Zur Diskussion des Konzepts vgl. Jens Kersten, Das Anthropozän-Konzept. Kontrakt – Komposition – Konflikt, in: *Rechtswissenschaft* 5, 2014, 378–414. Als Beispiel für die kritiklose Übernahme des Begriffs: Sabine Schlacke, *Die Meere im Anthropozän und als Erbe der Menschheit*, in: *Zeitschrift für Umweltrecht*, 10 (2013), 513–514.

88 In Verteidigung des Konzepts: Christian Schwägerl, *Menschenzeit. Zerstören oder Gestalten? Wie wir heute die Welt von morgen erschaffen*, München 2012; ders., Living in the Anthropocene: Toward a New Global Ethos, in: environment360, posted: 24.01.2011, URL: e360.yale.edu/feature/living_in_the_anthropocene_toward_a_new_global_ethos/2363/ [30.04.2018].

89 Aktueller Überblick zu diesen Kategorien bei Bernd Herrmann, *Umweltgeschichte. Eine Einführung in Grundbegriffe*, Berlin/Heidelberg 2013, 32–42.

90 Peter Reinkemeier, Die moralische Herausforderung des Anthropozän. Ein umweltgeschichtlicher Problemaufriss, in: Manfred Jakubowski-Tiessen / Jana Sprenger (Hg.), *Natur und Gesellschaft. Perspektiven der interdisziplinären Umweltgeschichte*, Göttingen 2014, 83–101, hier besonders 94–98, Zitat 95.

91 Mauelshagen, „Anthropozän".

aus dem gegenwärtigen Diskussionsstand das Fazit, „dass es sich hier um eine welthistorische Zäsur im Verhältnis des Menschen zu seinem Planeten handelt.“[92]

Schließlich spielen Museen und Ausstellungshäuser eine wichtige Rolle, um die Aussichten für eine Verständigung zwischen Forschungsdisziplinen und Personenkreisen außerhalb der Wissenschaft im Rahmen des Anthropozänkonzepts auszuloten. Das *Haus der Kulturen der Welt* in Berlin widmete sich 2013 und 2014 in einem Veranstaltungs- und Ausstellungsprogramm vor allem der Frage nach dem richtigen Umgang mit Wissen und Erkenntnissen aus der Anthropozänforschung.[93] Im *Deutschen Museum* in München war von Dezember 2014 bis September 2016 die Ausstellung *Willkommen im Anthropozän* zu sehen.[94] Insgesamt eigne sich das Anthropozän als „Sprungbrett für die Umweltgeschichte in die Museen“ als Orte sowohl der naturkundlichen wie der historischen Vermittlung.[95]

In einer verstärkten Auseinandersetzung der Geschichtswissenschaft mit dem Anthropozän bzw. den der interdisziplinären Diskussion zugrunde liegenden umwelthistorischen Vorgängen liegt eine Chance gerade auch zu einer besseren Integration der Meere und Ozeane in die historische Forschung. Zwar ist es eine alte Vorstellung, dass das Meer Ressourcen- und Gefahrenraum zugleich sei, wobei seine Wahrnehmung als „place of no return“ bereits in der griechischen Antike sowohl drohende, oft mythische Naturgewalten als auch die Funktion einer Müllkippe beinhalten konnte.[96] Doch das Meer als Raum der konkreten Nutzung wie der Imaginationen unterliegt für die Jahrhunderte der Industrialisierung und Globalisierung einem Wandel in der historischen Betrachtung. So formulierte David Williams 2010 in einem Beitrag für das *International Journal of Maritime History*: „In short, over the past two hundred years, and especially in the past half-century, humankind's relationship with the sea has undergone revolutionary changes.“[97] Im Zuge der Veränderungen

---

92 Uekötter, Deutschland in Grün, 82.

93 Haus der Kulturen der Welt, Das Anthropozän-Projekt: Kulturelle Grundlagenforschung mit den Mitteln der Kunst und der Wissenschaft, Übersicht online unter: https://www.hkw.de/de/programm/projekte/2014/anthropozaen/anthropozaen_2013_2014.php [28.02.2018].

94 Knapper Überblick auf der Homepage des Deutschen Museums: http://www.deutsches-museum.de/ausstellungen/sonderausstellungen/rueckblick/2015/anthropozaen/ [28.02.2018]. Katalog: Nina Möllers / Christian Schwägerl / Helmuth Trischler (Hg.), *Willkommen im Anthropozän. Unsere Verantwortung für die Zukunft der Erde*, München 2015.

95 Nina Möllers, Das Anthropozän: Wie ein neuer Blick auf Mensch und Natur das Museum verändert, in: Heike Düselder / Annika Schmitt / Siegrid Westphal (Hg.), *Umweltgeschichte. Forschung und Vermittlung in Universität, Museum und Schule*, Köln/Weimar/Wien 2014, 217–229, hier 228–229.

96 Cooney, Introduction: seeing land from the sea, 325–326.

97 David M. Williams, Humankind and the Sea: The Changing Relationship since the Mid-Eighteenth Century, in: *IJMH* 22, 1 (2010), 1–14, hier 2.

im Verhältnis von Menschheit und Meer konstatiert Williams vor allem in Europa eine schwindende Aufmerksamkeit für die ökonomische Bedeutung der Meere, obwohl Seeverkehr und Seehandel faktisch weiterhin grundlegend für die Weltwirtschaft blieben.[98] Die zunehmende Sorge um den Zustand der Meeresumwelt sind für Williams Kennzeichen neueren Datums: „There were few far-sighted prophets like Rachel Carson who recognized the dangers, but only in the last half-century has the health of the planet become a cause for concern."[99] Vor diesem Hintergrund fordert Helen Rozwadowski:

> „The time has come for scholars in the humanities to try to understand that the ocean is not only a source of natural resources or a stage for the events of human history, but rather a complex and changing natural environment that is inextricably connected to, and influenced by, people."[100]

Es trifft mitunter durchaus zu, was Sebastian Conrad zu umwelthistorischen Studien im Lichte der Globalgeschichte bemerkte,[101] dass nämlich Autorinnen und Autoren hier bisweilen moralisch argumentieren. Dabei sind derartige Verweise auf ökologische Probleme der Gegenwart nicht nur ehrenwert, sondern kritische Gegenwartsbezüge können auch die Reichweite von geschichtswissenschaftlichen Erkenntnissen erhöhen und historische Forschung dynamisieren, indem sie bisher verborgene, Disziplinen übergreifende Anknüpfungspunkte freilegen. Rozwadowski schreibt in diesem Sinne:

> „The stubborn persistence in viewing the ocean in terms of its economic resources has contributed to massive global overfishing, depletion of other marine resources, and cascades of unintended ecosystem effects. While concepts of conservation and preservation were applied to land at the turn of the twentieth century [...], recognition of the ocean as an environment in need of protection and ethical treatment has emerged slowly and recently."[102]

Freilich gibt dieses Zitat ausdrücklich den Naturschutzgedanken wieder, wie er sich im Laufe des 20. Jahrhunderts in der westlichen Welt entwickelt hat. Die amerikanische Wissenschaftshistorikerin stellt sich mit ihren Worten auf die jüngste Entwicklungsstufe der öffentlichen Debatte um den Zustand der Ozeane und ihre Bedeutung für die

---

98 Ebd., 13.
99 Ebd., 11.
100 Rozwadowski, Arthur C. Clarke and the Limitations of the Ocean as a Frontier, 582.
101 Conrad, *Globalgeschichte*, 232–233.
102 Rozwadowski, Arthur C. Clarke and the Limitations of the Ocean as a Frontier, 597.

Menschheit. Den gegenwärtigen Wissensstand zur Thematik bilden in Deutschland vor allem zwei Publikationen ab, die zugleich ebenfalls als Debattenbeitrag verstanden werden sollen: Der *Wissenschaftliche Beirat der Bundesregierung, Globale Umweltveränderungen* (WBGU) legte 2013 ein Gutachten unter dem Titel *Welt im Wandel: Menschheitserbe Meer* vor, das im Grundsatz die Bezeichnung *Anthropozän* aufgreift.[103] Das Gutachten befasst sich mit bestehenden und künftigen bzw. zu erwartenden Nutzungsformen und Bedrohungen der Meere und gibt Handlungsempfehlungen zu den Bereichen Meeres-Governance und Seerecht sowie Nahrung und Energie aus dem Meer. Die Autorinnen und Autoren konstatieren zusammenfassend ein „wachsende[s] öffentliche[s] Bewusstsein für die Probleme des ‚blauen Kontinents'" und hoffen auf einen „Konsens für den nachhaltigen Umgang mit den Meeren in Form eines ‚marinen Gesellschaftsvertrags'."[104] Bereits 2010 war erstmals der *World Ocean Review* erschienen, ein von Meereswissenschaftlern erstellter und mit einigem publizistischen Aufwand verbreiteter Meereszustandsbericht.[105] Während die erste Nummer von 2010 einen breiten thematischen Überblick bot, war die zweite von 2013 vollständig der Fischerei gewidmet; Fischereimanagement im Rahmen von Politik, Wirtschaft und Seerecht nimmt darin breiten Raum ein. Die jahrzehntelange Existenz des Problems der Überfischung wird hier zwar betont, eine echte geschichtswissenschaftliche Komponente aber fehlt. Das gilt auch für Review 3 von 2014 zum Thema Rohstoffe aus dem Meer.[106]

Fest steht zugleich: Der wachsenden Aufmerksamkeit für das Thema Meeresumwelt in Politik und Öffentlichkeit sowie in den Kulturwissenschaften hinkt die Rezeption des Themas in der deutschen Geschichtswissenschaft noch hinterher. Eine umwelthistorische Wahrnehmungsgeschichte der Meere muss auch dann, wenn sie auf Ansätze der Neuen Kulturgeschichte zurückgreift, Meere und Ozeane als Naturräume ernst nehmen. Dabei schließen die realen Auswirkungen von konkretem menschlichem Handeln im maritimen Raum und meeresbezogene Imaginationen als Untersuchungsgegenstände nicht aus, sondern ergänzen einander vielmehr. Als gleichsam typisches Thema der Umweltgeschichte erscheint das Meer zudem durch den hohen Gegenwartsbezug vieler Fragestellungen. Ein gutes Beispiel für die Verbin-

---

103 Wissenschaftlicher Beirat der Bundesregierung Globale Umweltveränderungen, *Hauptgutachten: Welt im Wandel. Menschheitserbe Meer*, Berlin 2013. Dazu auch Holbach/von Reeken, Das Meer als Geschichtsraum, 7, die mit Bezug auf den WBGU-Bericht das Meer als „eines der Megathemen der Gegenwart und Zukunft" bezeichnen.

104 WBGU, Welt im Wandel, 20.

105 Maribus (Hg.), *World Ocean Review*, Bd. 1: *Mit den Meeren leben*, Hamburg 2010.

106 Maribus (Hg.), *World Ocean Review*, Bd. 2: *Die Zukunft der Fische – die Fischerei der Zukunft*, Hamburg 2013; ders. (Hg.), World Ocean Review, Bd. 3: *Rohstoffe aus dem Meer – Chancen und Risiken*, Hamburg 2014.

dung von Umweltveränderungen, Vorstellungswelten und Aktualitätsgehalt ist David Blackbourns *Die Eroberung der Natur. Eine Geschichte der deutschen Landschaft*. Zur Vereinbarkeit von historischer Untersuchung und Gegenwartsdiskurs schreibt er:

> „Eine Historiographie, welche die Umwelt ernst nimmt, wird auch auf Warnungen in der Vergangenheit hinweisen, aber sie wird schlechte Geschichtsschreibung sein (und sehr wahrscheinlich wenig zum Verständnis unserer heutigen Probleme beitragen), wenn sie nichts anderes als ein Klagelied ist."[107]

Blackbourns Analyse der geplanten Schaffung von Landschaften durch menschliche Eingriffe in die Natur reagierte u. a. auch auf die Kritik an der Überbetonung imaginierter Topografien in vielen einschlägigen Werken.[108]

2.5 Meere in der Umweltgeschichte

Vor allem in der anglo-amerikanischen Geschichtswissenschaft sind Meere und Ozeane als Forschungsthema fest verankert. In der *World Environmental History* etwa beginnt Poul Holms Artikel zu *Oceans and Seas* mit dem Satz: „The oceans of the Earth consist of four confluent (flowing together) bodies of saltwater that are contained in enormous basins on the Earth's surface."[109] Er macht damit die globale Dimension dieses Forschungsfeldes deutlich und lässt das Potenzial der Marine Environmental History für historische Fragestellungen bereits erahnen.

Wenngleich die Umweltgeschichte in Deutschland, Österreich und der Schweiz als etabliertes Forschungsfeld gelten kann,[110] haben die meisten einschlägigen Einführungswerke und Überblicksdarstellungen gemeinsam, dass Meere und Ozeane zwischen ihren Buchdeckeln keine nennenswerte Rolle spielen. Gewässer finden zwar relativ häufig Erwähnung, sind dann aber viel eher als Flüsse und Seen denn

---

107 Ebd., 22.
108 David Blackbourn, *Die Eroberung der Natur. Eine Geschichte der deutschen Landschaft*, München 2006, 27.
109 Poul Holm, Art. „Oceans and Seas", in: Shepard Krech III / John R. McNeill / Carolyn Merchant (eds.), *Encyclopedia of World Environmental History*, Vol. 3: O–Z, New York/London 2004, 957–962, hier 957.
110 Das findet besonders entschieden Manfred Jakubowski-Tiessen, Einleitende Bemerkungen, in: ders. / Jana Sprenger (Hg.), *Natur und Gesellschaft. Perspektiven der interdisziplinären Umweltgeschichte*, Göttingen 2014, 1–5, hier 1.

als Meere vertreten.[111] Oft kommen letztere gar nicht vor, wofür Bernd Herrmann ein vielsagendes Beispiel liefert; in seinem Einführungswerk beginnt das Kapitel „Wasser" mit dem Satz: „Das Vorkommen von Wasser auf der Erde gilt als besonderes Kennzeichen dieses Planeten im Universum", um dann auf der folgenden Seite drei Sätze zum Wasserbau in Küstenländern zu verlieren.[112] Gelegentlich wird das Meer in einem Zug mit Flüssen und Seen abgehandelt, nur selten ist ihm ein eigenes Kapitel vergönnt. Fischerei als Paradebeispiel für die Interaktion von Mensch und Umwelt findet zwar gegebenenfalls Erwähnung, doch landen dann z. B. die Stellnetzfischer in europäischen Flüssen mit den Walfängern im Pazifik auf einer Buchseite, etwa bei Joachim Radkau, der in seinem Standardwerk *Natur und Macht* relativ oft auf Fischfang zu sprechen kommt und der Fischerei im Kapitel über die Jagd eine Seite widmet, auf der dann ein konfuzianischer Denker, die Fischereiregulierung an der Dordogne im 18. Jahrhundert und Herman Melville in einem Absatz zusammenkommen.[113]

Auf dem Forschungsfeld des politischen und gesellschaftlichen Umgangs mit ökologischen Krisen und Katastrophen entstanden im vergangenen Jahrzehnt mehrere umwelthistorische Arbeiten, die das Meer anhand von Fallbeispielen als vielversprechenden Untersuchungsgegenstand eingeführt haben. Von den 13 Beiträgen eines jüngst veröffentlichten Sammelbandes über *Ökologische Erinnerungsorte* befassen sich drei ganz explizit mit Umweltkatastrophen und weitere mit krisenhaften Mensch-Umwelt-Beziehungen, unter diesen mit klar maritimem Bezug Anna-Katharina Wöbses Darstellung des Konflikts um die militärische Nutzung des Knechtsand-Gebiets im deutschen Wattenmeer.[114] Die Autorin hatte bereits in ihrer Dissertation zur *Umweltdiplomatie in Völkerbund und Vereinten Nationen* die Meere als Gegenstand umweltpolitischer Besorgnis ausführlich untersucht und mithin die umwelthistorische Dimension auf dem Gebiet der Internationalen Beziehungen umrissen.[115] Der Forschungsansatz zu historischen Katastrophen reproduziert jedoch keineswegs zwangsläufig den Alarmismus vieler öffentlicher Krisendebatten. Dieser ist selbst schon das Ziel historischer Analysen, wobei auch hier maritime Themen ihren Seltenheitswert behalten.[116]

---

111 Vgl. Uekötter, *Umweltgeschichte im 19. und 20. Jahrhundert;* Winiwarter/Knoll, *Umweltgeschichte.* S. außerdem S. 15–17 in diesem Band.

112 Herrmann, *Umweltgeschichte,* 126–127.

113 Radkau, *Natur und Macht,* 67.

114 Anna-Katharina Wöbse, Der Knechtsand – ein Erinnerungsort in Bewegung, in: Frank Uekötter (Hg.), *Ökologische Erinnerungsorte,* Göttingen 2014, 29–49.

115 Wöbse, *Weltnaturschutz,* 65–131 und 171–245.

116 Bezeichnend für die geringe Anzahl an beteiligten Personen ist hier wiederum: Anna-Katharina Wöbse, Die Brent-Spar-Kampagne. Plattform für diverse Wahrheiten, in: Frank Uekötter / Jens Hohensee (Hg.), *Wird Kassandra heiser? Die Geschichte falscher Ökoalarme (HMRG Beihefte 57),* Stuttgart 2004, 139–160.

Eine (erste) Ausnahme von der Meeresabstinenz der meisten deutschsprachigen Umwelthistorikerinnen und -historiker bildet Verena Winiwarters und Hans-Rudolf Borks Epochen übergreifende Sammlung von globalen Fallbeispielen zur Geschichte des Verhältnisses von Mensch und Umwelt. Unter den insgesamt 60, jeweils zwei Seiten langen Kapiteln befinden sich knapp zehn Beiträge mit maritimem Bezug, etwa zum Küstenschutz an der Nordsee, zur Überfischung des Heilbutt im Atlantik und zu Öltankerunfällen.[117] Obgleich sich das Buch an eine breite Leserschaft richtet – ohne auf eine komprimierte und luzide Darlegung der Umwelt-Forschungsgeschichte in der Einleitung zu verzichten –, zeigt es die bisher ungenutzten Potenziale der Umweltgeschichte in maritimer Perspektive. In englischsprachigen Überblickswerken wird meist eindeutiger auf diese Potenziale hingewiesen, ganz bezeichnend etwa von J. Donald Hughes unter der Überschrift *The Next Issues* oder von John McNeill unter *Paths not (much) taken*.[118]

Dabei künden wohl gerade die großen Fragen zur ökologischen Zukunft von den Problemkomplexen, die auch in der Geschichtswissenschaft zunehmend rezipiert werden dürften. Besonders zwei waren in den letzten Jahren für die wachsende Aufmerksamkeit für Ozeane und Meere in Politik und Öffentlichkeit verantwortlich: der Meeresspiegelanstieg in Verbindung mit dem Klimawandel und der Verlust der biologischen Vielfalt in den Ozeanen. Ersterer erscheint eher als Bedrohung für den Menschen durch das Meer, letztere als Bedrohung für das Meer durch den Menschen, seit beide Themenkomplexe ab den 1990er Jahren durch regelmäßige Berichterstattung in den Medien,[119] populärwissenschaftliche Bücher und Filme[120] sowie durch eine

---

117 Verena Winiwarter / Hans-Rudolf Bork, *Geschichte unserer Umwelt. Sechzig Reisen durch die Zeit*, Darmstadt 2014, die hier genannten Themen 18–19, 108–109 und 114–115.

118 J. Donald Hughes, *What is Environmental History?* Cambridge/Malden, MA 2006, 111–112; John R. McNeill, Observations on the Nature and Culture of Environmental History, in: *History and Theory*, *Theme Issue 42 (2003)*, 5–43, hier 41–42; vgl. außerdem Bolster, Opportunities in Marine Environmental History.

119 Als *Der Spiegel* 1986 auf einem Titelbild mit der Schlagzeile „Die Klima-Katastrophe" den Kölner Dom wie eine Insel im Meer abbildete, war noch Empörung ob der übertriebenen Darstellung die Folge. Siehe Franz Mauelshagen, Die Klimakatastrophe. Szenen und Szenarien, in: Gerrit Jasper Schenk (Hg.), *Katastrophen. Vom Untergang Pompejis bis zum Klimawandel*, Ostfildern 2009, 205–223, hier 220.

120 Vgl. allgemein Holbach/von Reeken, Das Meer als Geschichtsraum, 9–10. Zum Klimawandel z. B.: Tim Flannery, *Wir Wettermacher. Wie die Menschen das Klima verändern und was das für unser Leben auf der Erde bedeutet*, Frankfurt a. M. ²2006. Als Beispiele für erfolgreiche Sachbuchtitel zur biologischen Vielfalt: Charles Clover, *Fisch kaputt. Vom Leerfischen der Meere und den Konsequenzen für die ganze Welt*, München 2005 (engl. The End of the Line: How Overfishing Is Changing the World and What We Eat, London 2005); Mark Kurlansky, *Kabeljau. Der Fisch,*

entsprechende kulturelle Produktion[121] dauerhaft präsent sind. Bislang werden der Klimawandel und seine Folgen von der Geschichtswissenschaft nur zurückhaltend behandelt, wobei die Klimageschichte auch in der Variante der historischen Katastrophenforschung der Umweltgeschichte zuzurechnen ist.[122]

Obwohl sich für die Bezeichnung Marine Environmental History noch keine deutsche Übersetzung durchgesetzt hat und gerade die bekannteren Arbeiten aus der anglo-amerikanischen Forschung stammen, findet sie mit deutscher Beteiligung statt. Dies belegen beispielsweise zwei Sammelbände zur Geschichte der Nordatlantikfischerei in der Schriftenreihe des Deutschen Schiffahrtsmuseums, deren Beiträge freilich ein Übergewicht an wirtschafts- und sozialhistorischen sowie technischen Aspekten aufweisen.[123] Insgesamt jedoch stellt die Meeresumweltgeschichte in der deutschsprachigen Forschungslandschaft ein großes Desiderat dar. In anderen Ländern ist seit etwa 1990 eine größere Anzahl von Studien zu maritimen Themen mit ökologischem Akzent erschienen.[124] Doch auch ihre Zahl ist noch relativ klein, so dass Umwelthistorikerinnen und -historiker auch auf internationaler Ebene die Marine Environmental History nach wie vor als unterrepräsentiert ansehen.[125] Sie fordern eine Geschichtsschreibung, die nicht nur die historische Entwicklung von Fisch- und Walfang als Vorgang der Nutzung natürlicher Ressourcen durch den Menschen erfasst, sondern auch den Ressourcen selbst und dem Ökosystem, also den Meereslebewesen in ihrer Umwelt, erhöhte Aufmerksamkeit schenkt.

Tatsächlich gibt es vereinzelte Anregungen zur interdisziplinären Verknüpfung von meeresbiologischen und historischen Fragestellungen; sie gehen ebenso von Historikern wie von Ökologen aus. Mit Blick auf die ökologische Dimension der Geschichte des Verhältnisses von Mensch und Meer verweisen beide Gruppen darauf,

---

der die Welt veränderte, Berlin 2000 (engl. Cod: A Biography of the Fish that Changed the World, New York 1997).

121 Hierzulande am wichtigsten war sicherlich der Roman von Frank Schätzing, *Der Schwarm*, Frankfurt a. M. ³2005. Der Autor legte bald ein Sachbuch nach: ders., *Nachrichten aus einem unbekannten Universum*, Frankfurt a. M. ⁸2012.

122 Vgl. Mauelshagen, Klimakatastrophe; François Walter, *Katastrophen. Eine Kulturgeschichte vom 16. bis ins 21. Jahrhundert*, Stuttgart 2010, 251–258.

123 David J. Starkey / Jón Th. Thór / Ingo Heidbrink (Hg.), *A History of the North Atlantic Fisheries, Vol. 1: From Early Times to the Mid-Nineteenth Century* (Deutsche Maritime Studien, Bd. 6), Bremen 2009; David J. Starkey / Ingo Heidbrink (Hg.), *A History of the North Atlantic Fisheries, Vol. 2: From the 1850s to the Early Twenty-First Century* (Deutsche Maritime Studien, Bd. 19), Bremen 2012.

124 Ein oft zitiertes Beispiel im Rang einer Pionierstudie ist: Arthur F. McEvoy, *The Fisherman's Problem: Ecology and Law in the California Fisheries, 1850–1980*, Cambridge 1986.

125 Aktuelles Beispiel: Bolster, Opportunities in Marine Environmental History.

„[t]hat the oceans do not exist outside of history".[126] So publizierte zum Beispiel eine größere Gruppe von Meeresforschern in der Zeitschrift *Science* 2001 einen Artikel zu *Historical Overfishing and the Recent Collapse of Coastal Ecosystems*,[127] während im gleichen Jahr die Schifffahrt- und Fischereihistoriker Poul Holm, David J. Starkey und Tim D. Smith in einem Band der Reihe *Research in Maritime History* auf quantitativem Material basierende Beiträge zu langfristigen Auswirkungen der Fischerei auf marine Ökosysteme herausgaben. Holm und seine Mitstreiterinnen und Mitstreiter sehen ihre Aufgabe nicht zuletzt in der Vermittlung zwischen ökologischer und historischer Forschung einerseits sowie der Fischereigeschichte und anderen geschichtswissenschaftlichen Teilbereichen andererseits. Zugleich verstehen sie ihre Arbeit als innovativen Beitrag zur Umweltgeschichte, indem sie die Rolle des Menschen nicht einfach als die eines Akteurs gegenüber einer passiven Natur, sondern als „one factor in a broad ecological network of complex interactions" interpretieren.[128]

In institutionalisierter Form existierte eine interdisziplinäre Kooperation von Meeresforschung und Fischereigeschichte von 1999 bis 2010 im Rahmen des *Census of Marine Life* (COML). Dieser Zensus war als meeresbiologische „Volkszählung" in den Ozeanen geplant und präsentierte nach zehnjähriger Laufzeit 2010 seine Ergebnisse der Öffentlichkeit.[129] Zur Erfassung der historischen Dimension gehörte ihm als Teilbereich das Projekt *History of Marine Animal Populations* (HMAP) an, das über 2010 hinaus tätig blieb und weiter forscht.[130] Der Verweis darauf, dass die künftigen ökologischen Herausforderungen zunehmend auch von der Geschichtswissenschaft thematisiert werden müssen, wohnt auch diesem Projekt inne.[131] Die Leitfragen des COML insgesamt zielten mithin darauf, was in den Ozeanen lebte, was derzeit in ihnen lebt und was in ihnen leben wird.[132]

---

126 Ebd., 63.
127 Jackson/Kirby/Berger, Historical Overfishing and the Recent Collapse of Coastal Ecosystems.
128 Holm/Starkey/Smith, Introduction, XIII. Zu früheren Versuchen der Nutzung historischer Daten zum Zwecke der Fischereiwissenschaft vgl. Julia Lajus, Understanding the Dynamics of Fisheries and Fish Populations: Historical Approaches from the 19th Century, in: David J. Starkey / Poul Holm / Michaela Barnard (eds.), *Oceans Past. Management Insights from the History of Marine Animal Populations*, London/Sterling, VA 2008, 175–187.
129 Census of Marine Life, URL: http://www.coml.org/ [30.04.2018].
130 Poul Holm / Marta Coll / Alison MacDiarmid u. a., HMAP Response to the Marine Forum, in: *Environmental History 18 (2013)*, 121–126.
131 Ebd., 122.
132 Jesse H. Ausubel, Foreword: Future Knowledge of Life in Oceans Past, in: David J. Starkey / Poul Holm / Michaela Barnard (eds.), *Oceans Past: Management Insights from the History of Marine Animal Populations*, London 2008, XIX–XXVI, hier XX.

Aus genuin geschichtswissenschaftlicher Perspektive finden sich die zentralen Gedanken bündig bei Jeffrey Bolster wieder: Das aktuelle Problembewusstsein für den Zustand und die Zukunft der Ozeane sowie für die Wissensdefizite in diesem Zusammenhang verweist zugleich auf den Bedarf an Meeresumweltgeschichte.[133] In der Tat darf die Geschichte bei allem Gegenwartsbezug nicht aus dem Blick geraten. Denn tatsächlich entsteht bei der Lektüre der jüngsten Publikationen von Marine Environmental Historians der Eindruck, dass die Entwicklung der eigenen Disziplin ein wenig in den Hintergrund rückt. Die Frage: „What will marine environmental history bring for the study of history writ large?", wird im einleitenden Beitrag zum marinen Themenschwerpunkt der Zeitschrift *Environmental History* erst in einem der letzten Absätze gestellt.[134] Die Antwort bestätigt freilich den Kernkonsens der Umweltgeschichtsschreibung, wonach eine klare Trennung von Mensch und Natur auch in maritimen Räumen nicht aufrechtzuerhalten ist. Der Mensch soll vielmehr als integraler Bestandteil seiner (maritimen) Umwelt gelten.[135]

Indem Historiker und Ökologen und Meereskundler aufeinander zugehen, stellt sich die Frage nach interdisziplinär geeigneten Konzepten für die Arbeit zu maritimen Themen. Die Kooperation im Rahmen des HMAP im Census of Marine Life war offenbar nicht ohne „Spannungen" verlaufen, wie in manchen Beiträgen zu lesen ist.[136] Joseph Taylor etwa warnt vor einer unkritischen Übernahme von naturwissenschaftlich aufbereiteten Datenmengen durch Umwelthistoriker, weil Ökologen bei der Datenerhebung offensichtlich häufig unterschätzten, dass Beobachtungen von Veränderungen in der Natur zu verschiedenen Zeiten und an verschiedenen Orten jeweils in ihren sozialen Entstehungskontexten verstanden werden müssen.[137]

Zu den methodischen Herausforderungen bei der Erforschung historisch gewachsener Zustände in den Meeren zählt schließlich das Konzept der *Shifting Baselines*.[138] Baseline meint hier jene Ausgangslage bei einem Fischbestand, an der sich

133 Bolster, Opportunities in Marine Environmental History. Hier auch Überlegungen zur Kritik von Historikern an HMAP. Dazu außerdem einordnend: Michael Lewis, And All Was Light? – Science and Environmental History, in: Andrew C. Isenberg (ed.), *The Oxford Handbook of Environmental History*, Oxford 2014, 207–226, hier 219–220.
134 Michael Chiarappa / Matthew McKenzie, New Directions in Marine Environmental History: An Introduction, in: *Environmental History* 18 (2013), 3–11, hier 9.
135 Ebd.
136 Joseph E. Taylor III, Knowing the Black Box: Methodological Challenges in Marine Environmental History, in: *Environmental History* 18 (2013), 60–75, hier 68; Christine Keiner, How Scientific Does Marine Environmental History Need to Be? In: *Environmental History* 18 (2013), 111–120, 113.
137 Taylor, Knowing the Black Box, 65–66.
138 Daniel Pauly, Anecdotes and the shifting baseline syndrome of fisheries, in: *Trends in Ecology and Evolution* 10 (1995), 430; Loren McClenachan / Francesco Ferretti / Julia K. Baum,

eine Generation von Fischereiforschern orientiert, um beispielsweise Berechnungen zur weiteren Entwicklung des Bestands und der möglichen Fangerträge anzustellen. Jede neue Generation von Fischereiexperten trifft auf eine veränderte – in der Regel verschlechterte – Bestandssituation und nimmt diese als Baseline an, was deren allmähliche Verlagerung zur Folge hat. Der kanadische Meeresbiologe Daniel Pauly rief ab 1995 zur Überwindung des *Shifting Baseline Syndrome* durch „incorporation of earlier knowledge" auf. Pauly meinte damit Erfahrungsberichte – er schrieb von „anecdotes" – von Fischern und anderen Personen mit einschlägiger Expertise. Zudem ermögliche die Überwindung des Syndroms als aktuelles Problem der Fischereiforschung durch die Integration einer historischen Perspektive in der Meeresbiologie „to evaluate the true social and ecological costs of fisheries."[139] Den Meeresbiologen bietet sich durch eine kritische Auseinandersetzung mit den Shifting Baselines also ein Anreiz zur Berücksichtigung der historischen Dimension.[140]

Besonders anschaulich für das Phänomen der Shifting Baselines und zugleich ein Beispiel für eine genuin geschichtswissenschaftliche Herangehensweise an die historische Dimension des Fischfangs durch eine Meeresbiologin sind Loren McClenachans Untersuchungen historischer Fotografien von den Fischtrophäen amerikanischer Sportangler seit den 1950er Jahren.[141] McClenachan wertete 865 Fotos von „trophy fish" aus den Gewässern vor Key West für den Zeitraum von 1956 bis 1985 aus und stellte ihnen weitere 410 Aufnahmen aus dem Jahr 2007 gegenüber. Ihre Ergebnisse waren schockierend: Die durchschnittliche Größe der Fische hatte sich von 91,7 cm im Jahr 1956 auf 42,4 cm in 2007 verringert, das durchschnittliche Gewicht war sogar von 19,9 kg auf 2,3 kg zurückgegangen.[142] Die Auswertung der über einen langen Zeitraum entstandenen fotografischen Quellen deckte eine langsame Verlagerung von Basisannahmen auf, die von Zeitgenossen punktuell registriert worden sein könnte, deren gesamtes Ausmaß sich jedoch nur im langfristigen Überblick offenbarte. McClenachan belegte damit nicht nur, dass die interdisziplinäre Kooperation zwischen Natur- und Kulturwissenschaften durchaus eindrucksvoll gelingen kann, sondern lieferte auch Erkenntnisse, die dazu geeignet sind, das Problem des Ressourcenschwundes in der breiten Öffentlichkeit anschaulich zu thematisieren.[143]

From archives to conservation: why historical data are needed to set baselines for marine animals and ecosystems, in: *Conservation Letters* 5 (2012), 349–359.

139 Pauly, Anecdotes.

140 Keiner, How Scientific Does Marine Environmental History Need to Be? 115.

141 Loren McClenachan, Documenting Loss of Large Trophy Fish from the Florida Keys with Historical Photographs, in: *Conservation Biology* 23, 3 (2009), 636–643.

142 Ebd., 639.

143 Keiner, How Scientific Does Marine Environmental History Need to Be? 117.

Mit Blick auf die Fischereiforschung sei an dieser Stelle erwähnt, dass die Geschichte der Meereskunde nicht Gegenstand dieser Arbeit ist. Obgleich es bisher keine grundlegende Untersuchung zur Geschichte der deutschen Meeresforschung gibt, lassen sich im internationalen Vergleich durchaus Werke zitieren.[144] Vereinzelt legen diese bereits Akzente auf ausgewählte Aspekte, etwa die Einordnung in den politischen Kontext des Kalten Krieges.[145]

Daniel Pauly hatte versucht, mit dem Konzept der Shifting Baselines ein Wahrnehmungsproblem in der Fischereiforschung zu fassen, und eröffnete damit zugleich eine Möglichkeit für die interdisziplinäre Kommunikation mit der Geschichtswissenschaft, geht es doch im Wesentlichen um die Auffindung und Einordnung von historischen Aussagen. Für Umwelthistoriker ist das Konzept auch dann von Interesse, wenn sie weniger die Fischereigeschichte im Besonderen in den Blick nehmen, als vielmehr aus kulturhistorischer Perspektive einem allgemeinen Wandel in der Wahrnehmung des Meeres und seiner Ressourcen nachgehen. Aus wissenssoziologischer Sicht hat Dietmar Rost das Konzept der Shifting Baselines für eine Untersuchung zur gesellschaftlichen Wahrnehmung von Umweltveränderungen herangezogen, um „ganz generell die Möglichkeiten und Chancen eines angemessenen und reflektierenden Umgangs mit […] menschengemachten Gefährdungen" auszuloten. Rost will damit „sowohl zu einer interdisziplinären Umweltforschung als auch zu einer transdisziplinären Bearbeitung der Klima- und Umweltproblematik" beitragen.[146]

Diese Studie thematisiert den Wandel in der Wahrnehmung und Deutung des Umgangs mit marinen Ressourcen in der zweiten Hälfte des 20. Jahrhunderts. Dabei wird es aufschlussreich sein, Merkmalen des Wandels in Quellen unterschiedlicher Entstehungskontexte nachzugehen: in Fachpublikationen der Fischereiforschung und Fischindustrie bzw. der geologischen Rohstoffforschung, im Geschäftsschriftgut von Behörden und Verbänden, in journalistischen und populärwissenschaftlichen Texten. Im Kern geht es darum, die Ablösung der scheinbar zeitlos gültigen Vorstellung des Meeres als unerschöpflicher Ressourcenraum durch eine heute zunehmend präsentere holistische Sicht auf Meere und Ozeane als zusammenhängendes, globales Ökosystem nachzuvollziehen. Die Arbeit ist nicht als genuin interdisziplinäres Projekt zu verstehen. Gleichwohl kann es vereinzelt gelingen, thematisch einschlägige Konzepte naturwissenschaftlicher Provenienz bei der Analyse zeitgenössischer Äuße-

---

144 Vgl. z. B. Margaret Deacon / Colin Summerhayes / Tony Rice (eds.), *Understanding the Oceans. A century of ocean exploration*, London/New York 2001.

145 Jacob Darwin Hamblin, *Oceanographers and the Cold War. Disciples of Marine Science*, Seattle/London 2005.

146 Dietmar Rost, *Wandel (v)erkennen. Shifting Baselines und die Wahrnehmung umweltrelevanter Veränderungen aus wissenssoziologischer Sicht*, Wiesbaden 2014, 3.

rungen und Debattenbeiträge zur Meeresnutzung zu berücksichtigen, namentlich die Konzepte der Shifting Baselines und des Anthropozäns, die beide vor allem aufgrund ihres Bezugs zur Kategorie der Zeitlichkeit von Interesse sind. Schließlich ist es auf einer übergeordneten historiographischen Ebene das Ziel dieser Studie, die Geschichte der Meeresumwelt für die deutsche Umweltgeschichtsschreibung zu erschließen und darüber hinaus die derzeit vor allem kulturgeschichtlich geprägte Tendenz zu verstärken, maritime Themen über den Bereich der Schifffahrts- und Marinegeschichte hinweg zu Gegenständen der historischen Forschung zu machen.

Christine Keiner nennt als Aufgabe der Marine Environmental History in ihrem Verhältnis zur naturwissenschaftlichen Meeresforschung „to translate ecological findings into rich narratives of interest to generel readers and potential conservation advocates" sowie „to help marine ecologists recognize the cultural and political dimensions of their own practices, as well as the value of integration historical approaches."[147] Die vorliegende Arbeit versucht hier zu ergänzen, dass über die Umweltgeschichte hinaus auch die Geschichtswissenschaft insgesamt von einer intensiveren Auseinandersetzung mit dem Meer profitieren kann. Daher operiert auch diese Untersuchung in einem Grenzbereich der historischen Forschung, in dem die Suche nach interdisziplinären Anknüpfungspunkten eine Gegenwartsproblematik ins Blickfeld der Geschichtsschreibung rückt. Das Ziel der Erweiterung geschichtswissenschaftlicher Themen und Methoden ist hier mit der Chance verbunden, sowohl über die eigene Disziplin als auch über den akademischen Bereich hinaus zu wirken.

---

147 Keiner, How Scientific Does Marine Environmental History Need to Be? 118.

3

MEERESNUTZUNG UND INTERNATIONALES SEERECHT

Geht es nach vielen Rechtshistorikern, Völkerrechtlern und Politikern aus der zweiten Hälfte des 20. Jahrhunderts, so gab es zwei Väter des Seerechts: Hugo Grotius und Arvid Pardo. Der niederländische Rechtsgelehrte und Diplomat aus dem 16./17. Jahrhundert prägte die Formel von der Freiheit der Meere, der maltesische Diplomat und Politiker aus dem 20. Jahrhundert die vom *Common Heritage of Mankind*.[1] Die beiden Prinzipien stellten ihrem jeweiligen Kern nach zwei praktisch entgegengesetzte Rechtsverständnisse im Hinblick auf das Meer dar. Grotius' Konzept propagierte eine naturrechtlich begründete allgemeine Bewegungsfreiheit zur See, Pardos Modell basierte auf einem alle Bereiche des Meeres einschließlich des Tiefseebodens umfassenden Rechtsregime. In einer Hinsicht aber glichen sich die beiden Vorstellungen: Einzelne Staaten oder private Unternehmen oder Gruppen sollten nicht unabhängig über die Meere verfügen können. Dreieinhalb Jahrhunderte lagen zwischen den Konzepten des Niederländers und des Maltesers. Obgleich beide eine Seerechtsordnung von globalem Anspruch entwarfen, waren doch die Kanäle zur Bekanntgabe ihrer Grundgedanken vergleichsweise unspektakulär.

Die Freiheit der Meere war zunächst Teil eines größeren Rechtsgutachtens, das Hugo Grotius 1605 im Auftrag der Niederländischen *Vereinigten Ostindischen Kompanie* anlässlich eines Prisengerichtsverfahrens angefertigt hatte.[2] Der Text erschien im März 1609 unter dem Titel *Mare liberum* und rief sogleich englischen Widerspruch hervor. Im Auftrag von König Jakob I. verfasste John Selden eine gelehrte Entgeg-

---

1 Vgl. dazu die Beiträge im *Jahrbuch für Europäische Geschichte 15 (2014)*: Global Commons im 20. Jahrhundert, hg. von Isabella Löhr und Andrea Rehling, hier besonders Sabine Höhler, Exterritoriale Ressourcen: Die Diskussion um die Tiefsee, die Pole und das Weltall um 1970, 53–82. Außerdem zu den lebenden Ressourcen des Meeres: Sackel, Food justice.
2 Hugo Grotius, *Von der Freiheit des Meeres*, übers. von Richard Boschan, Leipzig 1919.

nung – die allerdings erst 1635 erschien –, deren entgegengesetzte Kernaussage ebenfalls bereits im Titel enthalten war: *Mare clausum*. Der Hintergrund der Auseinandersetzung deutet an, dass es sich nicht um einen akademischen Disput handelte. Vielmehr standen beide berühmte Abhandlungen ganz im Zeichen der politischen und ökonomischen Interessen der damaligen Seemächte bzw. der Staaten, die nach Seemacht strebten. Was bei Grotius so liberal klang, war in Wirklichkeit juristische Munition für einen Machtkonflikt, der charakteristisch für die europäische Expansion der Frühen Neuzeit war.[3]

Arvid Pardo legte seine Grundgedanken über das Seerecht erstmals in einer Rede dar – die er jedoch buchstäblich vor der Weltöffentlichkeit hielt. Im November 1967 sprach Pardo vor der Generalversammlung der Vereinten Nationen in New York und wandte sich gegen die Vereinnahmung der Meere als globales maritimes Glacis für die zunehmend nuklear angetriebenen Flotten der Atommächte, gegen den Missbrauch der Meere als Mülleimer des Industriezeitalters mit seinen immer öfter ebenso nuklearen Abfällen, gegen die unkontrollierte Ausbeutung aller lebenden und nicht-lebenden Ressourcen der Ozeane und nicht zuletzt gegen die wachsende Kluft zwischen den Staaten, die über Technologien und Kapital für gerade diese Ausbeutung verfügten, und denen, die dafür zu arm waren.[4] Die Formel vom Common Heritage of Mankind bezog sich auf Meere und Meeresboden jenseits jener seewärtigen Grenze, bis zu der nationale Gesetze galten. Im Sinne dieser Formel sollten die Rohstoffe des Meeres zum Nutzen der Staatengemeinschaft gewonnen werden, wobei die Entwicklungsländer zum Zwecke ihrer Industrialisierung in besonderer Weise profitieren sollten. Für eine effiziente und gerechte Ressourcennutzung sollten alle Aktivitäten von einer internationalen Behörde koordiniert oder gar selbst durchgeführt werden. Dazu sollte der Transfer der erforderlichen Technologien aus den reichen Ländern beitragen.[5] Dirigismus war der geringste Vorwurf von Seiten der Industrieländer, den sich Pardo und seine Mitstreiter einhandelten und der über den gesamten Verhandlungszeitraum bestehen blieb. Dennoch wurde die Idee vom Common Heritage of Mankind in einer UN-Deklaration festgehalten, angenommen auf der 25. Sitzung der

---

3 Wilhelm Grewe, *Epochen der Völkerrechtsgeschichte*, Baden-Baden 1984, 310–312.
4 United Nations, Official Records of the General Assembly, Twenty-Second Session, Agenda Item 92: Examination of the question of the reservation exclusively for peaceful purposes of the sea-bed and the ocean floor, and the subsoil thereof, underlying the high seas beyond the limits of present national jurisdiction, and the use of their resources in the interests of mankind. URL: http://www.un.org/Depts/los/convention_agreements/texts/pardo_ga1967.pdf [30.04.2018], im Folgenden zitiert als United Nations, Pardo 1967.
5 Ebd., 152.

Generalversammlung vom 17. Dezember 1970.[6] Diese Idee beherrschte alle Treffen zwischen der Eröffnungssitzung im Dezember 1973 in New York – die ersten Verhandlungen fanden in Caracas 1974 statt – und der Unterzeichnung der Konvention am 10. Dezember 1982 im jamaikanischen Montego Bay.[7]

Dass die Konferenz trotz der frühen Vorbehalte gegen ein zentrales Element im Konventionsentwurf zustande kam, lag an der verbreiteten Unzufriedenheit mit der bestehenden Seerechtslage. 1958 war in Genf auf der ersten *United Nations Conference on the Law of the Sea* (UNCLOS) ein Bündel von vier Konventionen verabschiedet worden. Es handelte sich dabei um die Konvention über das Küstenmeer und die Anschlusszone, die Konvention über die Hohe See, die Konvention über die Fischerei und die Erhaltung der lebenden Schätze der Hohen See und schließlich die Konvention über den Festlandsockel. Im Grunde bestätigten die Konventionen für den Bereich der Hohen See das seit Grotius geltende Prinzip der Freiheit der Meere und stellten erste Versuche dar, bisher ungeregelte Fragen zur Verfügung über die Ressourcen des Meeres, besonders im Bereich des Kontinentalschelfs, zu klären.[8] Letzteres war deshalb notwendig geworden, weil die USA mittels der *Truman-Proclamation* vom 28. September 1945 ihre Jurisdiktion auf die dort befindlichen Ressourcen ausgeweitet hatten. Genau genommen, waren es zwei Proklamationen gewesen; die zweite bezog sich auf das Recht zur Regulierung der Fischerei in den Zonen der Hohen See, die den US-Küstengewässern nahelagen, rief aber weniger Widerspruch hervor. Die zuerst genannte Proklamation besaß zeitgenössisch größere Relevanz, weil nach dem Zweiten Weltkrieg die Gewissheit eines steigenden Bedarfs an Erdöl und zunehmend die Möglichkeit zu seiner Gewinnung aus dem Meeresboden im Bereich des Schelfs bestanden.[9]

Wie problematisch sich diesbezüglich die Schaffung eines internationalen Seerechts gestalten würde, zeigte sich an den unmittelbaren Reaktionen auf die Proklamation: Mexiko, Argentinien, Chile und Peru erklärten bis 1947 ähnliche Ansprüche, die jedoch auf unterschiedlichen Definitionen zur Abgrenzung der Einflusszonen basierten. Die USA legten eine 200 Meter-Tiefenlinie zugrunde, Argentinien reklamierte das gesamte und in seinem Fall überdurchschnittlich breite Schelf, Chile und Peru dehnten sogar ihre Souveränitätsansprüche bis zur einer Distanz von 200 Seemeilen vor der Küste aus.[10] Da die Genfer Konvention über das Küstenmeer von 1958

---

6 United Nations, Resolution 2749 (XXV), Declaration of Principles Governing the Sea-Bed and the Ocean Floor, and the Subsoil Thereof, beyond the Limits of National Jurisdiction, URL: http://www.un.org/documents/ga/res/25/ares25.htm [30.04.2018].

7 Grewe, *Epochen der Völkerrechtsgeschichte*, 803–805; Glassner, *Neptune's Domain*, 11–12.

8 Hobe/Kimminich, *Einführung in das Völkerrecht*, 444.

9 Glassner, *Neptune's Domain*, 5.

10 Ebd., 6.

u. a. nicht die Breite desselben regelte, wurde 1960 eine zweite UN-Seerechtskonferenz einberufen. UNCLOS II brachte jedoch keine Klärung in den entscheidenden Fragen.[11] Eine dritte Konferenz war also bereits zu erwarten gewesen, als Arvid Pardo 1967 die Initiative ergriff.

Im Laufe der 1960er Jahre kam außerdem eine Reihe von Gründen hinzu, die 1958 noch keine große Rolle gespielt hatten. Im Zeitraum seitdem waren viele ehemalige Kolonien unabhängig und 41 Staaten zu Mitgliedern der Vereinten Nationen geworden, die sich daher zunehmend mit Fragen der Weltwirtschaft befassten. Ferner zeichneten sich eine Internationalisierung der Wissenschaft – besonders deutlich im Internationalen Geophysikalischen Jahr 1957/58 – und ein wachsendes Bewusstsein für Umweltprobleme auch des Meeres ab; beide Tendenzen verwiesen auf einen umfassenden Regelungsbedarf bei der Nutzung der Meere.[12] Das galt auch für die zunehmende Nutzung ihrer lebenden und nicht-lebenden Ressourcen, und in diesem Zusammenhang galt eine besondere Aufmerksamkeit den technologischen Kapazitäten, die eine Partizipation an der Nutzung der marinen Ressourcen bedingten. Der Meeresbergbau wurde in dieser Dekade zu einer neuen Herausforderung, und zwar in technischer wie in politischer und rechtlicher Hinsicht.[13]

Der Komplexität der Verhandlungsgegenstände entsprachen teilweise krasse politische Gegensätze, die ideologisch, machtpolitisch und nationalökonomisch motiviert waren. Letztlich bewirkten sie ein Konferenzergebnis, das den zuvor gestellten Ansprüchen nicht gerecht wurde und zumal die Ressourcenkonflikte nicht abschließend zu lösen vermochte.[14] Wilhelm Grewe beendete seine 1984 und damit zeitnah zum Abschluss von UNCLOS III erschienene Geschichte des Völkerrechts mit einem nüchternen Blick auf diese Konferenz, in dem sowohl ihre Komplexität als auch ihre globalpolitische Relevanz zum Ausdruck kommt:

> „Wie in einem Brennspiegel haben sich in dieser Seerechtskonferenz alle Probleme, alle Tendenzen und alle Antinomien des Völkerrechts der zweiten Jahrhunderthälfte gebündelt. Rivalität und Zusammenspiel der Supermächte; numerische Übermacht und faktische Ohnmacht der Entwicklungsländer; Verschränkung des Ost-West-Konfliktes mit dem

---

11 Hobe/Kimminich, *Einführung in das Völkerrecht*, 444.
12 Darüber hinaus wurde auch die Meeresforschung selbst zum Gegenstand von UNCLOS, was auch bei ihren Vertretern Befürchtungen auslöste, unter einem neuen Seerechtsregime Einschränkungen hinnehmen zu müssen. Vgl. Hamblin, *Oceanographers and the Cold War*, 249–258.
13 Glassner, *Neptune's Domain*, 9–10.
14 Vgl. zu generellen Problemen der internationalen Regelungen für maritime Ressourcenkonflikte Kurk Dorsey, Crossing Boundaries. The Environment in International Relations, in: Andrew C. Isenberg, *The Oxford Handbook of Environmental History*, Oxford 2014, 688–715, hier besonders 691–694.

Nord-Süd-Gegensatz; nüchterne Machtpolitik und ideologischer Dogmatismus; Ansätze zu einem Völkerrecht der Kooperation und der Solidarität und Rückfall in ein enges, egoistisches Souveränitätsdenken; traditionelle, schon Jahrhunderte diskutierte Rechtsfragen wie die Freiheit der Meere und die Abgrenzung der Hoheitsrechte der Küstenstaaten einerseits, neuartige Regelungsprobleme und -gegenstände wie Umweltschutz, grenzüberschreitender Informationsfluß, Entwicklungshilfe, Technologietransfer andererseits."[15]

Arvid Pardo konnte mit dem Gang der Seerechtsverhandlungen kaum zufrieden sein. Am Ende der Siebziger Jahre, noch vor dem Abschluss von UNCLOS III, erkannte er im bis dato Erreichten zwar eine ausbaufähige Grundlage, doch insgesamt war er vor allem von der Blockadehaltung einer Reihe von wichtigen Industrienationen, einschließlich der Bundesrepublik Deutschland, enttäuscht.[16] Sein Fazit betonte einmal mehr seine Besorgnis über die maritime Zukunft und kündete zugleich von einem gewissen Nationalstolz: „If the world rejects the Maltese dream, [...] it will destroy itself."[17] Dennoch gilt Pardo als geistiger Urheber des UN-Seerechtsübereinkommens (SRÜ) von 1982. Elisabeth Mann Borgese, die als Politikwissenschaftlerin in Fragen des Seerechts und des Meeresschutzes international engagiert war, über viele Jahre mit Pardo zusammenarbeitete und zeitweise seine Lebensgefährtin war, nannte ihn den „Vater des neuen Seerechts".[18] Diese Ehre ließen ihm auch andere angedeihen und erhoben ihn damit zum Erben von Grotius, der gemeinhin auch als „Vater des Völkerrechts" gilt. Indem Pardo die Freiheit des Meeres durch eine administrative Erfassung auch seiner extrem schwer zugänglichen Bereiche ersetzen wollte, indem er also die Meere dem umfassendsten Rechtsregime der Geschichte unterwerfen wollte, kann er als Grotius' geistiger Gegenspieler gelten.

Die United Nations Convention on the Law of the Sea (UNCLOS) – in deutscher Fassung offiziell Seerechtsübereinkommen (SRÜ) – wurde in Montego Bay in Jamaika am 10. Dezember 1982, direkt am ersten Tag, von 117 Staaten unterzeichnet; das war historisch einzigartig und für Martin Ira Glassner ein Beleg für die globale

---

15 Grewe, *Epochen der Völkerrechtsgeschichte,* 805.

16 Arvid Pardo, Law of the Sea Conference – What Went Wrong, in: Robert L. Friedheim (ed.), *Managing Ocean Resources: A Primer,* Boulder, CO 1979, 137–148.

17 Ebd., 148.

18 Elisabeth Mann Borgese, *Mit den Meeren leben. Über den Umgang mit den Ozeanen als globaler Ressource,* Köln 1999, 26; Kerstin Holzer, *Elisabeth Mann Borgese. Ein Lebensportrait,* Berlin ⁸2002, 180; Alexander Proelß, Mit den Meeren leben. Zu Elisabeth Mann Borgeses Konzeption einer gerechten Nutzung der Ozeane, in: Holger Pils / Karolina Kühn (Hg.), *Elisabeth Mann Borgese und das Drama der Meere,* Hamburg 2012, 104–111, hier 104. Zu Mann Borgeses Beziehung zu Pardo vgl. Holzer, Elisabeth Mann Borgese, 180.

Relevanz des Abkommens.[19] In Montego Bay nannte der Präsident der Konferenz, der Botschafter von Singapur Tommy T. B. Koh, die Konvention eine „modern constitution of the oceans."[20] Sie besteht aus 320 Artikeln und neun Anlagen.[21] Der australische Seerechtsexperte Sam Bateman veröffentlichte jüngst eine der prägnantesten Beschreibungen dieses Dokuments: „The law of the sea is the part of public international law that deals with human uses of the oceans and seas of the world, exploiting their resources and preserving their utility for future generations."[22]

Die Nutzung der lebenden Ressourcen des Meeres war dabei eines der ältesten Themen in der Entwicklung des Seerechts. Grotius erklärte in Mare liberum – ganz im naturrechtlichen Tenor der gesamten Schrift – die Beschränkung der Fischerei als generell unzulässig, weil die Ressource Fisch in unerschöpflicher Menge vorhanden sei.[23] Richard Barnes sieht diese Haltung auf dem generellen Problem basierend, dass diese Ressource nicht in ihrer physischen Gesamtheit erfasst und beschrieben werden konnte.[24] So selbstverständlich Grotius diese Haltung im 17. Jahrhundert erschien, so habe das Problem der Überfischung in der Gegenwart ebenso unzweifelhaft seinen Platz im internationalen Recht erhalten, folgert der Brüsseler Völkerrechtler Erik Franckx.[25] Freilich war auch die Frage der lebenden Meeresressourcen weniger der Vollständigkeit halber von Grotius aufgegriffen worden. In einem schottisch-niederländischen Streit um Fischereirechte hatte König Jakob I. von England in einem Edikt von 1604 diesbezügliche Feindseligkeiten untersagt. Konkret ging es um die sogenannten King's chambers, 26 küstennahe Zonen in Mündungsgebieten und Buchten vor der schottischen und englischen Küste, die durch gerade Linien zwischen zwei vorspringenden Punkten im Küstenverlauf abgegrenzt wurden. Jakob – aus der aus Schottland stammenden Dynastie der Stuarts – griff damit auf Seiten der Klage füh-

---

19 Glassner, *Neptune's Domain*, 2.

20 Richard Barnes / David Freestone / David M. Ong, The Law of the Sea: Progress and Prospects, in: dies. (eds.), *The Law of the Sea. Progress and Prospects*, Oxford 2006, 1–27, hier 1; Sam Bateman, UNCLOS and the Modern Law of the Sea, in: N. A. M. Rodger (ed.), The Sea in History: The Modern World, Woodbridge 2017, 70–80, hier 72.

21 United Nations Convention on the Law of the Sea, 10.12.1982, URL: http://www.un.org/ Depts/los/convention_agreements/texts/unclos/unclos_e.pdf [30.04.2018].

22 Bateman, UNCLOS and the Modern Law of the Sea, 70.

23 Grotius, *Von der Freiheit des Meeres*, 48, 52–53, 66.

24 Richard Barnes, The Convention on the Law of the Sea: An Effective Framework for Domestic Fisheries Conservation? In: ders. / David Freestone / David M. Ong (eds.), *The Law of the Sea. Progress and Prospects*, Oxford 2006, 233–260, hier 240.

25 Erik Franckx, The Protection of Biodiversity and Fisheries Management: Issues Raised by the Relationship between CITES and LOSC, in: Richard Barnes / David Freestone / David M. Ong (eds.), *The Law of the Sea. Progress and Prospects*, Oxford 2006, 210–232, hier 210–211; Bateman, UNCLOS and the Law of the Sea, 71.

renden Schotten ein und lieferte ein frühes Beispiel für die einseitige Erklärung von exklusiven Fischereizonen durch den Küstenstaat. Das Vorgehen entsprach dabei dem von England auch in der Folge vertretenen Prinzip des Mare clausum.[26]

Indes erwies sich die Erweiterung der Küstengewässer von drei auf zwölf Seemeilen Reichweite ab Basislinie auf der UN-Seerechtskonferenz als relativ unproblematisch. Auch die Festlegung der Ausschließlichen Wirtschaftszone (AWZ) auf 200 Seemeilen verursachte keinen größeren Disput, da derartige Wirtschaftszonen in der Praxis ohnehin bereits vielerorts existierten.[27] Jedoch gehörte die deutsche Hochseefischerei in dieser Frage zu den Verlierern. Indem diverse Staaten um den Nordatlantik, zunächst insbesondere Island und später Kanada, ihre Wirtschafts- und Fischereizonen eigenständig in den Bereich der Hohen See erweiterten, beanspruchten sie besonders ertragreiche und daher auch für die deutschen Hochseefischer wichtige Fischgründe für sich. Daraus erwuchsen die bereits erwähnten Fischereikonflikte, die von der deutschen Fischwirtschaft als existenzielle Bedrohung wahrgenommen wurden und auf Seiten der Politik und der Fischereiforschung eine Suche nach alternativen Wegen zur Nutzung der biologischen Ressourcen des Meeres auslösten.

Die Ressourcen jenseits des Bereichs der nationalen Jurisdiktion sorgten für den größten Konfliktstoff auf der Konferenz und fanden dementsprechenden Niederschlag in der Konvention. Der Meeresbergbau oder Tiefseebergbau bezieht sich auf den Meeresboden im Bereich der Hohen See, die – wie sonst im Völkerrecht nur noch die Antarktis und der Weltraum – als Internationaler Gemeinschaftsraum gilt und als solcher keiner Gebietshoheit unterliegt.[28] Im SRÜ wird dieser Meeresboden als „das Gebiet" bezeichnet; daher wird dieser Begriff auch in den mit Meeresbergbau befassten Teilen der vorliegenden Arbeit nur nach diesem Verständnis verwendet. Der betreffende Teil XI des SRÜ umfasst die Artikel 133 bis 191 und ist mithin einer der umfangreichsten. Darin geregelt ist nicht nur der Status des Meeresbodens als Common Heritage of Mankind, sondern auch die Funktion einer Behörde zur Verwaltung und Kontrolle aller Bergbauaktivitäten mittels Lizenzvergabe. Mit der Meeresbodenbehörde, die im Übrigen ihren Sitz in Kingston in Jamaika hat, verbunden ist außerdem eine als „Unternehmen" bezeichnete Organisation, die selbst unternehmerisch tätig werden kann, um die Nutzung der mineralischen Ressourcen des Meeres zum Zweck der Umverteilung im Sinne des Common Heritage-Prinzips zu ermöglichen.[29] Somit spiegelt Teil XI der Konvention in Umfang und Komplexität die kontroversen Verhandlungen im Rahmen von UNCLOS III.

---

26 Grewe, *Epochen der Völkerrechtsgeschichte*, 803.
27 Ebd.; Bateman, UNCLOS and the Modern Law of the Sea, 74–75.
28 Hobe/Kimminich, *Einführung in das Völkerrecht*, 439.
29 Ebd., 447–449.

Zweifellos war der Seerechtskodex ein beeindruckendes Konferenzergebnis, und auch die hohe Zahl der Unterzeichner war als Erfolg zu werten. Doch Arvid Pardos böse Vorahnung, dass die Konferenz zentrale Ziele verfehlen würde, hatte sich ebenfalls bewahrheitet. Eine neue Weltwirtschaftsordnung, die auf der Grundlage einer gemeinschaftlichen Nutzung mariner Rohstoffe die Kluft zwischen Industrie- und Entwicklungsländern verringern sollte, entstand nicht, weil die wichtigsten Industrieländer nicht beitraten, darunter die USA, Japan, Großbritannien, Frankreich und die Bundesrepublik Deutschland. Erst als 1994 ein Durchführungsabkommen zu Teil XI geschlossen wurde, nach dem die vorgesehenen Technologietransfers zugunsten der Entwicklungsländer nicht mehr zwingend vorgeschrieben und die Einflussmöglichkeiten innerhalb der Meeresbodenbehörde verändert waren, traten auch diese Staaten sukzessive bei. Für ein Inkrafttreten der Konvention mussten im Übrigen mindestens 60 Unterzeichnerstaaten diese auch ratifiziert haben, was ebenfalls erst 1994 der Fall war. Während die Bundesrepublik noch im gleichen Jahr beitrat, blieben die USA bis heute außen vor.[30]

Deutschlands ablehnende Haltung nach der Konferenz und später Beitritt zur Konvention resultierte im Gegensatz zu den USA oder Großbritannien mit ihren langen Küsten und ausgedehnten Wirtschaftszonen eher aus dem Fehlen dieser Merkmale. Die Bundesrepublik hatte lediglich kurze Küstenlinien in Nord- und Ostsee. Zudem waren die beiden Nebenmeere relativ klein und von einer hohen Zahl von Anrainerstaaten umgeben, was die Ausdehnung der Wirtschaftszonen stark einschränkte. Davon betroffen waren die deutsche Küstenfischerei sowie die Möglichkeit, nicht-lebende Ressourcen des Kontinentalschelfs auszubeuten. Letzteres löste einen Rechtsstreit mit Dänemark und den Niederlanden aus, der vor dem Internationalen Gerichtshof verhandelt wurde. Deutschlands direkte Nachbarstaaten hatten 1966 eine Vereinbarung getroffen, wonach der Anteil beider Staaten am Kontinentalschelf sich an der geografischen Äquidistanz zur Küste orientieren sollte. Die Bundesrepublik wollte sich dieser Auffassung nicht anschließen, weil durch den ungeraden Verlauf der eigenen Küstenlinie in der Deutschen Bucht – quasi im rechten Winkel – ungleiche Anteile entstünden und somit eine Sonderregelung erforderlich sei. Zudem strebte Deutschland nach einem Zugang zu den zentralen Nordseegebieten, in denen Erdöl-Vorkommen vermutet wurden. Nach deutscher Auffassung sollten die nationalen Anteile am Kontinentalschelf in Form von gleichmäßig aufgeteilten Sektoren eingerichtet werden. Der deutsche Sektor wäre gegenüber dem äquidistanten Grenzverlauf auf Kosten der dänischen und niederländischen Ansprüche größer ge-

---

30 Ebd., 449; Proelß, Mit den Meeren leben, 108; Satya Nandan, Administering the Mineral Resources of the Deep Seabed, in: Richard Barnes / David Freestone / David M. Ong (eds.), The Law of the Sea. Progress and Prospects, Oxford 2006, 75–92, hier 77–78.

wesen.[31] Das Gericht bestätigte in seinem Urteil in den *North Sea Continental Shelf Cases* vom 20. Februar 1969 zunächst die Genfer Seerechtskonventionen von 1958, wonach ein Küstenstaat grundsätzlich Rechte am Festlandsockel besitzt, weil dieser einer „natürlichen Verlängerung des Landgebietes bis in die See und unter die See" gleichkomme. Ferner sei eine äquidistante Grenzziehung nicht zwingend und bei Überschneidungen aufgrund von ungeraden Küstenverläufen eine bilaterale Vereinbarung anzustreben.[32] Daher schloss die Bundesrepublik entsprechende Abkommen mit den beiden Nachbarstaaten und erzielte einen größeren Sektor als bei äquidistanter Auslegung, einschließlich einer schmalen Verlängerung bis in die zentrale Nordsee.[33] Dieser Streit war keine Ausnahme; sogar noch um 1990 waren rund 300 bilaterale Auseinandersetzungen zum Verlauf von Seegrenzen zu zählen.[34]

Die historische Entwicklung des Seerechts und die Entstehungsgeschichte des zentralen Dokuments im Rahmen von UNCLOS III waren zutiefst von jenem „nationalen Eigensinn" geprägt, den der *Spiegel* drei Jahre vor Verabschiedung des SRÜ konstatierte. Dieses Merkmal stand – und steht bis heute – in einem gewissen Widerspruch zum Inhalt des SRÜ. Dort heißt es in der Präambel: „The problems of ocean space are closely interrelated and need to be considered as a whole." Die Seerechtsexperten Barnes, Freestone und Ong werteten diese 1982 verabschiedeten Sätze erst vor wenigen Jahren als hochaktuell für das 21. Jahrhundert.[35] Die Wahrnehmung des Meeres als Großökosystem kommt in der Konvention mehrfach deutlich zum Ausdruck: Erstmals wurde eine generelle Pflicht zum Schutz der Meeresumwelt in einem internationalen Abkommen von globaler Reichweite festgehalten (Art. 192); erstmals wurden auf dieser Ebene Mindeststandards zur Verhütung, Reduzierung und Kontrolle von Meeresverschmutzungen definiert (Art. 194) und die Möglichkeit zur staatlichen Durchsetzung vor allem in Häfen fixiert (Art. 218); und ähnliche Regelungen erschienen erstmals im Rahmen der Streitbeilegung in Teil XV (Art. 297 und Annex VIII).[36]

---

31 John R. V. Prescott, *The Political Geography of the Oceans*, Newton Abbot/London/Vancouver 1975, 166–168.

32 Ebd., 168; Grewe, *Epochen der Völkerrechtsgeschichte*, 802.

33 Prescott, *The Political Geography of the Oceans*, 169.

34 Malcolm Anderson, New Borders. The Sea and Outer Space, in: Paul Ganster / David E. Lorey (eds.), *Borders and Border Politics in a Globalizing World*, Oxford 2005, 317–336, hier 323.

35 Barnes/Freestone/Ong, The Law of the Sea, 3. Vgl. aber auch zur mangelnden Flexibilität des Rechtsregimes im Falle von veränderten technischen, wirtschaftlichen oder ökologischen Rahmenbedingungen Dorsey, Crossing Boundaries, 689.

36 Catherine Regdwell, From Permition to Prohibition: The 1982 Convention on the Law of the Sea and Protection of the Marine Environment, in: Richard Barnes / David Freestone / David M. Ong (eds.), *The Law of the Sea. Progress and Prospects*, Oxford 2006, 180–191, hier 181; Bateman, UNCLOS and the Law of the Sea, 80.

Ob der Wandel in der breiten Wahrnehmung des Meeres bis zum Ende des 20. Jahrhunderts im internationalen Rahmen zur Schriftform aufschließen konnte, kann die vorliegende Studie nicht klären. Allerdings kann sie erörtern, welcher Wandel im Kontext der internationalen Entwicklungen in der Bundesrepublik Deutschland im Verhältnis zum Meer und seinen Ressourcen stattfand und ob bis zum Beginn des neuen Jahrtausends das Meer insgesamt einen neuen Stellenwert erhalten hat. Ein regelrechtes deutsches „Meeresbewusstsein", wie es sich der Seerechtsexperte Uwe Jenisch schon 1986 wünschte,[37] darf wohl nach wie vor nicht angenommen werden. Seiner damaligen Ansicht nach müssten sich in Anbetracht des neuen, umfassenden Rechtsregimes durch die UN-Konvention von 1982 Politik, Wissenschaft und Medien darum bemühen, die volkswirtschaftliche Bedeutung des Seeverkehrs für die Bundesrepublik im Allgemeinen und der Offshore-Industrie für die heimische Meerestechnik im Besonderen zu vermitteln. Jenisch forderte Konzepte für eine stärkere Nutzung des maritimen Raumes durch den kontinentalen Staat. „Die kurzen Küsten an den Randmeeren Ostsee und Nordsee bieten allenfalls eine Rücksitzposition", die es auszugleichen gelte.[38] Nun rief Jenisch zwar dazu auf, eine „kohärente deutsche Meerespolitik" in Abstimmung mit Außen-, Entwicklungs- und Europapolitik zu entwerfen. Doch in der Planung der Meeresnutzung möge man sich ein Beispiel an Großbritannien, Frankreich, den USA oder Japan nehmen.[39] Er vertrat mithin die Ansicht, dass zunächst eine nationale Meerespolitik geformt werden sollte, bevor eine langfristige Nutzung der marinen Ressourcen unter den veränderten internationalen Bedingungen realistisch würde.

Jenisch sah im deutschen öffentlichen Bewusstsein ein Defizit, was das Wissen um die Bedeutung des Meeres betraf. Seine Forderung nach der schrittweisen Beseitigung dieses Defizits kann deshalb weniger als Ausdruck von „nationalem Eigensinn" gelesen werden, der im *Spiegel*-Artikel von 1979 als Kernproblem der internationalen Verständigung über die Nutzung der marinen Ressourcen ausgemacht worden war. Er verweist aber auf einen Umstand, der die deutschen Äußerungen über marine Ressourcen im Untersuchungszeitraum prägte: Die beteiligten Akteure verfolgten ihre Interessen aus einer nationalen Perspektive und versuchten, sie auf internationaler Ebene durchzusetzen. Internationale Zusammenarbeit diente diesem Zweck, beispielsweise bei der Abstimmung einer gemeinsamen Position einer Reihe von Industrienationen in der Frage des Meeresbergbaus gegenüber der Mehrheit der Entwicklungsländer auf der Seerechtskonferenz. Internationale Kooperation gab es außerdem in der Industrie, die im Rahmen eines internationalen Manganknollen-Joint Ventures

---

37 Jenisch, Das Meeresbewußtsein der Deutschen.
38 Ebd., 202.
39 Ebd., 204–205.

nicht nur das Investitionsvolumen, sondern auch den Druck auf die Bundesregierung in Sachen Förderpolitik zu erhöhen versuchten.

Die europäische Ebene blieb aus diesem Blickwinkel lange Zeit untergeordnet. Die Fischerei war zwar spätestens mit der ersten Erweiterung der EG 1973 um die großen Fischereinationen Großbritannien, Irland und Dänemark zu einem besonders umstrittenen Politikfeld innerhalb der Gemeinschaft geworden,[40] doch in der bundesdeutschen Debatte um die biologischen Ressourcen des Meeres fanden die komplizierten und hochspeziellen Verhandlungen und Regelungen nur relativ schwach Niederschlag. Die regelmäßige Festlegung von Fangquoten war zwar Thema in der Fachöffentlichkeit, also vor allem in den Organen der Fischwirtschaft, aber auch hier gab es eine übergeordnete Ebene in der Debatte um die marinen Ressourcen, auf der es allgemeiner um „das Meer" und seine Nutzung ging. Für die öffentliche Wahrnehmung des Verhältnisses von Meer und Mensch insgesamt war das spezielle und diffizile Feld der Fischereipolitik nicht vorrangig. Die Aufmerksamkeit erhöhte sich nur vereinzelt, etwa durch die Einführung der *Gemeinsamen Fischereipolitik* (GFP)[41] der EG 1983. Zu einer ganzheitlichen Meerespolitik ging jedoch auch das vereinte Europa erst zu Beginn des 21. Jahrhunderts über.[42]

40 Katja Seidel, Die Errichtung des „Blauen Europa" – die Gemeinsame Fischereipolitik, in: *Die Europäische Kommission 1973–1986. Geschichte und Erinnerungen einer Institution*, Luxemburg 2014, 343–350.

41 Robin Churchill / Daniel Owen, *The EC Common Fisheries Policy*, Oxford 2010; Mike Holden, *The Common Fisheries Policy. Origin, Evaluation and Future*, Oxford 1994; Michael Leigh, *European Integration and the Common Fisheries Policy*, London/Canberra 1983.

42 Lydia Rudolph, Die Maritime Politik der Europäischen Union, in: Peter Ehlers / Rainer Lagoni (eds.), *Maritime Policy of the European Union and Law of the Sea (Schriften zum See- und Hafenrecht, Bd. 13)*, Hamburg 2008, 11–30.

4

FISCHEREI: DER LANGSAME ABSCHIED VON DER UNERSCHÖPFLICHKEIT

4.1 Alte Gewissheiten und leise Zweifel

Manche Veröffentlichung zum Verlust von mariner Biodiversität und mithin von biologischen Ressourcen aus den Meeren zeichnet sich durch eine bemerkenswerte Dramatik aus: „Das Haus brennt, und dieses Buch ist der Feueralarm",[1] beginnt der amerikanische Meeresbiologe Richard Ellis sein Buch zum Artenschwund in den Ozeanen. Ganz ähnlich schreibt der Kieler Ozeanforscher Mojib Latif: „Dieses Buch über die Ozeane ist als Weckruf gedacht. Als Mahnung an uns alle, die Meere endlich zu schützen. Denn wir behandeln die Ozeane schlecht. So schlecht, dass die Meere inzwischen ächzen. […] Wir beuten die Meere ohne Gnade aus."[2] Dass der gnadenlos ausgebeutete Fischreichtum des Meeres keineswegs unerschöpflich ist, thematisieren Experten der Meeresforschung freilich nicht erst seit wenigen Jahren. Das Problem erschien bereits in der Mitte des 20. Jahrhunderts in Schriften, die nicht nur eine damals im Allgemeinen noch wenig bekannte Ressourcenknappheit einer breiteren Öffentlichkeit nahezubringen versuchten, sondern ihrerseits auf noch frühere Phasen der Überfischungsdebatte hinwiesen.[3]

Noch vor der Popularisierung von Erkenntnissen aus der Forschung, im engeren Rahmen des wissenschaftlichen Diskurses, entwickelten einzelne Beiträge zu Problemen der Ressourcennutzung große Strahlkraft und trugen zur Entwicklung eines einschlägigen Problembewusstseins bei. Ein solcher Beitrag war Garrett Hardins Text zur „Tragödie der Allmende". Der kalifornische Biologe publizierte 1968 in Science einen nachgerade berühmten Artikel ebendieses Titels über das Verhältnis von Be-

---

1 Richard Ellis, *Der lebendige Ozean. Nachrichten aus der Wasserwelt*, Hamburg 2006, 9.
2 Mojib Latif, *Das Ende der Ozeane. Warum wir ohne die Meere nicht überleben werden*, Freiburg i. Br. 2014, 11.
3 Siehe z. B. John S. Colman, *Wunder des Meeres*, Stuttgart 1952, 216–223.

völkerungswachstum und Welternährung.[4] Er verwies darin auf den Umstand, dass gemeinschaftlich genutzte Ressourcen – zum Beispiel Weideland – in dem Maße an Produktivität verlieren, in dem einzelne Nutzer von der Möglichkeit Gebrauch machen, ihren Anteil am Ertrag zu vergrößern. Hardin plädierte für eine verordnete Begrenzung des freien Zugriffs auf die Allmende, weil er es als erwiesen ansah, dass sich individuelle Nutzer keine freiwilligen Beschränkungen zum Wohle des kollektiven Nutzens auferlegen. Vielmehr seien sie bis zur völligen Erschöpfung der Allmende an der Optimierung ihrer Zugriffsweise bemüht. Hardin bezog seine Überlegungen auch auf die Ozeane. Obgleich bereits immer mehr Arten im Rückgang begriffen seien, würden nach wie vor der Grundsatz von der Freiheit der Meere und der Glaube an die Unerschöpflichkeit des Fischreichtums auch zur See zur Tragödie der Allmende führen.[5]

Hardins Artikel erfuhr internationale Resonanz in Umweltdebatten, stieß aber gerade bei Historikern auch auf Ablehnung. Sie sahen insbesondere im lokalen Bereich historische Beispiele für einen gemeinwohlorientierten Umgang mit der Allmende.[6] In der deutschen Umweltgeschichtsschreibung tritt Hardin gelegentlich in Erscheinung; so sieht Joachim Radkau seine These als wichtigen Akzent im Entstehen des Umweltbewusstseins im 20. Jahrhundert.[7] Die deutsche Agrargeschichte dagegen ignorierte Hardin weitgehend, wie Frank Uekötter schreibt. Hier wurde die Allmende „zumeist nicht als ökologisches, sondern als sozioökonomisches und politisches Konfliktfeld analysiert".[8]

Eine ähnliche Feststellung wie Uekötter bezüglich der Tragödie der Allmende trifft Joachim Radkau zum Begriff der Nachhaltigkeit.[9] Dessen Entstehung im Kontext der Forstwirtschaft und vor allem sein historischer Gebrauch im politischen Diskurs wiesen darauf hin, „daß Nachhaltigkeit ursprünglich mehr ein ökonomischer als ein ökologischer Begriff war und es auch heute teilweise ist."[10] Dieses Charakteristi-

---

4 Garrett Hardin, The Tragedy of the Commons, in: *Science 162 (1968)*, 1243–1248.

5 Ebd., 1245. Vgl. ferner Heidbrink, „Deutschlands einzige Kolonie ist das Meer!", 185–187.

6 Michael Heiman, Art. „Tragedy of the Commons", in: Shepard Krech III / John R. McNeill / Carolyn Merchant (eds.), *Encyclopedia of World Environmental History, Vol. 3: O–Z*, New York/ London 2004, 1216–1218; Kehrt/Torma, Einführung: Lebensraum Meer, 313–314.

7 Radkau, *Natur und Macht*, 90 f.

8 Uekötter, *Umweltgeschichte im 19. und 20. Jahrhundert*, 79.

9 Joachim Radkau, „Nachhaltigkeit" als Wort der Macht. Reflexionen zum methodischen Wert eines umweltpolitischen Schlüsselbegriffs, in: François Duceppe-Lamarre / Jens Ivo Engels (Hg.), *Umwelt und Herrschaft in der Geschichte (Ateliers des Deutschen Historischen Instituts Paris, Bd. 2)*, München 2008, 131–136. Zur Begriffsgeschichte außerdem: Ulrich Grober, *Die Entdeckung der Nachhaltigkeit. Kulturgeschichte eines Begriffs*, München 2013.

10 Radkau, „Nachhaltigkeit" als Wort der Macht, 133.

kum gerate leicht in Vergessenheit, da besonders seit der UN-Klimakonferenz in Rio de Janeiro von 1992 eine „Inflation" dieses Gebrauchs zu beobachten sei.[11] Die hinter dem Begriff stehende Idee einer Ressourcennutzung, die nur so weit geht, dass die Fähigkeit der Ressource zur Reproduktion nicht eingeschränkt wird, kennzeichnete auch die Geschichte des Fischereimanagements. Der Begriff Nachhaltigkeit wurde hier jedoch erst spät explizit verwendet.[12]

Der Grund dafür lag in der lange wirksamen Vorstellung von der Unerschöpflichkeit der Reichtümer des Meeres. Noch in den 1950er Jahren war sie unter Fischern, Fischereibiologen und politischen Entscheidungsträgern verbreitet. Meeresforscher wurden zwar seit der Mitte des 19. Jahrhunderts immer wieder mit Klagen von Fischern über schwindende Bestände konfrontiert, trafen ihre Einschätzungen aber regelmäßig unter dem Vorbehalt, dass der Einfluss des Menschen nicht ausreiche, um die Meere tatsächlich zu erschöpfen.[13] Diese Gewissheit bezogen sie aus der Beobachtung eines rund tausendjährigen, ungebremsten Wachstums der europäischen und später auch nordamerikanischen Fischerei, das höchstens gelegentlichen und begrenzten Schwankungen unterlag.[14]

Die Fischwirtschaft der jungen Bundesrepublik Deutschland setzte den Topos der unerschöpflichen Meere noch jahrelang in der Werbung ein. So gab die Bremerhavener Fischmehlfabrik *Unterweser Fuhrmann & Co* im Jahr 1952 eine aufwändig bebilderte Broschüre mit dem Titel *Das Meer, der unerschöpfliche Quell eiweißreicher Nahrung* heraus. Das Unternehmen positionierte sich darin selbst an der Schnittstelle vom Menschen zum Meer und seinen biologischen Ressourcen: „Bremerhaven, die Geburtsstätte der deutschen Hochseefischerei, erwacht zu neuem Leben und nimmt seine alte Stellung in der Versorgung des Binnenlandes wieder ein."[15] Und im Jahr 1958 lautete der Titel einer doppelseitigen Anzeige der *Deutschen Heringshandels-*

---

11 Ebd., 132.

12 Vgl. z. B. Roberts, *The Unnatural History of the Sea*, 106–109. Allmende-Gedanken aus Sicht des Seerechts bei Kurt-Peter Merk, Das Rechtsregime der Meere – Verschwendung, Raubfang und Piratenfischerei, in: Peter Cornelius Mayer-Tasch (Hg.), *Meer ohne Fische? Profit und Welternährung*, Frankfurt a. M./New York 2007, 125–145.

13 Carmel Finley, *All the Fish in the Sea. Maximum Sustainable Yield and the Failure of Fisheries Management*, Chicago/London 2011, 2; W. Jeffrey Bolster, *The Mortal Sea. Fishing the Atlantic in the Age of Sail*, Cambridge, MA 2014, 2.

14 Roberts, *The Unnatural History of the Sea*, 192.

15 Fischmehlfabrik „Unterweser" Fuhrmann & Co (Hg.), *Das Meer, ein unerschöpflicher Quell eiweißreicher Nahrung*, Bremerhaven 1952, 5. Die Broschüre versuchte nach eigenem Bekunden, bei der „Verbraucherschaft [...] Verständnis zu wecken für die harte Arbeit der Fischer sowie für die vielfältigen Aufgaben der Industrie." Ebd. Wie ausführlich die Verbraucherschaft überhaupt über die Einzelheiten der äußerst geruchsintensiven Fischmehlproduktion informiert werden wollte, erörterten Fuhrmann & Co nicht.

Gesellschaft in der *Allgemeinen Fischwirtschaftszeitung*: „Die Natur sorgt für Ausgleich". Ohne die Vorgänge in der Natur mehr als lückenhaft nachvollziehen zu können, bleibe dies dem Menschen als „große beglückende Erkenntnis", die vor allem dem Fischer „seit Jahrtausenden" bewusst sei, „gleich, auf welchen Meeren er seine Netze auswirft. [...] Unermüdliches Ausharren und anhaltende Geduld werden schließlich immer belohnt." Die guten Heringsfänge der Saison seien „ein reiches Geschenk der Natur, für das wir dankbar sein wollen."[16] Zwar findet hier keine explizit religiöse Deutung statt, doch die Aufforderung zur Dankbarkeit für das „Geschenk der Natur" besitzt eine vergleichbare Funktion. Für die Existenz des Fischreichtums ist nicht der Mensch verantwortlich, sondern die Natur. Sie wird ganz buchstäblich als unerschöpflich präsentiert, womit von vornherein alle etwaigen Überlegungen zur Zurückhaltung bei der Nutzung dieses Nahrungsangebots obsolet erscheinen. Lediglich natürliche Schwankungen müsse der Mensch bisweilen akzeptieren, ein Ende dieses Reichtums komme aber wohl nie in Sicht.

Derartiges in der Werbung des Fischhandels zu lesen, ist nicht überraschend, zumal sich die *Allgemeine Fischwirtschaftszeitung* (AFZ) als „Zentralorgan für die gesamte Fischwirtschaft" verstand und als Informationsplattform für alle mit Fischerei befassten Unternehmen und Verbände sowie staatliche Stellen mit Fischereibezug in Deutschland fungierte. Sie war das Produkt der drei im Mai 1950 zusammengeschlossenen Fachblätter *Die Fischwoche*, *Fischereiwelt* und *Fischwirtschaftszeitung* und erschien zunächst dreimal monatlich.[17] Es lohnt sich, allen drei Narrativen, die dem Erkenntnisinteresse dieser Arbeit zugrunde liegen, über den Untersuchungszeitraum hinweg in der AFZ nachzugehen: dem Mythos von der Unerschöpflichkeit der Ressourcen des Meeres, der Vorstellung von der prinzipiellen Machbarkeit bei ihrer Nutzung, dem Bewusstsein für die Verwundbarkeit des Meeres als Ökosystem und – am fundamentalsten – dem Verständnis vom Verhältnis zwischen Mensch und Meer bzw. zwischen Mensch und Natur.

Im ersten Jahrzehnt ihres Bestehens brachten Beiträge von den Redakteuren der AFZ oder von externen Autoren regelmäßig den Glauben an die prinzipielle Unerschöpflichkeit der Fischbestände zum Ausdruck. Unter der überzeugten Überschrift „Keine Zukunftssorgen!" fasste ein Artikel diese Haltung in wenigen Absätzen zusammen:

> „Der Fisch ist kein Großwild. Man könnte ihn eher mit unseren Insekten vergleichen. Ebenso wie es den Menschen unmöglich ist, Heuschrecken-, Mücken- und Fliegenplagen

---

16 *AFZ 10, Nr. 10* vom 8.3.1958, 20–21.
17 *Fischwirtschaftszeitung 2, Nr. 12,* 3. Aprilausgabe 1950, 1.

auszumerzen, ebenso ist es ihm auch unmöglich, grundlegende Veränderungen im Fischbestand unseres Meeres hervorzurufen."[18]

Die Fischbestände der Weltmeere erscheinen hier nicht nur als zahlenmäßig unfassbar, sondern auch als natürliche Gegebenheit, die als solche höchstens partiell der Verfügungsgewalt des Menschen unterliegt. Eine grundsätzliche Veränderung dieses Naturzustands liegt außerhalb des Möglichen, und so muss die Ressource Fisch faktisch unerschöpflich erscheinen. Zu dieser Sichtweise bietet der Artikel eine Erklärung:

> „So merkwürdig es klingt, je moderner eine Fischerei ist, um so weniger ist sie imstande, die Fischbestände zu gefährden. Denn eine Modernisierung des Fischereibetriebes bedeutet gleichzeitig eine Intensivierung des Fanges, d. h. höhere Fangerträge bei kürzerer Fangdauer. Eine Erhöhung der Fangerträge setzt aber einen reichen, ergiebigen Fischbestand voraus. Ist dieser aus irgendwelchen Gründen nicht vorhanden, so muß der Fischdampfer neue Fischgründe aufsuchen, wenn sein Betrieb rentabel arbeiten soll. Ein gelichteter Fischbestand ist damit vor weiterer Befischung gesichert."[19]

Diese Erklärung rekurriert nüchtern auf wirtschaftliche Prinzipien und versteht die Ressource nicht als Schöpfung oder als Geschenk, verzichtet also mithin auf jegliche religiöse oder poetische Aufladung. Vielmehr leitet sie eine faktische Unerschöpflichkeit des Reichtums der Meere daraus ab, dass die Mittel zu seiner Ausbeutung aus Gründen der ökonomischen Vernunft stets angepasst werden müssten und dem Druck auf die Fischbestände ausreichend Grenzen gesetzt wären. Den Gedanken der Unbegrenztheit enthalten die Überlegungen dennoch, nämlich in Gestalt des Fischdampfers, der immer nur die nächsten Fischgründe anzusteuern braucht, ohne befürchten zu müssen, irgendwann einmal ein leeres Meer zu erreichen. Die Unerschöpflichkeit erscheint implizit in Form einer unbegrenzten Regenerationsfähigkeit der Fischbestände. Diese Regeneration vollzieht sich scheinbar mit einer Geschwindigkeit, die – auch im globalen Rahmen – fischend nicht zu übertreffen ist. Der folgerichtige Schluss:

> „Die Produktion der Hochseefischerei kann noch weit über den jetzigen Weltertrag von 20 Millionen Tonnen hinaus gesteigert werden, ohne dadurch die obere Grenze der Produktionsmöglichkeit der Meere zu erreichen."[20]

---

18 *AFZ 2, Nr. 31*, 1. Novemberausgabe 1950, o. S.
19 Ebd.
20 Ebd.

In den 1950er Jahren lagen mutige und vorsichtige Annahmen hinsichtlich der Produktivität der Meere noch gleichauf. Werner Schnakenbeck, der vormalige Direktor des Instituts für See- und Küstenfischerei der Reichsanstalt für Fischerei, ging von drei Faktoren bei der biologischen Produktionsfähigkeit des Meeres und dem Grad seiner Nutzung durch den Menschen aus: „das Meer als Produktionsgebiet, das Land als Basis und Absatzgebiet, der Mensch als Ausübender."[21] Mit dem Wissen um die Unterschiede im Nährstoffreichtum der Ozeane ebenso wie in der historischen Entwicklung der Fischerei beurteilte Schnakenbeck den „Zustand einer Seefischerei [als] das Produkt aus der Gunst oder Ungunst von Meer, Küste und Land und aus der Fähigkeit oder Unfähigkeit der Menschen."[22] Schnakenbeck erörterte differenziert und ging auch auf die Frage einer möglichen Übernutzung ein, ohne diese jedoch herauszuheben:

> „So findet man Gebiete, in denen eine intensive fischereiliche Nutzung des Meeres erfolgt, so intensiv, daß schon Bedenken – mögen sie berechtigt oder unberechtigt sein – bestehen, ob nicht die Nutzung schon die Grenze der natürlichen Leistungsfähigkeit überschritten hat. Andererseits gibt es Gebiete, die ohne Frage bei weitem noch nicht so genutzt werden, wie es ihrer Natur nach möglich wäre."[23]

Grundsätzlich optimistische Prognosen finden sich auch in den folgenden Jahren regelmäßig in der AFZ. Im Frühjahr 1954 beschrieb ein Artikel „Das Meer als Rohstoff- und Nahrungsmittelquelle" und zur Ernährung der wachsenden Weltbevölkerung die Möglichkeiten des Menschen, „das Meer zu kultivieren, wie er seit Tausenden von Jahren das Land kultiviert."[24] Der Text referierte verschiedene Nutzungspotenziale: die Verwendung von Seetang als Nahrungsmittel und in Pharmazie, Kosmetik und Textilfabrikation, die Befischung von Fischbeständen in tiefen Wasserschichten sowie die Süßwasserfischzucht. Insbesondere in die Echolottechnik wurde einige Hoffnung gesetzt, um dem in den größeren Meerestiefen vermuteten Nahrungsangebot auf die Spur zu kommen. Entsprechende Forschungen zur Hydroakustik fanden schon in den 1930er Jahren insbesondere in Großbritannien, Frankreich und Norwegen statt.[25]

---

21 Werner Schnakenbeck, *Die deutsche Seefischerei in Nordsee und Nordmeer*, Hamburg 1953, 11. Zur Person Schnakenbecks vgl. Sparenberg, *„Segen des Meeres"*, 118.
22 Schnakenbeck, *Die deutsche Seefischerei in Nordsee und Nordmeer*, 19.
23 Ebd.
24 Das Meer als Rohstoff- und Nahrungsmittelquelle, in: *AFZ 6, Nr. 23, 1954*, 6.
25 Vera Schwach, An Eye into the Sea. The Early Development of Fisheries Acoustics in Norway, 1935–1960, in: Helen M. Rozwadowski / David K. van Keuren (eds.), *The Machine in Neptune's Garden. Historical Perspectives on Technology and the Marine Environment*, Sagamore Beach 2004, 211–242, hier 213.

Da zudem im Zweiten Weltkrieg hydroakustische Technik eine zentrale Rolle auf dem Gebiet der U-Boot-Ortung spielte, entwickelte sie sich mit hoher Geschwindigkeit und stand nach Kriegsende in deutlich verbesserter Form für den Einsatz in der Fischerei zur Verfügung. Ihre Adaption für die zivile Nutzung wurde besonders intensiv in Norwegen vorangetrieben.[26] Seit den 1960er Jahren ermöglichte der technische Standard den Fischern, verschiedene Nutzfischarten aufgrund der Echosignale voneinander zu unterscheiden.[27]

Noch mangelte es freilich an gesichertem Wissen darüber, mit welcher Beute bei der viel weiteren vertikalen Ausdehnung der Fischerei in der Wassersäule zu rechnen war, ob mit „Fischen, Tintenfischen, Garnelen oder bisher unbekannten Lebewesen."[28] Unter Berufung auf Schätzungen der Vereinten Nationen zu den Potenzialen der weltweiten Fischerei, wonach die „gegenwärtigen Fänge glatt verdoppelt werden" könnten, schloss der Artikel mit der Vermutung, „daß es der Menschheit durch verhältnismäßig geringe Investitionen in wenigen Jahren schon möglich sein wird, das Tor zu dieser unerschöpflichen Schatzkammer aufzutun: die sieben Weltmeere."[29]

Obgleich nur wenige Absätze zuvor auf die weitgehende Unkenntnis vom Leben in den Tiefen der Meere hingewiesen worden war, galten die Ozeane folglich auch in dieser Betrachtung als faktisch unerschöpflich. Sie standen „der Menschheit" zur Verfügung und warteten gleichsam nur darauf, erschlossen oder besser: als „Schatzkammer" entdeckt zu werden. Damit enthielten die Ausführungen zugleich die prinzipielle Idee der Machbarkeit hinsichtlich einer ergiebigen Nutzung der maritimen Ressourcen. Ohne näher auf die technischen oder finanziellen Erfordernisse zur Erschließung der Weltmeere einzugehen, kam hier zum Ausdruck, dass die Ozeane nicht nur über grenzenlose Reserven verfügten, sondern auch deren Aneignung eine politisch und technisch lösbare Aufgabe war.[30]

Gerade letzteres war der Gegenstand in den Diskussionen um das Konzept des *Maximum Sustained Yield* (MSY), das ab 1949 von den USA verfolgt und in den folgenden Jahren im Rahmen der Internationalen Beziehungen offensiv propagiert wurde.[31]

---

26 Ebd., 225; Holm, World War II and the „Great Acceleration" of North Atlantic Fisheries, 80–81.

27 Schwach, An Eye into the Sea, 214.

28 Das Meer als Rohstoff- und Nahrungsmittelquelle.

29 Ebd. Grundsätzliche Zuversicht in die moderne Fischereitechnik auch bei Willi Rudolph, *Nahrung und Rohstoffe aus dem Meer*, Stuttgart 1946, 17.

30 Jennifer Hubbard, Mediating the North Atlantic Environment: Fisheries Biologists, Technology, and Marine Spaces, in: *Environmental History 18 (2013)*, 88–100.

31 Carmel Finley, A Political History of Maximum Sustained Yield, 1945–1955, in: David J. Starkey / Poul Holm / Michaela Barnard (eds.), *Oceans Past: Management Insights from the History of Marine Animal Populations*, London 2008, 189–206.

Das MSY-Konzept basierte auf der bereits im 19. Jahrhundert vorgetragenen Idee, dass einem Fischbestand nur diejenige Menge an Fisch entnommen werden sollte, die seine Reproduktionsfähigkeit nicht reduzierte. Mit dem Fischereibiologen Wilbert McLeod Chapman als Experten an der Spitze wurde MSY zur offiziellen Leitlinie der US-Fischereipolitik und trat in einem Fischereiabkommen mit Mexiko vom Januar 1949 international in Erscheinung.[32] Dahinter steckte nicht in erster Linie ein ökologisches, sondern ein politisches Motiv.[33] In Anbetracht der Bestrebungen diverser Küstenstaaten um Einschränkung der Freiheit der Fischerei in bis zu 200 Seemeilen breiten Zonen versuchten die USA, das MSY-Konzept als wissenschaftlich abgestützte und deshalb vermeintlich bessere Alternative für ein Fischereimanagement durchzusetzen. Besagte Bestrebungen, wie sie zum Beispiel Island bereits 1948 zeigte, gingen freilich zurück auf die Truman-Proklamation von 1945 – nicht zu verwechseln mit der Truman-Doktrin –, in der US-Präsident Harry S. Truman ausgerufen hatte.[34] Mit der internationalen Akzeptanz einer an MSY orientierten Politik verbanden die USA die Hoffnung, dass die eigene Fischereiflotte Zugang zu den fischreichen Schelfmeeren vor den Küsten anderer Länder behielt. Das wurde besonders deutlich auf der FAO-Konferenz in Rom im April/Mai 1955. Es gelang der US-Delegation unter Chapman und William Herrington, eine wenn auch knappe Mehrheit der 45 Teilnehmerstaaten für die Annahme von MSY als fischereipolitische Leitlinie der Vereinten Nationen zu gewinnen.[35] Die von manchen Experten geäußerte Kritik an den wissenschaftlichen Schwächen des Konzepts konnte daran nichts ändern. Die politischen Interessen seiner Verfechter wogen stärker als der Einwand, dass die Fischereiwissenschaft gar nicht die Möglichkeiten besaß, Meereslebewesen verlässlich zu quantifizieren und damit überhaupt das Maximum der Ertragsfähigkeit eines Fischbestands angeben zu können.[36]

Das Wissen über die Zusammenhänge im Ökosystem Ozean war dafür noch viel zu gering, weshalb Carmel Finley das Ergebnis der FAO-Konferenz von 1955 als „disaster for fisheries science" bezeichnete.[37] Auch Kurk Dorsey urteilt negativ: „In short, MSY served as a smokescreen, casting political goals as scientifically valid."[38] Tim Smith bewertete das FAO-Treffen aufgrund der intensiven Diskussionen immer-

---

32 Ebd., 193.
33 Dorsey, Crossing Boundaries, 699–700.
34 Heidbrink, „Deutschlands einzige Kolonie ist das Meer!" 71.
35 Ebd., 199–201.
36 Ebd., 204.
37 Finley, All the Fish in the Sea, 155.
38 Dorsey, Crossing Boundaries, 700.

hin als den Zeitpunkt, ab dem die internationale Fischereiwissenschaft sich umso intensiver um neue und zuverlässige Methoden bemühte.[39]

Vor diesem Hintergrund erscheint es nicht allzu verwunderlich, dass der Topos Unerschöpflichkeit in der AFZ noch etwas länger strapaziert wurde. Als das Blatt im Oktober 1959 einen übersetzten Beitrag des US-Meeresforschers Columbus O'Donnell Iselin vom Ozeanografischen Institut Woods Hole in Massachusetts abdruckte, versah die Redaktion den Text mit dem Untertitel: „Das Meer als unerschöpflicher Lebensquell".[40] Dabei äußerte sich der Autor im Wesentlichen zu Meeresströmungen und dem Zusammenwirken von Ozeanen und Atmosphäre sowie der Situation der internationalen Meeresforschung. O'Donnell Iselins Aussagen zu den biologischen Verhältnissen in den Meeren blieben vage, eher betonte er das Ausmaß der Unkenntnis. Was dennoch dazu geführt hatte, den Beitrag in den Kontext der Unerschöpflichkeitsvorstellung zu stellen, war wohl der fast schon formelhafte Optimismus, den der US-Forscher mit einem Zuwachs an Meereswissen verband:

> „Im Interesse einer ausreichenden Ernährung der Menschheit in der Zukunft ist jedoch eine genauere Kenntnis der ‚Produktivität' der Meere von größter Bedeutung. Nur ein Prozent der menschlichen Nahrung wird heute aus dem Meer gewonnen. Mit Sicherheit können wir aber jetzt schon sagen, daß damit das Potential nur zu einem winzigen Bruchteil ausgeschöpft wird."[41]

Erkennbar ist somit auch hier, wie aus dem Umstand des mangelnden Wissens die optimistische Annahme von einer dauerhaften Verfügbarkeit maritimer Ressourcen abgeleitet wurde. Faktische Beschönigungen mit dem Ziel einer Bewahrung überkommener Vorstellungen von der Unerschöpflichkeit der Meere waren jedoch auch im Zentralorgan der deutschen Fischwirtschaft bald nicht mehr aufrechtzuerhalten.[42]

39 Tim D. Smith, *Scaling Fisheries. The Science of Measuring the Effects of Fishing, 1855–1955*, Cambridge 1994, 335.

40 Columbus O'Donnell Iselin, Unsere Erde – ein Wasserplanet. Das Meer als unerschöpflicher Lebensquell, in: *AFZ 11, Nr. 44 vom 31.10.1959*, 13–14.

41 Ebd., 14. Columbus O'Donnell Iselin war indes kein Fischereiexperte, allerdings betrieb er in Woods Hole durchaus anwendungsorientierte Ozeanografie. Mit Beginn des Zweiten Weltkriegs sorgte er für eine enge Verbindung seiner wissenschaftlichen Institution zur US-Marine und beteiligte sich u. a. intensiv an der Entwicklung von U-Boot-Ortungssystemen. Vgl. Gary E. Weir, Fashioning Naval Oceanography. Columbus O'Donnell Iselin and American Preparation for War, 1940–1941, in: Helen M. Rozwadowski / David K. van Keuren (eds.), *The Machine in Neptune's Garden. Historical Perspectives on Technology and the Marine Environment*, Sagamore Beach 2004, 65–91.

42 Zum Unterschied in der Einschätzung der Unerschöpflichkeit in Deutschland und den USA vgl. Sparenberg, *„Segen des Meeres"*, 387.

In den 1960er Jahren formulierten die Autoren der AFZ stärker abwägend und standen weniger deutlich im Kontrast zu den Stimmen aus der Fischereiforschung, die von Beginn an ihren Platz in der Zeitschrift hatte und naturgemäß differenzierter über die Möglichkeiten der Meeresnutzung urteilte. Freilich bestand zwischen beiden Akteursgruppen von Beginn an, also seit Gründung der ersten fischereiwissenschaftlichen Einrichtungen im ausgehenden 19. Jahrhundert in Deutschland, eine klare Schnittmenge. Friedrich Heincke, einer der ersten deutschen Fischereibiologen, empfahl bereits 1888 eine meeresbiologische Grundlagenforschung, die stets die Entwicklung der damals noch jungen deutschen Hochseefischerei im Blick haben sollte.[43]

Besonders deutlich zeigte die enge Kooperation zwischen Fischwirtschaft und Fischereiforschung eine „Festausgabe" der AFZ anlässlich der Einweihung der neuen *Bundesforschungsanstalt für Fischerei* in Hamburg im Juni 1962. Die Beiträge zu den Tätigkeitsbereichen der fünf Institute unter dem Dach der Bundesforschungsanstalt – das *Institut für Seefischerei*, das *Institut für Küsten- und Binnenfischerei*, das *Institut für Netz- und Materialforschung*, das *Institut für Fischverarbeitung* und die *Biologische Anstalt Helgoland* – stammten aus der Feder der jeweils führenden Wissenschaftler und standen unter dem Motto „Wissenschaft und Fischerei".[44] Von Unerschöpflichkeit war hier nicht einmal in den zahlreichen Grußworten die Rede. Selbst den noch am ehesten traditionell formulierten Eingangsworten des Vorsitzenden des *Finkenwerder Seefischervereines*, Joachim Fock, wonach es darum ginge, „dem Meer seinen Reichtum an Fischen abzuringen", folgte eine nüchterne Erkenntnis hinsichtlich der rund 100 Jahre erfolgten Befischung der Deutschen Bucht: „Die Fangmenge vergrößerte sich bei steigenden Motorenstärken, und der Fischbestand verringerte sich zwangsläufig."[45]

Allgemein wurde neben der Beratung von Bundesernährungsministerium und Fischwirtschaft die „angewandte Meeresforschung" als zentrale Aufgabe der Anstalt genannt; für die „meereskundliche Grundlagenforschung" war die Biologische Anstalt Helgoland zuständig.[46] Die hohe Anwendungsbezogenheit bestätigte die Bundespolitik im Geleitwort von Gerhard Meseck, Leiter der Unterabteilung Fischwirtschaft im Bundesministerium für Ernährung, Landwirtschaft und Forsten. Generell

---

43 Walter Lenz, Die Überfischung der Nordsee – ein historischer Überblick des Konfliktes zwischen Politik und Wissenschaft, in: *Historisch-Meereskundliches Jahrbuch 1 (1992)*, 87–108, hier 94–95.

44 *AFZ 14, Nr. 21 vom 26.5.1962*, Festausgabe zur Einweihung der neuen Bundesforschungsanstalt für Fischerei, Hamburg-Altona, 1.6.1962, zugleich Informationen für die Fischwirtschaft Nr. 3/4 (1962).

45 Ebd., 14.

46 Paul Friedrich Meyer-Waarden, Die Bundesforschungsanstalt für Fischerei, in: ebd., 16–19, hier 17. Zur angewandten Fischereiforschung vgl. Pauly/Maclean, *In a Perfect Ocean*, 116–117.

ständen die „Belange unserer Fischwirtschaft immer im Vordergrund.“[47] Zugleich erklärte Meseck die internationale wissenschaftliche Zusammenarbeit einschließlich der Entwicklungshilfe angesichts der großen „Bedeutung des Meeres und der Binnengewässer als Nahrungs- und Rohstoffquellen für die schnell wachsende Menschheit“ zum Ziel und verknüpfte damit das nationale Bestreben um mehr „Geltung unserer Meeres- und Fischereiforschung.“[48] Zur Betonung einer deutschen Teilhabe an wissenschaftlichen Entwicklungen von globaler Relevanz diente Meseck auch ein Zitat des US-Präsidenten John F. Kennedy, „daß der Meeresforschung für die Zukunft der Menschheit eine ähnliche Bedeutung zugemessen werden müsse wie der Weltraumforschung.“[49]

Die institutionelle Einbindung der deutschen Aktivitäten in die internationale Meeres- und Fischereiforschung erfolgte im Übrigen auch durch die *Deutsche Wissenschaftliche Kommission für Meeresforschung* (DWK). Sie war 1902 im Kontext der Vorbereitungen zur Gründung der *Internationalen Kommission zur Erforschung der Meere* (ICES) mit Sitz in Kopenhagen gebildet worden und vertrat seither dort die deutsche Fischereiforschung.[50] Folgerichtig stellte sich Meeresforschung für die DWK in erster Linie als Fischereiforschung dar. Sie sah sich mithin „im Dienste der Seefischerei“ und ihre Hauptaufgabe darin, das Wissen über die optimale Nutzung der maritimen Ressource Fisch zu mehren. Schließlich hatten 1902 „wirtschaftlich beunruhigende Entwicklungen der Fischereierträge“ zur Gründung von ICES und DWK geführt und damit die Agenda geprägt.[51] Gemeinhin wird insbesondere die Gründung des ICES in der Forschung zur Geschichte der Fischereiwissenschaft zu den „landmarks in ichthyology“ gezählt, auch wenn die beiden Weltkriege die freie Entfaltung der Disziplin in dieser Institution gerade aufgrund ihres internationalen Charakters erheblich behinderten.[52]

---

47 Gerhard Meseck, Geleitwort, in: *AFZ 14, Nr. 21 vom 26.5.1962*, Festausgabe zur Einweihung der neuen Bundesforschungsanstalt für Fischerei, Hamburg-Altona, 1.6.1962, 5.

48 Ebd.

49 Ebd.

50 Klaus Bahr, Die Deutsche Wissenschaftliche Kommission für Meeresforschung (DWK) im Dienste der Seefischerei, in: ebd., 38–39, hier 38. Zur Einordnung der vom ICES errechneten Bestandszahlen vgl. Bo Poulsen, *Dutch herring. An environmental history c. 1600–1860*, Amsterdam 2008, 76–80.

51 Bahr, Die Deutsche Wissenschaftliche Kommission für Meeresforschung (DWK) im Dienste der Seefischerei, 38.

52 Walter Nellen / Jakov Dulčić, A survey of the progress of man's interest in fish from the Stone Age to this day, and a look ahead, in: *Historisch-Meereskundliches Jahrbuch 14 (2008)*, 7–68, hier 50.

Anfänglich hatte es die AFZ in der Berichterstattung über fischereibiologische Debatten noch hervorgehoben, wenn von wissenschaftlicher Seite im Sinne der nicht zu erschöpfenden Reserven argumentiert wurde. Als beispielsweise im November 1952 der ICES tagte – und bei dieser Gelegenheit zugleich sein 50jähriges Bestehen beging –, verwies der Artikel darauf, dass Teilnehmer aus 13 europäischen Staaten sowie aus den USA, Kanada und Australien „in weit über 100 Referaten [...] einen umfassenden Überblick über den Stand der Wissenschaft an den heutigen ‚Fronten der Meeresforschung'"[53] gegeben und sich besonders mit dem Thema der Überfischung befasst hatten:

> „Doch hat sich in den letzten Jahren immer mehr erwiesen, daß der Begriff der ‚Überfischung' unhaltbar ist, da sich z. B. bei starker Verminderung eines Bestandes durch die Fischerei durch den freiwerdenden Lebens- und Nahrungsraum günstige wachstums-fördernde Einflüsse auf den Nachwuchs ergeben, der schneller marktfähige Größen erreicht als bei geringerer Nutzung. So entschließt man sich nach den Ergebnissen der Konferenz immer mehr, die ‚Überfischung' zu den Akten zu legen und statt dessen sich um die ‚optimale Befischung' zu kümmern, bei der der Mensch ohne Verminderung der Bestände den größtmöglichen Ertrag erhalten kann."[54]

Derlei Verlautbarungen erinnerten noch an den Unerschöpflichkeitstopos. Der ICES war allerdings von Anfang an eine Institution, die nicht nur Vorschläge für Fischereimanagement unterbreitete und Beratung für Fischereipolitik bot, sondern Fischerei als Bestandteil eines größeren Kontextes begriff. Fischerei galt nach dem im ICES vorherrschenden Forschungsverständnis als ein Aspekt der Meeresumwelt und konnte nur in diesem Zusammenhang sinnvoll erörtert werden – wenngleich stets mit Blick auf die Nutzung des Meeres durch den Menschen. Die politisch-ökonomischen Prämissen, die für die FAO-Diskussion um das MSY-Konzept oder die atlantischen Fischereikommissionen grundlegend waren, standen im ICES hinter den meereskundlichen an zweiter Stelle, was Helen Rozwadowski zumindest für die ersten Jahrzehnte seines Bestehens dem Internationalismus der Jahrhundertwende zuschreibt.[55] In der Tat herrschte im ICES bis in die zweite Hälfte des Jahrhunderts die Zuversicht vor, dass Forschung die Potenziale der Fischerei in räumlicher und technischer Hinsicht erweitern könne. Statt des gewünschten ausgewogenen Verhältnisses von Grundla-

---

53 Deutscher Anschluß an internationale Meeresforschung. Kommission zur Erforschung der Meere tagte in Kopenhagen, in: *AFZ 4, Nr. 36 vom 8.11.1952.*
54 Ebd. Zur Frühgeschichte der modernen Diskussion um die Möglichkeit des Überfischens vgl. Bolster, *The Mortal Sea,* 121–168.
55 Rozwadowski, *The Sea Knows No Bounderies,* 2.

gen- und anwendungsorientierter Forschung trat letztere jedoch zunehmend in den Vordergrund und erschöpfte sich nach Ansicht so mancher ICES-Forscher vor allem ab den 1970er Jahren in der Fangquotenberatung.[56] Die zentrale Motivation für die Gründung des ICES war jedoch der Rückgang von Fischbeständen gewesen. Wenngleich die Frage, ob eine dauerhafte Erschöpfung von Beständen durch Befischung überhaupt möglich sei, noch nicht einheitlich beantwortet wurde, so galt dennoch die schon über längere Zeiträume beobachtete Verknappung von Fischarten als beunruhigend genug, um sich wissenschaftlich mit ihr zu befassen und diese Tätigkeit in einem internationalen Rahmen zu institutionalisieren. Die Überfischungsdiskussion war in der Mitte des 20. Jahrhunderts bereits alt.[57] Die bis dahin entwickelten Methoden zur Schätzung von Fischbeständen erlaubten immerhin kurzfristige und allgemeine Aussagen zur künftigen Bestandsentwicklung – mehr jedoch nicht.[58]

In der AFZ jedenfalls setzte sich bei der Wiedergabe von wissenschaftlichen Stellungnahmen, vor allem aber in den von Fischereiforschern selbst beigetragenen Artikeln bereits in den 1950er Jahren ein zurückhaltender Umgang mit dem Begriff Überfischung durch, der zwar – wie gesehen – generell keineswegs neu war, die Diskussionen aber doch zunehmend prägte. Während der eben zitierte Bericht von 1952 diesen Begriff noch zurückgewiesen hatte, kritisierte 1958 der Fischereibiologe Heinrich Kühl vom Institut für Küsten- und Binnenfischerei das Wissensdefizit über die biologische Produktivität der Meere mit den Worten: „[…] wir ernten nur, ohne zu säen. Es tauchte daher immer wieder die Frage auf, ob in bestimmten Meeresgebieten nicht mehr Fische weggefangen würden, als das Meer produzieren kann; das altbekannte Problem der Überfischung."[59] Kühl stellte den Begriff ebenso wenig grundsätzlich in Frage wie die Existenz des Phänomens im maritimen Raum; es ging ihm vielmehr darum zu klären, „ob die Ursachen hierfür natürlicher Art sind oder ob der Mensch einen Bestand zu stark angegriffen hat."[60]

So nahm in den folgenden Jahren auch in den Beiträgen der AFZ, die nicht von Wissenschaftlern stammten, die Überfischungsfrage einen größeren Raum ein. Von der prinzipiellen Unerschöpflichkeit der Meere war dagegen kaum mehr explizit die Rede. Implizit bestand der Topos dagegen fort. Der Unterschied in der Berichterstattung bestand vor allem darin, nicht immer wieder auf die seit Jahrhunderten im Grunde unveränderte Praxis der Nutzung der biologischen Ressourcen der Meere

56 Ebd., 245.
57 Lenz, Die Überfischung der Nordsee, 88.
58 Smith, *Scaling Fisheries*, 325.
59 Heinrich Kühl, Fischereibiologen durchforschen das Meer, in: *AFZ 10, Nr. 7 vom 15.2.1958*, 42–44, hier 42.
60 Ebd.

hinzuweisen und deren ständige Verfügbarkeit für selbstverständlich zu nehmen, sondern den Blick vielmehr verstärkt in die Zukunft zu richten. Das korrespondierte mit der Modernisierung der deutschen Fangflotte im Laufe des Jahrzehnts. Die Reedereien stellten zunehmend die sogenannten Vollfroster in Dienst; dabei handelte es sich um Fang-Fabrikschiffe mit den Möglichkeiten, den Frischfisch bereits Bord zu Tiefkühlprodukten zu verarbeiten.[61] Die Perspektiven der Fischerei wurden ab etwa 1960 zum zentralen Gegenstand einer zunehmenden Zahl von Artikeln. Schließlich hatten sich infolge verbesserter Fangtechniken und teilweise erheblich gesteigerter Anstrengungen einzelner Nationen die Fangerträge weltweit seit dem Ende des Zweiten Weltkriegs verdoppelt. Daher spekulierte die AFZ unter Berufung auf einen kanadischen Experten im Juli 1963 über *Die Fischerei im Jahre 2000*:

> „Der Gesamtertrag der Weltfischerei aus dem Meere wird annähernd 100 Mill. t oder 2 ½mal so viel wie 1961 betragen. Der gesamte Fang wird für menschliche Ernährung verwandt, Gesetze werden streng darüber wachen, daß nichts von den Fängen verschwendet wird. Diejenigen Länder, die in den 37 Jahren an dem Ausbau und der Erweiterung der Fischerei führend tätig waren, werden auch weiterhin führend in der Fischerei tätig sein. Viele andere Länder, die vordem eine unentwickelte Fischerei hatten, werden mit fremder Hilfe ihre Fischerei so ausbauen, daß sie bedeutende Produzenten werden, in manchen Fällen bedeutender als ihre früheren Helfer."[62]

Als entscheidender Faktor für die Erhöhung der Fangerträge galt dabei die Zunahme der Weltbevölkerung von 3 Milliarden Menschen im Jahre 1960 auf über 6 Milliarden zur Jahrtausendwende.[63] „Daß das Meer doppelt so viel Fisch für eine auf das Doppelte gewachsene Bevölkerung liefern kann, wird als sicher angenommen."[64] Nach dieser Auffassung ergab es freilich keinen Sinn mehr, eine prinzipielle Unerschöpflichkeit als solche zu thematisieren. Danach mochte es eine Grenze der Belastbarkeit der Ressourcen geben, die zu erreichen jedoch offenbar als unrealistisch galt. Eine solche Einstellung mochte wohl umso eher einleuchten, als man sehr wohl wusste, dass es in früheren Fischfangepochen zum Schwund von Beständen gekommen war. Doch den Hinweisen in antiken Quellen etwa von der Verknappung bestimmter Fischarten in

---

61 Heidbrink, *„Deutschlands einzige Kolonie ist das Meer!"* 106–109. Zur schiffstechnischen Entwicklung im Überblick vgl. ders., From Sail to Factory Freezer: Patterns of Technological Change, in: David J. Starkey / Ingo Heidbrink (eds.), *A History of the North Atlantic Fisheries, vol. 2: From the 1850s to the Early Twenty-First Century (Deutsche Maritime Studien, Bd. 19)*, Bremen 2012, 58–78.

62 Die Fischerei im Jahre 2000, in: *AFZ 15, Nr. 30 vom 27.7.1963*, 37–38, hier 37.

63 Ebd.

64 Ebd.

römischer Zeit ließ sich gegenüberstellen, dass mittelalterliche Zeugnisse wiederum häufig von Flüssen und Meeren als gleichermaßen verlässlichen Nahrungsquellen zu berichten wussten.[65] Außerdem konnte auch die wachsende Weltbevölkerung nicht als bislang völlig unberücksichtigte Größe gelten, weil schließlich bereits im Lauf des 19. Jahrhunderts die steigende Nachfrage nach Fisch zusammen mit dem technischen Fortschritt bei den Fangmethoden zu einer deutlich intensivierten Nutzung der marinen Nahrungsquellen geführt hatte.[66]

Als Besorgnis erregend wurde allerdings angesehen, dass die bekannten bzw. traditionellen Fanggründe bereits des Öfteren „die höchste Ertragsmöglichkeit erreicht" hätten oder „sogar überfischt" seien.[67] Es sind nun die beiden zuletzt genannten Möglichkeiten, die der Berichterstattung über den Fachdiskurs auf Jahrzehnte den Stempel aufdrückten. Fischereiforschung wie Fischwirtschaft widmeten ihre gebündelte Aufmerksamkeit den möglichen Zusammenhängen zwischen Ausnutzung und Übernutzung der biologischen marinen Ressourcen. Dabei ging es keineswegs nur darum zu belegen, dass vor der Überfischung eines Fanggebiets oder eines Bestands stets die Unwirtschaftlichkeit seiner Befischung stehe. Früh stand auch die Befürchtung zur Debatte, „ob es bis dahin nicht schon zu spät für eine weitere Erhaltung der Bestände" sein könnte.[68]

Dennoch wird unter den Möglichkeiten, Überfischung zu definieren, den dramatischeren Ansätzen vergleichsweise wenig Relevanz beigemessen. Das Verständnis des Begriffs im Sinne einer Ausrottung wurde als für das Meer unrealistisches Szenario eingeschätzt. Dass sich stark strapazierte Bestände nicht wieder erholten, wurde zwar nicht ausgeschlossen, doch ging man hier offenbar von Einzelfällen aus und verwies bei diesen Bedenken auf Beispiele aus der Geschichte des Walfangs.[69] Dagegen stand die quasi gelassene Haltung, wonach bereits zeitweise rückläufige Fangergebnisse als Überfischung zu bezeichnen seien, der eine gleichsam bestandserhaltende Funktion zugewiesen wurde. Etwas widersprüchlich findet sich dazu in einem Artikel von 1966: „Die Lichtung eines Bestandes durch starke aber vorsichtige Befischung kann es dem verbleibenden Teil erlauben, schneller zu wachsen und früher die beste Marktgröße zu erreichen."[70] Praktisch durchgehend findet sich die Ansicht, dass es „[…] sogar einen wirtschaftlichen Vorteil bedeuten [kann], wenn ein übersetzter,

---

65 Patrick Schwan, Die Geschichte der (Meeres-)Fischerei. Ein Überblick, in: Peter Cornelius Mayer-Tasch (Hg.), *Meer ohne Fische? Profit und Welternährung*, Frankfurt a. M./New York 2007, 35–55, hier 45–46.

66 Ebd., 49.

67 Die Fischerei im Jahre 2000, 37.

68 „Überfischung" und „Unwirtschaftlichkeit", in: *AFZ 18, Nr. 4 vom 22.1.1966*, 23–24, hier 24.

69 Ebd.

70 Ebd.

überalterter und schlecht gewachsener Bestand einmal ordentlich durchgefischt wird und die jungen fischereilich wichtigen Jahrgänge schneller nachwachsen können und qualitativ hochwertiger werden."[71] Die aus Sicht der Fischwirtschaft angemessenste Definition von Überfischung war jedoch ein negativer Fangertrag im Verhältnis zu den getätigten Investitionen.[72]

Fritz Bartz, Fischereibiologe an der BFAF, widmete im ersten von drei umfangreichen Bänden zur Darstellung der Fischereiwirtschaften der Welt ein Kapitel dem „Problem der Überfischung" und konstatierte darin, dass die Experten der Fischereinationen „keineswegs einheitlich" in dieser Frage urteilten.[73] Bartz selbst gab jene Einschätzung wieder, die wohl am weitesten verbreitet war:

> „Zweifellos existiert ‚Überfischung' in dem Sinne, daß weniger große Fische gefangen werden als früher, daß die Mühen und Kosten zur Erlangung einer bestimmten Menge sehr viel größer geworden sind als früher, daß die Artenzusammensetzung der einzelnen Fänge sich verändert hat, daß auch die Fangerträge für einzelne Arten zurückgegangen sind. Mögen all diese Anzeichen als Warnung dienen an die praktischen Fischer und alle Beteiligten! Aber jeder Fisch setzt dem Eingriff des Fischers, wie jedem anderen bestandsgefährdenden Faktor, seine ‚biologische Resistenz' entgegen. Eine allgemeine Überfischung wirklicher Art wird sich irgendwie von selbst regulieren, wenn der Fang, der mit den jeweils benutzten Hilfsmitteln getätigt wird, sich nicht mehr lohnt."[74]

Immerhin, abwägende Erörterungen lösten in den 1960er Jahren sukzessive und flächendeckend beinahe vollständig die überkommene Formel von der Unerschöpflichkeit ab. Mitunter wurde sie rundheraus für unsinnig erklärt: „Nun, von einer Unerschöpflichkeit darf man gewiß nicht reden, mit diesem Ausdruck sollte man sehr vorsichtig sein."[75] Dafür trat zu den unterschiedlichen Meinungen der Experten zum Überfischungsdiskurs zunehmend die Prognose, dass auch bei gelegentlichen Ertragsrückgängen in einzelnen Seegebieten das Potenzial der Meere zur Ernährung der Menschheit wenigstens ausreichend sei. „Die Fischproduktion ist noch steigerungsfähig", lautete gleichsam das Mantra. Ein derart betitelter Artikel vom Januar 1967 brachte dies besonders auf den Punkt:

---

71 Die Fischproduktion ist noch steigerungsfähig, in: *AFZ 19, Nr. 1–2 vom 7.1.1967*, 58.

72 „Überfischung" und „Unwirtschaftlichkeit", 24.

73 Fritz Bartz, *Die großen Fischereiräume der Welt. Versuch einer regionalen Darstellung der Fischereiwirtschaft der Erde, Bd. 1: Atlantisches Europa und Mittelmeer*, Wiesbaden 1964, 119–123, wörtliches Zitat 121.

74 Ebd.

75 Die Ertragsmöglichkeit des Meeres, in: *AFZ 19, Nr. 29/30 vom 19.7.1967*, 28–29, hier 28.

„Vor kurzem ließ die Fischereiabteilung der UN verlauten, man solle nicht immer unken, die Meere seien leergefischt. Vielmehr sei richtig, daß die Produktion noch weit über den jetzigen Weltertrag gesteigert werden kann, ohne dadurch die obere Grenze der Produktionsmöglichkeit unserer Meere zu erreichen."[76]

So ist durchaus ein allmählicher Umschwung erkennbar – vom Vertrauen in die Unerschöpflichkeit des Meeres zur Zuversicht hinsichtlich eines berechenbaren Potenzials für seine zukünftige Nutzung. So gründete ein zunehmender Gleichklang von institutionalisierter Fischereiforschung – in Gestalt der Bundesforschungsanstalt für Fischerei – und Fischwirtschaft auf einer Mischung aus wachsenden Bedenken hinsichtlich der Belastbarkeit der weltweiten Fischbestände samt den Überlegungen zu ihrer Bedeutung für die Ernährung der Weltbevölkerung und der politisch begründeten und nach außen klar vertretenen Aufgabe der Forschungsanstalt, „im wesentlichen angewandte Meeresforschung" zu betreiben.[77]

Allerdings gingen die Meinungen unter Experten über die Höhe des Potenzials der Weltmeere zur Welternährung weiterhin deutlich auseinander. Die AFZ dokumentierte regelmäßig unterschiedliche Positionen und kommentierte zumeist abwägend, „daß nichts in der Natur unerschöpflich ist."[78] Gegen Ende des Jahrzehnts hatte sich in der zentralen deutschen fischereiwirtschaftlichen Fachzeitschrift die Erkenntnis durchgesetzt, nach der Überfischung nicht nur als lokales und vorübergehendes Problem existierte, sondern die Fischbestände großer Meeresräume auch langfristig durch menschlichen Einfluss geschädigt werden konnten.[79] Angesichts der jährlich fast zehnprozentigen Steigerung der Fangerträge seit dem Zweiten Weltkrieg erwarteten die Fachleute am Ende der 1960er Jahre das Erreichen der maximalen Ausnutzung in Höhe von 200 Millionen Tonnen Fisch pro Jahr nach spätestens 20 Jahren. Damit verband sich eine intensivierte Suche nach Meereslebewesen, die bislang nicht auf dem menschlichen Speisezettel gestanden hatten: Krill, Plankton, Tintenfische und Algen.[80] Der Gegenstand der Fischereiwissenschaft hatte begonnen, sich stark zu erweitern; im Grunde galt immer noch, was Tim Smith über die Etablierung staatlicher Stellen für Fischereiforschung in den USA in den 1920er Jahren feststellte: Es war leichter, Fischereiwissenschaft bürokratisch zu begründen, ihre Aufgaben zu definie-

---

76 Die Fischproduktion ist noch steigerungsfähig, 58.

77 Meyer-Waarden, Die Bundesforschungsanstalt für Fischerei, 17.

78 Das Meer, die Nahrungsquelle für die Zukunft – Gefahr einer zu starken Befischung, in: *AFZ 19, Nr. 38/39 vom 20.9.1967*, 58–59, hier 58.

79 Klaus Tiews, Institut für Küsten- und Binnenfischerei – 50 Jahre, in: *Archiv für Fischereiwissenschaft 40, 1/2 (1990)*, 3–38, hier 16.

80 Um die Zukunft der Fischfänge, in: *AFZ 20, Nr. 39/40 vom 3.10.1968*, 10.

ren und sie beizeiten den sich wandelnden politischen Bedürfnissen anzupassen als sie zu einer Disziplin mit langfristig verlässlichen und funktionierenden Methoden auszustatten.[81]

4.2 Fischerei und Forschungspolitik

Die immer drängendere Erkenntnis der Begrenztheit der lebenden Ressourcen des Meeres in den 1960er Jahren rief zunehmend Reaktionen von wissenschaftspolitischer Seite hervor. Bundesregierungen und die maßgebliche Institution der Forschungsförderung in der Bundesrepublik Deutschland, die *Deutsche Forschungsgemeinschaft* (DFG), widmeten sich der Problematik und versuchten die zentralen Aufgaben und Herausforderungen für den Wandel im Verhältnis von Mensch und Meer zu identifizieren. Zunächst erschienen 1962 und 1968 zwei Denkschriften der DFG mit dem Ziel, die generelle Situation der Meeresforschung in Deutschland festzustellen sowie künftige Schwerpunkte und Entwicklungslinien festzulegen. Die Bundesregierungen folgten ab 1969 mit regelmäßig aufgelegten Forschungsprogrammen zur Meeresforschung und Meerestechnik. Die erste *Denkschrift zur Lage der Meeresforschung* der DFG[82] von 1962 wurde von der *Kommission für Ozeanographie* der DFG erstellt. Ihr gehörten unter dem Vorsitz von Günther Dietrich, dem Direktor des Instituts für Meereskunde an der Universität Kiel, führende Vertreter von universitären und außeruniversitären Einrichtungen von meereskundlichem Belang an. Die Denkschrift war an „eine breite Öffentlichkeit" und dabei „vor allem an die Regierungen und Parlamente" gerichtet.[83] Der initiative Charakter des Dokuments kam zum einen darin zum Ausdruck, dass eingangs bis in die Anfänge meereskundlicher Geschichte im 19. Jahrhundert ausgeholt wurde,[84] zum anderen darin, dass alle bundesdeutschen Institutionen mit einschlägigen Tätigkeitsbereichen – von der Bundesforschungsanstalt für Fischerei über diverse universitäre Institute bis zur Bundesanstalt für Bodenforschung – erfasst waren. Als Begründung für die umfassende Bestandserhebung der im Land vorhandenen meereskundlichen Kapazitäten diente zudem ein Argument, das auf einen gewissen Bewusstseinswandel hindeutet. Danach war dem Meer eine globale gesellschaftliche Bedeutung zugewiesen, die ihm als Gegenstand der Wissenschaft perspektivisch eine wachsende Bedeutung verlieh:

---

81 Smith, *Scaling Fisheries*, 4.
82 Günther Böhnecke / Arwed H. Meyl u. a., *Denkschrift zur Lage der Meeresforschung*, Wiesbaden 1962.
83 Ebd., III.
84 Ebd., 10–16.

„Die gegenwärtigen Anstrengungen um eine verstärkte Nutzung des Meeres stellen an die Meeresforschung Aufgaben, denen sie in ihrem bisherigen Rahmen nicht gewachsen ist. Die ständig steigende Nutzung des Meeres birgt auch Gefahren, wie z. B. die Verschmutzung durch technische Abfallprodukte (Öl, Atommüll) oder die Überfischung einzelner Gebiete. Für die Meeresforschung ergeben sich daraus neue Aufgaben, die auf den Schutz des Meeres im Interesse der Menschheit gerichtet sind."[85]

Der Meeresschutz als Aufgabe der Meeresforschung wird allerdings ansonsten nirgends ausführlich dargelegt. Die Erforschung ökologischer Zusammenhänge im Meer wird im Weiteren entweder grundlagen- oder anwendungsbezogen erörtert, zum Beispiel mit Blick auf die Bedeutung des Planktons für den „Kreislauf des Lebens im Meere"; ihn zu verstehen, könne dabei helfen, der Fischerei den Weg zu den „fruchtbaren Gebieten des Weltmeeres" zu weisen. Im Übrigen wählten die Autoren der Denkschrift als einziges Beispiel für die begehrte Beute, die in planktonreichen Meeresregionen zu machen wäre, einen guten Bekannten unter den Nutzfischen – den Hering.[86]

Im Kern zielte die DFG mit der Denkschrift vor allem auf einen personellen Ausbau an den bestehenden Institutionen mit Schwerpunkt in Hamburg und Kiel und berief sich dabei auf Empfehlungen des Wissenschaftsrats, die jedoch bis dato nur unzureichend umgesetzt worden waren.[87] Die DFG forderte nun in einem „Sofortprogramm" für alle Einrichtungen die Schaffung von 62 neuen Personalstellen für den wissenschaftlichen und 79 für den technischen Bereich binnen eines Jahres, was eine Verdoppelung bzw. Vervierfachung der damals vorhandenen Stellen bedeutete. Das anschließende „Entwicklungsprogramm" sah langfristig die weitere Steigerung des wissenschaftlichen Personalbestands um 60 Prozent und des technischen um 85 Prozent vor.[88]

Die Fischerei als Gegenstand der Meeresforschung erscheint in der Denkschrift zunächst im Kontext der Aufgaben der Meeresbiologie, die eines von acht näher beschriebenen Forschungsgebieten der Meereskunde darstellt: Physikalische Ozeanographie, Meereschemie, Meeresbiologie, Maritime Meteorologie, Meeresgeologie, Marine Geophysik, Marine Geographie, Schiffbauliche Forschung. Als zentralen Ansatzpunkt für die Meeresbiologie nennen die Autoren der Denkschrift den Stoffkreislauf im Meer als Grundlage der marinen Lebewesen insgesamt. Daraus folge die „besondere praktische Bedeutung der Meeresbiologie"; durch „die schnelle Zu-

---

85 Ebd., 1.
86 Ebd., 6–7.
87 Ebd., 63.
88 Ebd., 109–112.

nahme der Weltbevölkerung" sei zudem die Erforschung des Eiweißpotenzials der Weltmeere besonders drängend.[89] Eine konkretere Beschreibung der fischereiwissenschaftlichen Aufgaben der Meereskunde erfolgte erst im Rahmen der institutionellen Bestandserhebung der Denkschrift. Mit Hamburg und Kiel lokalisierte die DFG zwei Schwerpunkte meereskundlicher Arbeit in der Bundesrepublik. Für die Fischerei gewichtiger war dabei die Stadt an der Elbe. Hier gab es an der Universität das *Institut für Fischereibiologie*, das allerdings insbesondere aufgrund einer unvorteilhaften räumlichen Situation zu der Zeit nur einer knappen Betrachtung unterzogen wurde.[90] Ausführliche Beachtung fanden dagegen die *Bundesforschungsanstalt für Fischerei* und ihre fünf bereits genannten Institute, die noch im gleichen Jahr einen Neubau in Hamburg bezogen.[91] Die Aufgaben des *Instituts für Seefischerei* konzentrierten sich am stärksten auf die Erforschung der Verfügbarkeit der biologischen Ressourcen des Meeres und spiegelten dabei sowohl die globale geografische Dimension der fischereiwissenschaftlichen Aufgabenstellung als auch ihre Einordnung in einen internationalen ressourcenpolitischen Diskurs. So sollten neben biologischen Fragen, etwa zu Vorkommen, Produktivität und Veränderungen von Fischbeständen, auch „die Theorie des höchstmöglichen Dauerertrages" – also des MSY – und „die Voraussetzung für internationale Fischereiverträge" untersucht werden. Außerdem sollte die Forschung künftig verstärkt der Erschließung von „neuen Fangplätzen" und „bisher ungenutzter Fischarten" dienen.[92] Am zweiten Schwerpunkt-Standort Kiel war das *Institut für Meereskunde* an der Universität fischereiwissenschaftlich von Belang. Die Kapazitäten der entsprechenden Abteilung waren allerdings weit geringer als in Hamburg. Das galt auch für das *Institut für Meeresforschung* in Bremerhaven, an dem zum damaligen Zeitpunkt das Schwergewicht der Arbeit auf dem „Fisch als Nahrungsmittel" lag.[93] Die Denkschrift spiegelte auch die Erkenntnis, dass in der Mitte des 20. Jahrhunderts alle europäischen Fischereinationen zusammen eine nie dagewesene Nutzungsintensität entfaltet hatten.[94]

Die zweite Denkschrift der DFG zur Meeresforschung erschien 1968. In der Meeresbiologie wurden der Stoffhaushalt der Ozeane und seine Bedeutung für die Stabilität der Nahrungsketten einschließlich der für die Fischerei relevanten Nutzfische noch deutlicher als zentraler Komplex herausgestellt.[95] Dabei war das Thema der

---

89 Ebd., 37–38, 43.
90 Ebd., 70–71.
91 Ebd., 71–77.
92 Ebd., 72–73.
93 Ebd., 84–86, 93–94.
94 James R. Coull, *The Fisheries of Europe. An Economic Geography*, London 1972, 81.
95 Günter Dietrich / Arwed H. Meyl / Friedrich Schott, *Deutsche Meeresforschung 1962–73. Fortschritte, Vorhaben und Aufgaben. Denkschrift II*, Wiesbaden 1968, 25–31, 44–47.

Überfischung, genauer: „die Probleme der immer dringlicher werdenden internationalen Reglementierung der Fischerei zur Erhaltung und wirtschaftlichsten Nutzung der Bestände", vor allem unter den Aufgaben der BFAF klar vorrangig.[96] Neu war in der Fortsetzungsdenkschrift, die auf eine erneute Darstellung der meeresforschenden Einrichtungen im Einzelnen verzichtete, ein einführendes Kapitel „[z]ur wirtschaftlichen Bedeutung der Meeresforschung." Darin stand die Nahrung aus dem Meer nach wie vor an erster Stelle.[97] Insgesamt zeichnete sich aber in der zweiten Denkschrift eine Schwerpunktverlagerung in der deutschen Meereskunde ab: „Die moderne Technik ist dabei, das Meer als neuen Raum für die Gewinnung von Rohstoffen zu erschließen und es mehr noch als bisher für die Ernährung der Menschheit nutzbar zu machen."[98] Zwar waren das Thema Nahrung und mithin die biologischen Ressourcen des Meeres weiter bestimmend, doch die Schwerpunktverlagerung in Richtung einer Erschließung von anderen Ressourcen belegte bereits das zunehmende Interesse an den mineralischen Rohstoffen des Meeres bzw. des Meeresbodens. Der hier in den Vordergrund rückende Meeres- oder Tiefseebergbau ist Gegenstand des nächsten Kapitels dieser Untersuchung.

In ihrer zweiten Denkschrift verwies die DFG schließlich auch auf die *Deutsche Kommission für Ozeanographie* (DKfO), die zwischenzeitlich durch den Bundesminister für wissenschaftliche Forschung ins Leben gerufen und damit beauftragt worden war, ein grundlegendes Meeresforschungsprogramm zu formulieren.[99] Es erschien im Jahr darauf unter dem Titel *Bestandsaufnahme und Gesamtprogramm für die Meeresforschung 1969–1973 in der Bundesrepublik Deutschland* und sollte „eine übergreifende Konzeption für alle wissenschaftlichen und technischen Disziplinen der Meeresforschung und Meerestechnik" bieten.[100] Bei der DKfO handelte es sich um ein Gremium, das unter dem Vorsitz des Bundesforschungsministers, damals Gerhard Stoltenberg (CDU), mit Vertretern aus weiteren Bundes- und Landesbehörden, aus den mit maritimem Bezug arbeitenden Bundesanstalten und aus der Senatskommission für Ozeanographie der DFG sowie mit „weitere[n] Persönlichkeiten" besetzt war.[101] Der Akzent des Programms lag eindeutig auf der anwendungsbezogenen Wissenschaft und weniger auf der meereskundlichen Grundlagenforschung, die hier als

---

96 Ebd., 47.
97 Ebd., 3–8.
98 Ebd., V–VI.
99 Ebd., VI, 2.
100 Bundesminister für wissenschaftliche Forschung (Hg.), *Bestandsaufnahme und Gesamtprogramm für die Meeresforschung in der Bundesrepublik Deutschland 1969–1973*, Bonn 1969, Vorwort, 3.
101 Ebd., 106.

„Voraussetzung für eine Zweckforschung zur verbesserten Nutzung des Meeres" benannt wurde.[102]

Die ersten beiden Teile des Dokuments enthielten einen Überblick über die Meeresforschung im Allgemeinen und die mit ihr befassten politischen und wissenschaftlichen Einrichtungen in der Bundesrepublik, während der dritte, erheblich umfangreichere Teil das Gesamtprogramm darstellte. Darin wurden inhaltliche Schwerpunkte gesetzt, Forschungsvorhaben formuliert, Wege zur internationalen Kooperation genannt und abschließend Koordinierung und Finanzierung des Programms thematisiert. Fünf thematische Schwerpunkte dominierten: die Nutzung der biologischen und die der mineralischen Rohstoffe des Meeres, der Kampf gegen die Meeresverschmutzung, das Verständnis der Vorgänge zwischen Ozean und Atmosphäre und die Küstenforschung. Bund, Länder und DFG planten zur Finanzierung des Vierjahreszeitraums 1969–1973 insgesamt rund 542 Millionen DM ein; davon entfielen auf den Bund rund 439 Millionen, auf die Länder Bremen, Hamburg, Niedersachsen und Schleswig-Holstein rund 47 Millionen und auf die DFG rund 56 Millionen DM.[103]

Der marine Stoffkreislauf stand auch in diesem Gesamtprogramm im Zentrum der meeresbiologischen Themen. Den Anwendungsbezug ließ hier bereits die Beschreibung der Ziele der meeresbiologischen Grundlagenforschung erahnen: Die Nahrungsketten bzw. die Nahrungspyramide in den Meeren und damit „die Fruchtbarkeit einzelner Gebiete der Hochsee und Küstenmeere" dominierten den meeresbiologischen Aufgabenkomplex.[104] Die „Nutzung der Meeresschätze" oder mit anderen Worten, die „Nutzung der Nahrungsquellen des Meeres", die das praktische Ziel der Grundlagenforschung darstellte, stand hier – wie in den entsprechenden Äußerungen und Erörterungen seitens der Fischwirtschaft und Fischereiwissenschaft im gleichen Zeitraum – im Zusammenhang mit der Zunahme der Weltbevölkerung und dem weltweit steigenden Eiweißbedarf. Um hierfür die optimale Ausnutzung der biologischen Ressourcen des Meeres zu erreichen, repetierte das Gesamtprogramm die von den Fischereiexperten seit Jahren diskutierten und seitens der DFG für allgemein förderungswürdig erachteten Ansätze: bisher nicht genutzte Fischarten ebenso wie andere Meerestiere – darunter Tintenfische und Krill – in bisher nicht befischten Meeren unter Anwendung eines weiterentwickelten Ressourcenmanagements und fangtechnischer Innovationen. Die ertragreichsten Gebiete, auch hier gab das Gesamtprogramm den fischereiwissenschaftlichen Kenntnisstand wieder, seien in den südlichen Regionen der Ozeane zu vermuten, denn der Fischfang „vornehmlich in der intensiv genutzten nördlichen Hemisphäre hat zum Teil bereits die ökonomisch

102 Ebd., 10.
103 Ebd., 107.
104 Ebd., 45.

vertretbare Grenze erreicht, zum Teil sogar das biologische Optimum überschritten."[105] Dass die Ansätze keineswegs so einfach umzusetzen waren, wie es bei oberflächlicher Lektüre anmutete, verschwieg das Programm indes nicht:

> „Die Schätzungen über das Optimum der natürlichen Ertragsfähigkeit der Meere gehen
> zur Zeit noch weit auseinander. Die Fischereiforschung hat daher die wissenschaftlichen
> Grundlagen für die optimale Nutzung der Fischbestände zu liefern."[106]

Der Anwendungsbezug der Forschungsvorgaben wurde einmal mehr sichtbar in dem abschließenden Hinweis, dass bei einer „besseren Nutzung der Nahrungsreserven des Meeres […] die Belange der deutschen Hochseefischerei besonders zu berücksichtigen sind."[107]

Auf *Bestandsaufnahme und Gesamtprogramm für die Meeresforschung* von 1969 folgten 1972 und 1976 Nachfolgeprogramme unter dem Titel *Gesamtprogramm Meeresforschung und Meerestechnik* für die Zeiträume 1972–1975 bzw. 1976–1979.[108] Im Großen und Ganzen blieben inhaltliche Schwerpunkte, geplante Vorgehensweisen und Zielsetzungen gleich. Wie bei der zweiten Denkschrift der DFG zeichnete sich jedoch auch hier eine Akzentverschiebung ab. Das zweite, erheblich schmalere Gesamtprogramm wies auf eine „intensivere Entwicklung der Meerestechnik" hin.[109] Im dritten Gesamtprogramm von 1976 waren die bundesdeutschen Meeresforschungsinteressen in vergleichbarer Form dargestellt.[110] Insgesamt lässt sich damit festhalten, dass die von der anwendungsorientierten Fischereiwissenschaft seit ca. 1960 verfolgten und in der Fischwirtschaft diskutierten Reaktionsmaßnahmen auf immer häufiger und bedrohlicher auftretende Symptome der Überfischung in den wichtigsten Fanggebieten der deutschen Hochseefischerei ihren Niederschlag in politische Programme von Ressorts und Disziplinen übergreifender Reichweite gefunden haben.

Es gab im Übrigen unmittelbare Reaktionen auf die Forschungsprogramme aus dem Bereich der maritimen Wirtschaft und Beratungen zwischen Vertretern der anwendungsorientierten Meerestechnik und der Politik. Die in Geesthacht angesiedelte *Gesellschaft für Kernenergieverwertung in Schiffbau und Schiffart mbH* (GKSS) erstellte

105 Ebd., 47–49, wörtliches Zitat 48.

106 Ebd., 49.

107 Ebd.

108 Bundesminister für Bildung und Wissenschaft (Hg.), *Gesamtprogramm Meeresforschung und Meerestechnik in der Bundesrepublik Deutschland 1972–1975*, Bonn 1972; Bundesminister für Forschung und Technologie (Hg.), *Gesamtprogramm Meeresforschung und Meerestechnik in der Bundesrepublik Deutschland 1976–1979*, Bonn 1976.

109 *Gesamtprogramm Meeresforschung und Meerestechnik 1972–1975*, 4.

110 *Gesamtprogramm Meeresforschung und Meerestechnik 1976–1979*.

1974 in Abstimmung mit den Wissenschaftsministerien der deutschen Küstenländer eine Liste mit 56 förderungswürdigen Projekten, die Eingang in den wirtschaftlich-technischen Teil künftiger Gesamtprogramme hätten finden können.[111] Die Projektvorschläge verteilten sich auf die fünf Bereiche Fischerei, Meeresumweltschutz, Nutzung mineralischer Rohstoffe, Küstenschutz und Meeresforschungstechnik. Auf dem Gebiet der Nutzung der lebenden Ressourcen des Meeres fanden sich Projekte, die weitgehend auch in Fischereiwissenschaft und Fischwirtschaft verfolgt wurden. Dazu zählten zum Beispiel die Entwicklungen von Spezial-Schleppnetzen für große Wassertiefen und von „rationell einzusetzenden Schleppnetzen zum Massenfang von Krill"; für letzteres sollte auf die Erfahrungen in der langjährigen Verbesserung von Fanggeräten für bekannte Nutzfische aufgebaut werden.[112] Alle Vorschläge wurden in Arbeitsgruppen mit Vertretern aus Wirtschaft und Wissenschaft formuliert. Der GKSS-Projektkatalog stellte folglich eine mittelbare Verbindung zwischen Fischereipraxis, angewandter Fischereiwissenschaft und bundes- wie landespolitischer Planung dar.

In den Jahren, die auf die ersten ressourcenpolitischen Forschungsprogramme folgten, trat das Überfischungsproblem immer deutlicher in Erscheinung. Das *Institut für Seefischerei* an der BFAF ließ keinen Zweifel daran, dass die frühere Annahme einer grenzenlosen Verfügbarkeit zumindest von einigen häufigen Fischarten nicht mehr vertretbar war. Im Jahresbericht des Instituts von 1970 formulierte die mit Heringsfischerei befasste Arbeitsgruppe ihre Erkenntnisse aus dem extremen Rückgang der Fangerträge in den vorangegangenen Jahren unmissverständlich: „Wir müssen nach der Katastrophe in der Nordseeheringsfischerei unsere Ansicht revidieren, daß die Heringsbestände unerschöpflich sind."[113] Auch in folgenden Jahren fielen die Berichte über die Situation in den verschiedenen atlantischen Fanggebieten ausgesprochen negativ aus. 1975 waren die Bestände so spärlich, dass etwa die deutschen Hochseefischer nicht einmal die Fangmengen ausschöpfen konnten, die nach den Berechnungen der internationalen Fischereiorganisationen der optimalen Befischung entsprechen sollten.[114] Zudem stellten die Forscher immer wieder fest, dass zu viele junge

111 Gesellschaft für Kernenergieverwertung in Schiffbau und Schiffahrt mbh, *Vorschläge für technische Entwicklungsvorhaben zur Fortschreibung des Programmes „Meeresforschung und Meerestechnik" des Bundes, Bd. 1*, Geesthacht 1974.
112 Ebd., 12–13, 16–17.
113 Bundesforschungsanstalt für Fischerei, *Jahresbericht 1970*, 18. Vgl. außerdem Pauly/Maclean, *In a Perfect Ocean*, 11–14.
114 Die TACs für den Nordatlantik wurden von den regionalen Fischereikommissionen festgelegt, die dabei entweder selbst Daten errechneten oder vom ICES erhielten. Bei den Kommissionen handelte es sich um die 1959 gegründete North East Atlantic Fisheries Commission (NEAFC) und den International Council for the Northwest Atlantic (ICNAF), 1949 gegründet

Fische gefangen wurden und sich damit die Reproduktionsfähigkeit der betroffenen Bestände weiter verringern musste.[115] So klar, wie in diesem Bericht diverse Quoten als zu hoch angesetzt bezeichnet wurden, so unmissverständlich war zum Beispiel die Rede von der „unverantwortlich hohen Befischung des Kabeljaubestandes im Nordostatlantik."[116]

4.3 Fischerei und Seerecht

Die Jahresberichte des *Instituts für Seefischerei* gaben auch Auskunft zu den Bemühungen um neue Fanggründe für die deutsche Hochseefischerei.[117] Einige Hoffnung hatten Fischereiwissenschaft, Fischereipolitik und Fischwirtschaft in eine in den Wintermonaten 1974/75 unternommene Forschungsfahrt vor der mexikanischen Pazifikküste gesetzt. Das Bundeslandwirtschaftsministerium hatte die beiden Fangfabrikschiffe BONN und WESER, zwei Vollfroster, gechartert und auf Grundlage des deutsch-mexikanischen Fischereiabkommens von 1974 mit fischereilichen und ozeanografischen Forschungen beauftragt.[118] Unter dem Expeditionsnamen „MEXAL" stellten deutsche und mexikanische Experten gemeinsam in erster Linie zu den Populationen von Seehecht und Rotbarsch Untersuchungen an, deren „Schwergewicht in der Feststellung der fischereilichen Ergiebigkeit bestand", wie der Bericht an das Ministerium betont.[119] Darin heißt es außerdem zu den Erkenntnissen aus mexikanischer Sicht, dass sich zwar „Erwartungen hinsichtlich ergiebiger Fanggründe für den Aufbau einer Hochseefischerei in mexikanischen Gewässern nicht erfüllt" hätten, wohl aber, „daß die Expedition manchen Wunschvorstellungen den Boden entzogen und realistische Wege zum Aufbau einer Hochseefischerei in internationalen Gewässern [...] aufgezeigt habe."[120] Eine solche hänge allerdings von der weiteren seerechtlichen Entwicklung ab, konkret davon, ob die USA eine auf 200 Seemeilen angelegte

---

und 1979 in Northwest Atlantic Fisheries Organisation (NAFO) umbenannt. Vgl. Katharina Jantzen, *Cod in Crisis? Quota Management and the Sustainability of the North Atlantic Fisheries, 1977–2007 (Deutsche Maritime Studien, Bd. 15)*, Bremen 2010, 40–43.

115 Bundesforschungsanstalt für Fischerei, *Jahresbericht 1975*, 9–15.

116 Ebd., 11.

117 Heidbrink, *„Deutschlands einzige Kolonie ist das Meer!"* 119–120.

118 Bundesforschungsanstalt für Fischerei, *Jahresbericht 1975*, 15; Dietrich Sahrhage, Institut für Seefischerei – 75 Jahre Fischereiforschung, in: *Archiv für Fischereiwissenschaft 36, 1/2 (1985)*, 3–25, hier, 15.

119 BArch B 116/67821, Bericht über das Ergebnis der wissenschaftlichen Untersuchungen der Fischbestände vor der mexikanischen Pazifikküste vom 14.8.1975.

120 Ebd.

Wirtschaftszone proklamierten. Laut dem deutsch-mexikanischen Fischereiabkommen würde sich die Bundesrepublik gegebenenfalls „mit Kapital und ‚know how‘ am Aufbau einer mexikanischen Hochseefischerei" beteiligen.[121]

Hinsichtlich der für die deutschen Fischereiinteressen relevanten Befunde gibt sich der MEXAL-Bericht ebenfalls zwiespältig:

> „Wenngleich die Untersuchungen entgegen den Erwartungen ergeben haben, daß ein rentabler Einsatz der modernen Fang- und Verarbeitungsschiffe der deutschen Hochseefischerei vor der mexikanischen Küste nicht möglich ist, konnte doch eine echte Alternative in der nördlich angrenzenden Region vor der USA-Küste (Oregon) außerhalb der 12 sm-Grenze nachgewiesen werden. Hier wurden weitgehend ungenutzte Massenfischbestände aufgefunden, die nach den jetzt vorliegenden Feststellungen unter Einbeziehung noch weiter nördlich vorhandener Bestände (Alaska-Pollack, Alaska-Hering etc.) einen ganzjährigen Einsatz zumindest eines Teils der deutschen Großen Hochseefischerei erlauben."[122]

Freilich galten hier die gleichen Vorbehalte zur weiteren Entwicklung des Seerechts wie im Falle Mexikos; eine US-amerikanische Wirtschaftszone würde bilaterale Verhandlungen über die Nutzung der Fischbestände erfordern. Die zuständigen Stellen im Bundesministerium für Ernährung, Landwirtschaft und Forsten schätzten jedoch die Aussichten als insgesamt düster ein. Weder hoffte man noch voll Zuversicht auf schmale Wirtschaftszonen, die es der deutschen Fernfischerei erlauben würden, beispielsweise die traditionellen Bestände vor Neufundland oder das versuchsweise erstmals aufgesuchte Gebiet vor der US-Westküste zu befischen, noch rechnete man damit, dass im Falle ausgedehnter Wirtschaftszonen problemlos entsprechende Alternativen auf Basis bilateraler Abkommen sichergestellt werden könnten. Als in der Kabinettsitzung der Bundesregierung am 31. März 1976 über den Entwurf zur Änderung des *Seefischerei-Vertragsgesetzes* von 1971 beraten wurde – mit dem zugleich das *Übereinkommen zur Erhaltung der lebenden Schätze des Südostatlantiks*, das *Protokoll zur Änderung des Übereinkommens über den Schutz des Lachsbestandes in der Ostsee* und die *Konvention über die Fischerei und den Schutz der lebenden Ressourcen in der Ostsee und den Belten* ratifiziert werden sollte –, war in einem Vermerk aus dem BML hervorgehoben:

> „Die dritte Seerechtskonferenz und die dabei mit aller Wahrscheinlichkeit zu beschließende 200 sm Küstenzone wird tiefgreifende Belastungen für die deutsche Seefischerei mit sich bringen. Die Bundesregierung muß deshalb ein starkes Interesse daran haben, bei den internationalen Gremien zum Schutz und zur Nutzung der Seefische vertreten zu sein. Al-

---

121 Ebd.
122 Ebd.

lerdings ist z. Z. noch nicht abzusehen, inwieweit noch die Funktion der internationalen Übereinkommen nach Einführung der 200 sm Zone voll gewährleistet ist."[123]

Daher fanden die Erkenntnisse von weiträumigen Forschungsunternehmen wie MEXAL deutlich ihren Niederschlag in den Überlegungen zur Konzeption der Fischwirtschaftspolitik, die 1975 im Bundeslandwirtschaftsministerium Gestalt annahmen und deren Ziel – ausgehend von einem Selbstversorgungsgrad der Bundesrepublik im Jahr 1973 von rund 63 % – die „Versorgung des Verbrauchers mit Fisch in ausreichender Menge und Qualität" war.[124] Während sich die Planer bezüglich der drohenden Einschränkungen durch ein neues Seerecht keinen Spekulationen hingaben, sahen sie zur Deckung einer Bedarfslücke von 65.000 Tonnen Frischfisch pro Jahr die Lösung im staatlich subventionierten Ausbau der Fangflotte. Derartige Finanzhilfen seien jedoch nur sinnvoll zusammen mit der Erschließung neuer Fanggebiete in Kooperation mit Entwicklungsländern wie Mexiko. Außerdem müsse die Forschung zu den Ertragsmöglichkeiten in der Tiefsee fortgesetzt werden.[125]

Letzteres erforderte im Übrigen regelmäßige Anpassungen gerade auch in der technischen Planung der Fischereiforschung. So stellte das Ministerium für die Ausrüstung des geplanten neuen Fischereiforschungsschiffes zusätzliche 168.000 DM in den Haushaltsplan für das Jahr 1970 ein, um eine leistungsfähigere Kurrleinenwinde installieren zu können. Mit Hilfe der Kurrleinen setzen Fischereifahrzeige generell ihre Netze aus, d. h. die Länge der Leinen bestimmt beispielsweise über die Einsatztiefe eines Schleppnetzes. Während 1967 „für die seinerzeit bestehenden und damals voraussehbaren Fischereibedingungen" noch 1600 Faden Kurrleinenlänge als „vollkommen ausreichend" galten, wurden für die geplanten Versuchsfahrten zur Erforschung tieferer Meeresregionen längere Leinen und stärkere Winden benötigt. Vorgesehen waren nun Winden mit Kapazitäten für 2500 Faden.[126]

Zusammengefasst: In den 1970er Jahren prägte eine neue Gemengelage die Fischereipolitik, -wirtschaft und -forschung: Ein zunehmendes Bewusstsein für das Problem der Überfischung und die damit einhergehende Suche nach neuen Fanggründen ebenso wie nach neuen Fischarten und anderem Meeresgetier von wirtschaftlicher Bedeutung waren zwei Aspekte bereits seit den 1960er Jahren.[127] Die Anfänge dieser Bemühungen lagen sogar in den Fünfzigern und erstreckten sich neben

---

123 BArch B 136/22475, Vermerk für die Kabinettsitzung vom 31. März 1976.
124 BArch B 116/67821, Konzeption der Fischwirtschaftspolitik, Zusammenfassung vom 25.4.1975.
125 Ebd.
126 BArch, B 116/22064.
127 Sahrhage, Institut für Seefischerei, 18.

der Hochseefischerei auch auf die Kutterfischerei. Hier lag der Schwerpunkt naturbedingt weniger auf der Erschließung gänzlich neuer Seegebiete als vielmehr auf der Entwicklung neuer Fangtechniken – zum Beispiel von verbesserten Schleppnetzen –, mit Hilfe derer im Bereich der Nordsee und vor Norwegen bekannte Bestände effektiver befischt werden konnten.[128] Hinzu kamen die Unsicherheit hinsichtlich der künftigen Ausgestaltung des internationalen Seerechts und die Anpassungen an EG-Fischereipolitik, erheblich verschärft insbesondere durch die Fischereikonflikte mit Island.

Als wie gravierend die deutsche Fischwirtschaft diese Konflikte empfand, zeigte sich zum Beispiel 1972 in der Entschließung eines Aktionskomitees der Städte Bremerhaven und Cuxhaven an die isländische Regierung.[129] Während die Bundesregierung vor dem Internationalen Gerichtshof gegen die Erweiterung der Fischereigrenzen des Inselstaates auf 50 Seemeilen vorzugehen versuchte,[130] forderte das Aktionskomitee im Namen der insgesamt rund 200.000 Einwohner beider Hafenstädte Island zur Beibehaltung der Freiheit der Fischerei auf, wies auf die hohe Zahl von Arbeitsplätzen hin, die lokal von der Fischerei abhingen, und lehnte zudem kategorisch die isländische Begründung ab, dass die Maßnahmen dem Erhalt der Fischbestände dienten. Nach Meinung von Experten seien diese nicht grundsätzlich bedroht, etwaige Rückgänge bei bestimmten Arten seien vielmehr auf die starken Aktivitäten der isländischen Fischer zurückführen und gegebenenfalls seien international abgestimmte „Schonmaßnahmen" für den Erhalt der Erträge angeraten. Die Entschließung verzichtet dabei nicht auf den Hinweis auf die globale Relevanz der biologischen Ressourcen der Meere: „Weltweit ist man sich darüber klar, daß von einer Erhaltung der Fischbestände in den Meeren die Ernährung großer Teile der Menschheit abhängt."[131]

Zugespitzt formuliert, hatte hier die lokale Fischwirtschaft ihre Belange mit der Relevanz des Meeres für die Ernährungsfrage der Weltbevölkerung verbunden. Die Relevanz dieses Argumentationsmusters wurde von Johanna Sackel ausführlich untersucht.[132] Freilich handelte es sich bei Bremerhaven und Cuxhaven um die wichtigsten deutschen Fischereihäfen, so dass es mitnichten nur um Lokalpolitik ging. Die Entschließung offenbart vielmehr, wie tiefgreifend und bedrohlich der Konflikt um die Fanggründe vor Island für die deutschen Fischereiinteressen insgesamt war.[133] Als

---

128 Tiews, Institut für Küsten- und Binnenfischerei, 19; Pauly/Maclean, *In a Perfect Ocean*, 17–18.

129 An die Regierung der Republik Island! In: AFZ 24, Nr. 15 vom 9.8.1972, 5. Zum Konflikt mit Island ausführlich Heidbrink, *„Deutschlands einzige Kolonie ist das Meer!"* 128–148.

130 Das Problem Island. Einstweilige Verfügung gegen Island? In: *AFZ 24, Nr. 15 vom 9.8.1972*, 4.

131 An die Regierung der Republik Island!

132 Sackel, Food justice, 649–654.

133 Für einen Überblick der Fischereikonflikte aus isländischer Sicht vgl. Gudni Th. Jóhannesson, ‚Life is Salt Fish': The Fisheries of the Mid-Atlantic Islands in the Twentieth Century, in:

1971 der Posten des Leiters der Unterabteilung Fischwirtschaft im Bundesernährungsministerium mit Gero Möcklinghoff neu besetzt wurde, sah dieser in der Gemengelage aus bilateralen Konflikten um Fanggebiete und der internationalen Seerechtsdebatte sowie den ersten EWG-Regelungen zu einer abgestimmten Fischereipolitik den
Kern seines Aufgabengebiets.[134]

Wenige Wochen später – zu Beginn des Jahres 1972 – holte Möcklinghoff weiter
aus und widmete sich ausgiebig der Fischerei im Seerecht und den unterschiedlich
gelagerten Interessen von Fischereinationen je nach ihrem Zugang zum Meer und ihren Fischereitraditionen. Erwartungsgemäß kam aus seiner Sicht für die Bundesrepublik mit ihrer kurzen Küstenlinie kein Seerecht in Frage, bei dem die für die Hochseefischerei relevanten Schelfgebiete der Fischereihoheit der jeweiligen Küstenstaaten
unterstellt wurden: „Die Freiheit des Fischfangs – eine der klassischen Freiheiten der
hohen See – ist Grundlage der deutschen Seefischerei."[135] Als Begründung für die Forderung nach relativ schmalen Fischereigrenzen führte Möcklinghoff auch die Überfischungsfrage ins Feld und warnte vor einer Art fatalem Zirkelschluss:

> „Das Meer muß vielmehr als zusammenhängender Lebensraum betrachtet werden, und
> die Fischerei sollte möglichst ungehindert den wechselnden Standorten der Fische folgen
> können. […] Damit soll aber nicht einer völlig unkontrollierten Fischerei im Bereich der
> hohen See das Wort geredet werden. Die Fangtechnik ist heute so weit fortgeschritten,
> daß man reiche Bestände in kurzer Zeit derart auslichten kann, daß die Fischerei nicht nur
> unrentabel wird, sondern auch die Regenerationsfähigkeit des Bestandes stark vermindert
> wird. […] Eine wirksame Regulierung und notfalls sogar eine mengenmäßige Beschrän-
> kung der Fischerei ist deshalb unerläßlich; anderenfalls würde der freie Fischfang auf hoher
> See in Raubbau ausarten, der wiederum zwangsläufig dazu führt, daß die Küstenstaaten
> ihre Fischereiinteressen durch Ausweitung der nationalen Hoheitsgrenzen zu schützen su-
> chen."[136]

David J. Starkey / Ingo Heidbrink (eds.), *A History of the North Atlantic Fisheries, vol. 2: From the
1850s to the Early Twenty-First Century (Deutsche Maritime Studien, Bd. 19)*, Bremen 2012, 277–292.
134 Möcklinghoff: Keine spektakulären Veränderungen, in: *AFZ 23, Nr. 21 vom 11.11.1971*, 4–5.
Dass eine EG-Fischereipolitik ab ca. 1970 so ausgesprochen schwer in Gang kam, lag an einer
weltweit einzigartigen „exceptional complexity" aus politischen und geografischen Faktoren,
meinen David Symes / Nathalie Steins / Juan-Luis Alegret, Experiences with Fisheries Co-
Management in Europe, in: Douglas Clyde Wilson / Jesper Raakjaer Nielsen / Poul Degnbol
(eds.), *The Fisheries Co-Management Experience: Accomplishments, Challenges and Prospects*, Dordrecht 2003, 119–133, wörtliches Zitat 119.
135 Wie steht es um den Gemeingebrauch an den lebenden Schätzen des Meeres? In: Jahresheft der Fischwirtschaft 1972, *AFZ 24, Nr. 1 vom 7.1.1972*, 15–18, hier 15.
136 Ebd., 16.

Das Ziel war für Möcklinghoff „eine optimale Nutzung der Meeresschätze."[137] Mit dieser Wortwahl, die den Beitrag bereits in der Überschrift kennzeichnet, war auch ein Bezug zur Diskussion um die Anerkennung sowohl der biologischen als auch der mineralischen Ressourcen der Ozeane als gemeinsames Erbe der Menschheit hergestellt. Wenn Möcklinghoff es bei gelegentlichen Erwähnungen beließ, mochte das vor allem daran liegen, dass diese Idee viel intensiver im Zusammenhang mit dem Meeresbergbau diskutiert wurde. Hier ging es jedoch qua Amt ausschließlich darum, die Position der deutschen Hochseefischerei in der internationalen Debatte klarzumachen und sich in Fragen zur langfristigen Wahrung der Ertragsmöglichkeiten und zur optimalen Nutzung zu engagieren, um so die schlechtere Verhandlungsposition angesichts geografischer Nachteile auszugleichen.

Tatsächlich änderten sich in den 1970er Jahren die Bedingungen, unter denen Fischerei betrieben wurde in mehrerlei Hinsicht. Die Verknüpfung nationaler Interessen an der Nutzung der maritimen Ressourcen mit der etablierten Auffassung, dass die Weltmeere stärker für die Ernährung der Weltbevölkerung in Betracht zu ziehen seien, blieb zwar als solche bestehen. Jedoch stellte sich zum einen immer drängender die Frage nach den Reaktionen auf verringerte Fangerträge und die Anpassung der Fangpraxis – hinsichtlich der befischten Meeresräume, der Fangtechniken und der Arten an verwertbarem Meerestieren. Zum anderen veränderten sich die internationalen politischen und rechtlichen Rahmenbedingungen für die Nutzung maritimer Ressourcen grundlegend.

Eine Reihe von Reden Gerhard Mesecks, seines Amtsnachfolgers Möcklinghoff sowie des Parlamentarischen Staatssekretärs im Bundesministerium für Ernährung, Fritz Logemann, legt offen, wie diese Veränderungen in jenen Jahren seitens der Fischereipolitik in der Öffentlichkeit dargestellt wurden. Als beispielsweise Meseck am 1. April 1968 auf der Generalversammlung des *Nautischen Vereins zu Hamburg* über *Die Aufgaben der Fischereischutzboote und Fischereiforschungsschiffe im Rahmen der Fischereipolitik des Bundes* sprach, ging es noch vorrangig um den Abschluss internationaler Fischereiabkommen zwischen den Fischereinationen, die durch die sich „immer noch fortsetzende Ausdehung [!] der Fanggebiete bedingt" sei. Dabei würden Bestimmungen zur Nutzung der Fischbestände und die Frage der Fischereigrenzen thematisiert, wodurch neben dem internationalen Austausch über Ergebnisse der Fischereiforschung auch für den Fischereischutz „Kontroll- und Beobachtungsaufgaben mannigfacher Art" entständen. Indem ferner das Nahrungspotenzial des Meeres „zunehmende Bedeutung für die Menschheit" erlange, komme der fischereilichen Entwicklungshilfe wachsende Bedeutung zu. Meseck verwies insgesamt auf einen immer größer werdenden Einfluss von „weltweiten Gesichtspunkten" auf die natio-

---

137 Ebd., 18.

nale Fischereipolitik. Die Fischerei vollziehe sich „überwiegend außerhalb der Souveränität der Einzelstaaten in einem gegenseitigen scharfen Wettbewerb." Das verlange, so folgerte Meseck, sowohl von der Politik als auch von der Hochseefischerei in Deutschland „eine großräumige Betrachtungsweise."[138]

Am Ende der 1960er Jahre folgte also die fischereipolitische Auffassung der Leitlinie, wonach Fischerei in ihrer Ausprägung als Hochseefischerei nicht nur in räumlicher Hinsicht eine tendenziell globale Dimension besaß, sondern auch mit Blick auf die politische Kooperation im Rahmen internationaler Abkommen über die Ressourcennutzung und der Entwicklungszusammenarbeit. Trotz des routinierten Hinweises auf beständige Verhandlungen und Verständigungen unter den Fischereinationen blieb insbesondere die Fischerei in internationalen Gewässern ein Wettbewerb, wie Meseck auch betonte. Was sich änderte, war allenfalls der Fokus der Aufmerksamkeit gegenüber einzelnen Wettbewerbern. Jenseits der an Fahrt gewinnenden Fischereizonendiskussion, die sich auf die Schelfmeere bezog und nicht auf die noch von allen anerkannte Hohe See, war dies um 1970 vor allem die Sowjetunion. Meseck rechnete sie in einem Vortrag am 26. Juni 1971 auf der Kieler Woche zum Kreis der „Zukunftsprobleme der deutschen Fischwirtschaft."[139] Eine Passage darin verdeutlicht die Verbindung von Ressourcennutzung, Ressourcenkonflikt und Nutzungsregulierung und enthält in der gewählten Formulierung zudem eine gewisse Schuldzuweisung an die UdSSR:

> „Deshalb muß unser Interesse natürlich auch der Erhaltung der Fischbestände in den weiten Räumen des Atlantiks und anderen Meeren gelten. Wir wissen ja, daß das Fischereipotential in den letzten Jahrzehnten, nicht zuletzt durch die Entwicklung der Fischerei der Sowjetunion, außerordentlich gewachsen ist und daß wir dadurch teilweise schon, zumindest im Nordatlantik, eine Überfischung einiger Fischarten befürchten müssen. Wir haben schon sehr ernste Probleme, und die Diskussion in den internationalen Gremien, daß man sich endlich irgendwie verständigen muß und letztlich auch zu einer Regulierung der Fischbestände anhand der Forschungsergebnisse gelangt, wird immer intensiver."[140]

---

138 BArch B 116/22064, Manuskript Mesecks zum Vortrag am 1.4.1968 auf der Generalversammlung des Nautischen Vereins zu Hamburg.

139 BArch B 116/67822, Manuskript Mesecks zum Vortrag am 26.6.1971 in Kiel.

140 Ebd. Mesecks Auffassung entsprach der Einschätzung des BFAF-Experten Bartz, der schon 1965 eine Darstellung der sowjetischen Fischwirtschaft wie folgt zusammengefasst hatte: „Die sowjetische Fischereiwirtschaft hat, wie das nicht deutlich genug betont werden kann, im letzten Jahrzehnt einen wahrhaft phänomenalen Aufschwung erfahren." Fritz Bartz, *Die großen Fischereiräume der Welt. Versuch einer regionalen Darstellung der Fischereiwirtschaft der Erde*, Bd. 2: *Asien mit Einschluß der Sowjetunion*, Wiesbaden 1965, 547.

Neben einer recht unverhohlenen Schuldzuweisung an die Adresse der UdSSR gab Meseck hier einen Hinweis auf Defizite in den Verhandlungskompetenzen der nationalen Akteure im internationalen Austausch. Noch im gleichen Jahr hieb Staatssekretär Logemann auf einer Veranstaltung aus Anlass des 75jährigen Jubiläums des Fischereihafens Bremerhaven in die gleiche Kerbe. Es ging auch bei dieser öffentlichen Gelegenheit um „Zukunftsprobleme unserer Fischwirtschaft."[141] Die Lage der wichtigen Fanggebiete jenseits der nationalen Jurisdiktion, der immer größere Einsatzradius der deutschen Hochseefischer und die damit verbundenen Investitionen und Risiken, der sich verschärfende Wettbewerb auch angesichts der sowjetischen Anstrengungen und vor allem die nicht mehr zu leugnende Überfischung insbesondere der Fischbestände des Nordatlantiks stellte Logemann in einen einzigen fatalen Zusammenhang. Die internationalen Fischereikommissionen diskutierten immer intensiver „über Maßnahmen zur Regulierung und Erhaltung der Fischbestände", mehr noch: „Man spricht bereits von einer Quotierung der Fangerträge." Entsprechende „Beschlüsse über den ökonomisch und biologisch zulässigen Fischaufwand" in den nächsten Jahren erwartete Logemann auch im Rahmen der zunehmenden Konflikte um nationale Fischereigrenzen.[142]

Die Auffassung, dass die Aktivitäten der Sowjetunion in der Hochseefischerei entscheidend zur Überfischung beitrugen, hielt sich wenigstens bis Mitte der 1970er Jahre. Im Bundesernährungsministerium hieß es dazu noch 1974 in einem internen Schriftstück zu möglichen strukturpolitischen Hilfen für die deutsche Hochseefischerei:

> „Scharfer internationaler Wettlauf um die Nutzung der Fischreserven in den Weltmeeren. Die UdSSR und andere Ostblockstaaten betreiben ohne Rücksicht auf Kosten und Risiken intensiven Fischfang, um eigene Bevölkerung mit tierischem Eiweiß zu versorgen. Dies ist eine wesentliche Ursache für die Überfischungserscheinungen im Nordatlantik und damit für den Ertragsrückgang der deutschen Seefischerei (rückläufige Tagesfänge)."[143]

Dass die als angestammte Fanggründe der deutschen Seefischerei angesehenen Gewässer des Nordatlantiks auch durch deutsche Fischer selbst zunehmend durch Überfischung gekennzeichnet waren, stand hier nicht zur Debatte. – Die Übernutzung der nordatlantischen Fanggründe wie der Meere insgesamt war ebenso von

---

141 BArch B 116/67822, Manuskript Logemanns zum Vortrag am 10.9.1971 in Bremerhaven.
142 Ebd.
143 BArch B 116/67822, Schreiben an Unterabteilungsleiter 21 vom 2.1.1974 zu Maßnahmen für die Seefischerei.

westlichen wie östlichen Fischereinationen zu verantworten.¹⁴⁴ – Dieses Dokument stach zwar durch seine Einseitigkeit aus den ansonsten durchaus recht ausgewogeneren Urteilen der bundesdeutschen Fischereipolitik heraus, spiegelte aber auch keine außergewöhnlich exklusive Einschätzung wider.

Wie das Konfliktpotenzial der Fischereizonen in den folgenden Jahren im Kontext der internationalen Seerechtsdebatte immer mehr in den Vordergrund rückte, spiegelten weiterhin die öffentlichen Aussagen der Fischereipolitik. Als Logemann im Juni 1974 eine Rede auf der Mitgliederversammlung des *Bundesverbandes Fischindustrie und -großhandel* in Bremerhaven vortrug, lag der Auftakt zur Dritten UN-Seerechtskonferenz nicht einmal ein Jahr zurück.¹⁴⁵ Damals war jedoch bereits klar, dass die härtesten Verhandlungen zwischen Industrie- und Entwicklungsländern um die Frage der gemeinsamen Nutzung der Ressourcen des Meeres geführt werden würden. Zwar ging es dabei in erster Linie um die mineralischen Rohstoffe am und im Meeresboden, doch Logemann befürchtete, dass sich der Konflikt in Gestalt einer „Forderung nach der ausschließlichen Nutzung auch der biologischen Schätze in dem darüber liegenden Wasser […] innerhalb einer weitgestreckten Grenze" ausweiten könnte. Logemann warnte: „Eine große Unsicherheit liegt aber darin, daß wir nicht voraussehen können, wie das Seevölkerrecht weiter entwickelt wird."¹⁴⁶

Spätestens mit Beginn von UNCLOS III war das Seerecht auch für die deutsche Hochseefischerei zu einem zentralen Gegenstand der Betrachtung geworden. Bis dahin – noch 1968 oder 1971 – rangierte das Thema Überfischung an erster Stelle, in erster Linie erörtert als direkte Übernutzung biologischer Ressourcen der Hohen See, die wiederum nach völkerrechtlichem Verständnis als großer „Internationaler Gemeinschaftsraum" verstanden wurde. Das blieb die Hohe See zwar auch weiterhin, doch verringerte sie sich größenmäßig um genau jene Bereiche, die aus fischwirtschaftlicher Sicht am ertragreichsten waren. Damit wurde die Entwicklung des Seerechts zu einem Faktor in der Diskussion um die Überfischung. Der Leiter der Abteilung Fischwirtschaft im Bundesernährungsministerium Möcklinghoff zeichnete auf einer Veranstaltung der Fischwirtschaftlichen Vereinigung Schleswig-Holstein im Juni 1974 in Kiel ein wenig hoffnungsvolles Bild von der Lage: „Wir haben mit unserer Haltung auf der 3. Seerechtskonferenz leider nur wenig Verbündete. Wir werden mit guten Argumenten in Caracas wenig Widerhall finden. […] Die Aussichten für die Fangmög-

144 David J. Starkey, Fish: A Removable Feast, in: ders. / Ingo Heidbrink (eds.), *A History of the North Atlantic Fisheries, vol. 2: From the 1850s to the Early Twenty-First Century (Deutsche Maritime Studien, Bd. 19)*, Bremen 2012, 327–335, hier 330.
145 BArch B 116/67822, Manuskript Logemanns zum Vortrag am 21.6.1974 in Bremerhaven.
146 Ebd.

lichkeiten unserer Hochseefischerei sind somit recht düster." Und die Zeit dränge, „sich auf die künftige Entwicklung einzustellen."[147]

Was Möcklinghoff bei dieser Gelegenheit ebenfalls betonte, war die Tatsache, dass der gesamte Problemkomplex zunehmend auch in einem gemeinsamen europäischen Rahmen zu verstehen war. Dieser Hinweis kam nicht ganz ohne kritischen Unterton aus, zeigte aber eine weitere Ebene an, auf der neben den nationalstaatlichen Akteuren in den internationalen Fischereikommissionen die Debatten ebenfalls geführt wurden und verstärkt geführt werden würden:

> „Die von mir aufgezeigten Probleme der deutschen Fischwirtschaftspolitik sind zugleich Probleme für die Europäische Gemeinschaft. Trotz aller Vorbehalte gegenüber der Brüsseler Alltagspolitik halte ich es für wichtig, daß die Gemeinschaft in internationalen Fischereifragen geschlossen auftritt."[148]

Damit bezog sich Möcklinghoff zweifellos direkt auf die Haltung der EG auf der Seerechtskonferenz. Das BML war hier in einer Vermittlerrolle zwischen der deutschen Fischwirtschaft und der zugleich auf eine gemeinsame europäische Position zielenden deutschen Fischereipolitik. Möcklinghoffs Vortrag auf einer fischwirtschaftlichen Veranstaltung gab die Problematik wieder, wie sie auch im nicht-öffentlichen Austausch von Politik und Wirtschaft erörtert wurde. In einem Informationsgespräch zwischen der deutschen Seerechtsdelegation und dem *Deutschen Hochseefischerei-Verband* über die europäische Haltung auf der Seerechtskonferenz im Januar 1974 wurden unterschiedliche Vorstellungen zur nötigen bzw. gewünschten Härte gegenüber der internationalen Konkurrenz in den Fanggebieten vor allem aus den Entwicklungsländern deutlich.[149] Seitens des Verbands setzte man sich vehement für die Festschreibung einer 12-Seemeilen-Zone und bestenfalls stark eingeschränkte Nutzungsrechte für die Küstenstaaten jenseits dieser Grenze ein. Befürchtet wurde aber vom Verband das Gegenteil, nämlich das Zugeständnis weitreichender Fischereirechte für die Küstenstaaten bei nur limitierten Nutzungsmöglichkeiten für die Fernfischerei anderer Staaten. Dagegen machte der Delegationsvertreter deutlich, dass „ein Entgegenkommen gegenüber den Entwicklungsländern" erforderlich sei, weil diese noch deutlich weitergehende Forderungen hätten und auf der Konferenz in der Mehrheit wären.[150]

---

147 BArch B 116/67822, Manuskript Möcklinghoffs zum Vortrag am 15.6.1974 in Kiel.
148 Ebd.
149 BArch B 116/67823, Vermerk zu einem Informationsgespräch der Seerechtsdelegation mit dem Deutschen Hochseefischerei-Verband in Bonn am 9.1.1974.
150 Ebd. Vgl. hierzu v. a. Sackel, Food justice.

Tatsächlich wirkte sich UNCLOS III stark auf die Gestaltung der europäischen Fischereipolitik aus. Zum Zeitpunkt des erwähnten Informationsgesprächs in Bonn gab es eine *Gemeinsame Fischereipolitik*, wie sie unter diesem Namen erst 1983 in Kraft trat, nur in Ansätzen: Mit zwei ab dem Jahr 1971 wirksamen Verordnungen wurde zum einen eine Marktorganisation für die Fischwirtschaft geschaffen und zum anderen der Grundsatz des gleichen Zugangs aller zu allen Fanggebieten vor den Küsten der Mitgliedsstaaten festgelegt. Insbesondere die Zugangsregelung sorgte in den Aufnahmeverhandlungen mit Großbritannien, Irland, Dänemark und Norwegen für heftige Auseinandersetzungen.[151] Bei den vier Staaten handelte es sich um große Fischereinationen, in deren Gewässern zudem rund zwei Drittel aller wichtigen Fischbestände anzutreffen waren. Da der EG-Beitritt mit der Übernahme des *Acquis Communautaire* verbunden war, musste es in den vier Staaten als Affront aufgefasst werden, dass vor Beginn der Verhandlungen noch rasch neue Fischereiregeln eingeführt worden waren. In Norwegen fiel das Referendum über den Beitritt wohl auch deshalb negativ aus. Die anderen drei Staaten erzielten immerhin Übergangsregelungen, wonach der Zugang für Fischereifahrzeuge anderer Mitgliedsstaaten in einer Zone von bis zu sechs Seemeilen vor der Küste bis 1982 beschränkt bleiben sollte.[152] Allerdings darf die Fischereithematik im Rahmen der ersten Erweiterung der Gemeinschaft nicht zu hoch gehängt werden; schließlich verlief beispielsweise die Integration von Briten, Iren und Dänen in die Europäische Kommission „bemerkenswert unproblematisch."[153]

In die erste von zwei Phasen der Einführung einer EG-Fischereipolitik – 1973 bis 1977 und 1977 bis 1983[154] – fiel der Auftakt zur UN-Seerechtskonferenz, und es zeichnete sich ab, dass sich der Trend zur Errichtung von 200 Seemeilen-Wirtschafts- und Fischereizonen international durchsetzen würde. Besonders aufgrund von britischen und irischen Einwänden gelang es der Europäischen Kommission bis Ende 1976 lediglich, einen Kompromiss vorzubereiten, wonach ab 1. Januar 1977 für alle Mitgliedsstaaten eine 200 Seemeilen-Zone gelten und Abkommen mit Drittstaaten – allen

---

151 Seidel, Die Errichtung des „Blauen Europa", 343.

152 Gabriele Clemens / Alexander Reinfeldt / Gerhard Wille, *Geschichte der europäischen Integration. Ein Lehrbuch*, Paderborn 2008, 187.

153 Piers Ludlow / Jürgen Elvert / Johnny Laursen, Die Auswirkungen der ersten Erweiterung, in: *Die Europäische Kommission 1973–1986. Geschichte und Erinnerungen einer Institution*, Luxemburg 2014, 155–174, hier 169.

154 Diese Einteilung folgt Seidel, Die Errichtung des „Blauen Europa". Churchill und Owen setzen großräumiger fünf Phasen an: Vorgeschichte und erste Maßnahmen 1957–1973; Anpassung an die Seerechtsentwicklung 1973–1983; Einfluss des EG-Beitritts von Spanien und Portugal 1983–1992; Weiterentwicklung des Fischereimanagementsystems 1993–2002; GFP-Reform und Ost-Erweiterung der EU. Vgl. Churchill/Owen, *The EC Common Fisheries Policy*, 3–28.

voran Island und Norwegen – getroffen werden sollten.[155] 1980 wurden erstmals Gesamtfangmengen festgelegt, womit neben die weiterhin strittige Frage des Zugangs zu den Küstengewässern in der zweiten Phase – die 1977 mit der Einrichtung einer Generaldirektion Fischerei begann – bis 1983 die Verhandlungen um die Zuteilung von Fangquoten traten. Wie weit die Positionen auseinanderlagen, war u. a. daran zu erkennen, dass Großbritannien ursprünglich 60 Prozent der TAC beansprucht hatte und der erste mehrheitsfähige Vorschlag der Kommission im Dezember 1980 dem Land schließlich rund 36 Prozent zuwies.[156] Die Notwendigkeit für Sonderregeln kam im Übrigen mit Blick auf den EG-Beitritt Spaniens und Portugals erneut auf. Da sich die Fischereikapazitäten mit den beiden Staaten quasi verdoppeln würden, die Gewässer um die Iberische Halbinsel aber – im Gegensatz zu denen um die Britischen Inseln – nicht besonders ertragreich waren, sollte sich die Verteilungsproblematik noch einmal erheblich verschärfen. Für den Zeitraum vom Beitritt 1986 bis 2002 wurden daher Einschränkungen der Zugangsrechte für spanische und portugiesische Fischer festgeschrieben.[157]

Der zunehmende Abstimmungsbedarf zwischen den Fischereinationen sowohl vor dem Hintergrund von UNCLOS III und der Ausbreitung von 200 Seemeilen-Zonen als auch im Zuge der Vorbereitung einer europäischen Fischereipolitik erforderte auch Verbesserungen bei der Erstellung von Fangstatistiken. Die internationale Zusammenarbeit führte auch im Bereich der Fangstatistik zu Konflikten. Bei einem Treffen von BML und BFAF mit dem Hochseefischerei-Verband im Jahr darauf forderten die Vertreter von Politik und Wissenschaft, als Zeichen für Transparenz und zur „Erhaltung der Glaubwürdigkeit" der deutschen Hochseefischerei in Verhandlungen für internationale Abkommen und in bilateralen Verhandlungen, wie sie mit Island und Norwegen anständen, genauere Angaben zu den erzielten Fangmengen.[158] Die Aufforderung, tägliche Meldungen zu erstatten, lehnte der Verband mit Verweis auf den Aufwand und die Vertraulichkeit der aktuellen Kenntnisse über ertragreiche Fanggebiete ab. Diese Position ließ sich jedoch nicht halten, und so war Ergebnis des Gesprächs, dass künftig tägliche Angaben über Mengen und Fischarten von Fängen

---

155 Seidel, Die Errichtung des „Blauen Europa", 346.
156 Ebd., 347. Zur Situation der englischen Fischerei ab 1970 vgl. David Whitmarsh, Adaptation and Change in the Fishing Industry since the 1970s, in: David J. Starkey / Chris Reid / Neil Ashcroft (eds.), *England's Sea Fisheries. The Commercial Sea Fisheries of England and Wales since 1300*, London 2000, 227–234, hier besonders 232–234. Das Jahr 1980 erbrachte dennoch „keinen Durchbruch", wie es Winfried von Urff bewertete. Ders., Agrar- und Fischereipolitik, in: *Jahrbuch der Europäischen Integration 1980*, 131–141, hier 139.
157 Seidel, Die Errichtung des „Blauen Europa", 349.
158 BArch B 116/67822, Vermerk über die Besprechung mit Vertretern des Deutschen Hochseefischerei-Verbandes am 4.2.1975 in Bonn.

der sogenannten Froster gemacht werden sollten. Bei Frischfischfängen sollte wie bis dahin generell üblich eine Meldung nach der Anlandung im Hafen erfolgen, doch auch hier zeichnete sich bereits ab, dass tägliche Meldungen im Sinne der Fischereipolitik wären.[159]

Die europäische Dimension wurde auch regelmäßig in den *Jahresberichten über die deutsche Fischwirtschaft* des BML beleuchtet. Demnach lag der Schwerpunkt dieser Jahresberichte auf den wirtschaftlichen und politischen Seiten der Fischerei, biologische Erwägungen spielten in diesen Abschnitten eine untergeordnete Rolle. Sie enthielten jedoch stets auch Berichte aus der Bundesforschungsanstalt für Fischerei, die auf die Ertragssituationen in den verschiedenen Fanggebieten eingingen. Im Bericht von 1970/71 stellten sich die politisch-ökonomischen Rahmenbedingungen reichlich ambivalent dar. Die Umsetzung von strukturpolitischen Maßnahmen im nationalen Rahmen und die Verabschiedung der Grundverordnungen für eine gemeinsame Fischwirtschaftspolitik der EWG sowie die Vorbereitung von Abkommen zur Reduzierung der Meeresverschmutzung auf internationaler Ebene konnten noch als positive Entwicklungen gewertet werden.[160] Ansonsten jedoch überwogen die Probleme: Mit den sich zuspitzenden Fragen zum Seerecht und zu den Wirtschaftszonen schuf „die angekündigte Ausdehnung der isländischen Fischereigrenze von 12 auf 50 sm eine völlig neue, kritische Situation."[161] Hinzu kam die Problematik, dass trotz weltweit insgesamt weiter zunehmender Fischereierträge im Nordatlantik immer weniger Fisch gefangen wurde. Da „die Ertragskurve sich deutlich abgeflacht hat und für einige wichtige Nutzfischarten schon abwärts verläuft", diskutierten die internationalen Fischerei-Kommissionen über Fangbeschränkungen, und als historisch musste wohl gelten, dass zur Schonung des überfischten Nordseeherings „für 1971 erstmals eine 70tägige Schonzeit beschlossen" wurde.[162]

Bemerkenswert dabei ist im Übrigen der Umstand, dass die internationalen Verhandlungen über die Schonung der Heringsbestände lange vor der Festlegung der 200 Seemeilen-Zonen begannen. Die Befürworter rigoroserer Schutzmaßnahmen nahmen in diesem Fall die zu erwartende Fortentwicklung des Seerechts nicht als Maßstab.[163] Allerdings ergaben die Bemühungen um ein gemeinsames Fischereima-

159 Ebd.

160 Gero Möcklinghoff, Die Fischwirtschaftspolitik 1970/71, in: *Jahresbericht über die deutsche Fischwirtschaft 1970/71*, Berlin 1971, 9–12.

161 Ebd., 9. Heidbrink, *„Deutschlands einzige Kolonie ist das Meer!"* 156–159.

162 Möcklinghoff, Die Fischwirtschaftspolitik 1970/71, 10. Zu den TACs vgl. Jantzen, *Cod in Crisis?* 40–43; Coull, *The Fisheries of Europe*, 224.

163 Hrefna Karlsdóttir, Fishing Rights in the Postwar Period: The Case of North Sea Herring, in: Gordon Boyce / Richard Gorski (eds.), *Resources and Infrastructures in the Maritime Economy, 1500–2000 (Research in Maritime History 22)*, St. John's 2002, 103–118, hier 111.

nagement keine langfristig befriedigende Situation; zu unterschiedlich waren die nationalen Fischereiinteressen, -schwerpunkte und -traditionen bei der Nutzung der international verfügbaren Ressource Hering.[164]

Der *Biologisch-statistische Bericht über die deutsche Hochseefischerei im Jahre 1970* von Ulrich Schmidt vom Institut für Seefischerei präzisierte Möcklinghoffs globalere Darstellung, indem er den Rückgang der deutschen Fangerträge – bei einem zwar höheren Gesamterlös gegenüber dem Vorjahr, der jedoch lediglich auf gestiegene Preise zurückzuführen war – aufschlüsselte.[165] Danach basierten die deutschen Ertragsrückgänge vor allem auf der dramatischen Verringerung der Bestände im Nordwestatlantik, wo die Lage für mehr als eine Nutzfischart „besorgniserregend" sei – u. a. beim Schellfisch, für den aus biologischer Sicht „ein völliges Fangverbot die sinnvollste Lösung sei", obgleich „selbst eine derartige Maßnahme keineswegs zu einer baldigen Erholung des über Gebühr genutzten Bestandes führen könne."[166] Im Nordostatlantik war der Zustand der Bestände nach Schmidts Angaben insgesamt weniger beunruhigend, dafür sah er drohendes Ungemach in der Fischereipolitik Islands, nahm mithin auch als Fischereibiologe an der seerechtlichen Debatte um Wirtschaftszonen teil und bezog darin Position im Sinne der deutschen Fischereiinteressen:

> „Island ist zur Zeit neben Labrador das einzige Gebiet im Nordatlantik, dessen Kabeljaubestand relativ intakt ist. Die isländische Regierung wird daher mit Sicherheit alle möglichen Anstrengungen zum Schutze dieses wertvollen Bestandes unternehmen, um eine Intensivierung seiner Befischung durch fremde Fangflotten [...] zu verhindern. Ihre Absicht aber, eine 50-Sm-Grenze einzuführen, und die Fischerei auf dem Festlandsockel nur von der isländischen Fischerei ausüben zu lassen, verletzt allerdings die Interessen der hier seit dem vorigen Jahrhundert fischenden Nationen auf das Schwerste."[167]

Allein der Jahresbericht über die deutsche Fischwirtschaft von 1970/71 lieferte somit zur Lage der deutschen Fischerei ein Gesamtbild, das alle bestehenden Konfliktlinien aufzeigte und deutlich machte, wie sich sowohl die politischen, rechtlichen und ökonomischen als auch die ökologischen Belange weiter zu entwickeln drohten. Denn als Bedrohung für die deutsche Hochseefischerei im Allgemeinen stellten sie sich dar, wie Bundesminister Ertl in seinem allerdings noch vergleichsweise optimistisch for-

---

164 Ebd., 117.
165 Ulrich Schmidt, Biologisch-statistischer Bericht über die deutsche Hochseefischerei im Jahre 1970, in: *Jahresbericht über die deutsche Fischwirtschaft 1970/71*, Berlin 1971, 75–107, hier 75.
166 Ebd., 89.
167 Ebd., 88.

mulierten Vorwort schrieb.[168] Außerdem deutete der Bericht bereits an, dass sich ein Bewusstsein für die Tragweite des Problems der Überfischung nachhaltig durchzusetzen begann.[169]

Die von der deutschen Fischwirtschaft ebenfalls dokumentierte Steigerung der Weltfischereierträge – 1969 waren den Ozeanen ca. 70 Millionen Tonnen Fisch entnommen worden – wurde zum Teil auf den zunehmenden Fischereiaufwand der Sowjetunion zurückgeführt. Somit richtete sich die Aufmerksamkeit auch auf ihren Aufstieg zu einer der größten Fischereinationen der Welt. 1975 befasste sich die AFZ mit einer einschlägigen Studie des Gießener Osteuropa-Wissenschaftlers Philipp Kellner und dokumentierte diese im Rahmen einer weit allgemeineren Leitfrage ausführlich: „Wieviel Fische gibt es in den Weltmeeren und reichen sie noch für die Ernährung aller Menschen dieser Erde?"[170] Die Gründe für den sowjetischen Aufschwung lagen danach nicht nur in größeren, leistungsfähigeren und weltweit operierenden Fangflotten einschließlich moderner Fabrikschiffe, die bereits auf See die weitere Fischverarbeitung ermöglichten. Darüber hinaus seien die Verwertung bisher unberücksichtigter Fischarten, die Bemühungen in der Fischzucht und die Versuche zur Nutzung von Fischmehl für die Nahrungsmittelherstellung für den rasanten fischereilichen Wissenszuwachs des Landes verantwortlich. Die AFZ stimmte Kellner im Grundsatz zu, dass die Sowjetunion wohl als „Beispiel künftiger Entwicklungen gesehen werden" müsse.[171]

Der Blick über den Tellerrand vom deutschen Standpunkt aus rief zu einem Nachdenken über die eigenen Entwicklungsmöglichkeiten und Erfordernisse in Fischereiwissenschaft und -wirtschaft auf. Dazu gehörten zum Beispiel die mit Blick auf die Sowjetunion angesprochenen Überlegungen einer Befischung von Krill.[172] Die Schalentiere – vor allem der Antarktische Krill (*Euphausia superba*) – werden gegenwärtig von mehreren Fischereinationen in größeren Mengen gefangen und als Futtermittel oder für Kosmetika verwendet sowie für den menschlichen Verzehr in Form zum Beispiel von Krill-Paste oder Krill-Sticks verarbeitet. Schätzungen zur Biomasse des Krill variieren zwischen 125 und 750 Millionen Tonnen; womöglich handelt es sich um die Tierart mit der größten Biomasse weltweit. Seine Befischung bedeutet an-

---

168 Josef Ertl, Vorwort, in: *Jahresbericht über die deutsche Fischwirtschaft 1970/71*, Berlin 1971, 3–4, hier 4.

169 Tiews, Institut für Küsten- und Binnenfischerei, 16.

170 Reichen die Fischbestände noch lange? In: *AFZ 27, Nr. 15/16 vom 22.8.1975*, 14–16.

171 Ebd., 14.

172 Grundlegend zum Thema Krill: Christian Kehrt, „Dem Krill auf der Spur." Antarktisches Wissensregime und globale Ressourcenkonflikte in den 1970er Jahren, in: *Geschichte und Gesellschaft 40 (2014), Heft 3: Lebensraum Meer*, hg. von Christian Kehrt / Franziska Torma, 403–436; Heidbrink, *„Deutschlands einzige Kolonie ist das Meer!"* 173–175.

gesichts dieser Unsicherheit ein ökologisches Risiko, da Krill nicht nur Nahrung für Bartenwale darstellt, sondern auch in anderen Nahrungsketten eine wichtige Funktion zukommt.[173]

Nachdem zuvor bereits Japan und die Sowjetunion im zunächst noch geringen Umfang mit der Befischung des Krill begonnen hatten, richteten besonders ab Mitte der 1970er Jahre auch deutsche Fischereiforscher ihr Augenmerk auf die proteinhaltigen Schalentiere. Die Bundesforschungsanstalt für Fischerei führte im Winter 1975/76 eine Expedition mit dem Forschungsschiff WALTHER HERWIG in antarktische Gewässer durch, um Erkenntnisse über Nährstoffgehalt, Genußwert und Marktfähigkeit zu gewinnen. Während zu den beiden ersten Punkten positive Ergebnisse erzielt wurden, wie der Biochemiker Wolfgang Schreiber von seinen Untersuchungen in der AFZ berichtete, blieb die Frage nach der Wirtschaftlichkeit zunächst offen.[174] Die deutsche Fischwirtschaft bemühte sich jedoch intensiv um die Entwicklung konkurrenzfähiger Produkte und konnte sich dabei der öffentlichkeitswirksamen Unterstützung der Politik sicher sein. Das zeigte sich etwa anlässlich eines „Zukunftsmenüs", das im August 1976 auf Einladung von Bundesforschungsminister Hans Matthöfer in Bonn stattfand. Neben unbekannten Agrarerzeugnissen stand „Krillcremesuppe mit grünem Algenbrot" auf der Speisekarte.[175] Matthöfer bezeichnete bei dieser Gelegenheit die „Erschließung mariner Nahrungsquellen" als „unmittelbar für die deutsche Volkswirtschaft von Bedeutung."[176]

Die kulinarische Attraktivität der Kleinkrebse war allerdings in der öffentlichen Diskussion von geringerem Interesse. Ein Jahr nach dem Zukunftsmenü fragte die Frankfurter Allgemeine Zeitung: „Gibt es nun bald ‚Krillstäbchen'?" Die Forschung zur Fischverarbeitung, so der Bericht, hätte in Experimenten bereits „sehr gute Geschmacksergebnisse" erzielt, „die jetzt in neuen Versuchen mit erweiterter Produktionspalette verfeinert werden sollen."[177] Im Wesentlichen fokussierte der Artikel aber auf die Verwendungsmöglichkeiten des Krills anstelle von Fischmehl. Die zur Verfügung stehenden Mengen von *Euphausia superba* in den Gewässern um die Antarktis wurden als enorm beschrieben: „Bis zu 60 Tonnen Krill waberten in den zum Bersten gefüllten Netzen." Dabei endete der Bericht jedoch nicht, ohne zugleich die Warnungen der Experten vor der Möglichkeit einer Überfischung auch dieser schein-

---

173 FAO, Species Fact Sheet *Euphausia superba*, URL: www.fao.org/fishery/species/3393/en [30.04.2018]; Sahrhage, Institut für Seefischerei, 19.

174 Wolfgang Schreiber, Nahrungsmittel aus Krill – Möglichkeiten und Aussichten, in: *AFZ 28, Nr. 12 vom 26.6.1976*, 4–5.

175 Krill und Algenbrot, in: *AFZ 28, Nr. 19 vom 8.10.1976*, 18–20, hier 18.

176 Ebd., 20.

177 Gibt es nun bald „Krillstäbchen"? in: *FAZ vom 17.9.1977*, 10.

bar unfassbar großen Proteinmenge in fernen Meeren wiederzugeben: „ein wie in den nördlichen Meeren praktiziertes ‚Catch-as-catch-can' der Fischereinationen würde binnen weniger Jahre die Vorkommen vernichten."[178] Der so eindeutig formulierten Mahnung folgten Sätze, die das bis dato noch überschaubare Wissen über die Krebschen und den daraus resultierenden anhaltenden und grundlegenden Forschungsbedarf erwähnten. Doch das war 1977 kein Widerspruch mehr – zu lange schon, zu klar und zu dauerhaft stand da bereits das Problem der Überfischung im übernutzten Nordatlantik vor Augen.

Bundeslandwirtschaftsminister Ertl blieben nur optimistische Worte, als er im Februar 1977 dem Hamburger Senator Nölling von der Behörde für Wirtschaft, Verkehr und Landwirtschaft zur Entwicklung der EG-Fischereipolitik und des Seerechts schrieb.[179] Er mache sich zwar „Sorgen um die Zukunft unserer Hochseefischerei", die „vor allem auf der unaufhaltsamen seerechtlichen Entwicklung in Richtung auf exklusive 200-sm-Fischereizonen" beruhten. Aber er „hoffe zuversichtlich", dass trotz der

> „schwierigen und wohl auch langwierigen Fischereiverhandlungen, die noch vor uns liegen, [...] die deutsche Seefischerei auch in Zukunft eine wichtige Rolle als Wirtschaftsfaktor in unseren Küstengebieten und zur Versorgung der Bevölkerung mit Fischereierzeugnissen spielen kann."[180]

Ertl hielt allerdings nicht nur die Einrichtung der gefürchteten Fischereizonen für „unaufhaltsam", sondern sah auch „die weitreichende Erschöpfung vieler der bisher wirtschaftlich genutzten Fischbestände."[181]

Ließ sich also im Zusammenhang mit der experimentierfreudigen Erweiterung des Menüs um die kleinen Krebse aus dem Südpolarmeer noch eine gewisse Aufbruchsstimmung beobachten, so nahmen die nur ausgesprochen verhalten optimistischen oder offen negativen Einschätzungen angesichts der politischen und rechtlichen Rahmenbedingungen für die Fischerei zu. Auch Bruno Peschau, der Vorsitzende des *Verbandes der deutschen Hochseefischereien*, zeichnete zum Jahreswechsel 1976/77 ein reichlich düsteres Bild.[182] Er sah die deutsche Hochseefischerei in der Zwickmühle: 1973 hatte die Dritte Seerechtskonferenz der Vereinten Nationen ihre Arbeit aufgenommen, um über die „Neuaufteilung der Weltmeere" zu beraten. In fischereipoli-

---

178 Ebd.
179 BArch B 116/65164, Schreiben Ertls an Nölling vom 22.2.1977.
180 Ebd.
181 Ebd.
182 Bruno Peschau, Die deutsche Hochseefischerei. Ihre Situation / Ihre Aspekte, in: *Jahresheft der Fischwirtschaft 1977*, AFZ 29, Nr. 1/2 vom 10.1.1977, 11.

tischer Hinsicht wurde diese jedoch im Wesentlichen von einer Reihe atlantischer Küstenstaaten mit dem Ziel der Einrichtung quasi exklusiver Fischereizonen vorangetrieben.[183] Die für die deutsche Hochseefischerei praktisch existenzielle Fangtätigkeit in den betreffenden Seegebieten sollte für Peschau daher eher zum Gegenstand „bilateraler Verhandlungen" werden. Mit der Einführung einer europäischen Fischereipolitik zur Koordination der Fischerei in EG-Gewässern entstand dafür zwar etwa zeitgleich eine Vermittlungsinstanz, von deren Durchsetzungsfähigkeit möglicherweise auch die deutsche Fischerei profitieren konnte. Doch Peschau mochte nicht ausschließen, „daß für die deutsche Position als Ergebnis aller derartigen Verhandlungen zunächst ein Status quo minus sich errechnet."[184] Hinzu kam, dass Fischereifragen auf den Seerechtskonferenzen schon seit UNCLOS I keine ganz zentrale Rolle spielten. Denn nachdem auf der FAO-Konferenz von 1955 beschlossen worden war, MSY als maßgebliches Fischereikonzept anzunehmen, traten andere Belange in den Vordergrund, wie sich besonders im Zusammenhang mit dem Meeresbergbau noch zeigen wird. Daran änderte auch die Fortentwicklung des MSY-Konzepts nichts Grundlegendes.[185] Obgleich mittlerweile die gesamte Fischereiforschung kritisch mit dem Konzept umging, überlebte sein Grundgedanke auch dort, wie Fritz Thurow von der BFA 1981 in einem Überblick über *Sustained fish supply* schrieb.[186]

1980 erreichte der Fischereidiskurs eine neue Eskalationsstufe. Ein längerer AFZ-Beitrag von Dietrich Sahrhage, dem Direktor des Instituts für Seefischerei an der Bundesforschungsanstalt für Fischerei, geriet beinahe zu einer Verteidigungsschrift für die Fischereiforschung. In „ernsten Schwierigkeiten" und einer „außerordentlich kritische[n] Lage" befinde sich die deutsche Hochseefischerei, die in ihrer „Existenznot" höhere Fangquoten und Förderung durch Politik und Wissenschaft einforderte – und doch die „biologischen und fischereipolitischen Realitäten" zu beachten hätte.[187] Sahrhages Ausführungen fußten auf einem aus Sicht der Fischer höchst problematischen Standpunkt:

> „Zu den Realitäten gehört, daß viele Nutzfischbestände im Nordatlantik infolge jahrelanger fischereilicher Überbeanspruchung durch die Flotten vieler Länder biologisch und produktionsmäßig zur Zeit in einem schlechten Zustand sind. Rigorose internationale Fangbe-

---

183 Churchill/Owen, *The EC Common Fisheries Policy*, 6–11.

184 Peschau, Die deutsche Hochseefischerei, 11.

185 Finley, *All the Fish in the Sea*, 159–163.

186 Fritz Thurow, Sustained fish supply. An introduction to fishery management, in: *Archiv für Fischereiwissenschaft* 33, 1/2 (1982), 1–42, hier 17.

187 Dietrich Sahrhage, Aktuelle Probleme der deutschen Hochseefischerei aus der Sicht eines Fischereibiologen, in: *AFZ 32, Nr. 13 vom 4.7.1980*, 385–388, hier 385.

schränkungen sind das einzige Mittel, um diese Bestände zu erhalten und im Interesse der Fischerei wieder gesunden zu lassen."[188]

Von dieser unbequemen Wahrheit ausgehend, ging Sahrhage auf verschiedene Kritikpunkte ein, die das Verhältnis zwischen Fischereipraxis und -forschung trübten. So sei die Festlegung der Fangquoten Aufgabe der Politik und nicht der Wissenschaft; diese erstelle lediglich Empfehlungen anhand von Datenmaterial, das mit einheitlichen Methoden in internationalen Gremien erarbeitet würde. Individuelle und situative Erfahrungen von Fischern, wonach es große Mengen Fisch in den Meeren gebe, könnten die langfristig und großräumig erhobenen Daten nicht ersetzen. Sahrhage widersprach vielmehr „[d]em Vorwurf, die wissenschaftlichen Daten seien überholt und lückenhaft und es fehle überhaupt an einer genügend intensiven Beobachtung der biologischen Verhältnisse."[189] Zuletzt wies er die Behauptung zurück, die Fischereiforscher kümmerten sich zu wenig um die traditionellen Fanggebiete im Nordatlantik; die zudem seit 1974 unternommenen Forschungsfahrten in mexikanische, argentinische, neuseeländische und antarktische Gewässer hätten zur Erschließung möglicher neuer Fanggründe gedient. Die guten Beziehungen zwischen Berufsfischerei und amtlicher Fischereiforschung, die anlässlich der Eröffnung des Neubaus der Bundesforschungsanstalt in Hamburg 1962 so vielstimmig beschworen worden waren, hatten seither offensichtlich stark gelitten. Wohl vor allem deshalb beendete Sahrhage seine Legitimationsschrift mit der Beteuerung, dass „die angewandte Fischereiforschung sehr praxisnah" bleibe.[190] Im Übrigen bestand zu Beginn der 1980er Jahre eine Kluft zwischen Fischereiforschern und anderen Meereskundlern. Diese begegneten ihren anwendungsorientierten Kollegen nicht nur in Deutschland, sondern international verbreitet mit einiger Zurückhaltung. Dabei zeigte sich beispielsweise die Bedeutung der physischen Ozeanografie für die Fischereiforschung gerade im Rahmen eines ICES-Projekts zu Heringslarven, das aufgrund des „herring crash" jener Jahre entstand.[191] In der bundesdeutschen Fischereiforschung immerhin nahmen ozeanografische Arbeiten durchgehend einen gewissen Raum ein.[192]

Dennoch war der Konflikt zwischen den auf Bestandserhaltung konzentrierten Berechnungen der Fischereiwissenschaftler und der auf höchste Rentabilität bedachten Fischwirtschaft in den 1980er Jahren zu einem zentralen Kennzeichen des Fischereidiskurses geworden. Wohl auch deshalb traten zu der stets betonten Anwendungs-

188 Ebd.
189 Ebd., 386.
190 Ebd., 388.
191 Rozwadowski, *The Sea Knows no Bounderies*, 259–260.
192 Sahrhage, *Institut für Seefischerei*, 21–22.

orientierung der BFAF zunehmend Argumente für ihre Tätigkeit mit weiter gefassten Bezügen. Der deutsche Fischereiertrag könne, so Klaus Tiews vom BFAF-Institut für Küsten- und Binnenfischerei 1989, „nur bedingt Kriterium für den Umfang der Fischereiforschung sein", und müsse viel stärker auch als „Teil der deutschen Meeresforschung" verstanden werden.[193] Auch dürfe das Abrutschen Deutschlands auf Platz 51 in der Rangfolge der Fischereinationen aufgrund der durch mit dem neuen Seerecht eingeführten Wirtschaftszonen nicht verdecken, dass die Bundesrepublik durch „Importe an Fischwaren einer der größten Nutzer der Weltfischereiressourcen ist."[194] Das Ideal einer „wohlausgewogene[n] Fischereipolitik",[195] die sowohl der fischwirtschaftlichen als auch der wissenschaftlichen Interessenlage gerecht würde, war umso schwerer zu erreichen, als es nicht nur im nationalen Rahmen verwirklicht werden musste:

> „Sogar wenn internationale Fischereivereinbarungen die Fanggrößen, die jeder Nation zugestanden werden, bestimmen, ist es schwierig, eine für alle Beteiligten faire Situation herzustellen. Die Verteilung des Reichtums ist schon eine mit Dornen behaftete Angelegenheit innerhalb eines Landes, aber ein fast unmögliches Vorhaben bei internationalen Verflechtungen."[196]

Das Fachorgan der deutschen Fischwirtschaft dokumentierte diesen Konflikt durchgehend. Bemerkenswert ist hierbei allerdings weniger die vom journalistischen Standpunkt selbstverständliche regelmäßige Darstellung der wissenschaftlichen Positionen, wie zum Beispiel jene von Dietrich Sahrhage. Sie ergriff durchaus auch offen und mit deutlichen Worten Partei für die warnende Fischereiforschung. Im November 1983 kommentierte der AFZ-Chefredakteur Jörg Rüdiger die Vergabepraxis der EG bei den Fangquoten äußerst kritisch und nannte EG-Europa einen „Club der Egoisten", in dem nationale Interessen und ein allseits vorherrschender Neid eine zukunftsorientierte gemeinschaftliche Fischereipolitik Jahr um Jahr verhinderten – nur die Natur „stirbt weiter wie gehabt."[197]

---

193 Tiews, Institut für Küsten- und Binnenfischerei, 33.
194 Ebd., 34.
195 Die langfristige Bewirtschaftung von Fischereiressourcen, in: *Jahresheft Fischwirtschaft 1983, AFZ 35, Nr. 1/2, Januar 1983*, 8–9, hier 9.
196 Ebd.
197 Jörg Rüdiger, „Blaues Europa" gelb vor Neid. Eine Gemeinschaft von Egoisten kann nichts erreichen, in: *AFZ 35, Nr. 20, November 1983*, 4.

Mit Inkrafttreten der GFP einigte sich der Ministerrat darauf, dass für die Festlegung von TACs und Quoten Daten von ICES, NAFO und NEAFC verwendet werden sollten, zudem wurde ein „Kabeljau-Äquivalent" für die Verteilung der Quoten anderer Arten geschaffen.[198] Freilich bildete das konfliktreiche und schwierige Beziehungsgeflecht aus EG-Fischereipolitik, Fischereiwissenschaft, Fischern und Fischwirtschaft seit den ersten Schritten in Richtung einer europäischen Fischereipolitik und eines dementsprechenden Fischereimanagements einen konstanten Quell an Querelen. Beteiligte Akteure aller Lager gaben bis zur Reform der GFP von 2002 – eine erste Reform hatte 1992 die Heterogenität der Interessen nicht ausgleichen können – zu Protokoll, dass sie die GFP im Grunde für gescheitert hielten.[199]

In der Mitte des Jahrzehnts trat schließlich auch in der AFZ ein Begriff stärker in Erscheinung, der ansonsten vor allem in allgemeinen Tageszeitungen und Zeitschriften eine klare Schlüsselfunktion in der Berichterstattung zur Fischerei besaß. Die Rede war vom „Raubbau". Im September 1984 berichtete das Blatt von der besorgniserregenden Entwicklung der Heringsbestände in der Nordsee aufgrund ständiger Überfischung seitens der Anrainer. Insbesondere der Fang von jungen Heringen gefährde die Regenerationsfähigkeit der Bestände, zudem hielten sich augenscheinlich die beteiligten Fischereiflotten nicht an die ihnen vorgegebenen Fangquoten. In Anlehnung an die in den 1960er Jahren schon einmal stark überfischten Heringsbestände der Nordsee überschrieb die AFZ den alarmierenden Bericht mit: „Raubbau steuert auf erneute Ausrottung".[200] Zugleich rief sie in Erinnerung, dass die Zielvorgabe im Falle der geforderten schonenden Nutzung der Ressource Nordsee-Hering ein Bestand von 1 Million Tonnen sei – „und keine 3 Millionen, wie es nach dem Krieg normal war."[201] Mit den Zeiten hatten sich die Maßstäbe für die Ertragsaussichten bei der Nutzung der biologischen maritimen Ressourcen fundamental geändert. Ebenfalls „keineswegs geringer, sondern nur anders geworden" waren demzufolge die Aufgaben der Fischereiforschung,[202] die an der Schnittstelle von Wissenschaft, Wirtschaft und Politik die biologischen Veränderungen zu verfolgen und zweckdienlich zu dokumentieren hatte. Von der Unerschöpflichkeit des Meeres war längst keine Rede mehr.

198 Hubbard, Changing Regimes, 151.

199 Ebd., 159; Symes/Steins/Alegret, *Experiences with Fisheries Co-Management in Europe*, 120.

200 Raubbau steuert auf erneute Ausrottung, in: *AFZ 36, Nr. 17, September 1984*, 18.

201 Ebd.

202 Sahrhage, Institut für Seefischerei, 24.

4.4 Zwischen Hering und Hausfrau: „Raubbau" in der Öffentlichkeit

„Raubbau" war das Signalwort, wenn in der Öffentlichkeit über die kritischen Seiten der Meeresnutzung gesprochen und geschrieben wurde.[203] Schon in den 1950er Jahren tauchte das Thema – wenngleich noch vereinzelt – in der Tagespresse auf. Die *Frankfurter Allgemeine Zeitung* berichtete beispielsweise kurz vor Weihnachten 1956 über aktuelle Vorhaben der Fischereiforschung, die Wanderwege und vor allem die „Kindergärten" der wichtigsten Nutzfischarten ausfindig zu machen „und den Einfluß der Fischerei auf den Fischbestand der Meere festzustellen."[204] Kenntnisse über die Fischwanderungen, so der Bericht, seien „notwendig, wenn man bei den modernen Methoden des Fischfangs einen unnötigen Raubbau vermeiden will", um „den Fischbestand der Meere für die Zukunft zu sichern." Von besonderem Interesse dürfte auch gewesen sein, dass die *Deutsche Wissenschaftliche Kommission für Meeresforschung* eine Prämie von sechs DM zahlen wollte, wenn ein Verbraucher bei der Zubereitung eines gekauften Speisefischs auf eine Markierungsmarke stoßen und diese einsenden sollte. „Einige Tausend Seefische" pro Jahr wurden von den Fischereibiologen gefangen, markiert und wieder ausgesetzt in der Hoffnung, so Auskunft über Wanderwege zu erhalten. Konkret war bei der Mithilfe von Fischkonsumenten „an die Hausfrauen im Binnenland als die letzten Glieder in der langen Kette der Fischwirtschaft" gedacht.[205]

Diese Charakterisierung der Hausfrauen hatte im Übrigen geradezu eine eigene Geschichte: Der Zoologe Hermann Henking war seit 1892 Generalsekretär im *Deutschen Fischerei-Verein*, einer der führenden deutschen Fischereibiologen seiner Zeit und in ernährungstechnischen und wirtschaftspolitischen Fragen von einigem Einfluss, weil er sich an der Schnittstelle von Wissenschaft, Wirtschaft und Politik befand. 1913 erschien in gedruckter Form sein Vortrag zum Thema „Das Meer als Nahrungsquelle", in dem Henking fischbiologisches Wissen mit den technischen Entwicklungen in der Fischerei und dem Wandel des Angebots an Speisefischen verknüpfte.[206] Er sprach davon, dass „die allbekannten Freunde unseres Tisches" – damit meinte er die vom deutschen Verbraucher gewohnten Speisefische, wie Schellfisch oder Scholle – in geringeren Mengen in deutschen Fischereihäfen angelandet würden als noch 20

---

203 Gelegentlich wurde der Begriff „Raubbau" auch von den Fischereiexperten schon früh verwendet, vgl. z. B. Paul-Friedrich Meyer-Waarden, *Raubbau im Meer?* Hamburg 1947. Das Fragezeichen deutet freilich darauf hin, dass zu der Zeit noch kein globales Überfischungsproblem angenommen wurde.

204 Steckbriefe für wandernde Fische, in: *FAZ vom 17.12.1956*, 6.

205 Ebd.

206 Henking, Hermann, *Das Meer als Nahrungsquelle*, in: Meereskunde. Sammlung volkstümlicher Vorträge zum Verständnis der nationalen Bedeutung von Meer und Seewesen, 7. Jg. (1913), Heft 9.

Jahre zuvor.[207] Da die deutschen Fischer schon in diesem Zeitraum in immer weiter entfernte Fanggründe im Nordatlantik vorgedrungen waren, hatte der Anteil an bis dato eher seltener verzehrten Arten, wie Kabeljau oder Rotbarsch, erheblich zugenommen. Henkings weitere Ausführungen laufen darauf hinaus, dass die Fischwirtschaft der Zurückhaltung der Verbraucher gegenüber den unbekannten Arten mit aufwendigen Werbemaßnahmen begegnen sollte. Dazu gehörten z. B. die deutschlandweite Veranstaltung von Seefischkochkursen und die – aus Henkings strenger Zoologenperspektive bisweilen peinliche – Vergabe neuer Namen für ungewohnte Arten:

> „[Die Fischhändler] schufen eine neue Nomenklatur von dem Gesichtspunkte aus, der Hausfrau, der letzten und wichtigsten Instanz in der Frage der Fischverwertung, die neuen fremdartigen Fischgestalten angenehm und begehrenswert zu machen."[208]

So wurde aus dem *Köhler*, einem Verwandten des Kabeljaus, der viel edler klingende *Seelachs* und aus dem furchteinflößenden *Seeteufel* der an harmlose Binnengewässer erinnernde *Forellenstör*. Für die Belange dieser Arbeit wäre grundsätzlich interessant, dass Henking sich angesichts der veränderten Zusammensetzung der Fänge fragte, ob sie tatsächlich nur mit der Veränderung der Fanggebiete korrespondierte oder ob der „Verdacht einer Abnahme des Bestandes" beispielsweise von Schellfisch oder Scholle angebracht war.[209]

In der Werbung der deutschen Fischwirtschaft tauchte jedenfalls die „Instanz" Hausfrau noch wenigstens bis in 1950er Jahre häufig auf: Die „Propaganda-Abteilung des Seefischmarktes Bremerhaven" veröffentlichte im Januar dieses Jahres in der Fachzeitschrift *Der Fischeinzelhändler* eine ganzseitige Anzeige, um die Vorzüge von Seelachs und Kabeljau zu preisen – „nahrhaft – billig – gesund – wertvoll" – und mittels einer Grafik den „Weg des Fisches vom Fischdampfer zur Hausfrau" aufzuzeigen.[210] In dem von Karl Rühmer verfassten illustrierten Buch über *Fische und Nutztiere des Meeres, deren Fang und Verwertung* von 1954 zitierte der Autor ein Postulat des Vereins *Deutsche Fischwerbung*: „Die Gesundheit einer Familie liegt in der Auswahl begründet, welche die Hausfrau für den täglichen Speisezettel trifft, wozu man den Fisch

---

207 Ebd., 22 f.
208 Ebd., 25.
209 Ebd., 21.
210 Anzeige „Bremerhaven, gesicherte Frische durch tägliche Anlandungen, größtes Warenangebot", in: *Der Fischeinzelhändler* 2, 2. Januarausgabe 1950.

nicht oft genug einsetzen kann!"[211] Und Fischereiexperte Fritz Bartz schrieb noch 1964 über „Deutschland als Fischkonsumland": „In den großen Küstenorten gibt es Fischbratküchen nach englischem Muster in größerer Zahl als im Binnenlande, wo immer noch die Restaurants normaler Art und die Hausfrau die Verwerter des frischen Fisches sind."[212]

Abgesehen von der Langlebigkeit bestimmter Darstellungsweisen über die „Wanderungen" der bereits gefangenen Fische an Land bot die Massenpresse parallel zum Expertendiskurs durchaus differenzierte Informationen zu den zentralen Fragen der Fischereiforschung. Das galt etwa für die Versuche der Fischereiwissenschaft, Aufschluss über Bestandsgrößen, Verhaltensmuster und Aufenthaltsorte von Heringen zu erhalten, und für die fachlichen Kontroversen zur Überfischungsfrage. Die FAZ dokumentierte hierzu 1961 die grundsätzlich unterschiedlichen Einschätzungen von einerseits britischen, niederländischen und sowjetischen Fachleuten und andererseits deutschen Fischereibiologen zu den schwindenden Heringsfangerträgen. Während jene die Ursache vor allem auf Seiten der Nutzung der Bestände sahen und die Schonung in ausgesuchten Seegebieten forderten, sahen die deutschen Experten den Grund in natürlichen Schwankungen: „Ueberfischung allein führe zu keiner Katastrophe", zitierte die Zeitung den Meeresbiologen Johannes Lundbeck.[213] Dem Hering widmete im Übrigen nicht nur die deutsche Öffentlichkeit, sondern auch die deutsche Fischereiforschung überdurchschnittliche Aufmerksamkeit. Schließlich machte Hering um 1950 noch etwa die Hälfte aller deutschen Fischanlandungen aus, und auch in den folgenden wenigstens drei Jahrzehnten blieb die Art von großer wirtschaftlicher Bedeutung für die deutsche Fischwirtschaft.[214]

Auch die Diskussion um die Bedeutung der biologischen Ressourcen der Meere als Nahrungsreserve im Zusammenhang mit der rasanten Entwicklung der Weltbevölkerung beschränkte sich keineswegs nur auf Spezialistenkreise, sondern wurde durch teils ausführliche Berichte in der Tagespresse in die Öffentlichkeit gespiegelt. „Wenn [...] plötzlich das Rohmaterial ausblieb, so war das ein Signal für weitgehende Diskussionen der Öffentlichkeit."[215] Ohne den Topos der Unerschöpflichkeit explizit zu bemühen, erörterte ein längerer FAZ-Artikel 1965 die Ertragsmöglichkeiten der

211 Karl Rühmer, *Fische und Nutztiere des Meeres, deren Fang und Verwertung*, München 1954, 3. Rühmer war als Mitglied der SS u. a. für Forschungen zur Fischzucht zuständig und ab 1941 Leiter der Hauptabteilung *Fischwirtschaft* im Wirtschafts- und Verwaltungshauptamt der SS gewesen. Vgl. Hermann Kaienburg, *Die Wirtschaft der SS*, Berlin 2003, 822–828.
212 Bartz, *Die großen Fischereiräume der Welt, Bd. 1*, 260–261.
213 Auf den Spuren des Herings, in: *FAZ vom 7.2.1961*, 9.
214 Sahrhage, Institut für Seefischerei, 7.
215 Fritz Bartz, *Die großen Fischereiräume der Welt. Versuch einer regionalen Darstellung der Fischereiwirtschaft der Erde, Bd. 3: Neue Welt und südliche Halbkugel*, Wiesbaden 1974, 205.

Meere, also „ob und in welcher Weise das Meer in der Lage ist, künftig mehr Nahrung für den Menschen zu liefern."[216] Der Artikel widmete sich den marinen Nahrungsketten von der Primärproduktion bis zu den Nutzfischarten und problematisierte zwei Ideen zur Steigerung der Erträge:

> „Erstens: Der Fischertrag wird erhöht, indem man das Meer mit zusätzlichen Nährstoffen versorgt. Zweitens: Es werden neue Nahrungsquellen erschlossen, wie die Ernährung auf der Basis von Plankton, Algen und Kleintieren. Das erste ist eine große Utopie, so einleuchtend die Idee scheinen mag, das zweite heute noch eine Arbeitshypothese ohne zuverlässige Erfahrungswerte."[217]

Die Leserschaft des Blattes bekam also gerafft und doch anspruchsvoll den Wissensstand zu einer zentralen Frage der internationalen Fischereiforschung vermittelt. Analog zu den Publikationen in fischwirtschaftlichen Fachkreisen informierte die FAZ darüber, dass anstelle der prinzipiellen Unerschöpflichkeit eher von einer prinzipiellen Begrenztheit der Ertragsmöglichkeiten der Ozeane auszugehen war. Alternative Wege zur Gewinnung von Nahrung aus dem Meer waren zu diesem Zeitpunkt noch nicht erschlossen, wohingegen Maßnahmen gegen Überfischung und die Suche nach bislang ungenutzten Fanggebieten als Mittel immerhin zu einer kontrollierten Steigerung der Fangerträge auf etwa 60 Millionen Tonnen Gesamtertrag jährlich galten.[218]

Mit dem Ziel, neue Fanggründe aufzutun, begann die Bundesforschungsanstalt ebenfalls im Jahr 1965 mit dem Forschungsschiff WALTER HERWIG Fahrten in den Südatlantik zu unternehmen. Im Zuge dieser Fahrten, die schließlich 1974/75 weiter bis vor die mexikanische Westküste führen sollten, wurden die Medien ebenfalls ausführlich über die „sensationellsten Entdeckungen" unterrichtet – zum Beispiel darüber, dass man vor Uruguay und Argentinien „riesige Bestände des schmackhaften Seehechts" ausfindig gemacht hatte.[219] Außerdem seien die Fahrten „eine Art Entwicklungshilfe", in deren Rahmen die wissenschaftliche Kooperation „sehr harmonisch und fruchtbar" verlaufen sei. Dabei wurde „der entdeckte Fischreichtum" im Südatlantik ebenso im Hinblick auf die Ernährung der Weltbevölkerung wie auf das wirtschaftliche Potenzial für die deutsche Hochseefischerei erörtert. Der Grund dafür, dass letztere ihre Aktivitäten nach Süden verlagern sollte, schien in diesem Artikel bereits ganz selbstverständlich: „bekanntlich [...] wegen der Überfischung"

---

216 Begrenzte Nahrungsquelle Ozean, in: *FAZ vom 22.4.1965*, 16.
217 Ebd.
218 Ebd.
219 Hamburger Forscher im Südatlantik, in: *FAZ vom 9.4.1968*, 8.

in den nordatlantischen Gebieten.[220] Wie in Fachkreisen begann die Rede von der Überfischung auch in der breiten Öffentlichkeit einen festen Platz einzunehmen; ihre Existenz als solche musste offenbar nicht mehr diskutiert werden.

Was die Reaktionen auf die unleugbar überstrapazierten Nutzfischbestände im Nordatlantik anbelangte, dauerte es zwar glatt eine Dekade, bis die bereits zu Beginn der 1960er Jahre wachsende „Besorgnis über die Überbeanspruchung der Bestände" zu bestandserhaltenden Maßnahmen im internationalen Fischereimanagement führte, doch dann ging es geradezu Schlag auf Schlag.[221] Nachdem für den Nordseehering bereits 1971 ein auf 10 Wochen befristetes Fangverbot festgelegt worden war,[222] sprach sich die ICNAF 1972 erstmals auch für eine Beschränkung und Quotierung der Befischung der Heringsbestände im Nordwestatlantik aus. Auch diese Fachdiskussion war der Tagespresse zu entnehmen. Detailliert berichtete der für maritime Themen zuständige FAZ-Redakteur Harald Steinert über den fischereibiologischen Wissensstand zum Hering.[223] Gegenüber 1956, als die Fischereiforscher die fischkonsumierende Öffentlichkeit noch zur Einsendung von Markierungsmarken aufgerufen hatten, besaß man mittlerweile bessere Kenntnisse. Über das Wanderungsverhalten der Heringe hatte man herausgefunden, dass sich offensichtlich jeder Bestand zu bestimmten Zeiten in ein angestammtes Laichgebiet bewegte und ansonsten weitgehend ortsgebunden blieb. Zudem wusste man nach aufwendigeren Untersuchungen von Fängen mehr über die Veränderung der Altersstrukturen von Beständen als Folge starker Befischung.[224] Die bisherige Annahme, wonach die Millionenzahl von Eiern, die jedes Heringsweibchen laichte, eine genügende Reproduktionsrate garantierte, hatte sich als falsch erwiesen. Zudem wirkten sich zu viele Faktoren auf die Überlebensrate des Heringsnachwuchses aus, als dass irgendein Rechenmodell zuverlässige Prognosen für eine angemessene Befischungsstrategie hervorbringen könnte. Allein Schonmaßnahmen schienen geeignet zu sein, um den Nordwestatlantik vor den „Herings-Katastrophen" zu bewahren, die weiter östlich längst eingetreten waren: „Die Geschichte des Heringsfangs ist in den vergangenen Jahren zu einer Geschichte der Vernichtung geworden."[225]

Mit dem Umschwung in der Überfischungsdebatte in Fischereiforschung und Fischwirtschaft gegen Ende der 1960er Jahre trat die Problematik auch in der Öffentlichkeit verstärkt in Erscheinung. Regelmäßig erschienen etwa in der FAZ durchaus

---

220 Ebd.; vgl. Sahrhage, Institut für Seefischerei, 12.
221 Sahrhage, Institut für Seefischerei, 10.
222 Möcklinghoff, Die Fischwirtschaftspolitik 1970/71, 10.
223 Harald Steinert, Vielleicht ist der Hering noch zu retten, in: *FAZ vom 13.3.1972*, 7.
224 Thurow, Sustained fish supply, 17.
225 Ebd.

ausführliche Berichte zum Thema, wobei der Hering besondere Aufmerksamkeit zu genießen schien. Zur Charakterisierung des Konflikts mit Island dienten der Zeitung 1973 nicht Kabeljau oder Schellfisch als wichtigstes Beispiel, sondern der Hering:

> „Überfischung, also Raubbau, der mit der Revolutionierung der Fischereitechnik, mit dem Bau moderner Fangschiffe und mit den raffinierten Ortungstechniken den gesamten Bestand an Jung- und Altfischen hart traf, hat das ökologische Gleichgewicht zwischen Produktion und Verbrauch des Herings total zerstört. Die Natur ist der technischen Rationalisierung nicht gewachsen. Auch die Nordsee ist heringsleer."[226]

Der Bericht sollte die „biologischen Hintergründe" der zwischenstaatlichen Auseinandersetzung beleuchten. Neben negativen politischen Auswirkungen, etwa auf die Beziehungen zwischen den NATO-Mitgliedsstaaten untereinander, konzentrierten sich die Ausführungen auf die Grenzen der meeresbiologischen Regenerationsfähigkeit. Die Übernutzung der biologischen Ressourcen war zu diesem Zeitpunkt derart deutlich geworden, dass die Vorstellung der 1960er Jahre, die Meere böten alle Möglichkeiten zur Ernährung der Weltbevölkerung, als „Illusion" galt. Insbesondere vor diesem Hintergrund war es naheliegend, den Einsatz von Kriegsschiffen im Fischereikonflikt durch Großbritannien als „Anachronismus" zu bezeichnen.[227]

Für die meisten Zeitungsleser, auch in Deutschland, war der Hering jedenfalls ein vertrauter Meeresbewohner und eignete sich wohl auch deshalb am besten, um den biologisch-politisch-ökonomischen Überfischungskomplex an einem Beispiel in der Öffentlichkeit zu erörtern. Wenn ein vertrautes Nahrungsmittel knapp wurde, drohten Gewissheiten zu schwinden, wie der Dramaturg und Autor Holger Teschke in seiner Kulturgeschichte des Herings treffend schrieb:

> „Ein Fisch wie der Hering, der eine überlebenswichtige Ressource ganzer Landstriche verkörpert, ist natürlich zum mythischen Geschöpf prädestiniert. Herrschte Überfluss, musste man sich die unverhoffte Gabe irgendwie begreiflich machen, das galt natürlich umso mehr für den Fall des Ausbleibens. So ist es auch nicht weiter verwunderlich, dass die kultische Beschwörung des Herings alle einander ablösenden Riten und Religionen überdauerte."[228]

226 Kurt Rudzinski, Island kämpft auch gegen die Ausraubung des Meeres, in: *FAZ vom 18.6.1973*, 2.
227 Ebd.
228 Holger Teschke, *Heringe. Ein Portrait (Naturkunden, Bd. 9)*, Berlin 2014, 59. Zur Bedeutung der Art vgl. auch die ältere Herings-Naturkunde aus der DDR von Dietmar Riedel, *Der Hering*, Wittenberg-Lutherstadt 1957. Darin war der Hering der „König der Meere!" Ebd., 3.

Indes begann Mitte der 1970er Jahre ein kurioses Rätselraten angesichts der widersprüchlichen Zunahme vieler Fischarten in der Nordsee bei gleichzeitiger Stagnation der Heringsbestände. Die unterschiedlichsten Erklärungsansätze, die von Experten u. a. im ICES diskutiert wurden, fanden erneut den Weg in die Zeitung: zunächst nach wie vor die Überfischung; ein ungewöhnliches Auftreten von Thunfischen, die zusätzlich viele Heringe wegfraßen; Schwankungen im Nahrungsangebot, die auf günstige Weise mit den Laichzeiten von Kabeljau, Schellfisch und Scholle zusammenfielen, jedoch auf ungünstige mit denen des Herings; schließlich eine Änderung des marinen Nährstoffhaushalts durch eine immer größere Mengen an Waschmittelphosphaten und Kunstdünger, die von den Flüssen zugeleitet wurden. Wenngleich viel von Wahrscheinlichkeiten die Rede war, konnte keine schlüssige Erklärung seitens der Experten vermeldet werden.[229] Wie gründlich die Ratlosigkeit der Experten zur widersprüchlichen Entwicklung in der Nordsee war, zeigte sich öffentlich, als die Zeitung einige Monate und eine Sondersitzung des ICES später einen nahezu gleichlautenden Artikel veröffentlichte. Am ehesten, so gab FAZ-Fischereiredakteur Steinert den Diskussionsstand wieder, galt die Theorie von der Eutrophierung durch den Düngemitteleintrag als „einleuchtend", doch „beweisbar oder gar bewiesen" war sie nicht.[230]

Der Bedarf der Öffentlichkeit an umfassenden Informationen über den Zustand der Meere hinsichtlich ihres Beitrags zur Ernährung der Menschheit nahm im Laufe der 1970er Jahre sichtlich zu. Darüber hinaus wiesen Fischereiexperten auch im nationalen Rahmen auf die Bedeutung von Fisch als Bestandteil einer ausgewogenen Ernährung hin.[231] Die Fischereikonflikte im Nordatlantik hatten an der öffentlichen Präsenz der Thematik ihren Anteil. Sie waren mitunter der Auslöser für ausführlichere Berichte, die auf die allgemeinere Frage zu den Grenzen der Ertragsfähigkeit eingingen. Das Nachrichtenmagazin *Der Spiegel* widmete der Fischerei im Juli 1975 eine längere Reportage über „den Raubbau in der See und die Bedrohung der Nahrungsmittel-Reserven", die mit den 1972 begonnenen „Scharmützeln im isländisch-deutschen Kabeljaukrieg" begann.[232] Den Raubbau aber machten die Autoren als „Angelpunkt des Fischkriegs" aus: „Denn langfristig erscheint das scheinbar unerschöpfliche Nahrungs-Reservoir unter Wasser bedroht – die Fische gehen aus."[233]

---

229 Harald Steinert, Mehr Fische in der Nordsee, in: *FAZ vom 29.10.1975*, 26.

230 Harald Steinert, Fördert Umweltschmutz den Fischreichtum der Nordsee? In: *FAZ vom 2.2.1976*, 7.

231 Thurow, Sustained fish supply, 25.

232 „Bald sind die Meere leer gefischt", in: *Der Spiegel, 31 (1975)*, 36–42, hier 36.

233 Ebd., 36 f.

Angesichts der Bedeutung von Fisch für die weltweite Eiweißversorgung und vor dem Hintergrund der politischen Debatten um das Seerecht offenbarte die Reportage eine veritable Zwickmühle, in der sich an erster Stelle die Fischbestände und mit ihnen die Befürworter von ernsthaften Schonmaßnahmen befanden. Darüber hinaus stand durchaus die Existenz der bundesdeutschen Fischwirtschaft in Frage, wenn es zur flächendeckenden Einrichtung der umstrittenen 200 Seemeilen-Wirtschaftszonen kommen sollte, weil die küstennahe Fischerei in Nord- und Ostsee gegenüber der Fernfischerei im Nordatlantik klar zweitrangig war. Das Argument der Befürworter von Wirtschaftszonen, diese dienten dem Kampf gegen die Überfischung, verfing in der journalistischen Analyse nicht: Schließlich seien „gerade jene Länder, die sich nun als Schutzmächte über das Meeresgetier gebärden, beim Raubbau oft vorneweg" gewesen.[234] Den Kieler Meeresbiologen Gotthilf Hempel zitierte das Magazin mit dem Vorwurf, wonach geradezu „fischereiliches Wettrüsten" die fatale Entwicklung in Gang gesetzt habe.[235] Zum immer schlagkräftigeren Waffenarsenal, um im Bild zu bleiben, zählten das pelagische Schleppnetz zur Befischung von Beständen im freien Wasser, d. h. zum gezielten Einsatz in bestimmten Tiefen in der Wassersäule, aber auch immer leistungsfähigere Echolote zur Fischortung.

In fangtechnischer Hinsicht stellte sich die Frage der Machbarkeit somit kaum noch. Diese verschob sich zusehends in Richtung der optimalen Nutzung von maritimen Nahrungsressourcen. Dazu kam an dieser Stelle Dietrich Sahrhage von der Bundesforschungsanstalt für Fischerei zu Wort, dessen Stimme des Öfteren zu den veröffentlichten Expertenmeinungen gehörte. Angemessene und aktuelle Machbarkeitserwägungen, so ließ sich Sahrhages Aussage entnehmen, mussten sich an einer „optimalen Befischung" in Verbindung mit international geregelten wissenschaftlichen Bestandskontrollen und einer Kontingentierung für alle am globalen Fischfang beteiligten Staaten orientieren. Da die Mitte der 1970er Jahre bestehenden Regelwerke auf Freiwilligkeit hinsichtlich einer nachhaltigen Meeresressourcennutzung setzten, konnte Sahrhage diese nur als unzureichend ansehen.[236]

Auch dieser Medienbeitrag zur Lage der Fischerei endete nicht ohne den in jenen Jahren gewissermaßen obligatorischen Blick auf mögliche Alternativen insbesondere für die deutsche Hochseefischerei: die Bemühungen um bislang unerschlossene Fangregionen und tiefere Wasserschichten sowie die Suche nach ungenutzten Fischarten und weiteren potenziellen Proteinlieferanten, wie zum Beispiel dem Krill. Mit Blick auf die antarktischen Kleinkrebse und die vermuteten hohen Ertragsmöglichkeiten ging das Machbarkeitsdenken hierbei besonders weit: „Nur den geringsten

234 Ebd., 39.
235 Ebd.
236 Ebd., 40 f.

Schätzwert angesetzt, könnte so die Eiweiß-Versorgung aus den Meeren verdoppelt werden."[237] Mit dem Überblick über die Entwicklungsmöglichkeiten verbunden war schließlich aber auch hier der Hinweis auf die „Wissenslücken" zum Leben in den Weltmeeren.

Zweifellos hatte sich „die Überfischung" als allgemeiner Erklärungsansatz zu diesem Zeitpunkt in der öffentlichen Debatte etabliert. Im Februar 1978 erschien in der FAZ unter der Überschrift „Heringsabschied" eine Glosse, die sich dem Abgang des wohl vertrautesten Speisefischs hierzulande widmete:

> „Ein grauer Aschermittwochgedanke ist, daß dem Heringssalat bald der Hering abhanden kommen wird. Alle Experten stimmen darin überein, das arme Tier werde wegen Über- fischung der Fanggründe künftig nur noch in vereinzelten Exemplaren auftreten. Dies hat weitreichende Folgen für unseren Speisezettel, den der vielseitige Fisch – einst Nahrungs- mittel armer Leute – jahrzehntelang in allen denkbaren Variationen bereichern konnte."[238]

Da die Heringsbestände im Nordostatlantik zu diesem Zeitpunkt bereits seit einem Jahrzehnt übernutzt waren und die öffentliche Berichterstattung hierbei stets am Ball geblieben war, konnte ein solcher Abgesang die Leserschaft nicht verwundern. Hinzu kam, dass das neu gewonnene fischereibiologische Wissen über den Hering – wohl nicht nur aufgrund seiner ökonomischen, sondern auch wegen seiner ernährungs- kulturellen Bedeutung – durch die Massenmedien vermittelt wurde. Daher dürften manche Leser geradezu aufgeatmet haben, als 1981 eine hoffnungsvolle Schlagzeile verkündete: „Das Ende des Herings ist abwendbar."[239] Inzwischen war nicht nur das Wissen beispielsweise um Anzahl und Aufenthaltsorte verschiedener Bestände vor Norwegen und in der Nordsee gewachsen, sondern auch der Zusammenhang von Fischers Fangmethoden und Herings Schwarmverhalten nachvollziehbar geworden. Denn Heringe trachten danach, auch nach massiven Störungen durch Fischer mög- lichst schnell wieder dichte Schwärme zu bilden, und sind deshalb leichter zu orten und zu fangen. Dass das endgültige Verschwinden der Art vor den nordeuropäischen Küsten offenbar vermieden werden konnte, wurde zweifelsfrei auf die „rigorosen"

---

237 Ebd., 42.

238 Heringsabschied, in: *FAZ vom 8.2.1978*, 31.

239 Das Ende des Herings ist abwendbar, in: *FAZ vom 2.6.1981*, 9–10. Es ginge an dieser Stelle etwas zu weit zu fragen, ob die Zeitung lesenden Fischverbraucher zum vertrauten Hering eine engere Bindung hatten als zu anderen Fischen und dieser damit eine ähnliche emotionale Auf- wertung erfuhr wie v. a. Säugetiere. Möglicherweise aber wäre dies die Fischart, die in Deutsch- land dazu beitragen könnte, Empathie für Marine Umweltgeschichte zu fördern. Vgl. zum Un- terschied in der Emotionalisierung und der Bedeutung für die Umweltgeschichte Sparenberg, *„Segen des Meeres"*, 23.

und „energische[n] Schonmaßnahmen" zurückgeführt.[240] Zwei Lehren seien aus den Heringserfahrungen zu ziehen, wie Redakteur Steinert zusammenfasste: „daß der Mensch es fertigbringt, auch unerschöpflich erscheinende Mengen von Lebewesen schnell buchstäblich zu einem Nichts werden zu lassen" und „daß der Mensch sein Tun korrigieren kann, wenn er nur will und der Natur zumindest bis zu einem gewissen Grad ihren Lauf läßt."[241] Damit zeigt sich im Übrigen am Beispiel des Herings, wie Bewertungen aus der Fischereiforschung veröffentlicht wurden. Dietrich Sahrhage, der langjährige Direktor des Instituts für Seefischerei an der BFAF, bilanzierte 1984 „die Erfolge vernünftiger Bestandbewirtschaftung auf biologischer Grundlage" und nannte dabei die Heringsbestände im Nordostatlantik ein „gutes Beispiel."[242] Lange nachdem auch Traditionalisten in Fischfachkreisen sich von der Vorstellung der Unerschöpflichkeit des Meeres verabschiedet hatten, gelangte die Erkenntnis in die Öffentlichkeit, dass mit den richtigen Maßnahmen Fischerei auch unter schwierigen Bedingungen machbar blieb. BFAF-Experte Thurow hatte keine Zweifel daran, dass die biologischen Ressourcen des Meeres „have potentially infinite existence because they are renewable but that they do not provide for unlimited harvesting."[243]

Noch gegen Ende des Jahrzehnts konnte Steinert schreiben: „Den Heringen in fast allen europäischen Gewässern geht es gut."[244] Die Bestände seien in einem Zustand wie in den 1960er Jahren, was aber auch darauf zurückzuführen sei, dass die bundesdeutschen Fischer den Hering zugunsten profitablerer Arten wie Kabeljau und Seelachs verschmähten. Sie überließen den Heringsfang zum Beispiel den dänischen Kollegen. So konnte die deutsche Verbrauchernachfrage nach Heringen nur mit Importen aus Dänemark befriedigt werden. Was für die Heringsbestände zumindest bis auf weiteres eine Entlastung bedeutete, führte zum einen zu strukturellen Veränderungen in der deutschen Fischwirtschaft – etwa zur Verlagerung von Verarbeitungsstandorten in das Binnenland und dem Niedergang alteingesessener Seefischmärkte wie zum Beispiel Kiel – und zum anderen zu einem anhaltend hohen Befischungsdruck auf die ohnehin in der Nordsee und den angrenzenden Meeresregionen kleiner werdenden Bestände der genannten anderen Arten.[245]

Am Beispiel des Herings im nordostatlantischen Raum zeigte sich alarmierend deutlich, welches Ausmaß die Überfischung wichtiger Nutzfischarten erreichen

---

240 Das Ende des Herings ist abwendbar, 9.
241 Ebd., 10.
242 Sahrhage, Institut für Seefischerei, 24.
243 Thurow, Sustained fish supply, 3.
244 Harald Steinert, Warum fangen die deutschen Fischer nur wenig Hering? In: *FAZ vom 28.1.1989*, 8.
245 Ebd.

konnte, wie lange es dauern konnte, bis sie sich nach entsprechender Schonung erholten, und wie einschneidend aus fischwirtschaftlicher Perspektive solche Schonmaßnahmen sein mussten. Die Gesamtsituation der deutschen wie der internationalen Fischerei auf die relevanten Arten verschlechterte sich dagegen weiter, lediglich die regionale, einzelne Bestände oder Arten betreffende Lage konnte Schwankungen unterliegen. Überfischung war damit spätestens in den 1980er Jahren zum Dauerzustand geworden und mithin auch in den Medien dauerhaft präsent. Als 1992 im Zuge der Berichterstattung zur Konferenz für Umwelt und Entwicklung der Vereinten Nationen in Rio de Janeiro die an den Bericht *Die Grenzen des Wachstums* des *Club of Rome* von 1972 anknüpfende Studie von u. a. Dennis Meadows vorgestellt wurde, gehörte die Überfischung zu den beispielhaft genannten globalen Problemen: „Sogar die Kapazität der Ozeane scheint erschöpft: [...] Überfischung heißt der Grund."[246]

Es lässt sich kaum etwas Konkretes darüber sagen, welchen Eindruck genau die häufigen schlechten Nachrichten über den Zustand der Fischbestände in den Weltmeeren bei der Zeitungsleserschaft hinterlassen haben. Allzu selten sind direkte Reaktionen in den Quellen fassbar. Immerhin ist eine Zuschrift an den Meeresbiologen Gotthilf Hempel aus dem Jahr 1986 erhalten: Ein Detlef Knoll aus Hamburg informierte den damaligen Direktor des *Alfred-Wegener-Instituts für Polar- und Meeresforschung* (AWI) in Bremerhaven nicht nur über eine Meldung in der FAZ betreffend die intensive Ausbeutung der Fischbestände in antarktischen Gewässern durch sowjetische Fangschiffe, sondern auch darüber, dass er selbst eine kritische Nachricht an die Botschaft der UdSSR übermittelt habe. Eine Kopie dieser eher rustikalen Nachricht – eine Postkarte – lag dem Schreiben an Hempel ebenfalls bei. Knoll tadelte die Empfänger dafür, „daß Ihre Fischer keinerlei Rücksicht darauf nehmen, daß die Fischbestände so ausgerottet werden", und erhob den Vorwurf: „80 % aller Fänge verschwinden in den hungrigen Mägen der Menschen Ihres Wirtschaftssystems!"[247]

Ein sprachlich interessantes Detail an den Medienberichten der späteren Jahre ist sozusagen die Wiederkehr der Unerschöpflichkeit, wie auch dieses Zitat belegt. Der Begriff war bereits in den 1960er Jahren auf dem Rückzug und wurde seitdem höchstens in Verbindung mit relativierenden Attributen wie zum Beispiel einem vorangestellten „scheinbar" verwendet. In den Neunzigern allerdings war verschiedentlich von „Erschöpfung" die Rede. „Selbst die schier unerschöpflich scheinenden ‚Grand Banks' sind verödet", so heißt es in einem Bericht des *Spiegel* vom Januar 1994

---

246 Caroline Möhring, „Die Grenzen des Wachstums sind näher gerückt", in: *FAZ vom 25.5.1992*, 6.
247 Schreiben von Detlef Knoll an Gotthilf Hempel vom 10.9.1986 mit Anlagen, Archiv für deutsche Polarforschung, Alfred-Wegener-Institut für Polar- und Meeresforschung, Bestand der Stabsabteilung Kommunikation und Medien, Pressemappe 1986.

über die immer fataleren Anstrengungen der Fischereinationen um möglichst große Anteile an den schwindenden Beständen. Und weiter: „Die Reproduktionskraft des Riesenbiotops Weltmeer scheint erschöpft."[248] In den vorangegangenen Jahrzehnten mochte der Glaube an die Unerschöpflichkeit des Meeres verloren gegangen sein. Die kritischen Rückblicke in jüngerer Zeit suggerieren hingegen, dass es irgendwann einmal diese Unerschöpflichkeit gegeben habe. Die Andeutung eines Urzustands, der durch menschliches Tun zerstört worden sei, ist paradox. Denn was tatsächlich unerschöpflich ist, kann nicht erschöpft werden. Zwar erkennen also die an der jüngeren Diskussion Beteiligten an, dass die Annahme der Unerschöpflichkeit irrig war, doch indem sie in der Wortwahl bei Erschöpfung bleiben, lassen sie die frühere, unschuldige Auffassung noch immer ein wenig aufscheinen.

Und noch eine sprachliche Auffälligkeit kennzeichnet die späteren Stadien des Fischereidiskurses in der medialen Öffentlichkeit: Die Wortwahl wurde klar drastischer. Der „Raubbau" war schon lange geläufig. Bereits 1896, im Vorfeld der Gründung des ICES, nannte der Leiter der 1892 gegründeten Biologischen Anstalt Helgoland, Friedrich Heincke, die damalige „Grundnetzfischerei in der Nordsee [...] eine ungeheure Raubfischerei."[249] Ein Jahrhundert später war zunehmend auch die Rede von Plünderung und Katastrophe, wenn der Fischfang selbst gemeint war, von Krieg und Piraterie, wenn es um den politischen Umgang der Fischereinationen miteinander ging. Im „Krieg der Netze" wurde vom „Prinzip verbrannte Erde" geschrieben, um die Streifzüge der Hochseetrawler von dem einen abgefischten Fanggrund zum nächsten zu charakterisieren, im Fischkrieg entsandte das erst spät zur Fischereigroßmacht aufgestiegene China eine „gelbe Armada" und „[b]esonders keck gab sich ein koreanischer Korsar, der mit einem 90 Kilometer langen Treibnetz im Mittelmeer auftauchte, ein Gebaren, das den Meeresforscher Mike Ridell an ‚mittelalterliche Piraterie' erinnert."[250] Das Seeräuber-Etikett bekamen freilich auch europäische Fischer verliehen, spanische zum Beispiel, die der Spiegel im Kontext des kanadisch-europäischen Fischereikonflikts als „Raubfischer" und „Fischräuber" titulierte.[251] An anderer Stelle heißt es in der Einleitung zu einem Artikel über die Bedeutung der Meere für die Ernährung der Weltbevölkerung: „Industrielle Fangflotten plündern die Meere und gefährden die Versorgung der Dritten Welt, um die Gier der Industrienationen nach Billigfisch befriedigen zu können."[252] Autor Hans Schuh beschrieb in der Zeit

248 Krieg der Netze, in: Der Spiegel, 1 (1994), 138–140, hier 138.
249 Zit. nach Lenz, Die Überfischung der Nordsee, 101.
250 Krieg der Netze, 139.
251 Doppelte Buchführung, in: Der Spiegel, 12 (1995), 153–155.
252 Michael Friedrich, Leere Meere, in: Spiegel Special 4/1996, 101–102, hier 101.

1994 eine „Wilde Wettfischerei",[253] während Wolfgang Zank im gleichen Blatt im Jahr darauf fragte: „Wann geht der Fisch aus?", um dann höchst variantenreich von „Seeschlachten", von „Thunfischschlachten", „Krebskriegen" und Seelachsscharmützeln" zu schreiben.[254]

Der zentrale Begriff im gesamten Diskurs über die Endlichkeit der biologischen Ressourcen aber lautete zweifellos: Überfischung. Seine Karriere nach dem Zweiten Weltkrieg war steil: In den 1950er Jahren verwendeten ihn viele Fischereiexperten noch mit Vorsicht, weil er ihnen bisweilen als übertrieben oder hypothetisch galt; zu Beginn der 1980er Jahre hatten sie ihre Skepsis abgelegt und sprachen sich in mitunter glasklaren Sätzen für ein allgemeines Fischereimanagement aus, zum Beispiel Fritz Thurow in einem einschlägigen Artikel:

> „The paper tries to show that marine resources are not infinitely available. Fish stocks can be destroyed by too much fishing. This is why any kind of fishing should be regulated. [...] our globe has a limited size, and any resource on it is therefore restricted, however large it may be."[255]

So offen wie Thurow taten das zwar nicht alle Experten, doch es bestand Konsens darüber, dass es dringend Lösungen für das Problem brauchte.[256] Spätestens in den 1990er Jahren war der Begriff zu einem auch in der breiten Öffentlichkeit völlig selbstverständlichen Schlagwort geworden. Seitdem erschien er kaum noch ohne den gleichzeitigen Aufruf, die Überfischung zu bekämpfen. Sowohl die Äußerungen einzelner Fachleute als auch die gewissermaßen amtlichen Verlautbarungen der einschlägigen Institutionen zum Thema enthielten diese Warnung. Die Meeresbiologin und Umweltschützerin Petra Deimer sprach in einem Interview im Jahr 1996 von „Raubbau" an den biologischen Ressourcen der Meere und befand: „Die Überfischung ist so gravierend, daß nur ein bißchen weniger nicht helfen würde."[257] Und im *Jahr der Ozeane*, zu dem die Vereinten Nationen 1998 erklärt hatten, forderte die FAO eine „neue Weltordnung in der Fischerei" – nicht gerade optimistisch schrieb dazu der FAZ-Redakteur Joachim Müller-Jung: „solche Zwischenrufe sind nicht neu."[258]

---

253 Hans Schuh, Wilde Wettfischerei, in: *Die Zeit, Nr. 18 vom 29.4.1994*, 45–46.

254 Wolfgang Zank, Wann geht der Fisch aus? In: *Die Zeit, Nr. 17 vom 21.4.1995*.

255 Thurow, Sustained fish supply, 33.

256 Lenz, Die Überfischung der Nordsee, 106; Pauly/Maclean, *In a Perfect Ocean*, 21.

257 Warum haben Fische keine Lobby, Frau Deimer? Ein Interview von Ulrich Schnapauff, in: *Frankfurter Allgemeine Magazin, Nr. 859, 16.8.1996*, 52.

258 Joachim Müller-Jung, Eine neue Weltordnung für die Fischerei? In: *FAZ vom 25.5.1998*, 3.

4.5 Die lebenden Schätze im Sachbuch

Die Presseberichterstattung zum Themenkomplex der Fischerei bestätigte die Aussage, dass der Ruf nach einer ökonomischeren, aber auch ökologischeren Nutzung der lebenden Ressourcen des Meeres am Ende des 20. Jahrhunderts keineswegs neu war. Schon in den 1960er Jahren war Veröffentlichungen der Fischereiwissenschaft und der Fischwirtschaft zu entnehmen gewesen, dass Überfischung nicht nur als gelegentliches und regional begrenztes Problem auftrat. Vielmehr erschien sie zunehmend in großräumiger und langfristiger Ausprägung und bedrohte perspektivisch nicht nur die Fischwirtschaft einzelner Fischereinationen, sondern nach Meinung der Experten die Versorgung der wachsenden Weltbevölkerung mit eiweißhaltiger Nahrung. Die politischen und rechtlichen Auseinandersetzungen um die Gestaltung des internationalen Seerechts ab den späten 1960ern machten ebenfalls klar, dass die Ausbeutung der Rohstoffschätze des Meeresbodens durchaus im Sinne des Gedankens eines *Common Heritage of Mankind* geplant werden konnte. Zwar beklagten Experten das geringe Interesse der bundesdeutschen Öffentlichkeit an der Entwicklung des Seerechts, doch die Bekundungen aus Politik und Industrie zur technischen und wirtschaftlichen Machbarkeit einer besseren Nutzung der marinen Ressourcen konnten öffentlich wahrgenommen werden. Eine Auswertung der zeitgenössischen Sachbuchliteratur sollte zeigen, welches Wissen über die Meere und ihre Ressourcen in der Öffentlichkeit noch zur Verfügung stand und wie es – neben der alltäglichen Präsenz in Tageszeitungen und Zeitschriften – vermittelt wurde.

Dabei ist die Bezeichnung einer Buchpublikation als Sachbuch alles andere als eindeutig. Die beiden Literaturwissenschaftler Andy Hahnemann und David Oels gaben 2008 einen Sammelband über *Sachbuch und populäres Wissen im 20. Jahrhundert* heraus, in dem sie konstatieren, dass auch am Beginn des 21. Jahrhunderts keine klare Definition existierte. Konsens bestehe nur darüber, dass Sachbücher nicht der Belletristik zuzurechnen seien, mithin „jedes nicht-fiktionale Buch" prinzipiell ein Sachbuch sei.[259] Sie verweisen zwar auf die Warengruppenbezeichnung des deutschen Buchhandels, nach der Sachbücher als „wissensorientiert mit primär privatem Nutzen" gelten, im Unterschied zu den wissenschaftlichen Gruppen für geistes-, natur- oder sozialwissenschaftliche Publikationen, die jedoch erst 2007 eingeführt worden sei.[260] Tatsächlich wurde die Bezeichnung Sachbuch erst ab den 1960er Jahren bewusst gebraucht und nur sehr vereinzelt thematisiert. Von C. W. Cerams sogenanntem Tatsachenroman *Götter, Gräber und Gelehrte* von 1949 bis zu Frank Schätzings 2006 erschienenen *Nachrichten aus einem unbekannten Universum* zeichneten

---

259 Hahnemann/Oels, Einleitung, 9.
260 Ebd., 11.

sich Sachbücher in erster Linie durch eine große und uneinheitliche Bandbreite an Darbietungsformen aus.[261] Hahnemann und Oels identifizieren dennoch drei miteinander verknüpfte „Bedeutungsebenen" als Kennzeichen aller Sachbücher: „das Massenprodukt und sein Konsum, die Wissenspopularisierung und -vermittlung sowie die Literarizität."[262] Wohl aufgrund der Verbindung von nicht-fiktionalem Inhalt und literarischem Gehalt rangiert das Sachbuch wie das Fachbuch „in der Akzeptanz", d.h. hinsichtlich der Notwendigkeit seiner Existenz, bis heute vor dem belletristischen Buch.[263]

Manche Sachbuchautoren verstanden es, Meereswissen besonders packend zu vermitteln. Die beiden prominentesten Vertreter waren sicherlich Jacques-Yves Cousteau und Hans Hass – letzterer insbesondere im deutschen Sprachraum. Mit beiden Namen sind zugleich zahlreiche Dokumentarfilme verbunden, die sowohl in filmischer als auch in kommerzieller Hinsicht erfolgreich waren. Beide betonten die Schönheiten wie die Gefahren der Unterwasserwelt und präsentierten diese geradezu als eigenen Kosmos. In den Anfangsjahren ging vor allem bei Cousteau die Versuchung, mit den überkommenen Vorstellungen von den furchteinflößenden Kreaturen dieses Kosmos zu spielen, noch so weit, dass er regelrechte Massaker an Haien anrichtete und filmte. Diese Methoden aber wichen bald einer insgesamt positiven Darstellungsweise, in der auch Haifische ihre Zähne ungestraft im Gesicht tragen durften, weil sie einen festen Platz in der Nahrungskette besetzten.[264] Die Werke von Cousteau und Hass heben sich durch ihre Komplexität aufgrund der intertextuellen Bezüge zwischen Büchern und Filmen stark von der Masse der Meeressachbücher ab und bleiben daher im Folgenden ausgespart.

Diese Kennzeichen sind auch für die vorliegende Untersuchung von Belang. Die als Quellen herangezogenen Meeressachbücher bilden zunächst ein durchaus uneinheitliches Konvolut von nicht-fiktionalen Werken über das Meer. Das Sachbuch als Massenprodukt – jedenfalls im Vergleich zu den Auflagenhöhen wissenschaftlicher Werke – benötigt eine Nachfrage. Dieser Aspekt ist für Sachbücher im Allgemeinen entscheidender als die Verbindung zur institutionalisierten Wissenschaft, wie in der Vergangenheit die regelmäßigen Erfolge von pseudo- oder parawissenschaftlichen

---

261 Ebd., 13–17.

262 Ebd., 16–17.

263 Werner Faulstich, Art. „Buch", in: Helmut Reinalter / Peter J. Brenner (Hg.), *Lexikon der Geisteswissenschaften. Sachbegriffe – Disziplinen – Personen*, Wien/Köln/Weimar 2011, 520–525, hier 524.

264 Brad Matsen, *Jacques Cousteau. The Sea King*, New York 2009; Michael Jung, *Hans Hass. Ein Leben lang auf Expedition. Ein Portrait*, Stuttgart 1994.

Büchern gezeigt haben.[265] Dabei bilden Meeressachbücher keine grundsätzliche Ausnahme. Sie variieren, wie auf anderen Gebieten auch, hinsichtlich des mal wissenschaftlicher und mal populärer gehaltenen Stils. Tatsächlich wiesen jene Werke eine größere Nähe zu den Disziplinen und einen akademischeren Jargon auf, deren Autorinnen und Autoren die Meereskunde beruflich als Wissenschaft betreiben. Mit Blick auf die Literarizität verweisen Hahnemann und Oels zu Recht darauf, dass jegliche Wissensvermittlung, ob fachintern oder populär, immer auch durch ihre Form beeinflusst wird. Obgleich die „oft allzu fixierten Grenzen zwischen Fiktion und Fakt" diskutabel bleiben, ist Sachbüchern prinzipiell eine gewisse Distanz zum wissenschaftlichen Diskurs, zu seiner Sprache und zum Stand des Wissens zu eigen.[266]

Rachel Carsons *The Sea Around Us* ist für Sachbücher über das Meer ein Beispiel von internationalem Rang und zugleich ein Beleg dafür, dass Sachbücher dieser Thematik bereits in den frühen 1950ern einen Markt fanden. Die Amerikanerin wurde vor allem mit ihrem 1962 erschienenen Buch *The Silent Spring* berühmt, hinter dem ihre älteren Werke über das Meer „fast völlig in Vergessenheit geraten" sind.[267] Carsons erstes Buch über das Meer – *Under the Sea-Wind* von 1941[268] – war von Kritikern positiv aufgenommen worden, doch der kommerzielle Erfolg blieb weitgehend aus. Mit *The Sea Around Us* änderte sich dies: In den ersten fünf Monaten nach seinem Erscheinen im Juli 1951 wurden 100.000 Exemplare des Buches verkauft, das zudem noch im selben Jahr mit dem *National Book Award* für Nonfiction ausgezeichnet wurde.[269] Carsons Biografin Linda Lear erklärt die Unterschiede in der Resonanz u. a. mit dem veränderten Bewusstsein in der US-amerikanischen Öffentlichkeit für die politische und ökonomische Bedeutung des Meeres infolge der Erfahrungen aus dem Zweiten Weltkrieg.[270]

Die erste deutsche Ausgabe erschien 1952 unter dem Titel *Geheimnisse des Meeres* im Biederstein Verlag in München. Tatsächlich ging es in dem Buch weitgehend

---

265 Hahnemann/Oels, Einleitung, 21. Die Autoren verweisen hier zum Beispiel auf Erich von Däniken. Das für die erfolgreiche Verbreitung von Sachbüchern bestimmte Themen einen zeitgenössischen Markt benötigten, galt bereits für die Naturwissenschaftspopularisierung im 19. Jahrhundert; sogar Alexander von Humboldt plante zumindest eine populäre Ausgabe seines Kosmos. Vgl. Daum, *Wissenschaftspopularisierung im 19. Jahrhundert*, 460.

266 Hahnemann/Oels, Einleitung, 22–23.

267 Christof Mauch, Blick durchs Ökoskop. Rachel Carsons Klassiker und die Anfänge des modernen Umweltbewusstseins, in: *Zeithistorische Forschungen / Studies in Contemporary History*, Online-Ausgabe 9, 1 (2012), URL: http://www.zeithistorische-forschungen.de/1–2012/id=4595 [30.04.2018].

268 Rachel Carson, *Under the Sea-Wind: A Naturalist's Picture of Ocean Life*, New York 1941.

269 Arlene R. Quaratiello, *Rachel Carson. A Biography*, Westport, CT/London 2004, 55–60.

270 Linda Lear, *Rachel Carson. Witness for Nature*, New York 1997, 203; Hubbard, Mediating the North Atlantic Environment, 96.

um Vorgänge und Verhältnisse im Meer, die dem Auge des landbewohnenden Betrachters verborgen blieben und zum Alltag der meisten Menschen nur selten oder gar nicht in Beziehung traten. Carson schrieb von der Entstehung der Ozeane in geologischen Erdzeitaltern, von der Beschaffenheit des Meeresbodens in der Tiefsee und dem globalen System der Meeresströmungen. Letzteres mochten immerhin zur See fahrende Menschen mitunter am eigenen Leib bzw. an Bord erleben, aber ein Großteil der Leserschaft machte auch diese Erfahrung nie im Leben. Eine Textstelle in diesem Zusammenhang verweist auf eine verbreitete Faszination am Meer und auf die Wahl des deutschen Buchtitels:

> „Die permanenten Strömungen des Ozeans sind in gewisser Weise die majestätischsten seiner Phänomene. Wenn wir über sie nachdenken, wird unser Geist alsbald der Erde entrückt, so daß wir gleichsam von einem andern Planeten aus die Umdrehung des Erdballs, die Winde, welche seine Oberfläche tief aufrühren oder sie sanft umfassen, und den Einfluß von Sonne und Mond betrachten können."[271]

Zugleich lässt das Zitat erahnen, in welchem Stil Carson das ozeanografische Wissen ihrer Zeit zu vermitteln versuchte. Mochten auch die Inhalte der Kapitel komplexe geologische, meteorologische oder biologische Aspekte enthalten, so bot die Fischereiexpertin sie dennoch nicht bloß in allgemein verständlicher, sondern auch stilistisch ansprechender Form dar. Die Geheimnisse des Meeres wurden in einer bildreichen Sprache enthüllt. Der amerikanische Originaltitel wies im Übrigen stärker darauf hin, dass gut 70 Prozent der Erdoberfläche von Wasser bedeckt seien; entsprechend heißt in den letzten Sätzen des Bandes: „Denn das Meer liegt wirklich rings um uns herum."[272]

Was dagegen nur wenig zur Sprache kommt, ist die Nutzung des Meeres durch die Menschheit. Carson erzählte in erster Linie eine Naturgeschichte des Meeres aus einem holistischen Blickwinkel. Zu gewaltig und unermesslich sei der Ozean, als dass für ein Verständnis dieses Naturraums die Rolle des Menschen besonderer Beachtung bedürfe.[273] Das mochte überraschen angesichts der Tatsache, dass Carson als Mitarbeiterin des *Fish and Wildlife Service* an der Öffentlichkeitsarbeit der US-Fischereibehörde beteiligt war. Die studierte Biologin sah jedoch ihre Berufung vielmehr darin, Wissen über die Natur in literarischer Form zu vermitteln.[274] Konkrete Aneignung des Meeres durch den Menschen, wie sie in der bewussten Nutzung mariner Ressourcen

---

271 Rachel Carson, *Geheimnisse des Meeres*, München 1952, 158–159.
272 Ebd., 251; Quaratiello, *Rachel Carson*, 48.
273 Lear, *Rachel Carson*, 90.
274 Ebd., 131–132.

zum Ausdruck kommt, ist in diesem frühen Meeressachbuch von nachrangiger Bedeutung. Nur an wenigen Stellen geht Carson explizit auf die Fischerei ein: Bei der Beschreibung der Schelfmeere weist Carson auf deren Fischreichtum und die darauf beruhende wirtschaftliche Relevanz hin.[275] Im Zusammenhang mit der Theorie des schwedischen Ozeanografen Otto Pettersson über den Einfluss der Ozeane auf die langfristigen Schwankungen des Klimas ist kurz – in Form einer biografischen Anekdote – vom Ausbleiben der Heringe vor Bohuslän, Petterssons Heimatregion, die Rede: „[D]ie Fülle der silberigen, glückbringenden Fische schien unerschöpflich."[276] Und ebenfalls im Kontext der Funktion der Meere als Klimaanlage der Erde erwähnt Carson das erhöhte Vorkommen bestimmter Fischarten um Grönland und Island und deren positiven Einfluss auf die dortige Fischerei. Die Erwähnung hat aber wiederum nur flankierenden Charakter. Verblüffend ist eher die Entschiedenheit, mit der bereits eine Erwärmung der Weltmeere konstatiert wurde, wenngleich Carson noch keine anthropogenen Ursachen ins Spiel brachte.[277]

Im gleichen Jahr wie Rachel Carson „Klassiker" erschien in der Bundesrepublik die Übersetzung eines weiteren Meeressachbuchs: *Wunder des Meeres* von John S. Colman.[278] Das Original war zwei Jahre zuvor in London unter dem Titel *The Sea and its Mysteries* erschienen. Auch dieses Sachbuch war im Wesentlichen eine Naturkunde des Ozeans, die wie die berühmte „Verwandte" einzelne Passagen und Kapitel zur Geschichte der Meeresforschung enthielt. Von der Nutzung der Meeresressourcen handelte bei Colman allerdings immerhin ein eigenes Kapitel zu *Forschung und Fischerei*.[279] Darin beschränkte sich Colman auf die Beschreibung von Schleppnetz- und Treibnetzfischerei in der Nordsee. Bemerkenswerterweise charakterisierte er die beiden Fangmethoden äußerst unterschiedlich. Die Schleppnetzfischerei sei vor allem durch Verbesserungen der Fangtechnik seit dem mittleren 19. Jahrhundert in die Lage gekommen, die Fischbestände der Nordsee in ihrer Existenz zu bedrohen: „Als Ergebnis trat das ein, was keiner vorher für möglich gehalten hatte: der Vorrat des Meeres begann seine Grenzen zu zeigen oder sogar zusammenzuschrumpfen."[280] Zwar habe es mit der Gründung des ICES 1901 eine internationale Reaktion gegeben, konnte das die negative Entwicklung bis dahin nicht beenden. Im Gegensatz dazu habe die Treibnetzfischerei noch keine ähnlich fatalen Auswirkungen auf ihren wichtigsten Zielfisch gehabt – den Hering. Colman sang geradezu ein Loblied auf den

---

275 Carson, *Geheimnisse des Meeres*, 71.
276 Ebd., 207–208.
277 Ebd., 215–216.
278 Colman, *Wunder des Meeres*.
279 Ebd., 214–229.
280 Ebd., 216.

Hering, der sich zwar nicht schnell fortpflanzte und auch im Meer zahlreiche Fress-
feinde hatte und doch stets massenhaft vorhanden war: „Daß sie trotzdem in solchen
Scharen am Leben bleiben, ist wahrhaftig ein Wunder."[281]

Der wunderbare Hering spielte denn auch in einem weiteren Meeressachbuch
die Hauptrolle im Kapitel zur Fischerei. In *Atlantische Wunderwelt* von 1953, im Original *The living Tide* von 1951, versah der britische Meeresbiologe Norman John Berrill
das Kapitel mit der programmatischen Überschrift *Erntesegen*.[282] Tatsächlich findet
hier keine Problematisierung von Fangmethoden oder eine Beschreibung von Überfischungserscheinungen statt. Vielmehr charakterisiert dieses Kapitel das Buch besonders deutlich als Sachbuch, denn zum einen wählt der Autor die Fischerei auf den
wichtigsten nordeuropäischen Nutzfisch zum Leitmotiv: „[...] da der Hering ein
Fisch ist, dessen Lebenslauf sich über einen weiten Teil des Meeres erstreckt, ist die
Geschichte vom Hering in Wirklichkeit eine Geschichte des Lebens im Meere überhaupt."[283] Zum anderen rahmt Berrill seinen Überblick auch mit den Erzählungen
persönlicher Erfahrungen in der Heringsfischerei ein. Die hohe Literarizität dieses
Kapitels ist auch in anderen Teilen des Buches zu finden und spiegelt den Anspruch
des fachmännischen Autors, den Nicht-Fachmann auch tatsächlich zu erreichen.
Möglicherweise ist daher auch nur selten ein Hinweis darauf zu finden, dass Berrill
zum Thema der Überfischung durchaus etwas hätte beitragen können. So bezeichnet
er die Kultivierung von Austernbänken als eine Zucht, „im Gegensatz zu dem Raubbau (in der Art des Bergbaus), wie er im Fischereigewerbe im allgemeinen üblich ist,
wo ein Fischrecht nach dem andern in kurzsichtiger Weise ausgebeutet wird."[284]

Diese Stichprobe von Meeressachbüchern aus den frühen 1950ern verweist auch
auf etwas Allgemeines: Es handelt sich um drei zeitnahe Übersetzungen amerikanischer bzw. britischer Publikationen. Zweifellos spielten die Vereinigten Staaten und
Großbritannien auch noch Mitte des 20. Jahrhunderts führende Rollen in der Meeresforschung. Indem die dortigen Sachbuchautoren und die Meeresforscher selbst
Bücher zur Popularisierung ihres Fachwissens verfassten, produzierten sie aber eine
Ware, für die es u. a. auch in der Bundesrepublik Deutschland eine Nachfrage gab.
Die kollektive Faszination für das Meer und seine Bedeutung für den Menschen war
transnational. Übersetzungen von englischsprachigen Sachbüchern für eine deutsch-
sprachige Leserschaft waren eine Möglichkeit zur Befriedigung dieser Nachfrage. Das
bedeutete jedoch keineswegs, dass es in den genannten Jahren noch keine Meeressachbücher deutschsprachiger Autoren gegeben hätte. Denn schließlich waren die

---

281 Ebd., 223.
282 Norman John Berrill, *Atlantische Wunderwelt*, München 1953, 244–263.
283 Ebd., 247.
284 Ebd., 101–102.

einschlägigen Disziplinen an den deutschen Universitäten institutionalisiert, so dass hiesige Wissenschaftler als Autoren in Frage kamen. Darüber hinaus gab es ebenso eine deutsche Sachbuchtradition, für die C. W. Cerams Tatsachenroman über *Götter, Gräber und Gelehrte* nur der vielleicht am häufigsten zitierte Vertreter ist.

Einen Meeresbiologen als Sachbuchautor, der hauptamtlich an einem Institut einer deutschen Universität tätig war, gab es in Person des Zoologen Reinhard Demoll. Nachdem dieser sich zunächst als Fachmann für Insektenkunde einen Namen gemacht hatte, wurde er 1918 Professor für Zoologie und Fischkunde an der Universität München, gab dort bald fischereiliche Standardwerke heraus und bekleidete nach 1945 den Posten des Präsidenten des *Deutschen Fischerei-Verbands*. Er betrieb damit sowohl fischbiologische Grundlagen- als auch anwendungsorientierte Fischereiforschung.[285] Demolls Arbeitsschwerpunkt lag zwar auf dem Gebiet der Binnenfischerei, dennoch veröffentlichte er 1957 ein schmales Bändchen mit dem Titel *Früchte des Meeres*. Hierbei handelte es sich nur bedingt um eine mehrere Wissensgebiete aufgreifende Einführung in die biologischen und ozeanografischen Verhältnisse des Meeres insgesamt. Demoll konzentrierte sich stattdessen auf das biologische Nutzungspotenzial, bei dem aber neben Nutzfischen, deren Bedeutung für die menschliche Ernährung „in den Fischereihäfen oft in endlosen Reihen von mit Fischen gefüllten Fässern" zum Ausdruck kam, auch das Angebot von „Poseidon als Juwelier" in Form von Korallen und Perlen berücksichtigt wurde.[286] Wie Carson und Berrill hüllte Demoll seine wissenschaftlichen Inhalte in ansprechende Worte und eingängige Vergleiche. Er geizte dabei auch nicht mit wertenden oder vermenschlichenden Zuschreibungen, „ob es sich um die stumpfsinnigen Schwämme oder um die klugen Robben handelt."[287] Nicht überraschend, dass auch in diesem Buch der Hering einige eigene Seiten bekam.[288]

Demolls Rolle als Fischereiwissenschaftler wurde freilich ebenfalls hinreichend deutlich. So begannen seine Ausführungen zur „Produktionskraft des Meeres" mit der kritischen Anmerkung, dass die Idee einer optimalen Bewirtschaftung des Meeres in der Realität nur in wenigen Meeresregionen und auch dann nur in der Beziehung umgesetzt werde, „daß man versucht, eine Überfischung zu verhindern."[289] Als das Büchlein erschien, war die FAO-Konferenz von Rom, auf der das Konzept des

---

285 H. H. Wundsch, Nachruf auf Reinhard Demoll, in: *DFZ* 7, 8/1960, 254–255.

286 Reinhard Demoll, *Früchte des Meeres (Verständliche Wissenschaft, Bd. 64)*, Berlin/Göttingen/Heidelberg 1957, 7 und 20–29.

287 Ebd., Vorwort, o. S. Ein Rezensent der in der DDR erscheinenden *Deutschen Fischereizeitung* bemerkte durchaus anerkennend den „leichten Plauderton der Schrift." H. H. Wundsch, Rezension zu Demoll, R., Früchte des Meeres, in: *DFZ* 5, 12 *(1958)*, 381.

288 Ebd., 80–84.

289 Ebd., 11.

Maximum Sustainable Yield als fischereipolitische Leitlinie für die Vereinten Nationen verabschiedet worden war, erst zwei Jahre her. Das MSY-Konzept war zu diesem Zeitpunkt nicht nur als Leitlinie noch relativ neu, sondern auch schon auf Kritik von Fachleuten gestoßen, zu denen sichtlich auch Demoll gehörte. Wenn das Schlagwort von der Überfischung wiederholt in dem Buch auftauchte, firmierte diese nicht als Problem von globaler Qualität. Wenn es um eine Erklärung ging, wies Demoll etwa auf „die Vernichtung der nicht speisefähigen Jungfische durch die Fischerei" hin, bezog sich dabei jedoch auf räumlich begrenzte Erscheinungen und keinesfalls auf das *ganze Meer*. „Überfischung wäre in einzelnen Teilen sehr wohl möglich", aber insgesamt sei man noch „weit von der Gefahr der Überfischung entfernt" und wisse durchaus, „wo vor allem eine intensivere Befischung unbedenklich eintreten darf (Hering, Rotbarsch, Thunfisch u. a.)."[290]

Dagegen kann als Beispiel für einen meereskundlichen Titel aus der Feder eines nicht spezialisierten Sachbuch-Vielschreibers *Der unzähmbare Ozean* von Hans Wolfgang Behm gelten. Dieser Titel erschien 1956 im *Safari-Verlag* in der Reihe *Die Welt des Wissens*.[291] Demolls wissenschaftlich akzentuierter Überblick zur Meereszoologie war in der Reihe *Verständliche Wissenschaft* erschienen, also hatte Behms Buch mit ihm die Platzierung in einer genuinen Sachbuch-Reihe gemeinsam. Behm selbst hatte zu dieser Reihe mit *Naturgeschichte für alle* und *Tiere unter sich* zwei weitere Titel beigesteuert, ansonsten waren dort zum Beispiel auch *Das Buch der Gifte* von Gustav Schenk und *Mensch und Mikrobe* von Fritz Bolle erschienen.[292] Beide hatten nach einem naturwissenschaftlichen Studium bereits in den 1920er (Bolle) und 1930er (Schenk) Jahren mit dem Schreiben von populärwissenschaftlichen Büchern begonnen. So auch Behm, der beispielsweise 1924 im ebenfalls auf Wissenspopularisierung angelegten Stuttgarter Franckh-Verlag den Titel *Vor der Sintflut. Ein Bilderatlas aus der Vorzeit der Welt* publizierte.[293] Neben den Sachbüchern mit dem Anspruch, den Stand der institutionellen wissenschaftlichen Forschung zu vermitteln, zählten zu Behms Werken allerdings auch parawissenschaftliche Titel aus dem Kontext der Welteislehre.[294] Nach der von Hanns Hörbiger um das Jahr 1913 erdachten Lehre basierte das Universum auf Variationen von ewigem Eis. Obgleich diese Idee wissenschaftlich un-

---

290 Ebd., 99, 124, 129.
291 Hans Wolfgang Behm, *Der unzähmbare Ozean. Ein Buch vom Meer und dem Leben der Tiefe*, Berlin 1956.
292 Gustav Schenk, *Das Buch der Gifte*, Berlin 1954; Fritz Bolle, *Mensch und Mikrobe*, Berlin 1954.
293 Hans Wolfgang Behm, *Vor der Sintflut. Ein Bilderatlas aus der Vorzeit der Welt*, Stuttgart 1924.
294 Hans Wolfgang Behm, *Welteis und Weltentwicklung. Gemeinverständliche Einführung in die Grundlagen der Welteislehre*, Leipzig 1926; ders., *Welteislehre. Ihre Bedeutung im Kulturbild der Gegenwart*, Leipzig 1929.

haltbar war, erlangte sie im Nationalsozialismus und hier besonders im *Ahnenerbe* der SS durch Heinrich Himmler Einfluss.[295]

Behms Meeressachbuch von 1956 orientierte sich dagegen durchaus am Stand der seriösen Forschung. Folglich geht es darin – wie schon bei Carson – um die geologische Geschichte des Meeres und die Beschaffenheit des Meeresbodens, um spektakuläre Erscheinungen wie die Biolumineszenz und das Leuchten in der Tiefsee, um die Dramatik von Wellen, Strömungen und Gezeiten und um die unübersichtliche Lebewelt vom Plankton bis zum Raubfisch. Die Nutzung der marinen Ressourcen durch den Menschen jedoch ließ Behm fast völlig außer Acht. Die Beschreibung der Nahrungsketten endet noch vor dem Schleppnetz, und nur am Beispiel der Austernfischerei darf die Leserschaft sich darüber wundern, dass viele Arbeitsplätze von scheinbar eingebildeten Feinschmeckern abhängen sollen, die „ein paar Milliarden dieses schleimschlüpferigen Seetieres jährlich verschlucken."[296] Die Ernährung der Weltbevölkerung aus dem Meer erscheint nur hypothetisch Behms abschließenden Bemerkungen, in denen er sogar vielmehr die überkommene Vorstellung vom Meer als dem Anderen und weitgehend Unzugänglichen nahelegt:

> „Der Mensch hat zwar das Atom bezwungen und damit den Schlüssel zu seiner Selbstvernichtung entdeckt. Aber den Gewalten des Meeres, des Weltmeeres schlechthin, in dem Maße Herr zu werden, wie es ihm sehr vielen anderen Naturgewalten gegenüber auf dem Festland gelungen ist – dieses Ziel wird er schwerlich erreichen."[297]

Tatsächlich fiel Behm mit dieser Aussage nicht völlig aus dem Rahmen, denn auch die Sachbücher von Carson, Colman und Berrill betonten die Urgewalten des Meeres und die Unfassbarkeit der räumlichen Dimensionen ebenso wie der Vielfalt und Menge seiner Lebewesen. Die Fischerei wurde bei Carson, Colman und vor allem Demoll zwar als problematischer Vorgang beschrieben, doch insgesamt stellten die Meeressachbücher der 1950er – hier mit Ausnahme des freilich spezielleren Buches von Demoll – noch eine „Wunderwelt" (Berrill) vor. Im Jahr 1960 erschien allerdings ein Band, der den Gedanken der Machbarkeit bereits mit dem Titel akzentuierte: *Der Griff nach dem Meer* von Cord-Christian Troebst befasste sich mit *Amerika und Ruß-*

---

295 Uffa Jensen, Art. „Welteislehre", in: Wolfgang Benz / Hermann Graml / Hermann Weiß (Hg.), *Enzyklopädie des Nationalsozialismus*, Stuttgart ³1998, 801; Brigitte Nagel, *Die Welteislehre. Ihre Geschichte und ihre Rolle im „Dritten Reich"*, Diepholz ²2000; Christina Wessely, *Welteis. Eine wahre Geschichte*, Berlin 2013.

296 Behm, *Der unzähmbare Ozean*, 252–253, 322.

297 Ebd., 332.

land im Kampf um die Ozeane der Welt.[298] Das Buch bot damit keine Naturgeschichte der Meere unter Einbezug der Nutzung durch den Menschen in Form eines Kapitels zur Fischerei, sondern bereits im Ansatz eine Geschichte der Nutzung und ihrer Konflikte. Der Band erschien im Düsseldorfer *Econ-Verlag*, der einen deutlichen Schwerpunkt auf der Sachbuchliteratur besaß. Troebst präsentiert sein Buch als Information zu zeitgenössisch hochaktuellen Fragen: „Zu der Erkenntnis, welchen Nutzen der riesige Wasserraum unseres Planeten der Menschheit wirklich bringen kann, ist man erst in jüngster Vergangenheit gelangt."[299] USA und UdSSR befänden sich im Wettlauf sowohl um die Rohstoffe des Meeres als auch um militärische Positionen und die Erweiterung von machtpolitischen Handlungsspielräumen. Daher befasste sich Troebst mit utopisch anmutenden Plänen zum Verkehr mit Unterseebooten, zu Fischzuchtanlagen am Meeresgrund mit Energieversorgung aus angeschlossenen Atomkraftwerken und mit gewaltigen Dammbauprojekten sowie nicht zuletzt mit dem Meeresbergbau. Seine Darstellung der Nutzung der lebenden marinen Ressourcen orientiert sich ebenfalls vorrangig daran, was künftig machbar sein kann. Troebst unterstellt, dass die Weltbevölkerung den größeren Teil ihrer Nahrungsmittel aus dem Meer gewinnen könnte.[300] Durch die gattungstypische Verknüpfung von erzählerischen Elementen und Themen erzeugte Troebst eine Dramatik, um Brisanz und Aktualität seines Gegenstands zu betonen:

> „An einem Abend des Jahres 1958 pflügte das amerikanische Forschungsschiff *Atlantis* im Roten Meer seinen Weg durch dichte Thunfischschwärme. Nur wenige Kilometer entfernt aber gingen ägyptische Fellachen, wie schon seit Jahrzehnten, wieder einmal hungrig zu Bett."[301]

Das Nahrungspotenzial der Weltmeere und die Nahrungsversorgungssicherheit der Weltbevölkerung bildeten nicht nur in politischen und fischwirtschaftlichen Äußerungen regelmäßig die beiden Seiten einer Medaille, sondern auch in den Sachbü-

---

298 Cord-Christian Troebst, *Der Griff nach dem Meer. Amerika und Rußland im Kampf um die Ozeane der Welt*, Düsseldorf 1960. Zu Troebst und einigen anderen Sachbuchautoren der 1960er Jahre vgl. Sven Asim Mesinovic, Globale Güter und territoriale Ansprüche. Meerespolitik in der Bundesrepublik Deutschland und den USA in den 1960er Jahren, in: *Geschichte und Gesellschaft 40 (2014), Heft 3: Lebensraum Meer*, hg. von Christian Kehrt / Franziska Torma, 382–402, hier 382–383.
299 Ebd., 13. Bei Econ erschienen Klassiker der Populärwissenschaft, z.B. Rudolf Pörtner, *Mit dem Fahrstuhl in die Römerzeit. Städte und Stätten deutscher Frühgeschichte*, Düsseldorf 1959; Andreas Feininger, *Das Buch der Farbfotographie*, Düsseldorf 1959.
300 Troebst, *Der Griff nach dem Meer*, 14, 149, 191.
301 Ebd., 155–156.

chern. Die Entwicklung der Weltbevölkerung als Argument für eine einerseits intensivere und andererseits stärker kontrollierte Fischerei hat auch dort einen festen Platz.[302] Was in forschungspolitischen Programmen oder in der *Allgemeinen Fischwirtschaftszeitung* politisch-sachlich erörtert wurde, kam freilich in den Sachbüchern in populärer Diktion zur Sprache. Auch in Reinhard Demolls *Früchte des Meeres* wird sie unter der Überschrift *Die Mehrzahl der Menschen hungert* behandelt. Mit der an vielen Stellen des Buches erkennbaren Formulierungsfreude setzt auch dieser Autor sich mit den 1.800 Kalorien, die einem Großteil der Menschheit am Tag zur Verfügung ständen, auseinander:

> „Es ist der Durchschnitt von dem, was den meisten Negern und vielen Asiaten zur Verfügung steht. Da man in Europa und Amerika im allgemeinen gut gesättigt vom Tisch aufsteht, besteht Geneigtheit, darüber nachzudenken, wie den übrigen zu helfen wäre. Kann hier der Ozean nicht Retter sein?"[303]

Bei Troebst konzentrierte sich das der Fischerei gewidmete Kapitel zunächst dem Ansatz des Buches entsprechend auf Konflikte um Fischbestände in verschiedenen Regionen des Weltmeeres – der Autor geht auf den Konflikt zwischen Japan und Südkorea und den Kabeljaukrieg zwischen Island und Großbritannien ein – und um den Einsatz modernster Technik insbesondere für die Fischortung. Letztere berechtige zu der Annahme, „daß es in den Meeren noch unzählige Fischschwärme geben kann."[304] Zur Vorstellung der technischen Machbarkeit einer Versorgung der Weltbevölkerung mit Nahrung aus dem Meer gehörte hier die Zuversicht, dass die Ozeane auch die biologische Voraussetzung dafür bieten würden.

Troebst folgte bei seinem Gang durch die Nutzungsräume der Ozeane der Idee der *Frontier*, die in den 1960ern nur noch im Weltraum und in den Weltmeeren verortet wurde. Im Sinne dieser Vorstellung fand auch der Begriff „Neuland" verschiedentlich Verwendung. Er war nützlich, wenn es um Meeresforschung im Allgemeinen ging, zumal mit der Tiefsee ein großer Teil der Weltmeere noch immer weitgehend unbekannt war. Er ließ sich aber auch auf die konkrete Meeresnutzung beziehen, wenn es – wie beim Meeresbergbau – um eine Erschließung gänzlich neuer Ressourcenpotenziale oder um die Erweiterung von traditionellen Nutzungsformen um bisher unbeachtete Möglichkeiten ging. In diesem doppelten Verständnis veröffentlichte

---

302 In dieser „malthusianischen Frage" zeigte sich einmal mehr ein Verständnis von Fischerei als eine der Landwirtschaft vergleichbare Form des Erntens durch die Einführung des Vergleichsbegriffs „fish acreage" von Georg Borgstrom. Vgl. Sparenberg, *„Segen des Meeres"*, 388–389.

303 Demoll, *Früchte des Meeres*, 122.

304 Troebst, *Der Griff nach dem Meer*, 162–181, Zitat 178.

der Wissenschaftsjournalist und studierte Physiker Robert Gerwin 1964 im Münchner Franz Ehrenwirth-Verlag einen schmalen Band mit dem Titel *Neuland Ozean*. Es handelte sich um den fünften Band der Verlagsreihe „Thema", in der bis dahin vier äußerst unterschiedliche Titel erschienen waren.[305] Das Buch basierte im Übrigen auf einer Hörfunkreihe des Bayerischen Rundfunks von 1963.[306]

Wie bei Troebst nahmen auch in diesem Band die mineralischen Rohstoffe des Meeres genug Platz für ein eigenes Kapitel ein, und ohne Zweifel trug diese Thematik zum Anstieg des öffentlichen Interesses an der Meeresforschung in den 1960ern bei, doch Gerwin stellte die biologischen Ressourcen und ihre Bedeutung für die Ernährung der Weltbevölkerung als nach wie vor zentral dar. Auch Gerwin sah in der Bekämpfung des Hungers die oberste Aufgabe in diesem Kontext und in der modernen Technik das Potenzial, die Mittel zur Bewältigung dieser Aufgabe zu entwickeln, obgleich über die Zusammenhänge des Lebens im Meer noch wenig bekannt war.[307] Dabei schreckte aber auch Gerwin nicht davor zurück, die globale Bevölkerungsentwicklung mit Begriffen zu charakterisieren, die den Entwicklungsländern einen größeren Anteil an der Bedrohung der gesamten Menschheit durch Nahrungsverknappung zuwiesen. Eine Schuldzuweisung implizierte das wohlgemerkt nicht, wohl aber eine klare Lokalisierung des Problems im Rahmen des Nord-Süd-Konflikts. Wie Troebst nahm auch Gerwin den Begriff der Bevölkerungsexplosion auf; Troebst sprach seine Leserschaft direkt an: „Und während sie diesen Absatz lesen, wurden in der Welt schon wieder 85 Kinder geboren."[308] Gerwin stellte einen wohlfeilen Vergleich an: „Es ist sicher berechtigt, wenn heute davon gesprochen wird, daß die Existenz der Menschheit nicht nur durch Atomexplosionen, sondern auch durch eine Bevölkerungsexplosion bedroht sei."[309] Wenngleich weder Troebst noch Gerwin explizit abwertende Einschätzungen formulieren, deutet sich hier dennoch an, wie der Nord-Süd-Konflikt in einem spezifischen Themenkontext, nämlich der Wissenspopularisierung, aufgegriffen und verarbeitet wurde. Von dieser Überlegung ausge-

---

305 Robert Gerwin, *Neuland Ozean. Die wissenschaftliche Erforschung und die technische Nutzung der Weltmeere*, München 1964. Die anderen Titel der Reihe waren: Wernher von Braun u. a., *Griff nach den Sternen. Sinn und Möglichkeiten der Weltraumfahrt*; Horst Krüger u. a., *Literatur zwischen links und rechts. Deutschland – Frankreich – USA*; Martin Broszat, *200 Jahre deutsche Polenpolitik*; Karl Jaspers u. a., *Werden wir richtig informiert? Über die Problematik der Publizistik*. Als Band 6 folgte: Erika Wisselinck u. a., *Volk ohne Traum. Das Lebensgefühl der jungen Generation in Selbstzeugnissen*.

306 Gerwin, *Neuland Ozean*, 7.

307 Ebd., 17, 57–74.

308 Troebst, *Der Griff nach dem Meer*, 149.

309 Gerwin, *Neuland Ozean*, 57.

hend, ließe sich eine Fragestellung entwickeln, die der Globalgeschichte als einem vergleichsweise lockeren Konzept weitere Substanz verleihen könnte.

Bereits ein Jahr vor Gerwins Neuland Ozean war ein weiterer englischer Band in deutscher Übersetzung erschienen: *Die Meere der Welt. Ihre Eroberung – ihre Geheimnisse*.[310] Das Original von 1962 war von George Deacon, dem Direktor des britischen *National Institute of Oceanography* herausgegeben worden. In der deutschen Fassung gab es eine gemeinsame Einleitung von Deacon und Günter Dietrich, dem Direktor des *Instituts für Meereskunde* der Universität Kiel, der für die deutsche Bearbeitung verantwortlich zeichnete. Hier findet sich ein Hinweis darauf, dass die Übersetzung zum Teil in der Absicht erfolgt sein könnte, die deutsche Meeresforschung sozusagen mittelbar in Erinnerung zu bringen. Dieser Band hob sich in dreifacher Hinsicht von den bisherigen Sachbüchern ab: Zunächst handelte es sich um einen Sammelband mit sechs Beiträgen unterschiedlicher Autoren – Meeresforscher – zur Entstehung der Meere, zur Geschichte der Meeresforschung, zum Leben im Meer, zur Unterwasserarchäologie, zur aktuellen Meeresforschung und zum Thema *Künftige Nutzung des Meeres*. Ferner handelte es sich um ein großformatiges Buch mit zahlreichen und zum großen Teil farbigen Abbildungen – Fotografien, Karten, Illustrationen. In den Büchern von Colman, Berrill, Demoll, Behm und Troebst gab es zwar ebenfalls jeweils mehrere dutzend Abbildungen, darunter ganzseitige Fototafeln, doch dieses Buch war als Text-Bild-Band angelegt und zielte deutlich stärker auf eine optische Ansprache. Die hohe Repräsentativität des Bandes spiegelte gewissermaßen Dimensionen und Bedeutung der Meere, von denen in den Texten die Rede war. Hierin aber unterschied sich das Werk wiederum nicht von seinen Vorgängern. Im Kapitel *Fischwanderungen* wurden bekannte (Nutzfisch-)Arten auf ihrem Weg durch die Nahrungsketten in den Ozeanen verfolgt und Fangmethoden vorgestellt, ohne dabei einen Bezug zur Überfischung herzustellen.[311] Dieser Aspekt kam auch im Kapitel zur künftigen Nutzung des Meeres nicht zur Sprache. Darin ging es ausschließlich um Menge und Beschaffenheit des marinen Nahrungspotenzials sowie ansatzweise um die Frage der Ertragssteigerung.[312] Erkenntnisse über schwindende Fischbestände blieben bemerkenswerterweise im ganzen Band ungenannt, und darin lag der dritte Unterschied zu den übrigen Meeressachbüchern, die zumindest auf die grundsätzliche Existenz

310 George E. R. Deacon (Hg.), *Die Meere der Welt. Ihre Eroberung – ihre Geheimnisse*, Stuttgart 1963.

311 M. Burton, Das Leben im Meer, in: George E. R. Deacon (Hg.), *Die Meere der Welt. Ihre Eroberung – ihre Geheimnisse*, Stuttgart 1963, 75–121, hier 98–107.

312 R. J. Currie, Künftige Nutzung des Meeres, in: George E. R. Deacon (Hg.), *Die Meere der Welt. Ihre Eroberung – ihre Geheimnisse*, Stuttgart 1963, 234–243.

des Problems hingewiesen hatten, auch wenn sie die Tragweite noch unterschiedlich bewerteten.

Die Bebilderung von Meeressachbüchern ließe sich im Übrigen mit Methoden der *Visual History* gezielter untersuchen. Die drucktechnischen und grafischen Möglichkeiten wären hierbei ebenso zu beachten wie der technische Fortschritt bei der Produktion meereskundlicher Abbildungen. Von Belang wären dazu beispielsweise die Entwicklung der Unterwasserfotografie, die Erhebung von Messdaten zur Beschaffenheit des Meeresbodens und ihre kartografische Verwertung oder die Verbesserung der Tauchtechnik, mit der überhaupt erst in die tieferen Bereiche der dritten Dimension vorgedrungen werden konnte. Mit anderen Worten: Welches Wissen über das Meer konnte überhaupt visualisiert werden und welchen Strategien folgten die Sachbuchautoren dabei?

Rachel Carsons *Geheimnisse des Meeres* kamen 1952 noch vollständig ohne Illustrationen aus, lediglich eine historische kartografische Darstellung des Golfstroms, 1769 auf Anweisung von Benjamin Franklin angefertigt, war als Nachdruck ausklappbar eingefügt. Sechs Jahre später kam eine von Anne Terry White überarbeitete Jugendbuchversion in den englischsprachigen Handel.[313] Auch hiervon gab es eine deutsche Übersetzung, die jedoch erst 1968 erschien. Während die amerikanische Jugendversion den Originaltitel beibehielt, änderte indes der deutsche Verlag *Ravensburger* ihn in *Wunder des Meeres* (nicht zu verwechseln mit John Colmans Buch des gleichen Titels von 1952); offenbar erschien er den Verantwortlichen als der Zielgruppe angemessener.[314] Die 165 Seiten des großformatigen Bandes waren mit einigen hundert farbigen Illustrationen und Fotografien in Farbe und Schwarz-weiß versehen. Der Text folgte inhaltlich fast vollständig dem Original, war aber sprachlich angepasst, wie die folgende Synopse am Beispiel der Beschreibung der insbesondere fischwirtschaftlich wichtigen Schelfmeere zeigt.

---

313 Lear, *Rachel Carson*, 294. Anne Terry White war thematisch vielfältig als Sach- und Jugendbuchautorin tätig und verfasste zum Beispiel eigene Werke über das prähistorische Amerika, Steine und Mineralien oder den transatlantischen Sklavenhandel: dies., *The First Men in the World*, New York 1961; dies., *All about Rocks and Minerals*, New York 1955; dies., *Human Cargo: The Story of the Atlantic Slave Trade*, New York 1972.
314 Rachel Carson, *Wunder des Meeres. Ausgabe für die Jugend von Anne Terry White*, Ravensburg 1968.

Rachel Carson, Geheimnisse des Meeres, München 1952, 71.	Rachel Carson, Wunder des Meeres. Ausgabe für die Jugend von Anne Terry White, Ravensburg 1968, 50.
Von allen Teilen der See ist der Schelf vielleicht von unmittelbarster Bedeutung für den Menschen als eine Quelle materieller Güter. Die großen Fischereigebiete der Welt beschränken sich mit wenigen Ausnahmen auf diese verhältnismäßig seichten Gewässer über der Kontinentalstufe. Auf ihren überfluteten Ebenen wird Tang geerntet, aus dem eine Menge Rohstoffe für Nahrungsmittel, Drogen und andere Handelsartikel gewonnen werden. Während die auf dem Kontinent von früheren Meeren zurückgelassenen Petroleumreserven sich allmählich erschöpfen, beschäftigen sich die Petroleum-Geologen mehr und mehr mit dem Erdöl, das bis jetzt noch unerforscht und unausgenützt unter diesen Grenzgebieten des Meeres ruht.	Als Quelle materieller Güter sind die Festlandschelfe unter allen Teilen der See für den Menschen von unmittelbarster Bedeutung. Die großen Fischfanggründe der Welt befinden sich mit wenigen Ausnahmen in ihren Gewässern. Von den Unterwasserebenen wird Seetang geerntet, um daraus zahlreiche Grundstoffe für Nahrungsmittel, Drogen und andere Handelsartikel zu gewinnen. Und je mehr die Erdölreserven des Festlandes aufgebraucht werden, um so mehr halten die Geologen nach dem Öl Ausschau, das unter diesen Randgebieten des Meeres liegt.

In der Jugendbuchversion finden sich auf der Seite mit dem Zitat sowie den beiden folgenden Seiten vier thematisch passende Abbildungen: eine einfach gezeichnete Karte des Seegebiets zwischen Cape Cod und Nova Scotia mit den Fanggebieten „Nantucket-Bänke", „Georges-Bank", „Neuschottland-Bänke" und der Bildunterschrift: „Die großen Fischfanggründe liegen im flachen Wasser der Festlandschelfe." Knapp die obere Hälfte der gegenüberliegenden Seite nahm eine Schwarz-weiß-Fotografie ein, die drei von Möwen umschwirrte Fischer bei der Arbeit mit Fischen an Bord eines Fangfahrzeugs unbestimmbarer Größe zeigte und unterschrieben war mit: „Generationenlange Erfahrung führt diese Fischer zu den fischreichen Fanggründen der Nantucket-Bänke." Am Fuß beider Seiten erstreckte sich eine gezeichnete Illustration, die einen Querschnitt durch das Kontinentalschelf vor Kap Hatteras darstellen sollte. Schließlich folgte auf der nächsten Seite eine Farbfotografie, bei der es sich um eine Luftaufnahme zweier Sandbänken handelte. Einen Bezug zur Ressource Fisch stellte hier nur die Bildunterschrift her: „Millionen von Fischen schwimmen im Unterwasser-Labyrinth des Festlandschelfs umher. Sandbänke der Tuckernuck-Bank bei Nantucket."[315]

---

315 Ebd., 50–52. Zur Fischereigeschichte der Region s. das Kapitel bei Richards, *The Unending Frontier*, 547–573.

Der Bereich der Jugendsachbücher zum Thema Meer ließe sich gerade mit Blick auf inhaltliche und stilistische Anpassungen der Vermittlung an die Bedürfnisse des jüngeren Lesepublikums gesondert untersuchen. Die spezifische Art der Darstellung könnte zur Perpetuierung traditioneller Topoi beigetragen und im Einzelfall auch widersprüchliche Darstellungen hervorgebracht haben, wie sich am Beispiel des 1968 erschienenen Titels *Das Meer, der unentdeckte Kontinent* von Pieter Coll zeigt.[316] Unter der Überschrift *Die Ozeane, eine unerschöpfliche Reserve* finden sich Sätze zu den biologischen und mineralischen Ressourcen:

> „Das Meer, das hat man errechnet, ist die größte noch ungeöffnete Schatzkammer der Erde. In ihm und unter seinem Boden verborgen sind Metall- und Mineralvorräte vorhanden, die selbst bei steigendem Weltverbrauch für über tausend Jahre ausreichen.
>
> Neben diesen Rohstoffen aber enthält es Nahrungs- und Energiequellen von einem kaum vorstellbaren Umfang. Wenn die zwölf Milliarden Menschen, die es, falls die Bevölkerungszunahme anhält, in hundert Jahren auf unserem Planeten geben wird, ausreichend ernährt werden sollen, müßten diese Reservoire schon jetzt für eine planmäßige Ausnutzung vorbereitet werden."[317]

Die Nahrungs- und Mineralienpotenziale des Meeres erscheinen hier zwar als extrem reichhaltig, aber eben nicht als unendlich. Die Tatsache, dass die Frage der Welternährung bis 1970 auch in die Jugendbücher gelangte, unterstreicht dabei die hohe Bedeutung dieses Aspekts in der Debatte um die Ausnutzung der Ressourcen, die mit Garrett Hardins vielbeachteter Veröffentlichung *The Tragedy of the Commons* im Jahr 1968 einen Höhepunkt erreicht hatte.[318] „The population problem has no technical solution; it requires a fundamental extension in morality", begann Hardin seinen Essay.[319] Der US-Ökologe vertrat dabei durchaus die malthusianische Ansicht, dass die Tragödie solange nicht zur Aufführung kam, wie Kriege und Krankheiten sowohl die Menschheit als auch die natürlichen Gemeingüter in bestimmten Grenzen hielten. Erst stabile Gesellschaften riefen die von ihm beschriebene Form der Übernutzung hervor. Mit dieser Auffassung positionierte sich Hardin auch an den zeitgenössischen politischen Debatten beispielsweise um Geburtenkontrolle.[320]

---

316 Pieter Coll, *Das Meer, der unentdeckte Kontinent. Die abenteuerliche Erforschung des Meeres. Seine Erschließung als Nahrungs- und Energiequelle*, Würzburg 1968.

317 Ebd., 9–10.

318 Vgl. Rogers, *The Oceans are Emptying*, 131.

319 Hardin, The Tragedy of the Commons, 1243.

320 Jessica B. Teisch, Art. „Hardin, Garrett", in: Shepard Krech III / John R. McNeill / Carolyn Merchant (eds.), *Encyclopedia of World Environmental History, vol. 2: F–N*, New York/London 2004, 633–634.

Was sich im Lauf der 1960er Jahre in den Meeressachbüchern grundsätzlich ab-zeichnet, ist eine Erweiterung des Themenspektrums der populären Meereskunde. Bei der Darstellung der Meeresnutzung müssen sich die lebenden Ressourcen das Buch immer mehr mit den nicht-lebenden teilen, wie zu einem späteren Zeitpunkt gezeigt werden wird. Zudem geht diese thematische Verbreiterung zunehmend mit Erläuterungen zur Entwicklung des Seerechts einher. Auch in diesem Punkt spiegelt sich der Anspruch von Sachbüchern, eine aktuelle Nachfrage bedienen zu können. Erst 1967 hatte Arvid Pardo seine bereits genannte Rede vor den Vereinten Nationen gehalten und der ohnehin seit Jahren geführten Debatte um die Gestalt des Seerechts zusätzlichen Schwung verliehen. Gleichzeitig nahm das Interesse an den minerali-schen Rohstoffen am und im Meeresboden stark zu. Meeressachbücher zeigten daher nicht mehr nur die Wunderwelten unter Wasser, sondern auch deren Stellenwert und den Umgang mit ihnen in der internationalen Politik. Meeresnutzung und marine Ressourcen wurden so zum festen Bestandteil der maritimen Wissenspopularisie-rung.

Besonders deutlich zeigt dies als letztes Beispiel-Sachbuch aus den 1960ern der Band *Wem gehört der Ozean?* von Joachim Joesten.[321] Der Titel spiegelte eine im Rahmen der Seerechtsdebatte naheliegende, wenn auch simplifizierende Frage, in seinem Vorwort bezog sich der Autor direkt auf Pardo und sämtliche Kapitel des Bandes thematisierten aktuelle Konflikte. Neben dem Stand der Dinge im Seerecht gehörten dazu die sogenannte Pueblo-Affäre – ein Spionagevorfall in koreanischen Gewässern –, verschiedene Beispiele für Radio-Piratensender, die Besetzung eines portugiesischen Passagierdampfers durch Gegner des Salazar-Regimes im Jahr 1961, die jüngsten Fälle von Meeresverschmutzung, vor allem die Havarie des Tankers TORREY CANYON vor Cornwall von 1967, und schließlich Pläne zur Stationierung militärischer Anlagen auf dem Meeresboden. Fischerei kam nur zweimal vor: zum einen im Rahmen der Seerechtsdiskussion um die Einrichtung von Wirtschaftszo-nen.[322] Zum anderen endete das Buch mit einer Reihe kurzer Texte zum Stand der Meereskunde, darunter ein Abschnitt zur *Fruchtbarkeit des Meeres* von ausgesprochen eklektischem Charakter.[323]

---

[321] Joachim Joesten, *Wem gehört der Ozean? Politiker, Wirtschaftler und moderne Piraten greifen nach den Weltmeeren*, München 1969. Laut Verlagsbeschreibung auf dem Schutzumschlag war der in Köln geborene Joesten seit 1948 US-Amerikaner. In deutscher Sprache erschienene Werke weisen ihn als routinierten Sachbuchautoren aus: Joachim Joesten, *Öl regiert die Welt. Geschäft und Politik*, Düsseldorf 1958; ders., *Die Wahrheit über den Kennedy-Mord. Wie und warum der War-ren-Report lügt*, Zürich 1966.

[322] Joesten, *Wem gehört der Ozean*, 28–34.

[323] Ebd., 170–171.

Da sich Joesten ausschließlich mit sehr zeitnahen Ereignissen befasste, war sein Buch beinahe ein journalistischer Beitrag. Doch es zeigte an, welche Themen ab 1970 den Inhalt von Meeressachbüchern bilden würden. Die folgende Dekade brachte eine ganze Reihe von Sachbüchern hervor, in denen die neuen Themen aus dem Bereich von Meerestechnik und Ressourcennutzung, einschließlich der Ressourcenkonflikte, ihren festen Platz hatten.

Der Begriff Neuland schien, wie im Zusammenhang mit dem Titel von Robert Gerwin erwähnt, um 1970 auf dem deutschen Sachbuchmarkt besonders für Bücher zur Meereskunde geeignet zu sein. Die Übersetzung des englischen *The Last Resource* von Tony Loftas aus dem Jahr 1969 wurde vom Suhrkamp-Verlag in *Letztes Neuland – die Ozeane* geändert.[324] Trotz der höheren Aufmerksamkeit für die bisher ungenutzten mineralischen Ressourcen der Meere enthielten die Titel der 1970er weiterhin Kapitel über Fische und Fischerei, so auch dieser. Der Meeresökologe und Wissenschaftsjournalist Loftas betitelte seines mit *Nahrung im Überfluß* und begann unmittelbar mit dem Potenzial der lebenden Meeresressourcen für die Welternährung. Dabei warnte auch Loftas vor der „Bevölkerungsexplosion", in deren Folge „in den kommenden Jahren weit mehr hungrige Münder zu stopfen sind."[325] Die Lösung des Ernährungsproblems sei in den Proteinreserven der Ozeane zu finden:

> „Der potentielle Vorrat an Proteinen in den Meeren und Ozeanen ist unübersehbar – der Atlantische Ozean allein könnte wahrscheinlich ein Protein-Äquivalent von 20.000 Getreideernten auf der gesamten Welt liefern. [...] Die Zahlen für einen maximalen Gesamtertrag [Fischgewicht, J.R.] schwanken zwischen einer Milliarde und mehr als 1,8 Milliarden Kilogramm. Offenbar hängt der Höchstwert sowohl von Verbesserungen in der Fischfangausrüstung als auch von der Entdeckung neuer Fischbestände ab."[326]

Erst im Anschluss an diese ökonomischen Erörterungen finden sich die in allen Sachbüchern üblichen Ausführungen zu Stoffkreislauf und Nahrungsketten im Meer, gefolgt von Veranschaulichungen von historischen und zeitgenössischen Fischfangmethoden und -techniken – hier taucht auch der Hering als „Beispiel-Fisch" auf.[327] Im abschließenden Unterkapitel kommt zur Sprache, was für den Autor die Ozeane zu Neuland macht, nämlich die technischen Möglichkeiten zur Steigerung des Fangertrags und die Erschließung von bislang ungenutzten Fanggebieten und Fischarten im Rahmen eines Fischerei-Managements. Dazu gehörten für Loftas auch Fangein-

---

324 Tony Loftas, *Letztes Neuland – die Ozeane*, Frankfurt a. M. 1970.
325 Ebd., 21.
326 Ebd., 22.
327 Ebd., 32–33.

schränkungen für bestimmte Fischbestände, da diese sich in begrenzten Fällen bereits bewährt hätten. Allerdings diente ihm als warnendes Beispiel der Walfang, der in seiner völlig schrankenlosen Form manche Art beinahe ausgerottet hätte. Ob es bei Fischen überhaupt so weit kommen könnte, diskutiert Loftas nicht, deutet sie aber an:

> „[…] eine beträchtliche Erweiterung der Welt-Fischfangflotte [würde] ein Management der vorhandenen Fischbestände so gut wie unmöglich machen, mit dem Ergebnis, daß die derzeitigen Fischbestände bald ausgerottet wären. […] Eine Lösung könnte darin liegen, die Handvoll den Fischfang beherrschenden Nationen dazu zu überreden, ihrem jeweiligen Anteil am Gesamtfang entsprechend Hilfe zu leisten – eine Unterstützung, die den ärmeren Nationen unter anderem dazu verhelfen würde, ihre bestehende Fischerei zu verbessern […].“[328]

Angesichts der zu diesem Zeitpunkt bereits festgefahrenen Lage auf der UN-Seerechtskonferenz mit Blick auf das Common Heritage of Mankind-Prinzip für die Nutzung der mineralischen Rohstoffe des Meeresbodens musste ein solcher Lösungsvorschlag zumindest gut informierten Lesern unerwartet optimistisch erscheinen. In diesem Licht mochte bei der Lektüre des folgenden separaten Kapitels über die Möglichkeiten der Aquakultur der Betrieb einer Lachsfarm nicht nur machbar, sondern einfach anmuten.[329]

Bei einer weiteren Übersetzung aus dem amerikanischen entschied sich der deutsche Verlag ebenfalls für einen Titel, der den Eindruck hervorrufen konnte, dass in den Meeren noch Neuland zu betreten war: Aus *Exploring the Ocean World* von 1969 machte der Gustav Lübbe Verlag zwei Jahre später *Kontinente unter Wasser*.[330] Bei diesem Band handelte sich um das Werk mehrerer Autoren um den Fischereiwissenschaftler Clarence P. Idyll aus Miami, Florida. Die Mit-Autoren waren weniger Meereskunde-Generalisten als vielmehr Spezialisten an US-amerikanischen staatlichen Forschungseinrichtungen wie dem *U. S. Naval Oceanographic Office* oder der *Environmental Science Services Administration*. Dennoch richtete sich das Buch an eine breite Leserschaft, indem es zunächst in vier Kapiteln die Wissenschaftsgeschichte der Ozeanografie, ausgehend von den meereskundlichen Beiträgen der Disziplinen Physik, Chemie, Biologie und Geologie, entfaltete. In weiteren vier Kapiteln wurden Anwendungsbereiche der gegenwärtigen Meereskunde dargestellt, von denen drei konkrete Formen die Ressourcennutzung betrafen: Fischerei und Aquakultur für die

---

328 Ebd., 54.
329 Ebd., 55–77.
330 Clarence P. Idyll u. a., *Kontinente unter Wasser. Erforschung und Nutzung der Meere*, Bergisch-Gladbach 1971.

biologischen Rohstoffe, Erdöl-, Salz- und Erzgewinnung für die geologischen Rohstoffe. Das letzte Kapitel war der Meerestechnik gewidmet und befasste sich mit zivilen wie militärischen U-Booten, Tauchtechnik und Unterwasserlaboratorien.

Der Abschnitt über die Fischerei war von Idyll gemeinsam mit Hiroshi Kasahara vom *United Nations Development Programme* verfasst und mit *Nahrung aus dem Meer* betitelt worden.[331] Der klaren Zweiteilung des Buches entsprechend ging es ausführlich um Fischerei und Fischwirtschaft, obgleich sich die Darstellung trotzdem über weite Strecken auf einen historischen Überblick beschränkte und als aktuelle Fallbeispiele die Entwicklungen in den Fischereinationen Peru, Japan und der Sowjetunion referierte. Auch in dem Abschnitt über die *Gefahren einer unbeschränkten Fischausbeutung* ging es nur wenig um diese und mehr um die Suche nach neuen Fanggebieten. „Falls die Fischausbeutung derart ausgedehnt wird, daß sie die Regenrationsmöglichkeiten der Fischschwärme übersteigt, ist tatsächlich Grund zur Sorge gegeben", schrieben Idyll und Kasahara und empfahlen, dass „eine intensive biologische Forschungstätigkeit" jegliche Fangaktivitäten begleiten solle.[332] Worauf diese Forschungstätigkeit angelegt sein sollte, verrieten die Autoren nicht und blieben so deutlich unter dem Wissensniveau anderer Meeressachbücher. Darüber konnte der Hinweis nicht hinwegtäuschen, der bei den optimistischen Ansichten von Troebst oder Loftas durchaus ebenso angebracht gewesen wäre: „Mit Sicherheit sind die Nahrungsreserven des Meeres noch immer nicht voll ausgenutzt, aber niemand weiß, wie groß diese tatsächlich sind."[333] Stattdessen wurden abschließend Plankton, Krill und Tintenfische als mögliche *Nahrungsvorräte für die Zukunft* genannt, ohne Schätzungen hinsichtlich ihres Potenzial zu sehr zu bemühen. Wiederum im Gegensatz zu Loftas gingen Idyll und Kasahara nicht davon aus, dass die Nahrungsreserven des Meeres eher als die Landwirtschaft den rasch wachsenden Bedarf der Weltbevölkerung stillen könnten. Dennoch spielte auch hier ein Machbarkeitsdenken die zentrale Rolle, denn diese Autoren sahen die Grundlage für eine Erhöhung des Fangertrags ebenfalls in den zur Verfügung stehenden „technologischen Möglichkeiten."[334]

Manches Meeressachbuch der 1970er kam dagegen fast gänzlich ohne Fische aus. Der 1972 von Alexander F. Marfeld im Berliner Safari-Verlag publizierte Band *Zukunft im Meer. Bericht – Dokumentation – Interpretation zur gesamten Ozeanologie und Meerestechnik* ist dafür ein Beispiel.[335] Zwar haben Zoologie, Nahrungsketten und Frucht-

---

331 Ebd., 169–199.
332 Ebd., 188.
333 Ebd., 189.
334 Ebd., 198.
335 Alexander F. Marfeld, *Zukunft im Meer. Bericht – Dokumentation – Interpretation zur gesamten Ozeanologie und Meerestechnik*, Berlin 1972.

barkeit des Meeres ihren Platz im ersten Teil des Buches über physikalische, geologische, chemische und biologische Aspekte der Ozeanografie, doch die Nutzung der lebenden Ressourcen spielt im zweiten Teil zur Meerestechnik nur eine untergeordnete Rolle im Umfang eines Kapitels von 20 Seiten – den mineralischen Ressourcen widmete Marfeld mehr als dreimal so viel Raum. Ein Großteil seiner Ausführungen zur Fischerei bezieht sich dabei auf technische Verbesserungen im Fischfang und auf die Aquakultur.[336] Marfeld selbst kann wiederum als reiner Sachbuchautor gelten, seine übrigen Werke bildeten ein breites Spektrum an technischen und naturwissenschaftlichen Themen ab. Von 1959 an publizierte er im Berliner Safari-Verlag regelmäßig neue Titel, zwischen 1965 und 1974 sogar in einem jährlichen Rhythmus.[337] Auch in *Zukunft im Meer* führte Marfeld seine Leserschaft mit der für populäre Darstellungen gebotenen Betonung von Aktualität und Brisanz ein, womit der ebenfalls typische Hinweis auf Glaubwürdigkeit und Wissenschaftlichkeit der dargebotenen Informationen einherging:

> „Ozeanologie und Meerestechnik sind wissenschaftliche und technische Bereiche, die heute schon einer starken Entwicklungs-Dynamik unterliegen und in der Zukunft zunehmend an Bedeutung gewinnen werden. […] Der Verfasser hat sich bemüht, so viel Basiswissen zu vermitteln, daß dieses Buch trotz der schnellen Entwicklung in Wissenschaft und Technik für einige Jahre Bestand haben sollte."[338]

Marfeld hob in diesem Band die Entwicklung der Meerestechnik besonders hervor. Der Aspekt der Machbarkeit stand damit umso klarer im Vordergrund. Seine Kernaussage zur Bedeutung der lebenden Ressourcen der Meere für die Menschheit gehörte deshalb zur Gruppe der optimistischeren Auffassungen:

---

336 Ebd., 488–507.
337 Alexander F. Marfeld, *Der Griff nach der Seele. Dämonie des Unterbewussten, Geheimnis und Wissen*, Berlin 1962; ders. *Das Buch der Elektrotechnik und Elektronik. Technik und Dokumentation*, Berlin 1965 (in überarbeiteter Neufassung 1971); ders., *Atomenergie in Krieg und Frieden. Kernreaktoren und nukleare Waffen*, Berlin 1966; ders., *Weltluftfahrt. Technik, Dokumentation, fliegerisches Wissen, Luftstraßen der Welt, Zukunft des Luftverkehrs*, Berlin 1967; ders., *Wunderwelt der Strahlen. Von ultravioletten Strahlen, von Laser und Maser, von sichtbarem Licht, biologischer Energie und Hirnströmen bis zu kosmischen Strahlen*, Berlin 1968; ders., *Kybernetik des Gehirns. Ein Kompendium der Grundlagenforschung einschließlich Psychologie und Psychiatrie, Verhaltensforschung und Futurologie*, Berlin 1970.
338 Marfeld, *Zukunft im Meer*, 10.

„Die Ozeane, die uns heute etwa ein Prozent unserer Nahrung liefern, könnten für die Menschheit zu einer schier unerschöpflichen Versorgungsquelle werden, wenn der Mensch nur alle darin verborgenen Möglichkeiten erschließt."[339]

Die Einschätzungen und Prognosen zum Nahrungspotenzial des Meeres und zu den Möglichkeiten seiner Nutzung variierten also in den Sachbüchern stark. In den Werken von Colman, Demoll und auch Idyll wurde dieses Potenzial zwar als bedeutend eingeschätzt, doch Probleme und Unwägbarkeiten im Rahmen seiner Bemessung und Nutzbarmachung wurden von diesen Autoren ebenfalls explizit angesprochen. Dagegen teilten Troebst, Gerwin, Loftas und Marfeld eine deutlich optimistischere Sicht, die vor allem auf einer stärkeren Beachtung der Meerestechnik beruhte. Die Frage der diesbezüglichen Machbarkeit wurde in Meeressachbüchern ab Ende der 1960er vor dem Hintergrund eines immer höheren Technisierungsgrads gestellt und zunehmend positiv beantwortet. Die Entwicklung der technischen Möglichkeiten in der Meeresforschung und bei der – da zumeist noch geplanten – Nutzung der nicht-lebenden Ressourcen trug dazu ebenso bei wie die oft utopisch anmutenden Pläne und ersten Versuche zu einem dauerhaften Leben in Unterwasserstationen oder zu Fischfarmen am Meeresgrund mit lokaler Atomenergieversorgung.

Die Phase eines auf technische Entwicklungen gestützten Machbarkeitsdenkens umfasste die gesamten 1960er, klang im Verlauf der folgenden Dekade wieder aus und dauerte somit rund eineinhalb Jahrzehnte. Den Abschwung dieses technokratisch-optimistischen Machbarkeitsdenkens begleitete seit etwa 1970 eine Tendenz, die ebenfalls ihren Niederschlag im zeitgenössischen Sachbuch fand. Mit der Seerechts-diskussion und ihrer Institutionalisierung in Gestalt der Dritten Seerechtskonferenz der Vereinten Nationen standen wissenschaftliche, technische und wirtschaftliche Möglichkeiten zunehmend im Schatten einer globalen politischen und völkerrecht-lichen Konfliktlage. Diese wiederum hatte sich u. a. aufgrund der gestiegenen tech-nischen Möglichkeiten zur Ausbeutung der marinen Ressourcen gebildet. Der See-rechtsdiskurs tangierte indes auch soziale, militärische und ideologische Fragen und lag damit am Schnittpunkt von Nord-Süd- und Ost-West-Konflikt.

In der zweiten Hälfte der Seerechtsdekade, wie man die 1970er auch nennen könnte, gelangte die Komplexität des zeitgenössischen Meeresdiskurses in die ein-schlägigen Sachbücher. 1977 erschien erneut ein großformatiger Band mit zahlreichen Abbildungen – nach wie vor eine Zusammenstellung von Karten, Fotografien und grafischen Illustrationen, die jedoch zunehmend farbig waren – von englischsprachi-gen Autoren in deutscher Übersetzung. Im Gegensatz zu *Die Meere der Welt. Ihre Er-oberung – ihre Geheimnisse* von 1963 erschienen das englische Original *The Undersea*

339 Ebd., 11.

und die deutsche Version *Das Meer* im selben Jahr.[340] Herausgeber Flemming vom *Institute of Oceanographic Sciences* in Wormley war bereits an dem früheren Text-Bild-Band beteiligt gewesen, der deutsche Co-Herausgeber Meincke war wie der deutsche Bearbeiter von 1963 Günter Dietrich als Meeresforscher am Kieler *Institut für Meereskunde* tätig. Die beiden Herausgeber verfassten zwar jeweils eigene Einleitungen, jedoch ging Meincke nur auf die Situation der deutschen Meeresforschung ein. Von den zehn thematischen Kapiteln des Bandes bezogen sich sechs auf das Verhältnis von Mensch und Meer. Nur vier galten genuin meereskundlichen Themen und waren knapp mit *Der Meeresboden, Meerwasser, Meerespflanzen, Meerestiere* betitelt. Indem plakativ die zentralen Gegenstände der naturwissenschaftlichen Grundlagenforschung benannt wurden, blieb den Leserinnen und Lesern eine Transferleistung erspart. Eine mögliche Distanz zu den klassischen Disziplinen der Naturwissenschaft, auf denen die Meereskunde basierte, wurde gleichsam überbrückt. Der Unterschied zu den Themen und Ansätzen der übrigen Kapitel erschien dadurch ebenfalls geringer und der Inhalt des Buches einheitlicher. In der *Enzyklopädie der Meeresforschung und Meeresnutzung* lag somit bereits im Ansatz der Akzent auf der Nutzung.

Die weiteren Kapitel wandten sich ebenso einleuchtend betitelt den Themen *Unterwasserarchäologie, Tauchen und Taucher, Unterwasserfahrzeuge* sowie *Seerecht und Politik* zu. Mit der Nutzung der lebenden und der nicht-lebenden Ressourcen des Meeres befasste sich der Teil *Rohstoffe aus dem Ozean*, während *Die Nutzung des Meeresraumes* im Wesentlichen mit Bezug auf den Seeverkehr dargelegt wurde. Damit existierte kein Kapitel, das sich ausschließlich mit der Fischerei befasste, stattdessen erschien sie als Bestandteil eines thematischen Komplexes Ressourcennutzung. Die ersten Sätze zu diesem Komplex bezeugen eine solche, auf Zusammenhang gerichtete Perspektive:

> „Die Weltbevölkerung verdoppelt sich alle 30 Jahre, und schon heute besteht ein akuter Mangel an Nahrungsmitteln. Der Bedarf an Metallen bis zum Ende des Jahrhunderts wird voraussichtlich die in den letzten 2000 Jahren verbrauchte Metallmenge übersteigen. In den kommenden zwei Dekaden wird dreimal so viel Energie benötigt werden, wie in den vergangenen 100 Jahren insgesamt erzeugt wurde. Die Ozeane enthalten hinreichend Protein, Metalle und Energie, um diese Bedarfslücke zu schließen.“[341]

---

340 N. C. Flemming / Jens Meincke (Hg.), *Das Meer. Enzyklopädie der Meeresforschung und Meeresnutzung*, Freiburg/Basel/Wien 1977.
341 Robert Barton, Rohstoffe aus dem Ozean, in: N. C. Flemming / Jens Meincke (Hg.), *Das Meer. Enzyklopädie der Meeresforschung und Meeresnutzung*, Freiburg/Basel/Wien 1977, 126–165, hier 126.

Nachdem die Entwicklung der Weltbevölkerung sich als entscheidender Faktor in allen Ressourcendebatten erwiesen hatte, war zu erwarten, dass die bisher üblichen Darstellungen einzelner Ressourcen und der Methoden ihrer Nutzung zugunsten integrierter Darlegungen zumindest ergänzt werden würden. Auch bei dieser ganzheitlichen Perspektive standen allerdings die Nahrungsreserven der Meere an erster Stelle. Hier schränkte nun Robert Barton, der Autor des Rohstoff-Kapitels in *Das Meer*, seine eingangs getätigte, positive Einschätzung zu den Reserven des Meeres ein. „Der Vorrat im Meer scheint unbegrenzt zu sein", schrieb Barton, doch insbesondere die industrielle Hochseefischerei und die Effizienzsteigerung durch fangtechnische Verbesserungen hätten deutlich gemacht, dass „die Bestände in Wirklichkeit erschöpfbar sind."[342] Selbst das dauerhafte Verschwinden ganzer Bestände wollte Barton nicht ausschließen, da es „unmißverständliche Zeichen der Ausrottung von bestimmten Beständen" gebe.[343] Folgerichtig gelten die übrigen Ausführungen den zeitgenössischen Fangmethoden, Fangfahrzeugen und Fischverarbeitungstechniken sowie der Suche nach neuen Nutzfischarten, Fischzucht und Fischereimanagement.

Letzteres stellte sich auch für Barton in erster Linie als politisches Problem dar. Als einzig sinnvolle bestandserhaltende bzw. fischereiregulierende Maßnahme schien ihm „eine politische Aufteilung der natürlichen Reserven im Weltmeer, wobei jeder Staat die Verantwortlichkeit für die Fischbestände in seinem Gebiet übernehmen müßte oder dies jedenfalls versucht."[344] Es entsprach dem Ansatz des gesamten Buches, dass diese Problematik im Kapitel *Seerecht und Politik* aus der Feder des Völkerrechtlers Robin Churchill aufgegriffen und eingehend erörtert wurde.[345] Erst hier war explizit die Rede von Gesamtfangmengen und wurde der Begriff *Total Allowable Catch* eingeführt. Diese *Enzyklopädie der Meeresnutzung* von 1977 wies eindeutig darauf hin, dass die Bemessung von Gesamtfangmengen und die Festlegung von Fangquoten letztlich Teil des politischen Geschäfts waren. Die angewandte Fischereiwissenschaft legte zwar die Grundlagen für die Verhandlungen zwischen Fischwirtschaft und Politik im nationalen Rahmen und zwischen den Fischereinationen auf internationaler Ebene wie in den Fischereikommission, doch die festgeschriebenen Regeln hingen von den Verhandlungskompetenzen der beteiligten politischen Akteure ab. Dennoch sah Churchill die Notwendigkeit von internationalen Einigungen über die Nutzung der globalen Ressource Fisch. In Anlehnung an eine Studie der FAO nahm er an, „daß nationale Regelungen jedenfalls nicht wirksamer als internationale Regelungen

342 Ebd., 128.
343 Ebd., 138.
344 Ebd., 139.
345 Robin Churchill, Seerecht und Politik, in: N. C. Flemming / Jens Meincke (Hg.), *Das Meer. Enzyklopädie der Meeresforschung und Meeresnutzung*, Freiburg/Basel/Wien 1977, 282–301.

sind, wenn es um die Erhaltung der Fischvorkommen geht."[346] Damit widersprach er Barton nicht völlig, weil auch für die Bewirtschaftung von zugeteilten Beständen vorab eine internationale Verständigung über die Zuteilung erfolgen müsste. Trotzdem UNCLOS III 1977 bereits vereinzelt als gescheitert angesehen wurde, plädierte Churchill aber für eine völkerrechtliche Regelung.

Die lag schließlich in Form des UN-Seerechtsübereinkommens von 1982 vor. Die darin enthaltenen Regelungen zum Umgang mit den lebenden Ressourcen des Meeres stellten freilich kein ausgefeiltes Fischereimanagement dar. Zudem dauerte es nach der Unterzeichnung des SRÜ in Montego Bay weitere zwölf Jahre, bis in genügend Unterzeichnerstaaten die Ratifizierung erfolgt war und die Konvention in Kraft treten konnte. Daher erschienen auch in den 1980ern weiterhin Sachbücher, die den maritimen Problemkomplex, der sich seit dem Ende des Zweiten Weltkriegs gebildet hatte, thematisierten. Ein insgesamt eher eklektisches Produkt mit dem Titel *Wettlauf zum Meeresboden. Rohstoff- und Nahrungsquelle* von Dieter Rösner erschien 1984 im Verlag Langen-Müller. Der Autor war weder als Meeresforscher ausgewiesen, noch lassen seine übrigen Publikationen ihn als ausschließlichen Sachbuchschreiber erscheinen; Rösner publizierte neben dem genannten wenige Titel, vor allem Wirtschaftsbücher zu Afrika.[347] Dennoch erfüllte auch dieser Band die Bedingungen eines Sachbuchs, das seine Existenz im Wesentlichen zwei Aktualitätsbezügen verdankte: zum einen der erst kurz zuvor und womöglich nur vorläufig zur Ruhe gekommenen Seerechtsdiskussion, zum anderen der zunehmenden Meeresverschmutzung, die in den 1980ern – wie andere Umweltthemen – öffentlich immer stärker wahrgenommen und diskutiert wurde. Die ernste Bedrohung der ökologischen Integrität der Weltmeere war schon länger Gegenstand von Wissenschaft und Politik und zeigte sich auch öffentlich immer dann, wenn etwa spektakuläre Vorfälle wie die Tankerkatastrophen der TORREY CANYON und AMOCO CADIZ sich ereigneten; diese beiden Havaristen finden auch bei Rösner Erwähnung.[348]

Rösners Auseinandersetzung mit der naturwissenschaftlichen Dimension des Wissens über das Meer blieb relativ oberflächlich. Alle zwölf Kapitel des Buches befassen sich mit der Nutzung des Meeres oder mit den politischen Disputen um dieselbe, einschließlich der militärischen Nutzung der Ozeane. Der Titel des Buches ist daher irreführend, um den Meeresboden geht es keineswegs in allen Fällen. Bezüglich der biologischen Ressourcen des Meeres konzentrierte sich Rösner auf

---

346 Ebd., 295.

347 Dieter Rösner, *Wettlauf zum Meeresboden. Rohstoff- und Nahrungsquelle*, München 1984; ders., *Das Ringen um Afrika. Geschichte und Zukunft eines ruhelosen Kontinents*, Düsseldorf 1979; ders., *Die afrikanische Herausforderung. Hunger, Überfluss, Staatsbankrotte*, München 1982.

348 Rösner, *Wettlauf zum Meeresboden*, 132–133.

Hochseefischerei und Aquakultur, ging dabei allerdings nur wenig strukturiert vor und hinterließ gelegentliche Widersprüche. Von Überfischung bedroht seien zu der Zeit nur „die Fischgründe der Nordsee und die vor der südwestafrikanischen Küste", behauptete Rösner, der Begriff der Raubfischerei kam trotzdem ausgiebig zur Anwendung, und generell stelle der Mensch „die größte Bedrohung der maritimen Lebewesen" dar.[349] Dennoch kann das Buch stellvertretend für eine Form des Sachbuchs, die in den 1980ern zunehmend veröffentlicht wurde, gesehen werden. Die erhöhte Aufmerksamkeit gegenüber der maritimen Umweltverschmutzung im Rahmen eines allgemein kritischeren Umweltbewusstseins und ein dementsprechend anklagender Tenor waren die Kennzeichen.

Je nach Standpunkt der Autorin oder des Autors änderten sich Schwerpunkte und Reihenfolge der behandelten Themen. Unabhängig davon existierte jedoch ein vergleichsweise einheitliches Thementableau, das die Akzente in vielen Meeressachbüchern ab etwa 1980 verschob. Im Bremer Verlag *Edition CON*, wo der Schwerpunkt auf entwicklungspolitischen Titeln lag, veröffentlichte 1988 der ansonsten nicht in der DNB vertretene Walter Gröh den Band *Freiheit der Meere. Die Ausbeutung des „Gemeinsamen Erbes der Menschheit".*[350] Von einem linksalternativen Standpunkt erörterte Gröh zunächst *Seeherrschaft, Seefahrt und Seerecht*, um dann Militär, Seeverkehr, Fischerei, Meeresverschmutzung, Offshore-Ölförderung, Tiefseebergbau sowie das bundesdeutsche Engagement in der Tiefsee zu beleuchten. Im Prinzip folgte auch Gröh bei der Darstellung des Sachstands zu den von ihm ausgewählten Themenbereichen der gleichen Struktur wie sämtliche Sachbuchschreiber vor ihm. Das Kapitel über Fischerei klärte die Leserschaft über Fangregionen, Fangmengen und die Einrichtung von Wirtschaftszonen sowie über schrumpfende Bestände und alternative Wege der Proteingewinnung aus dem Meer auf. Die global ungleiche Verteilung der Fangkapazitäten und die ungleichen Wirtschaftsverhältnisse spielten in diesem Buch eine größere Rolle, ansonsten stellten vor allem sprachliche Stilmittel und argumentative Verknüpfungen die besonderen Merkmale dar: „Auch in der Nordsee werden tierische Ressourcen nicht so ausgebeutet, daß ihr Gebrauchswert – soweit man in dieser ‚Müllkippe' davon überhaupt noch reden kann – erhalten bleibt."[351] Mit dem anklagenden Tonfall und einem zweifellos politischen Ansatz hob sich Gröhs Buch von den zuvor betrachteten Titeln ab – nicht jedoch von den 1980er Jahren, in denen kritisches Umweltbewusstsein auch bei der Nutzung mariner Ressourcen eine immer größere Rolle einnahm. Die deutsche Fischwirtschaft hingegen reagierte sensibel.

---

349 Ebd., 45, 81.
350 Walter Gröh, *Freiheit der Meere. Die Ausbeutung des „Gemeinsamen Erbes der Menschheit"*, Bremen 1988.
351 Ebd., 87.

4.6 Das Meeresumweltbewusstsein zur Jahrtausendwende

Wer die Fachorgane der Fischwirtschaft las und die Entwicklung der deutschen Hochseefischerei verfolgte, kam zu Beginn des Jahres 1985 wohl nicht umhin, die Fusion von AFZ und *Fischmagazin* als Zeichen für den Niedergang oder zumindest den Umbruch der Fischwirtschaft zu deuten. Während 1950 die Zusammenfassung der drei Fachblätter *Die Fischwoche*, *Fischereiwelt* und *Fischwirtschaftszeitung* zur AFZ eher dazu gedient hatte, einen zentralen Titel zur publizistischen Grundlage einer im Wiederaufbau befindlichen Branche zu schaffen,[352] korrespondierte die Bildung des *AFZ Fischmagazin* eher mit einer Schrumpfung, wie das Editorial der ersten Nummer nahelegte: „Die eingehende Marktanalyse und sorgfältige Prüfung der kaufmännischen Möglichkeiten erbrachte die zwingende Notwendigkeit, nur noch eine fundierte Zeitschrift auf nationaler Ebene herauszugeben.“[353] Bisherige Zielsetzung und Schwerpunkte blieben in den folgenden Jahren bestehen. Die auffälligste Veränderung war die dauerhafte Präsenz der Themen Umweltschutz und Meeresverschmutzung, die von allen Akteuren innerhalb der Fischwirtschaft aufgegriffen wurden.

Rudolf Preisler, Geschäftsführer des *Fischwirtschaftlichen Marketing-Instituts* (FIMA), verortete 1986 die „Positionen der deutschen Fischwirtschaft in der Umweltdiskussion.“[354] Preisler erkannte eine „wachsende Sensibilisierung für Umweltthemen“ in der Öffentlichkeit, die keine „kurzlebige Modeerscheinung“, sondern „eine länger anhaltende gesellschaftliche Entwicklung“ sei. Relevant für die Fischwirtschaft war die zunehmend kritische Haltung der Verbraucher zu Lebensmitteln im Allgemeinen und Fisch im Besonderen. Diese Haltung kennzeichne nicht nur „eine hysterische oder exaltierte Minderheit“, sondern vielmehr jene Bevölkerungsgruppe, „die eine wichtige Funktion in Prozessen der Meinungsbildung einnimmt. Es ist wohl ratsam, mit ihr einen ernsthaften Dialog anzustreben.“[355] Aus Sicht der Fischwirtschaft ging es nicht nur darum, das Produkt Fisch als gesund darzustellen – darin hatte das fischwirtschaftliche Marketing jahrzehntelang Erfahrung. Zusätzlich war die biologische Ressource nun gegen den Verdacht zu verteidigen, dass ihre verschmutzte Lebensumwelt auf die Qualität als Lebensmittel schädlichen Einfluss nahm. Indem das Thema Meeresverschmutzung zunehmend öffentlich wahrgenommen und diskutiert wurde, musste die Fischwirtschaft mit der „Negativassoziation“ rechnen, „nach der kranke Gewässer auch kranke Fische hervorbringen. Konsumreaktionen sind zu

---

352 *Fischwirtschaftszeitung 2, Nr. 12, 3. Aprilausgabe 1950*, 1.

353 Michael Steinert, Partner der Wirtschaft, in: *AFZ Fischmagazin, 1 (1985)*, 5.

354 Rudolf Preisler, Positionen der deutschen Fischwirtschaft in der Umweltdiskussion, in: *AFZ Fischmagazin 38, 2 (1986)*, 16.

355 Ebd.

befürchten", warnte Preisler. Dabei lebe die Fischerei „vom Zustand der Natur" und habe „ein legitimes Interesse an der Erhaltung der Grundlagen ihrer Existenz und ihres Absatzes, das heißt, an der Reinhaltung der Gewässer und Meere."[356]

Es wird deutlich, dass die Überfischung nicht zu der hier erörterten Umweltdiskussion zählte. Vielmehr ging es im Grunde ausschließlich um das Meerwasser und die Verschmutzung infolge von Einleitungen durch Flüsse und eventuell – das blieb hier ungenannt – durch den Schifffahrtsbetrieb oder Tankerunfälle. Explizit wies Preisler darauf hin, dass die meisten Fanggründe zu fern der Küste lagen, als dass die Ressource Fisch kontaminiert sein könnte. Jedoch schloss er nicht aus, dass dieses Problem doch langfristig in der Realität auftreten könnte. Die Fischwirtschaft müsse deshalb den umweltbewussten Verbrauchern vermitteln, „daß sie [...] alle politischen und administrativen Maßnahmen unterstützen wird, die der weiteren Verschmutzung der Gewässer Einhalt gebieten."[357] Das Thema Meeresverschmutzung war offenkundig auch für die Fischwirtschaft zu einem Politikum geworden. In den folgenden Jahren versuchten Fischereivertreter wie Preisler ihre Branche in dieser Diskussion öffentlich zu positionieren. Die Trennung von der Überfischungsdebatte blieb dabei erhalten.

Vor diesem Hintergrund erklärt sich auch eine Anmerkung, die in dem oben genannten Artikel über den Hering aus dem Frühjahr 1986 eingefügt war. Zur Erholung der Bestände nach dem katastrophalen Einbruch in den 1970er Jahren war dort die Rede von einem wieder „gefüllten Heringsmeer" und den immensen Regenerationsfähigkeiten der Natur; man müsse sich „um den Fortbestand des Fisches (sollten die Wasserqualitäten nicht mutwillig geändert werden) keine Sorgen zu machen."[358] Gefahr für den Hering drohte danach weniger aufgrund von Überfischung als vielmehr aufgrund von Wasserverschmutzung. Obgleich beide Vorgänge nicht in einem direkten Zusammenhang zueinander standen, unterstützte eine derart klare Unterscheidung zweier Gefahren für die marine Biologie nicht die Auffassung vom Meer als ein Ökosystem.

Das Hauptargument seitens der Fischerei stützte sich auf die Tatsache, dass es sich beim Fisch um eine Ressource handelte, die der Natur entnommen wurde, zumal wenn sie aus dem Großökosystem Meer kam. Jahrzehntelange Debatten um die Möglichkeiten des Fischereimanagements blieben hier außen vor, weil die Bedrohung des Naturraums Meer nicht im Rahmen der Ressourcennutzung eintrat, sondern gewissermaßen von Dritten hervorgerufen wurde. Aus diesem Blickwinkel schien die Fischerei in einem geradezu harmonischen Verhältnis zur Natur zu stehen. In diesem

---

356 Ebd.
357 Ebd.
358 Speisefische, 1. Folge: Der Hering, 33.

Sinne führte Peter Harry Carstensen in seiner Funktion als Präsident des *Deutschen Fischereiverbands* in der Eröffnungsrede zum *Deutschen Fischereitag* von 1987 aus:

> „Der Mensch ist und bleibt das Regulativ der Natur. [...] Erinnert man sich an Katastrophen in Binnengewässern, wie zum Beispiel die Rheinvergiftung durch Chemiekonzerne im vergangenen Jahr, so weiß man, warum die Fischer immer deutlicher auf den Naturschutz hinweisen."[359]

Carstensen verglich Fischer mit Jägern und Forstwirten und wies ihnen so eine Rolle als Heger und Pfleger zu – was mit Blick auf die Fischzucht durchaus stimmte und auch in der Binnenfischerei eine Berechtigung hatte. Auch für die Seefischerei war der Vergleich prinzipiell nicht unpassend, wenn die intensiven Diskussionen und Bemühungen um eine ökonomische Nutzung der Ressource Fisch und vor allem die ernsthaften Erwägungen zur Bestandserhaltung unter Einschluss restriktiver Maßnahmen miteinbezogen wurden. Um genau diese Aspekte ging es allerdings nicht in der Umweltdiskussion, die im Wesentlichen eben eine Wasserverschmutzungsdiskussion war. Das AFZ Fischmagazin fasste im Übrigen das Geschehen auf dem *Deutschen Fischereitag* von 1988 mit den Worten zusammen: „Viele Pläne, wenig Konkretes, wenig Wahrscheinlichkeit, dem Fischer Flüsse und Meere als unbelastete Erwerbsgrundlagen auf Dauer zu retten."[360]

Die vom Geschäftsführer der FIMA 1985 geforderte Öffentlichkeitsarbeit nahm drei Jahre später die Gestalt einer gemeinsamen Aktion von Umweltschützern und einem Fischwirtschaftsunternehmen an. Unter dem Motto *Mir geht's um meer* starteten der *Bundesverband Bürgerinitiativen Umweltschutz* und die *Beeck Feinkost GmbH* eine gemeinsame Aktion, die sich gegen die chemische Industrie wandte. Mittels einer Postkartenaktion sollte gegen phosphathaltige Waschmittel, FCKW und Pestizide protestiert werden.[361] Der Chefredakteur des *AFZ Fischmagazins* Jörg Rüdiger kommentierte die Initiative wohlwollend: „Die Fischwirtschaft kommt nicht länger darum herum, in Sachen Umweltschutz aktiv zu werden. Zu viel hängt für sie wirtschaftlich von der Reinhaltung der Meere ab, zu wenig wird zur Zeit getan."[362]

---

359 Wasser, Kormorane, Lachsforelle, Kabeljau-Quoten. Deutscher Fischereitag 1987 in Troisdorf, in: *AFZ Fischmagazin 39, 7 (1987)*, 12–14, hier 12.

360 Der Fischer kämpft um seinen Platz in der Natur, in: *AFZ Fischmagazin 40, 19 (1988)*, 14–16, hier 14.

361 Erstmals gemeinsame Aktion von Industrie und Umweltschutz. Saubere Gewässer sind eine wirtschaftliche Notwendigkeit, in: *AFZ Fischmagazin 40, 23 (1988)*, 10–11.

362 Jörg Rüdiger, Kommentar: Kampf ums Meer. Jeder Fischwirtschaftler ist zum Mitmachen aufgefordert, in: *AFZ Fischmagazin 40, 23 (1988)*, 3.

Im Jahr darauf folgte die *Aktion seeklar – Verein zum Schutz der Meere e. V.* Vorsitzender war Kurt Querfeld, Vorstand des Fischwirtschaftsunternehmens *Nordsee*, wie generell diese Initiative ausschließlich aus der Fischwirtschaft kam. Dieser Umstand erklärte, warum unmittelbar 200.000 DM zur Verfügung standen, die zur Förderung von wissenschaftlichen Vorhaben auf dem Gebiet des Gewässerschutzes eingesetzt werden sollten. Auch als Konkurrenz zu *Mir geht's um meer* wollte Querfeld die Neugründung nicht verstanden wissen.[363] Dort stieß die *Aktion seeklar* aber auf wenig Verständnis. In einem Interview nannte *Beeck*-Vorstandschef Hellmut Stöhr die neue Aktion wenig durchdacht. Die Geldmittel seien für ernsthafte Forschungsvorhaben zu gering, zudem seien politische Maßnahmen derzeit dringender.[364] Ebenfalls skeptisch, wenn auch nicht ganz so kritisch, beurteilte Chefredakteur Rüdiger die *seeklar*-Pläne. Er sah immerhin die Gelegenheit, auf Grundlage der Ergebnisse aus den genannten Gewässer-Forschungsvorhaben „Informationen und Handlungs-Anregungen für die Bevölkerung" zu erstellen.[365]

Vereinzelt gab es jedoch erstaunliche Rückfälle zu überkommenen Leitbildern, auch wenn sie freilich in einem differenzierten Kontext erschienen. So startete die neu gefasste Zeitschrift im Frühjahr 1986 eine Reihe über Speisefischarten, die – beinahe selbstverständlich – mit dem Hering begann. Der Artikel ging auf die historische Bedeutung des Herings für die reiche wie arme Bevölkerung in Europa, auf Heringskriege und auf Fang- und Konservierungsmethoden ein.[366] Auch die Überfischung der Art in den 1970er Jahren kam zur Sprache:

> „Durch Überfischung war dem ‚Silber des Meeres' derart zu Leibe gerückt worden, daß man befürchten mußte, den Fisch, der Jahrhunderte den Menschen ernährt hatte, gänzlich zu verlieren. [...] Aber die Natur scheint, trotz menschlichen Raubbaus an ihr, unerschöpflich. Heute stehen wir wieder vor einem gefüllten Heringsmeer und brauchen uns um den Fortbestand des Fisches (sollten die Wasserqualitäten nicht mutwillig geändert werden) keine Sorgen zu machen. Hoffentlich hat man aus Fehlern gelernt!"[367]

---

363 „Aktion seeklar" gegründet. Fischwirtschaft will Meeresschutz vorantreiben, in: *AFZ Fischmagazin 41, 3/4 (1989)*, 29–30.

364 Interview mit Hellmuth Stöhr zur Umweltaktion „seeklar": Lobenswert, aber ..., in: *AFZ Fischmagazin 41, 3/4 (1989)*, 31–32.

365 Jörg Rüdiger, Kommentar: „Aktion seeklar" gegründet – Vorhaben noch sehr unklar. Vereint für's Meer? In: *AFZ Fischmagazin 41, 3/4 (1989)*, 3.

366 Speisefische, 1. Folge: Der Hering. Silber im Netz für die Tafel der Könige, in: *AFZ Fischmagazin 38, 4 (1986)*, 30–35.

367 Ebd., 33.

Latente Bedrohung trotz Unerschöpflichkeit der Natur, Unerschöpflichkeit trotz Raubbau am Meer – diese Verkettung schien wie ein Rückfall in eine frühere Phase der angewandten Fischereiwissenschaft, war aber wohl lediglich auf die Beharrungskraft sprachlicher Bilder zurückzuführen, zumal die Natur hier nur unerschöpflich „scheint."

Dennoch blieb der Hering in der fischwirtschaftlichen Fachpresse „ein Dauerproblem", wie es der stellvertretende Chefredakteur des Blattes nur einen Monat nach dem Heringsportrait formulierte. Kritisch schrieb er: „Hätten wir in den 1970er Jahren nicht so mit der Ressource Hering geaast, dann hätte man den Fisch nicht schützen müssen."[368] Nur vier Jahre später war es wieder soweit: Unter der Überschrift *Hering in Gefahr* berichtete das *AFZ Fischmagazin* im August 1990 über eine gemeinsame Petition niederländischer, britischer, französischer, dänischer und deutscher Fischer an die EG-Kommission mit dem Ziel, rasche Maßnahmen zum Schutz von Junghering und gegen die „Überbord-Entsorgung" von Beifang zu erwirken.[369] Zuvor waren aufgrund des erneuten drastischen Rückgangs der Bestände, deren Zustand als „desolat" bezeichnet wurde, in der Nordsee die Heringsfangquoten um 20 Prozent reduziert worden. Unterstützung kam von dem niederländischen Fischereibiologen A. Corten. Der forderte „ein besser funktionierendes, nationale Egoismen überwindendes, konzertiertes Ressourcen-Management, das sich auf gemeinsam ermittelte Bestandszahlen gründe."[370]

Daher wurden auch langjährige Pläne zur Verbesserung der Fischereisituation nicht aufgegeben. Drei Jahre zuvor hatte sich Dietrich Sahrhage zum Stand der Erschließung „bislang ungenutzter Ressourcen" erneut zu Wort gemeldet.[371] Vielversprechende, bisher wenig befischte Meeresräume sah Sahrhage nach wie vor besonders um Südamerika, im nordwestlichen Indischen Ozean und um Australien. Er vermutete „eine voraussichtliche Produktionsmöglichkeit von etwas über 100 Millionen Tonnen pro Jahr."[372] Die politischen bzw. seerechtlichen Fragen bezüglich einer fischereilichen Nutzung dieser Räume blieben hier ausgespart. Dafür gehörten zum vollständigen Fischereiforschungskatalog noch Angaben zu den Potenzialen von Aquakultur und anderen fischereilich verwertbaren Meerestieren. Tintenfische waren hinsichtlich ihres Fischereipotenzials für Sahrhage kaum einzuschätzen. Leuchtsardi-

---

368 Herby Neubacher, Hering, ein Dauerproblem, in: *AFZ Fischmagazin 38, 5 (1986)*, 4.
369 Hering in Gefahr, in: *AFZ Fischmagazin 42, 8 (1990)*, 10–13.
370 Ebd., 13. Zu den Veränderungen im GFP-Fischereimanagement vgl. Churchill/Owen, *The EC Common Fisheries Policy*, 12–14.
371 Dietrich Sahrhage, Was kann die Fischerei in Zukunft zur Ernährung der Menschen beitragen? Möglichkeiten bislang ungenutzter Ressourcen, in: *AFZ Fischmagazin 39, 1 (1987)*, 8–13.
372 Ebd., 11.

nen erschienen „für die menschliche Ernährung" unergiebig und „eine wirtschaftliche Nutzung sehr zweifelhaft." Auch die „Möglichkeiten zur Nutzung des antarktischen Krills sind bisher überschätzt worden."[373] Zu diesem Zeitpunkt war bereits bekannt, dass es zwar riesige Mengen an Krill in den Meeren um die Antarktis gebe – nach wie vor schwankten die Angaben zwischen 200 und 500 Millionen Tonnen Biomasse –, die Reproduktion im Verhältnis dazu jedoch sehr langsam vonstatten gehe. Zur Bestandserhaltung sei daher eine Nutzung im Umfang von nicht mehr als 10 Millionen Tonnen pro Jahr ratsam. „Es ist nicht sehr wahrscheinlich", schloss Sahrhage, „daß sich die Krillfischerei in Zukunft immens entwickeln wird."[374] Die Aussichten auf eine substanzielle Verbreiterung der nutzbaren Grundlage an biologischen Ressourcen des Meeres waren damit auch im ausgehenden 20. Jahrhundert – mit Einschränkung für den Bereich der Aquakultur – noch immer vage und spekulativ.

Der Krill regte im Übrigen weiter die Phantasie derer an, die für Versuche zu seiner Verarbeitung zuständig waren oder solche aus anderen Gründen unternahmen. Im Januar 1993 erhielt Andreas Rupp für seine Diplomarbeit auf dem Gebiet der Lebensmitteltechnologie einen Innovationspreis für die Entwicklung eines appetitanregenden Knabbergebäcks aus Krill. Das unter der Bezeichnung „Krillies" vorgestellte Produkt wurde von der Bremerhavener *Nordsee-Zeitung* freilich als „fruchtig-fischig" beschrieben.[375]

Dass die Suche nach bisher ungenutzten biologischen Ressourcen dennoch weiter als notwendig galt, wurde 1992 offensichtlich. In diesem Jahr brach der Kabeljaubestand im Nordwestatlantik zusammen, nachdem Jahrhunderte lang die dortigen Bestände immer intensiver befischt wurden.[376] Dies läutete den langfristigen Niedergang der kanadischen Kabeljau-Fischerei ein, staatlich sanktioniert durch ein Fangmoratorium der kanadischen Regierung. Zuvor hatte sich ein Streit zwischen Kanada und europäischen Fischern an zwei Teilen des kanadischen Kontinentalsockels entzündet, die über die AWZ hinausragen und von den Fachleuten als „Nase" und „Schwanz" bezeichnet werden. Diese Bereiche der *Grand Banks* waren besonders ertragreiche Fanggründe und wurden daher sowohl von den neufundländischen als auch vor allem von portugiesischen und spanischen Fangschiffen regelmäßig aufgesucht.[377] Am 31. März 1992, wenige Monate vor dem Moratorium im Sommer, überquerten

---

373 Ebd., 12–13.
374 Ebd., 13.
375 Knabbergebäck aus Walfutter, in: Nordsee-Zeitung vom 30.1.1993. Archiv für deutsche Polarforschung, Alfred-Wegener-Institut für Polar- und Meeresforschung, Bestand der Stabsabteilung Kommunikation und Medien, Pressemappe 1993.
376 Richards, *The Unending Frontier*, 573.
377 Kampf um den Kabeljau, in: *AFZ Fischmagazin 44, 5 (1992)*, 112–122, hier 117.

neufundländische Fischer mit sieben Hochseetrawlern die 200 Meilen-Grenze vor der Küste, um dort eine Proklamation zu verlesen. Darin bezeichneten sie die *Grand Banks* als „Teil eines großen Welterbes" und wiesen Kanada die Verantwortung für dessen treuhänderische Verwaltung und Pflege im Bereich des gesamten Kontinentalsockels zu, also auch jenseits der AWZ. Der Anspruch wurde zum einen mit dem „Überleben der Fischereigesellschaft" von Neufundland, die immer „im Einklang mit dieser großartigen Ressource" gestanden habe, begründet. Zum anderen werde Kanada so „das gemeinsame Erbe der Menschheit mehren und bereichern."[378] Die Begründung dieses Anspruchs auf exklusive Nutzung der Ressource Kabeljau verwies also auf Gewohnheitsrecht und *Common Heritage*-Prinzip gleichermaßen.[379]

In der deutschen Fischwirtschaft wurde der Vorwurf, die EG-Flotte überfische den Kabeljau, ebenso zurückgewiesen wie der kanadische Nutzungsanspruch auf „Nase" und „Schwanz". Der Geschäftsführer der *Deutschen Fischfang-Union Cuxhaven* und Vorsitzende des *Deutschen Hochseefischerei-Verbands* Manfred Koch erklärte in einem Interview, dass für den Rückgang der Erträge natürliche Ursachen anzunehmen seien, vor allem ungünstige Reproduktionsbedingungen für den letzten Kabeljaujahrgang durch niedrige Wassertemperaturen.[380] Die seerechtliche Zulässigkeit europäischer Fangaktivitäten außerhalb der AWZ stand für Koch ebenso außer Frage wie der fehlende Einfluss auf den genauen Aufenthaltsort der Fischschwärme: „Außerdem kommen die Fische ja nur sporadisch in das Gebiet außerhalb der 200 Meilen-Zone. Mal schwimmen sie raus (es ist ja kein Zaun da), häufig nicht."[381] In diesem Fall basierte also die Argumentation in einem Konflikt um biologische marine Ressourcen auf der Tatsache, dass das rechtliche Nutzungsregime Unwägbarkeiten aufgrund von natürlichen Faktoren enthielt.

Im Übrigen war die GFP für die Fangaktivitäten europäischer Hochseefischer im Nordatlantik außerhalb des „Gemeinschafts-Meeres" nur wenig relevant. In einzelnen Fällen überschnitten sich das Problem der Territorialisierung immer weiterer Gebiete des Ozeans und die GFP. So kam es beim Austritt Grönlands aus der EG infolge der Loslösung von der früheren Kolonialmacht Dänemark im Jahr 1985 zu einem Fischereiabkommen zwischen Grönland und der EG, nach dem europäische Fischer auch weiterhin gewisse Fangmengen jährlich in den Gewässern um die Insel fischen dürfen.[382] Insgesamt, so urteilt Heidbrink, hatte die GFP „nur eine relativ ge-

---

378 Zit. nach ebd. [Abdruck der Proklamation in Übersetzung], 120.

379 Die sozialen Folgen der Überfischung in Neufundland waren auch Thema in der deutschen Presse: Freddy Gsteiger, Es schreit in unseren Bäuchen, in: *Die Zeit*, Nr. 27 vom 26.6.1992, 80.

380 „Es wird nicht überfischt", in: *AFZ Fischmagazin* 44, 5 (1992), 123–124.

381 Ebd., 124.

382 Heidbrink, *„Deutschlands einzige Kolonie ist das Meer!"* 184.

ringe Bedeutung im direkten zeitlichen Kontext der Nationalisierung der Fangplätze des Nord-Atlantiks."[383]

Von herausragender Bedeutung unter den internationalen Maßnahmen zum Schutz der Fischbestände vor Überfischung an der Wende zum 21. Jahrhundert waren das *United Nations Fish Stocks Agreement* (UNFSA) von 1995 und der *Code of Conduct on Responsible Fisheries* der FAO aus dem gleichen Jahr. Beide Dokumente stellten eine Internationalisierung des Bestandsschutzes und ein Abrücken von dem auf einzelne Fischarten zielenden MSY-Konzept, das noch Grundlage während UNCLOS III gewesen war, dar. Beide trugen dazu bei, dass über Bestandsschutz verstärkt in den holistischen Kategorien von einem zusammenhängenden marinen Ökosystem und von Biodiversität nachgedacht wurde.[384] Im Urteil des Seerechtlers Richard Barnes von der University of Hull war das Fehlen eines solchen Ansatzes in den Regelungen des SRÜ zur Fischerei mit dafür verantwortlich, dass zahlreiche Fischarten auch nach 1982, als die Tragweite des Problems der Überfischung international längst erkannt war, weiter in kritischem Ausmaß befischt und ihre Bestände damit dramatisch reduziert wurden. In dieser Hinsicht sei das SRÜ als gescheitert zu betrachten.[385] Diese Ansicht teilt die Fischereiwissenschaftlerin Kristina Gjerde uneingeschränkt und sieht als Konstruktionsfehler des SRÜ die Orientierung an den ineffektiven regionalen Fischereikommissionen und ein zu großes Vertrauen in die Bereitschaft von Fischereinationen, sich selbst konsequent bestandserhaltende Maßnahmen aufzuerlegen.[386] Bis heute, so Barnes, sei der internationale Umgang mit den lebenden Ressourcen des Meeres noch immer zwischen den traditionellen Polen *Mare liberum* und *Mare clausum* angesiedelt, reiche dabei aber mittlerweile weit über zwischenstaatliche Konflikte hinaus.[387] Zu den Akteuren mit Interessen an der Gestaltung des Nutzungsregimes zählen neben Politikern, Fischern und Fischwirtschaftlern längst auch Umweltschützer und eine in deutlich höherem Maße am gesamten Großökosystem orientierte Wissenschaft.

Das UNFSA verpflichtete die Staaten zur größerer Vorsicht bei unzureichenden Daten über die Bestände und rief sie darüber hinaus dazu auf, das Fehlen von Daten

---

383 Ebd.

384 Franckx, The Protection of Biodiversity and Fisheries Management, 212; Barnes, The Convention on the Law of the Sea, 247; Wilder, *Listening to the Sea*, 95.

385 Barnes, The Convention on the Law of the Sea, 231.

386 Kristina M. Gjerde, High Seas Fisheries Management under the Convention on the Law of the Sea, in: Richard Barnes / David Freestone / David M. Ong (eds.), *The Law of the Sea. Progress and Prospects*, Oxford 2006, 281–307, hier 282.

387 Richard A. Barnes, The Law of the Sea, 1850–2010, in: David J. Starkey / Ingo Heidbrink (eds.), *A History of the North Atlantic Fisheries, vol. 2: From the 1850s to the Early Twenty-First Century (Deutsche Maritime Studien, Bd. 19)*, Bremen 2012, 177–225, hier 215.

nicht zur Begründung eines Aufschubs von bestandserhaltenden Maßnahmen zu machen.[388] Zentral war im Übrigen der schon im Titel explizite Bezug auf wandernde Fischarten, die nicht nur innerhalb der 200 Seemeilen-Zonen oder nur im Bereich der Hohen See zu finden waren.[389] In der Bewertung von Barnes sorgte das UNFSA für den bis dahin wirksamsten Schub in Richtung einer generellen Orientierung am Vorsorgeprinzip.[390] Den Fischereibiologen Daniel Pauly und Jay Maclean zu Folge ist in dieser Hinsicht der *Code of Conduct* das wichtigere Dokument.[391] Er wurde verabschiedet auf der 28. Sitzung der FAO vom 31. Oktober 1995 und verband explizit das Recht auf Fischerei mit der Pflicht zur Erhaltung der lebenden Ressourcen des Meere im Allgemeinen.[392] Er beanspruchte globale Gültigkeit (Art. 1), bezog sich mithin grundsätzlich auf das gültige internationale Seerecht (Art. 3) und erfasste alle Teilbereiche der Fischerei vom Vorgang des Fischfangs (Art. 8) bis zur Verarbeitung und Vermarktung der Fische (Art. 11), berücksichtigte Fragen des Küstenmanagements (Art. 10) und die Aquakultur (Art. 9) sowie die Fischereiforschung (Art. 12). Der Code war jedoch nicht verpflichtend, sondern basierte auf Freiwilligkeit.[393]

Deshalb blieb die größte Herausforderung im Zusammenhang mit den rechtlichen Regelungen auch nach 1995 die Durchsetzung in der Praxis. Die aufgrund politischen Drucks aus den Mitgliedsstaaten wiederholte Anhebung von Gesamtfangmengen für die EU-Fischerei, die über den Empfehlungen des ICES lagen, ist hierfür ein Beispiel.[394] Pauly und Maclean fordern diesbezüglich Abhilfe durch erhöhte Transparenz für alle Bereiche vom Fischfang bis zur Fischverwertung – Transparenz jedoch nicht nur im Sinne der institutionellen Kontrolle, sondern auch aus Sicht der Öffentlichkeit, zu deren Information die Bildung spezieller Organisationen angestrebt werden sollte.[395] Die kritischen Fischereibiologen forderten damit vom Standpunkt der Wissenschaft eine aktive Antwort der Institutionen auf das, was in der deutschen

---

388 Agreement for the Implementation of the Provisions of the United Nations Convention on the Law of the Sea of 10 December 1982 Relating to the Conservation and Management of Straddling Fish Stocks and Highly Migratory Fish Stocks, A/Conf.164/37, 8 September 1995, URL: http://www.un.org/depts/los/convention_agreements/convention_overview_fish_stocks. htm [30.04.2018].

389 Wilder, *Listening to the Sea*, 174.

390 Barnes, The Convention on the Law of the Sea, 247.

391 Pauly/Maclean, *In a Perfect Ocean*, 111.

392 FAO, Fisheries and Aquaculture Department, Code of Conduct for Responsible Fisheries, URL: http://www.fao.org/docrep/005/v9878e/v9878e00.htm#1 [30.04.2018].

393 Neue Spielregeln für die Fischerei, in: *FAZ vom 1.11.1995*, 16.

394 Barnes, The Convention on the Law of the Sea, 247–248. Historische Fangerträge beim Hering und moderne TACs nach ICES-Berechnungen im Vergleich bei Poulsen, *Dutch herring*, 80.

395 Pauly/Maclean, *In a Perfect Ocean*, 112–114.

Fischwirtschaft als Wandel in der Haltung der Verbraucherschaft in Richtung einer gesundheits- und umweltbewussten Nachfrage gedeutet wurde.

Das öffentliche Interesse am Zustand der Meere als globaler Ressourcenraum vor dem Hintergrund eines allgemein zunehmenden Umweltbewusstseins wurde in den 1990er Jahren aus fischwirtschaftlicher Perspektive ein immer wichtigerer Anknüpfungspunkt für die Selbstverortung und Selbstdarstellung. Wenngleich die Fischereibranche in der Bundesrepublik Deutschland erheblich an Bedeutung eingebüßt hatte, fasste sie auf nationaler Ebene immer noch diejenigen Akteure zusammen, die in der öffentlichen Wahrnehmung das Bindeglied zwischen Mensch und Meer bei der Nutzung der biologischen Ressourcen des Meeres bildeten. Die Entwicklung dieses öffentlichen Interesses führte dazu, dass auch maritime Ereignisse, die nicht unmittelbar mit der Fischerei in Verbindung standen, von den Vertretern der Fischwirtschaft aufgegriffen wurden. Ein Beispiel dafür war der Konflikt um die geplante Versenkung der Bohrinsel *Brent Spar*, die 1995 zu einem starken Symbol für die Verwundbarkeit der Meere wurde.

Der Herausgeber des AFZ Fischmagazin Michael Steinert nahm sich des Themas an und deutete die öffentliche Auseinandersetzung um die Plattform als einen Weckruf in Sachen Meeresverschmutzung.[396] Trotz der falschen Angaben über die toxische Fracht der *Brent Spar* sei der schlechte ökologische Zustand der Nordsee offenbar geworden. Der Skandal habe

> „die wahren Verschmutzer der Nordsee aufgedeckt: Rohöl aus aktiven Ölplattformen, Rohöl aus Versorgungstankern, Altöl aus Schiffen, die auf hoher See ihre Treibstofftanks auswaschen, Öleintrag über Abgase, die im Meer niedergehen – zusammen 100.000 bis 200.000 Tonnen im Jahr. Dazu kommt eine unvorstellbare Menge an Deckfracht und Abwässern von Industrie, Kommunen, Landwirtschaft, aus hoffnungslos verschmutzten Flüssen ..."[397]

Steinert verwies auf das Zusammenwirken von Umweltschützern, Medien und kritischen Verbrauchern, das die „Ohnmacht der Masse" zunächst in „Wut und schließlich (Markt-)Macht" verwandelt habe. So gesehen, deutete Steinert die Entwicklung und zuletzt das Nachgeben des *Shell*-Konzerns in der Frage der Versenkung einmal mehr als Beispiel für die öffentliche Bedeutung des Themas Umwelt auch im Zusammenhang mit der Nutzung des Meeres. Einen direkten Bezug zur Fischwirtschaft stellte Steinert nicht her und mochte dies auch nicht beabsichtigt haben. Dennoch wies seine Argumentation einen Aspekt auf, der seit wenigstens einem Jahrzehnt den bran-

---

396 Michael Steinert, Brent Spar und die Folgen, in: *AFZ Fischmagazin 47, 6 (1995)*, 3.
397 Ebd.

chenspezifischen Umgang mit der Gefährdung der Meeresumwelt kennzeichnete: Meeresverschmutzung und Überfischung wurden getrennt voneinander betrachtet, obwohl es sich in beiden Fällen um die Folgen industrieller Meeresnutzung handelte und eine holistische Sicht nahelag.

Diese Haltung begann sich jedoch in den Jahren bis zur Jahrtausendwende zu ändern. In der Fischereiforschung setzte sich angesichts der zahlreichen nicht eingetretenen Schätzungen die Erkenntnis durch, dass die vorhandenen Modelle und Methoden zur Berechnung von Bestandsentwicklungen insgesamt unzureichend waren.[398] Zu Beginn des Jahres 1998 publizierte das *AFZ Fischmagazin* einen Beitrag von Peter Pueschel, Sprecher für die *Greenpeace*-Meereskampagne.[399] Pueschel ging darin auf die Überfischungssituation, die Importabhängigkeit der Bundesrepublik und die Unkenntnis der Verbraucher zur Lage der lebenden marinen Ressourcen ein. Es handelte sich keineswegs um eine Anklage an die Fischindustrie, sondern um Unterstützung für Konzepte zur Integration von ökologischen und wirtschaftlichen Faktoren der Ressourcennutzung. Pueschel verwies dazu auf ökologische Gütesiegel und Herkunftsnachweise, mit denen die Fischwirtschaft der Nachfrage nach umweltfreundlich gefangenem Fisch begegnen könne.[400] In der Erkenntnis, dass die Vermarktung von Fisch vor dem Hintergrund eines gestiegenen Umweltbewusstseins verändert werden musste, waren sich der Umweltschützer und die Fischwirtschaft folglich einig.

Die von Pueschel beispielhaft vorgestellte Initiative war das 1997 unter dem Namen *Marine Stewardship Council* (MSC) gegründete Joint Venture des britisch-niederländischen Handelskonzerns *Unilever* und dem *World Wide Fund for Nature* (WWF).[401] Ausgehend von der im WWF formulierten Prämisse, „the history of fisheries management is one of spectacular failures", war (und ist) das Ziel des MSC die Zertifizierung von nachhaltigen Fischereien und die damit verbundene Vergabe eines Gütesiegels für den Handel.[402] Es wurde jedoch auch früh Kritik am MSC laut. So wurden in einigen Fällen ökologisch fragwürdige Fischereien zertifiziert. Zudem stand die grundsätzliche Glaubwürdigkeit des MSC in Frage, weil *Unilever* einer der weltweit größten Lebensmittelkonzerne und einzige Partner des WWF im MSC war. Ein problematisches Verhältnis von Konzerninteressen und Nachhaltigkeitsprinzip

---

398 Pauly/Maclean, *In a Perfect Ocean*, 24; Wilder, *Listening to the Sea*, 88.

399 Peter Pueschel, Das Meer, der Fisch und der Handel, in: *AFZ Fischmagazin 50, 1/2 (1998)*, 49–51. Zur Geschichte der Umweltschutzorganisation vgl. neuerdings Frank Zelko, *Greenpeace. Von der Hippiebewegung zum Ökokonzern (Umwelt und Gesellschaft, Bd. 7)*, Göttingen 2014.

400 Ebd., 51.

401 Alessandro Bonanno / Douglas H. Constance, *Stories of Globalization. Transnational Corporations, Resistance, and the State*, University Park, PA 2008, 191–216.

402 Zit. nach ebd., 194, zu den Zertifizierungsgrundsätzen 197.

drohte ebenso wie die Gefahr, mit einem privatwirtschaftlich angelegten und kontrollierten Regelwerk das staatliche Fischereimanagement zu konterkarieren.[403]

Und noch etwas beeinflusste die bundesdeutsche Diskussion um das Verhältnis von Mensch und Meer: Die Vereinten Nationen erklärten das Jahr 1998 zum *Internationalen Jahr des Ozeans*. Die zur UNESCO zählende *Intergovernmental Oceanographic Commission* der UN koordinierte 20 Forschungsexpeditionen und rund 60 internationale Konferenzen in Zusammenarbeit mit nationalen Partnerinstitutionen; für die Bundesrepublik Deutschland übernahm das DHI diese Funktion. Das Ziel dieses Jahres der Ozeane war neben der Koordination wissenschaftlicher Projekte die Verbreitung von Meereswissen in Schulen und auf geeigneten Veranstaltungen im Verlauf des Jahres, darunter die Expo '98 in Lissabon. Die deutsche Öffentlichkeit wurde über die Initiative durch die Presse informiert. Große Berichte blieben allerdings selten: Zu Beginn des Jahres widmete die *Berliner Zeitung* dem Thema fast eine ganze Seite und beschrieb Übernutzung und Verschmutzung der Meere und die zunehmende Zerstörung von marinen Lebensräumen als Themenschwerpunkte der Initiative.[404] Damit unterstützte dieser Artikel die verstärkte Wahrnehmung des Meeres als eines verwundbaren Großökosystems.[405] Zugleich stellten Autorinnen und Autor fest, dass sich dieser Wahrnehmungswandel keineswegs weltweit ungebrochen vollziehe: „Noch immer scheinen viele Nationen die Meere als unerschöpfliches Füllhorn zu verstehen", zitierten sie Experten. Deren Hoffnungen in Bezug auf die öffentliche Wirkung des Aktionsjahres seien entsprechend klein: „Viele Experten erwarten von dem Jahr des Ozeans wenig mehr als ein stärkeres Bewußtsein für die Bedeutung der Meere."[406] Gleiches galt für ein Sonderheft des *Spiegel* mit dem Titel *Meer und mehr* anlässlich des Jahres der Ozeane. Das Heft sei „eine Art Schwarzbuch über den bedenklichen Zustand der Meere", wie Jürgen Bolsche im Editorial schrieb, enthielt aber auch zahlreiche Beiträge zu Kultur, Reisen und Abenteuer, die sich oft nur marginal auf das Aktionsjahr bezogen. Am deutlichsten kam der Problemkomplex von Meeresnutzung und Meeresverschmutzung auf einem mit *See in Not* betitelten, heraus-

---

403 Ebd., 214–216.

404 Lilo Berg / Cornelia Stolze / Josef Zens, 365 Tage im Zeichen des Meeres, in: *Berliner Zeitung vom 7.1.1998*. Archiv für deutsche Polarforschung, Alfred-Wegener-Institut für Polar- und Meeresforschung, Bestand der Stabsabteilung Kommunikation und Medien, Pressemappe 1998.

405 Davon blieb unberührt, dass sich auch ein Ozean aus meeresbiologischer Sicht weiterhin in Bereiche unterteilen lässt, die wiederum vollwertige Ökosysteme darstellen, z. B. nach Meerestiefen, der Verteilung des Nährstoffreichtums, Küstenzonen u. ä. Vgl. Pauly/Maclean, *In a Perfect Ocean*, 28.

406 Ebd. Als Beispiel für Beiträge mit Tendenz zum Alarmismus vgl. Herman Prager, *Global Marine Environment. Does The Water Planet Have A Future?* Lanham/New York/London 1993.

nehmbaren Plakat zur Sprache, auf dem acht kurze Artikel u. a. zu Überfischung und den Risiken des Meeresbergbaus zu finden waren.[407]

Die Fischerei und die Überfischung im Besonderen waren Gegenstände auf zahlreichen Veranstaltungen im Lauf des Jahres. Die *Kieler Nachrichten* griffen das Thema im Kontext des UN-Jahres auf, nachdem im April in Stralsund ein Treffen deutscher Meereswissenschaftler stattgefunden hatte. Auch hier ging es allerdings um eine ganzheitliche Betrachtung des Gegenstands Meer, weshalb die Fischerei in eine ganze Themenpalette zur Nutzung des Meeres eingebettet blieb.[408] Die Nutzung der biologischen Ressourcen des Meeres war somit nur eines von vielen Themen; insgesamt erschienen die Ozeane in der öffentlichen Darstellung der UN-Initiative als großer Problemkomplex von globaler Dimension. Obgleich die Fischerei und auch die mit ihr verbundenen Probleme als eigene Themen in den Jahrzehnten zuvor zwar keine beherrschende, aber eine konstante Präsenz in den bundesdeutschen Medien besaßen und sie auch 1998 noch explizit Erwähnung fand, erschien sie an der Wende zum neuen Jahrtausend verstärkt in einem umfassenderen Kontext. Fischerei musste zunehmend als ein Faktor unter vielen im Gefüge des Großökosystems Meer wahrgenommen werden.

Über den Ausklang des UN-Jahres wurde kaum noch berichtet. Lediglich die ambivalente Einschätzung des *World Wide Fund for Nature* erschien in einer Kurzmeldung der FAZ, wonach die Organisation immerhin den Abschluss einer Reihe von Abkommen zum Schutz der Meeresumwelt begrüßte.[409] Ob die von den Meeresexperten erhoffte Steigerung der öffentlichen Aufmerksamkeit erzielt worden sein könnte, blieb generell unberücksichtigt.

Zu den ökologischen Problemen und Herausforderungen, die im Zuge des Jahres der Meere diskutiert wurden, zählte auch das Ozonloch über der Arktis. Seine Entstehung und vor allem sein Wachstum gehörten zu den großen, durch die Medien präsent gehaltenen Umweltthemen der 1990er Jahre. Mit den Ozeanen wurde das Ozonloch weniger in Verbindung gebracht als mit dem Klimawandel im Allgemeinen. Allerdings hatten Studien ergeben, dass die Schädigung der Ozonschicht Auswirkungen auf die Bildung von Plankton hatte; danach war das Plankton phasenweise um 6 bis 12 Prozent zurückgegangen und eine Gefahr für die marinen Nahrungsketten nicht auszuschließen, wie der Chefredakteur des AFZ Fischmagazins bereits 1992 zu

---

407 Susanne Liedtke u. a., See in Not, in: *Spiegel Special*, 11 (1998).
408 Martina Wengierek, Meer braucht Management, in: *Kieler Nachrichten vom 20.4.1998*, Archiv für deutsche Polarforschung, Alfred-Wegener-Institut für Polar- und Meeresforschung, Bestand der Stabsabteilung Kommunikation und Medien, Pressemappe 1998.
409 „Jahr der Ozeane ein Gewinn für die Menschheit", in: *FAZ vom 4.12.1998*, 13.

bedenken gab.[410] Dabei wollte er das Problem nicht nur als fischwirtschaftliches verstanden wissen. Ungeachtet des mangelnden Wissens über die weitere Entwicklung urteilte er: „Klar scheint jedoch schon jetzt, daß es sich hier nicht um Panikmache, sondern um ein nur allzu reales Problem handelt, das die Menschen wie die Natur bedroht."[411] An einzelnen Gelegenheiten wurde deutlich, dass auch in der Fischwirtschaft quasi branchenübergreifende Schlüsse gezogen wurden.

Es bleibt fraglich, inwieweit das Ozonloch oder vor allem die „Brent Spar-Kampagne"[412] zu einem Bewusstseinswandel beigetragen hat. Es ist eher davon auszugehen, dass die Brent Spar-Diskussion als punktuelle Zuspitzung eines seit den 1970er Jahren wachsenden gesellschaftlichen Umweltbewusstseins gewertet werden sollte, auf das die Fischwirtschaft ganz grundsätzlich reagierte. Zu den Reaktionen gehörten die Aktionen gegen die Meeresverschmutzung in den späten 1980er Jahren ebenso wie die zunehmende Diskussion von Umweltthemen in der Fachpresse. Anhand der Quellenlage lässt sich nicht zuverlässig bestimmen, wo die Grenze zwischen einem zweifellos ebenfalls wachsenden ökologischen Bewusstsein bei den wirtschaftlichen Akteuren und deren marktstrategischen Überlegungen angesichts der kritischer werdenden Verbraucher verlief. Deren öffentliche Argumentation – einschließlich der Trennung von Überfischung und Meeresverschmutzung – spricht noch in den 1990er Jahren weniger für ein Umwelt- als für ein Ressourcenbewusstsein: Die Erhaltung der lebenden Ressourcen des Meeres war gleichbedeutend mit der Erhaltung der Wirtschaftsgrundlage, war aber abhängig vom Wissen um die Entstehung und Verbreitung der Ressource und um ihre Entwicklung in Reaktion auf die Nutzung. Diese Prinzipien waren keineswegs neu, und der Bedarf an einem Ressourcenmanagement war früh erkannt worden. Das dennoch kontinuierlich wachsende Problem der Überfischung führte aber nicht nur zu Ressourcenkonflikten mit anderen Fischereinationen wie in früheren Jahrzehnten, sondern in einem veränderten politischen und gesellschaftlichen Klima auch zu einer ökologischen Ressourcendiskussion.

Ein öffentliches Umweltbewusstsein entstand zwar nicht erst in der letzten Dekade des 20. Jahrhunderts, und auch das Meer war zu früheren Zeitpunkten bereits in Erscheinung getreten. So hatten Tanker- und Heringskatastrophen auch in der Bundesrepublik seit etwa 1970 ihren Platz in den Medien.[413] Doch erst kurz vor der

---

410 Jörg Rüdiger, Kommentar: Ozonloch und der Fisch, in: *AFZ Fischmagazin 44, 3 (1992)*, 3.
411 Ebd.
412 Wöbse, Die Brent Spar-Kampagne.
413 Schulz-Walden, *Anfänge globaler Umweltpolitik*, 48–54. Vgl. zudem Jens Ruppenthal, „Lessons from the Torrey Canyon". Maritime Katastrophen, Kalter Krieg und westeuropäische Erinnerungskultur, in: Jürgen Elvert / Lutz Feldt / Ingo Löppenberg / Jens Ruppenthal (Hg.), *Das maritime Europa. Werte – Wissen – Wirtschaft (HMRG Beihefte 95)*, Stuttgart 2016, 245–256.

Jahrtausendwende erreichte das *ganze Meer* eine umfassende öffentliche Präsenz. Damit entsprach die Wahrnehmung letztlich dem Stand der weltweiten Fischerei. Die Meeresbiologen um Jeremy Jackson, die 2001 den vielbeachteten Artikel *Historical Overfishing and the Recent Collapse of Coastal Ecosystems* in *Science* veröffentlichten, konstatierten drei Phasen des humanen Einflusses auf marine Ökosysteme: „aboriginal, colonial, and global." Letztere Phase „involves more intense and geographically pervasive exploitation of coastal, shelf, and oceanic fisheries integrated into global patterns of resource consumption, with more frequent exhaustion and substitution of fisheries."[414] Am Beginn des 21. Jahrhunderts befand sich auch die Fischerei im Zeitalter der Globalisierung. Und zugleich entsprach die öffentliche Wahrnehmung des *ganzen Meeres* auch dem Trend in den Geschichtswissenschaften mancher – vorwiegend maritim geprägter – Länder, der dort zum Ausbau der Marine Environmental History und zu ersten interdisziplinären Projekten wie dem HMAP führte.[415] Die Wahrnehmungen des Meeres als globaler, nutzbarer Ressourcenraum und als komplexes, zusammenhängendes und verwundbares Ökosystem erschienen nicht nur nebeneinander, sondern wurden nachhaltig miteinander verknüpft.

4.7 Zusammenfassung

Weder die Fischereiwissenschaft noch die informierte Öffentlichkeit glauben heute noch an eine grundsätzliche Unerschöpflichkeit der lebenden Meeresressourcen. Um die Jahrtausendwende scheint eher die Befürchtung vorzuherrschen, die konstante Übernutzung der Meere und Ozeane gefährde die marine Umwelt grundsätzlich in ihrem Bestand. Zu Beginn des Untersuchungszeitraums dieser Studie, in den 1950er Jahren, gab es zwar bereits Anzeichen dafür, dass die Meere eben nicht prinzipiell unerschöpflich waren. Doch damals war auch unter Experten die traditionelle Ansicht noch immer zahlreich vertreten, und über Überfischungserscheinungen wurde noch mit reichlich Skepsis gesprochen. In der deutschen Fischwirtschaft wurden Fische hinsichtlich ihres rein zahlenmäßigen Vorkommens noch mit Insekten verglichen.

Dabei entwickelten sich gerade in den ersten zwei Jahrzehnten nach dem Ende des Zweiten Weltkriegs die technischen Möglichkeiten zur Befischung immer größerer und weiter entfernter Bestände erheblich weiter. Dies galt sowohl für weit ent-

---

414 Jackson/Kirby/Berger, Historical Overfishing and the Recent Collapse of Coastal Ecosystems, 630.

415 David J. Starkey, The North Atlantic Fisheries: Bearings, Currents and Grounds, in: ders. / Ingo Heidbrink (eds.), *A History of the North Atlantic Fisheries, vol. 2: From the 1850s to the Early Twenty-First Century (Deutsche Maritime Studien, Bd. 19)*, Bremen 2012, 13–26, hier 18.

fernte Seegebiete als auch für tiefere Wasserschichten, die mit der bis dahin vorhandenen Fischereiausrüstung nicht zu erreichen gewesen waren. Die Ausbeutungstechnik machte größere Fortschritte als das Wissen um die Verhältnisse des Lebens unter dem Meeresspiegel. Zugleich konzentrierte sich die Fischereiforschung zunehmend auf die Frage der Produktivität des Meeres. Den Anzeichen einer Verknappung der lebenden Ressourcen begegneten Fischereiforschung, Fischwirtschaft und Politik mit einem Optimismus, der sich auf Strategien des Fischereimanagements und die Anpassungsfähigkeit der immer leistungsfähiger werdenden Fischereitechnologien an die Verhältnisse in den Meeren stützte. Die überkommene Gewissheit von der Unerschöpflichkeit wich wachsenden Befürchtungen, doch diese Befürchtungen überlagerte der Machbarkeitsoptimismus.

Der allmähliche Umschwung – vom Vertrauen in die Unerschöpflichkeit des Meeres zur Zuversicht, auch ein begrenztes Angebot mit den richtigen Methoden langfristig weiter nutzen zu können – ging spätestens ab 1969 einher mit einer Bundesforschungspolitik, die einen Schwerpunkt auf marine Ressourcenforschung legte. Dieser Trend verstärkte sich in den 1970er Jahren vor dem Hintergrund der Fischereikonflikte im Nordatlantik. Im internationalen Wettbewerb um knapper werdende Ressourcen korrelierten politische und seerechtliche Streitpunkte mit dem steigenden Technisierungsgrad der Fangflotten. Die politisch-rechtlichen Konflikte verstärkten eine immer negativere Deutung der Ausbeutung der Meere, so dass auch in der öffentlichen Diskussion immer häufiger von „Raubbau" die Rede war. Die parallele Entwicklung, nämlich die Zunahme des Wissens über die Überfischung und die sprachliche Verschärfung der Debatte, schlug sich in der Presse ebenso wie in der populären Wissensvermittlung nieder. Da gerade in Sachbüchern Befunde der Meeresforschung, ein oft umfassender Darstellungsanspruch und ein populärer Stil zusammenkamen, stellen sie besonders aufschlussreiche Quellen für den Wandel der Meereswahrnehmung dar. Sie belegen auch, dass bis ca. 1990 in der Bundesrepublik Deutschland ein kritisches Meeresumweltbewusstsein entstanden war. Wenngleich von umfassenden Auswirkungen auf die Praktiken der Meeresnutzung da noch keine Rede sein mochte, besaß jedoch die Vorstellung von der Unerschöpflichkeit des Meeres keine Gültigkeit mehr.

5

MEERESBERGBAU:
MACHBARKEIT IM INNER SPACE

5.1 Weltraum vs. Weltmeer

Jules Verne schickte seine Romanhelden auf zukunftsweisende Reisen. An Bord des Unterseeboots NAUTILUS ließ er Professor Aronnax und Kapitän Nemo über eine phantastische Form des Bergbaus sprechen:

> „Ich sehe, Kapitän, die Natur dient Ihnen überall und immer. [...] Aber wozu dient dieser Zufluchtsort? Der NAUTILUS braucht keinen Hafen."
>
> „Nein, Herr Professor, aber er braucht Elektrizität, um sich fortbewegen zu können, Elemente, um diese Elektrizität zu erzeugen, Natrium, um seine Elemente zu speisen, Kohle, um Natrium zu machen, und Bergwerke, um Kohle zu gewinnen. Nun bedeckt das Meer aber gerade hier ganze Wälder, die in geologischen Zeiten versunken sind; heute sind sie mineralisiert und in Steinkohle verwandelt und damit für mich eine unerschöpfliche Mine."
>
> „Dann arbeiten also Ihre Leute hier als Kumpel?"
>
> „Genau. Diese Minen breiten sich unter den Wassern aus wie die Bergwerke von Newcastle unter der Erde. Hier gewinnen meine Leute im Taucheranzug, Hacke und Pickel in der Hand, diese Kohle, die mich von den Bergwerken an Land unabhängig macht."[1]

Die Ressourcen des Ozeans erschienen in *Zwanzigtausend Meilen unter dem Meer* als unerschöpflich – jedenfalls waren sie das für denjenigen, der sie aufgrund von überlegener Technik zu nutzen wusste.[2] Abgesehen von dem geschmeidigen Verfahren der Elektrizitätserzeugung für den Antrieb eines unheimlichen Unterwasserfahrzeugs enthielt diese Passage des Romans eine Idee, die für Verne typisch war – jedoch zählt der Meeresbergbau nicht zu den häufig zitierten genialen Gedanken des Franzosen.

---

1 Jules Verne, *Zwanzigtausend Meilen unter dem Meer. Zweiter Band*, Zürich 1976, 190–191.
2 Tschacher, „Mobilis in mobili", 59–62; Sparenberg, Meeresbergbau nach Manganknollen, 130.

Dieser Einfall – mit Hacke und Pickel im Taucheranzug – geht wohl schlicht unter in der Vielzahl von utopischen Erlebnissen der Romanreisenden, die schließlich sowohl in den Tiefen der Meere als auch im Weltraum unterwegs waren. Diese beiden Sphären nun wurden allerdings nicht nur von einem einzelnen Vertreter der phantastischen Literatur des 19. Jahrhunderts zusammen gedacht. Ihre Gegenüberstellung war vielmehr eine Konstante im Machbarkeitsdenken der Moderne. Auch die Pläne für den Bergbau auf dem Ozeanboden aus dem 20. Jahrhundert gehörten in den Kontext der technischen Erschließung und Nutzung unbekannter und weiter Räume. Vorstellungen vom All und vom Meer glichen einander häufiger, als dass sie sich widersprachen.

Einhundert Jahre nach dem ersten Erscheinen von *Vingt mille lieues sous les mers* und zwei Jahre nach der geglückten Mondlandung der Apollo 11-Mission im Juli 1969 verglich der Sachbuchautor Alexander Marfeld die Bedeutung von Meeres- und Weltraumforschung für die Menschheit. Bei allem Verständnis für das Interesse an der Erkundung des *Outer Space* plädierte Marfeld dafür, den Ozeanen als *Inner Space* die größere Aufmerksamkeit zu schenken: Paradoxerweise wisse man über die Meereswelt, „die uns räumlich gesehen so viel näher ist als der Weltraum, [...] bis jetzt noch relativ wenig."[3] Mit diesem Vergleich stand Marfeld nicht allein – weder seinerzeit noch später. Die Gegenüberstellungen von Weltraum und Ozean häuften sich nicht nur unter dem frischen Eindruck der Mondlandung und der ersten Farbaufnahmen vom blauen Planeten, die ebenfalls im Zuge der Apollo-Missionen entstanden waren. Vielmehr verweisen sie auf die verbreitete Vorstellung einer generellen Vergleichbarkeit zweier lebensfeindlicher Räume, die seinerzeit als gleichermaßen unermesslich und unerforscht erschienen und von diesen Qualitäten bis heute kaum etwas eingebüßt haben. Das gilt nicht nur für die populäre und eher unspezifische Deutung, sondern gerade auch für die wissenschaftliche Veranschaulichung der Relationen von Forschungsaufgaben.

Das *Konsortium Deutsche Meeresforschung* (KDM) zum Beispiel, ein Verbund von 15 wissenschaftlichen Einrichtungen in der Bundesrepublik Deutschland, setzte in den letzten Jahren eine Informationsbroschüre ein, in der die ersten Sätze auf die anhaltende Diskrepanz zwischen dem Wissen über das Meer und der Nutzung des Meeres hinweisen. Die Nutzung werde sogar immer intensiver, „obwohl über die tiefen Meere und Ozeane immer noch weniger bekannt ist als über die Rückseite des Mondes."[4] Dieselbe Vergleichsebene in einem etwas anderen Kontext: Der am *GEOMAR Helmholtz-Zentrum für Ozeanforschung* in Kiel arbeitende Biogeochemiker

---

3 Marfeld, *Zukunft im Meer*, 11.
4 Konsortium Deutsche Meeresforschung, *Deutsche Meeresforschung: In Zukunft Meer*, Berlin, o. J., o. P.

Peter Linke nannte die von Meeresforschern eingesetzten unbemannten Unterwasserfahrzeuge – in diesem Fall sogenannte Lander – „Raumfähren der Tiefsee."[5] Und 2014 schrieb Linkes Kieler Kollege, der Klimaforscher Mojib Latif:

> „Es ist relativ unkompliziert, die Oberfläche des Mondes zu erkunden, obwohl er im Vergleich zum Meeresboden ziemlich weit entfernt ist. Der Erdtrabant ist trocken, und das macht vieles einfacher. [...] Die Erde dagegen ist der Wasserplanet schlechthin. [...] Die Meere sind unermesslich groß. Deswegen haben wir bisher auch nur einen winzig kleinen Teil der Ozeane gesehen. Trotz der Technik, die uns heute zur Verfügung steht, mit der wir sogar das ferne Universum erkunden können und schon auf dem Mond gelandet sind."[6]

Die Gegenüberstellung von *Outer Space* und *Inner Space*, von Weltraum und Meeresraum, von All und Ozean kommt nicht von ungefähr und ist nicht erst geläufig, seit die ersten Menschen die Mondoberfläche betraten. Wenn man wollte, könnte man eine Erörterung dieser „Raum-Paarung" kulturhistorisch mit den Schriften von Jules Verne beginnen. Wenn man die Betrachtung ein Jahrhundert später beginnen lässt, kommen weniger aufregende Zeugen in Frage: Als Gerhard Meseck vom Bundesernährungsministerium 1962 anlässlich der Einweihung des neuen Gebäudes der Bundesforschungsanstalt für Fischerei in Hamburg die wachsende Bedeutung der Meeres- und Fischereiforschung hervorheben wollte, zitierte er zu diesem Zweck den amerikanischen Präsidenten John F. Kennedy, wonach „der Meeresforschung für die Zukunft der Menschheit eine ähnliche Bedeutung zugemessen werden müsse wie der Weltraumforschung."[7] Zu diesem Zeitpunkt mochten die Meeresforschung und mit ihr die noch in den Kinderschuhen steckende Meerestechnik noch im Schatten der politisch und wissenschaftlich ebenso zeitgemäßen wie brisanten Raumfahrt stehen. Doch im Laufe des Jahrzehnts holte das wissenschaftliche, politische und wirtschaftliche Interesse an der Erschließung der Ozeane auf, um schließlich in den Siebziger Jahren in eine Hochphase maritimen Machbarkeitsdenkens zu münden.

---

5 Peter Linke, In allen Tiefen Daten und Proben sammeln, in: Gerold Wefer / Frank Schmieder / Stephanie Freifrau von Neuhoff (Hg.), *Tiefsee. Expeditionen zu den Quellen des Lebens. Begleitbuch zur Sonderausstellung im Ausstellungszentrum Lokschuppen Rosenheim, 23. März bis 4. November 2012*, Rosenheim 2012, 58–61, hier 60.

6 Latif, *Das Ende der Ozeane*, 37–38.

7 Gerhard Meseck, Geleitwort, in: *AFZ 14, Nr. 21 vom 26.5.1962*, Festausgabe zur Einweihung der neuen Bundesforschungsanstalt für Fischerei, Hamburg-Altona, 1.6.1962, 5. Kennedys Amtsnachfolger Lyndon B. Johnson sollte nur vier Jahre später zwischen *Inner* und *Outer Space* vergleichen. Vgl. Sparenberg, Meeresbergbau nach Manganknollen, 130; ders., Ressourcenverknappung, 115.

Mit diesem Akzent lässt sich die Entwicklung jedenfalls für die Bundesrepublik Deutschland nachvollziehen, wie sich im Folgenden zeigen wird. Blickt man auf die Vereinigten Staaten im gleichen Zeitraum, so könnte man eine gegenläufige Tendenz konstatieren. Während das Meer zu Beginn des 20. Jahrhunderts im amerikanischen kollektiven Bewusstsein nur eine untergeordnete Rolle spielte, weil es im Wesentlichen mit Schifffahrt und Fischfang assoziiert wurde, trat es infolge des Zweiten Weltkriegs in den Vordergrund. Besonders die Erfahrung des U-Boot-Kriegs und der maritimen Kriegführung in der dritten Dimension warf neue Fragen auf: nach der militärischen Nutzung der Meerestiefe, nach der Beschaffenheit des Meeresbodens und nach der Erschließung unbekannter Rohstofflagerstätten.[8] Die Erforschung des Mittelatlantischen Rückens durch den Geologen Bruce Heezen und die Kartografin Marie Tharp zum Beispiel vollzog sich unter den Prämissen des Kalten Krieges und folgte dem Bedürfnis der US-Marine, detaillierte Unterwasser-Kenntnisse über das Operationsgebiet vor der eigenen Haustür zu erlangen.[9] Die Öffentlichkeit erfuhr daher nur mit Verzögerung vom neuen Wissen über die Tiefsee; erst 1967 – rund 15 Jahre, nachdem Heezen die erste Skizze vom atlantischen Meeresboden angefertigt hatte – erschienen entsprechende Karten in der viel gelesenen und somit für die Wissenschaftspopularisierung wichtigen Zeitschrift *National Geographic*. Der österreichische Künstler Heinrich Berann verwandelte dabei die Produkte der ozeanografischen Forschung in ästhetisch äußerst ansprechende Bilder des Meeresbodens.[10]

Politische und wissenschaftliche Interessen führten dazu, dass das Meer den Raum zur Bildung einer neuen Frontier bot, und diese Wendung griffen die Autoren meereswissenschaftlicher Werke dankbar auf.[11] Doch zur gleichen Zeit nahm auch das Streben nach der Eroberung des Weltraums zu. Im *Outer Space* sahen vor allem die USA – und mit ihnen die Sowjetunion – eine ebensolche verschiebbare Grenze. Spätestens mit der Mondlandung am 20. Juli 1969 stellte sie sich in der öffentlichen Wahrnehmung als zukunftsträchtigere Alternative dar.[12] Helen M. Rozwadowski weist diese Entwicklung am Beispiel der Werke von Arthur C. Clarke nach. International wurde der Roman- und Sachbuchautor durch seine Science-Fiction bekannt, darunter *2001: A Space Odyssey*. Clarkes Schriften über die Unterwasserwelt – Romane wie Sachbücher – sind weniger bekannt. Der begeisterte Sporttaucher verknüpfte aller-

8 Rozwadowski, Arthur C. Clarke and the Limitations of the Ocean as a Frontier, 579.

9 Robert Kunzig, *Der unsichtbare Kontinent. Die Entdeckung der Meerestiefe*, Hamburg 2002, 53–82.

10 Ebd., 68.

11 Augenfällige Beispiele, die auch Rozwadowski zitiert, sind: Robert C. Cowen, *Frontiers of the Sea. The Story of Oceanographic Exploration*, London 1960; Richard C. Vetter (ed.), *Oceanography. The Last Frontier*, New York 1973.

12 Rozwadowski, Arthur C. Clarke and the Limitations of the Ocean as a Frontier, 579.

dings auch in diesen Texten *Inner* und *Outer Space* und wies dem Weltraum letztlich das größere Potenzial zu, wenn es um die Verwirklichung zivilisatorischer, industrieller oder technologischer Utopien ging. Der Weltraum besaß gegenüber dem Ozean den unbestreitbaren Vorteil der Unendlichkeit. Das galt indes nicht nur für politische, wirtschaftliche und wissenschaftliche Fragen, sondern ebenso für die Befriedigung kultureller und spiritueller Phantasien und Bedürfnisse.[13]

Wenngleich die Frage der ultimativen *Frontier* zumindest in den USA am Ende der Sechziger Jahre beantwortet schien, waren diese und die folgende Dekade dennoch von einem ansteigenden Interesse an den Ozeanen gekennzeichnet. Es herrschte eine ausgeprägte Aufbruchsstimmung um 1970, basierend auf der Annahme weitgehender, technischer Machbarkeit, die mitunter explizit mit den kurz zuvor erzielten Erfolgen der Raumfahrt verknüpft waren. Dabei machte auch Jacques-Yves Cousteau keine Ausnahme. In seiner Einleitung zu einem amerikanischen Sammelband über den Stand der Ozeanografie von 1973 schrieb der damals international wohl berühmteste Meeresforscher, wie er zur Stunde der ersten Mondlandung per Funk mit einem Kollegen sprach, der sich gerade in einem Tauchboot direkt unter seinem Schiff CALYPSO befand. Cousteau und die übrige Mannschaft verfolgten parallel einen Radiobericht über Neil Armstrongs erste Schritte auf dem Erdtrabanten und hielten auch den Mann unter Wasser auf dem Laufenden – so berichtete es die französische Tauchlegende.[14] Da Cousteau nie um Ideen für eine effektvolle Inszenierung seiner Arbeit verlegen war, dürfte der Tauchgang nicht zufällig in den betreffenden Zeitraum gefallen sein. Mit seinem wohlüberlegten Vergleich zweier Expeditionen, durch die gleichzeitig Menschen an entlegene und unerforschte Orte gelangt waren, wollte er jedoch keine Abwägung zwischen Meeresforschung und Raumfahrt vornehmen, bei der er zweifellos für erstere Position bezogen hätte. Der Öffentlichkeit werde diesbezüglich nur ein unzutreffendes Bild vermittelt, in dem die Ozeanografie bei der Förderung der Wissenschaften zu kurz komme, schrieb Cousteau und beruhigte: „There is no antagonism, no rivalry between the science of inner and outer space."[15] Indes war dem Franzosen vielleicht 1973, zum Zeitpunkt des Erscheinens des Buches und vier Jahre nach der Mondlandung nur schon klar, dass es inzwischen darum ging, die Er-

---

13 Ebd., 582, 594–596.
14 Jacques Cousteau, Introduction, in: Richard C. Vetter (ed.), *Oceanography. The Last Frontier*, New York 1973, 3–11, hier 3. Laut Cousteau war es der 20. Juli 1969, obwohl die Mondlandung nach offizieller Rechnung am 21. Juli stattfand; das entsprach MEZ. Da sich die CALYPSO damals vor der Küste von Alaska befand, dürfte Cousteaus Angabe auf das dortige kalendarische Datum bezogen sein.
15 Ebd., 4.

forschung der Ozeane als zumindest gleichrangige Menschheitsaufgabe im Blickfeld der Öffentlichkeit zu halten.

Entschiedener kam da schon der Titel des Sammelbandes, zu dem Cousteau die einleitenden Worte beisteuerte, daher: *Oceanography: The Last Frontier*. Die Beiträge zu dem Band waren ursprünglich im Rahmen einer Radiosendereihe zwischen Herbst 1969 und Frühjahr 1970 durch *Voice of America* ausgestrahlt worden.[16] Möglicherweise sorgten sich die Meeresforscher bereits darum, nicht völlig und womöglich dauerhaft im Schatten der jüngsten Raumfahrtsensation zu verschwinden. Auf jeden Fall waren Ozeanografen, Meeresbiologen und Vertreter anderer Disziplinen mit maritimer Ausrichtung darum bemüht, eine Verbindung zum öffentlichen Interesse herzustellen. Dieses Interesse sei „noch nie [...] so stark wie heute" gewesen, schrieb der US-Meeresbiologe und Fischereiexperte Clarence P. Idyll 1971 und bekräftigte: „Mit Recht können wir sagen, wir befinden uns im ‚Zeitalter der Ozeanographie‘."[17] Der betreffende, an eine breite Leserschaft gerichtete Band *Exploring the Ocean World* war 1969 im Original in den USA erschienen, eine Übersetzung unter dem Titel *Kontinente unter Wasser* kam 1971 auf den deutschen Markt. Der britische Sachbuchautor Alexander McKee bestätigte in seinem bereits 1967 erschienenen *Farming the sea*, das den bezeichnenden Untertitel *First steps into Inner Space* trägt, dieses Urteil. Er habe bei der Arbeit an dem Buch kaum mit den Ereignissen Schritt halten können, und so folgerte er: „We are at the start of a great exploration of the unknown."[18]

Freilich gab es auch in der Bundesrepublik Deutschland Autoren, die eine Popularisierung von Themen der Meeresforschung verfolgten. Der Sachbuchautor Alexander F. Marfeld, von dem im Zusammenhang mit der Popularisierung fischereiwissenschaftlichen Wissens bereits die Rede war, publizierte 1971 den umfänglichen Band *Zukunft im Meer* und untertitelte ihn als *Bericht – Dokumentation – Interpretation zur gesamten Ozeanologie und Meerestechnik*. Im einleitenden Kapitel unternahm Marfeld den Versuch, die vielfältige Bedeutung der „Meere für die Menschen" zu skizzieren und fasste diesen Überblick als „Die Herausforderung des ‚inneren Weltraums‘" zusammen.[19] Bevor Marfeld also den deutschen Leserinnen und Lesern den Stand der Meeresforschung im Allgemeinen und der zeitgenössisch viel diskutierten, technisch-industriellen Anwendungsbereiche im Besonderen nahe brachte, stellte auch er *Inner Space* und *Outer Space* einander gegenüber, um das Thema seines Buches als zeit-

---

16 Richard C. Vetter, Editor's Preface, in: ders. (ed.), *Oceanography. The Last Frontier*, New York 1973, xi–xii, hier xi.

17 Clarence P. Idyll, Vorwort, in: ders. u. a., *Kontinente unter Wasser. Erforschung und Nutzung der Meere*, Bergisch Gladbach 1971, 9–12, hier 10.

18 Alexander McKee, *Farming the sea. First steps into Inner Space*, London 1967, 9.

19 Marfeld, *Zukunft im Meer*, 11–39.

gemäß, relevant und erklärungsbedürftig darzustellen. Wie Cousteau betonte im Übrigen auch Marfeld, kein „Entweder-Oder gelten zu lassen", sondern Weltraum- und Meeresforschung als einander ergänzend zu verstehen. Gleichwohl sprach er sich dezidiert „zugunsten einer vordringlichen Förderung (und damit Finanzierung) der Meeresforschung und Meerestechnik" aus, im Gegensatz zu dem französischen Tauchpionier. Marfeld begründete sein Votum mit Verweis auf das Potenzial der biologischen und mineralischen Rohstoffe der Ozeane zur Versorgung der Weltbevölkerung.[20]

Die höhere Bewertung der Meeresforschung erscheint im Falle dieses Autors zunächst widersprüchlich, weil Marfeld in früheren Jahren auch Bücher über das Weltall und die Raumfahrt verfasst hatte.[21] In jedem Fall spiegelten Publikationen wie die von Marfeld – gerade angesichts der weiteren Expertise dieses Autors – die zentrale Bedeutung von Technik und Technologie für die Meeresforschung. Technik als Mittel zur Erschließung von unbekannten Räume – egal ob extraterrestrisch oder submarin – und mit ihr der Glaube an die Machbarkeit wissenschaftlicher ebenso wie wirtschaftlicher Vorhaben verschafften der Meereskunde in jenen Jahren ihren Auftrieb. Um nur ein Beispiel zu nennen: Die Fortschritte in der Tauchtechnik erweiterten die Aktionsmöglichkeiten von Ozeanografen und Meeresbiologen erheblich, und verbesserte Bohrtechniken erleichterten die Gewinnung von Erdöl aus dem Meeresboden – was wiederum zum Einsatz von zunehmend spezialisierten Tauchern führte.[22] Auf Technologie gestütztes Machbarkeitsdenken legte auch Jacques Cousteau an den Tag, als er Tauchgang und Mondlandung im Juli 1969 kommentierte: „This instantaneous link between men on the moon and on the bottom of the sea was a fine example of what technology could achieve in modern times."[23] Alles Wissen über die Ozeane und ihre Ressourcen wurde und wird von Meeresforschern mit den Mitteln der Technik generiert, und alle diese Vorgänge prägen das Verhältnis von Mensch und maritimer Umwelt und ihren wechselseitigen Einflüssen mit.[24] Marine Umweltgeschichte

20 Ebd., 11.
21 Alexander F. Marfeld, *Das Weltall und wir. Von Ewigkeit zu Ewigkeit*, Berlin 1959; ders., *Das Buch der Astronautik. Technik und Dokumentation der Weltraumfahrt*, Berlin 1963 (2. Aufl. 1969); ders. zus. mit Harro Zimmer, Weltraumfahrt, Berlin 1978.
22 Helen M. Rozwadowski, Engineering, Imagination and Industry. Scripps Island and Dreams for Ocean Science in the 1960s, in: dies. / David K. van Keuren (eds.), *The Machine in Neptune's Garden. Historical Perspectives on Technology and the Marine Environment*, Sagamore Beach 2004, 315–353, hier 319–320.
23 Cousteau, Introduction, 3.
24 Keith R. Benson / Helen M. Rozwadowski / David K. van Keuren, Introduction, in: Helen M. Rozwadowski / David K. van Keuren (eds.), *The Machine in Neptune's Garden. Historical Perspectives on Technology and the Marine Environment*, Sagamore Beach 2004, xiii–xxviii, hier xiv–xv.

mit einem Fokus auf der Nutzung der Ressourcen der Ozeane muss diese technische Dimension stets bedenken.

Geschichtswissenschaftliche Fragestellungen zur Konfrontation von Weltraum und Weltmeer, von Raumfahrt und Meeresforschung sollten keineswegs nur aus kulturhistorischer Perspektive betrachtet werden. Ebenso gewinnbringend ist eine Untersuchung aus technikhistorischer Sicht: Wirtschaftsunternehmen, die sich im meerestechnischen Sektor engagierten, besaßen nicht selten ein festes Standbein im Luft- und Raumfahrtbereich.[25] Tatsächlich waren zahlreiche Probleme auf beiden Feldern ähnlich gelagert. Firmen setzten ihre Expertise in der Raumfahrt gezielt für Werbung mit meerestechnischer Zielsetzung ein. Die *ERNO Raumfahrttechnik GmbH* aus Bremen etwa machte davon Gebrauch. Sie war 1961 aus einer Arbeitsgemeinschaft der Luftfahrtunternehmen *Weserflug*, *Focke-Wulff* und *Hamburger Flugzeugbau* hervorgegangen und an Entwicklung und Bau von Raketen und Satelliten beteiligt. Zur meerestechnischen Angebotspalette der ERNO zählten Tauch-Messbojen, ein automatisches Fischfangsystem und unbemannte Unterwasserfahrzeuge. Die Firma verwies explizit auf „neuartige und zum Teil unkonventionelle technische Lösungen", die sie bei der technologischen Erschließung des Weltraums gefunden habe – eine Fähigkeit, die auch in meerestechnischen Fragen gefragt sei.[26] Ganz ähnlich warb auch die *Dornier System GmbH* für sich. Neben anderen Feldern war sie ebenfalls im Bereich der Technik für Satelliten und Sonden tätig und sprach mit Blick auf die Meerestechnik von „Bedingungen und Randwerten, wie wir sie von luft- und raumfahrttechnischen Projekten her kennen."[27]

Was die internationale Entwicklung gerade von Forschungs- und Arbeits-U-Booten anging, waren die Sechziger Jahre als Startphase geprägt von technischen Innovationen in schneller Folge, der in der anschließenden Dekade eine Phase des kontinuierlichen Ausbaus folgte. In den Siebzigern verbreiteten sich zudem technologisches Wissen und Fähigkeiten auch in Ländern, die nicht – wie vor allem die USA – zu den Pionieren auf diesem Gebiet gehörten. Die Entwicklung setzte sich bis in das folgende Jahrzehnt fort, so dass es 1984 weltweit 176 bemannte und 280 unbemannte – sogenannte *Remotely Operated Vehicles* – Unterwasserfahrzeuge gab, die zu wissenschaftlichen und industriellen Zwecken im Einsatz waren; 1975 waren es noch 86 bemannte bzw. 24 unbemannte gewesen.[28]

---

25 Zu den beteiligten Unternehmen vgl. Sparenberg, Meeresbergbau nach Manganknollen, 131–133.

26 Firmenbroschüre der ERNO Raumfahrttechnik GmbH, Bremen, ca. 1970.

27 Firmenbroschüre „Ocean Engineering" der Dornier System GmbH, Friedrichshafen, ca. 1972.

28 Don Walsh, The Exploration of Inner Space, in: S. Fred Singer (ed.), *The Ocean in Human Affairs*, New York 1990, 187–214, hier 209–211.

Vor diesem Hintergrund wird deutlich, dass *Inner* und *Outer Space* nicht nur hinsichtlich zeitgenössischer Imaginationen und diskursiver Strategien als zusammenhängendes Phänomen betrachtet werden müssen, sondern auch hinsichtlich konkreter technologischer wie unternehmerischer Beziehungen. Somit waren die Siebziger Jahre das Jahrzehnt, in dem der Meeresboden aufgrund der zur Verfügung stehenden Technologie nicht mehr nur für Ozeanografen und Geologen ein lohnendes Ziel darstellte. Der Fortschritt in der Meerestechnik bewirkte, dass neben dem wissenschaftlichen Interesse an der Tiefsee nun auch ein wirtschaftliches entstand.[29]

5.2 Machbarkeit und Forschungspolitik

In den Vereinigten Staaten kamen die Hinwendung zum Meer und der damit verbundene spezifische Bedarf an technischen Lösungen durch die Gründung von Forschungsinstituten sowie durch entsprechende Studiengänge an vielen Universitäten zum Ausdruck.[30] In der Bundesrepublik Deutschland war seit den späten Sechziger Jahren eine ähnliche Entwicklung zu beobachten. Auch an einzelnen deutschen Hochschulen gab es bereits relativ früh einschlägige Lehrveranstaltungen und an der Technischen Universität Berlin sogar einen „Brennpunkt Meerestechnik". Ab 1969 fand am Institut für Schiffstechnik des Fachbereichs Verkehrswesen regelmäßig ein „Aufbauseminar Meerestechnik" statt. Im ersten Durchgang bestand der Kurs aus acht Vorträgen, die zum Teil von auswärtigen Wissenschaftlern führender meereskundlicher Einrichtungen gehalten wurden: F. Schott vom *Institut für Meereskunde* in Kiel sprach über „Ingenieuraufgaben der Ozeanographie", H. Rosenthal von der *Biologischen Anstalt Helgoland* über „Aufgaben und Arbeitsmethoden der Meeresbiologie", A. Wilke vom örtlichen *Institut für Lagerstättenforschung und Rohstoffkunde* über „Lagerstätten am Meeresboden" und E. H. Ladebeck von der *Deutsche Erdöl AG* in Hamburg – in diesem Kurs der einzige Vertreter aus der Industrie – über „Aufsuchung und Gewinnung von Erdöl und Erdgas in Meeresgebieten durch Tiefbohrungen". Ferner gab es einen Beitrag zum Thema „Tauchfahrzeuge für Meeresforschung und -technik" von Claus Kruppa, der in Berlin den Lehrstuhl für Schiffshydrodynamik innehatte, einen weiteren aus Berliner Reihen über Druckkörper von E. Metzmeier vom *Institut für Statik der Schiffe* sowie einen über „Energieversorgung für Tauchfahrzeuge und Unterwasserstationen" von U. Bauer vom *Institut für Kerntechnik*, ebenfalls Berlin. Den Abschluss der Reihe bildeten O. Kinne und G. Lauckner, *Biologische Anstalt Hel-*

---

29 Prescott, *The Political Geography of the Oceans*, 206.
30 Rozwadowski, Engineering, Imagination and Industry, 316.

goland, mit einem Bericht über „Die erste deutsche Unterwasserstation BAH-I – Physiologische Grundlagen und Einsatz", die bei Helgoland erprobt wurde.[31]

Das Berliner *Institut für Schiffstechnik* übernahm damit eine Vorreiterrolle bei der Verankerung der Meerestechnik in der deutschen Hochschullandschaft. Hier wurde 1974 der erste Lehrstuhl für Meerestechnik eingerichtet, der Name der Einrichtung wurde 1980 in *Institut für Schiffs- und Meerestechnik* geändert und im gleichen Jahr ein „Musterstudienplan Meerestechnik" eingeführt. In einem Umfang von insgesamt 40 Semesterwochenstunden enthielt dieser Plan Lehrveranstaltungen zu den Themen Meerestechnische Konstruktion, Offshore-Technologie, Rohstoffgewinnungstechnik, Tiefbohrtechnik u. ä.[32] Die laufenden Forschungsvorhaben am Institut waren entsprechend, wiesen allerdings einen deutlichen Schwerpunkt auf Offshore-Techniken für Erdöl und Erdgas auf.[33] Der Meeresbergbau spielte hier eine nachgeordnete Rolle.

Wissenschaftspolitische Grundlage dieser Entwicklung waren die maritimen Forschungsprogramme der Bundesregierungen ab 1969 und die Denkschriften der *Deutschen Forschungsgemeinschaft*. Am Anfang stand dabei die *Denkschrift zur Lage der Meeresforschung* der DFG von 1962.[34] In der kurzen Darstellung zur Geschichte der Meeresforschung wurde im Übrigen auch die britische *Challenger*-Expedition erwähnt, auf der bereits Manganknollen entdeckt worden waren.[35]

Der Meeresbergbau spielte in dieser Denkschrift noch keine besondere Rolle; er wurde lediglich in der allgemeinen Beschreibung der Meeresgeologie sowie in den Aufgabenbeschreibungen der *Bundesanstalt für Bodenforschung* und des *Instituts für Geophysik der Bergakademie Clausthal* indirekt erwähnt. Noch ging es vorrangig um geologische Grundlagenforschung, Anwendungsbezüge waren nur implizit angedeutet.[36] Als die DFG nur sechs Jahre später eine zweite Denkschrift zur Meeresforschung veröffentlichte, hatte sich dies zunächst noch nicht geändert.[37] Es wurde jedoch deutlich, dass der Aufgabenkatalog sich stark dahingehend verschoben hatte und weiter verschieben würde: „Die moderne Technik ist dabei, das Meer als neuen Raum für die Gewinnung von Rohstoffen zu erschließen und es mehr noch als bisher für die Ernährung der Menschheit nutzbar zu machen."[38] Eine „Akzentverschiebung"

---

31 Technische Universität Berlin, 1. Aufbauseminar Meerestechnik. Vorlesungsmanuskripte März 1969.
32 Institut für Schiffs- und Meerestechnik, *Jahresbericht 1980*, 9.
33 Ebd., 10.
34 Böhnecke/Meyl u. a., *Denkschrift zur Lage der Meeresforschung*.
35 Ebd., 10–16.
36 Ebd., 51, 96–102.
37 Dietrich/Meyl/Schott u. a., *Denkschrift II: Deutsche Meeresforschung 1962–73*, 31–36, 47–51.
38 Ebd., V–VI.

wurde nicht nur konstatiert, sondern postuliert; dazu gehörte auch, dass die Meeresforschung insgesamt zunehmend als „Großforschung" firmierte: „In ihren Zukunfts-
perspektiven rückt sie der Größenordnung des Aufwandes nach in die Nähe von
Weltraum- und Atomforschung."[39] Neu war in dieser Fortsetzungsdenkschrift, die
auf eine erneute Darstellung der meeresforschend tätigen Institutionen im Einzelnen
verzichtete, ein einführendes Kapitel „[z]ur wirtschaftlichen Bedeutung der Meeresforschung": Nach den Aspekten Nahrung und Verkehr rangierte die „Nutzung der
mineralischen Schätze des Meeres" an dritter Stelle vor den Themen Energie, Erholung, Küstenschutz, Verschmutzung, Verteidigung und Meerestechnik.[40] Neben dem
Verweis auf die im Meerwasser in gelöster Form enthaltenen Elemente, wie Natrium
oder Magnesium, und auf die Vorräte an Erdöl und Erdgas im Meeresboden nannte
die Denkschrift explizit „geschätzte Vorräte von 10^{12} t Manganknollen mit Gehalten
an Nickel, Kobalt und Kupfer", deren potenzielle Förderung aus der Tiefsee bereits
konkret getestet würden. Hier wurde ein zukünftiger Schwerpunkt meereskundlicher
Arbeit gesehen:

> „Die Bundesrepublik hat bis heute nur einen geringen Anteil an der Nutzung der minera-
> lischen Rohstoffe. Verstärkte technologische Anstrengungen und die Zusammenarbeit mit
> Entwicklungsländern, die angrenzende Schelfgebiete ausbeuten wollen, werden zweifellos
> in der Zukunft auch uns neue Chancen bieten."[41]

Um die „verstärkten technologischen Anstrengungen" leisten zu können, empfahl
die DFG „eine planmäßige Zusammenarbeit von Wissenschaft und Industrie."[42]
Wenngleich also die Meerestechnik in der genannten Aufzählung der ökonomisch
relevanten Gebiete der Meeresforschung noch an letzter Stelle stand, zeichnete sich
bereits ab, dass sie im Windschatten der Rohstoffsuche auf der forschungspolitischen
Agenda nach oben rücken sollte.

Diese Agenda erschien 1969 als *Bestandsaufnahme und Gesamtprogramm für die
Meeresforschung 1969–1973 in der Bundesrepublik Deutschland*.[43] Für den genannten
Zeitraum planten Bund, Länder und DFG Finanzmittel in Höhe von rund 542 Millio-
nen DM ein, wobei der Anteil des Bundes rund 439 Millionen, der Anteil der Küsten-

---

39 Ebd., 1.
40 Ebd., 3–8.
41 Ebd., 5.
42 Ebd., 8.
43 Bundesminister für wissenschaftliche Forschung, *Bestandsaufnahme und Gesamtprogramm
für die Meeresforschung in der Bundesrepublik Deutschland 1969–1973*, Vorwort, 3. Vgl. auch Sparenberg, Meeresbergbau nach Manganknollen, 131.

länder rund 47 Millionen und der Anteil der DFG rund 56 Millionen DM betrug.[44] Nicht beziffert war dagegen der finanzielle Beitrag der Industrie, die „mit erheblichen Eigenmitteln" an den geplanten Vorhaben beteiligt sein sollte.[45]

Zur Begründung dafür, dass sich der enorme finanzielle Aufwand lohne, wurde in der Programmschrift auch der unmittelbarere volkswirtschaftliche Nutzen der Meeresforschung gegenüber etwa der Raumfahrtforschung betont. Dieser Nutzen wurde am Beispiel des Meeresbergbaus als besonders zukunftsfähiger Technologiebereich illustriert: Die stabile Rohstoffversorgung der an eigenen Ressourcen eher armen Bundesrepublik und die ungewisse Entwicklung des Weltmarktes bedinge einen „Zwang, die Rohstoffvorräte des Meeres zu erschließen."[46] Auf den technischen Standpunkt bezogen, könnten hier freilich verschiedene Unternehmen von ihren Erfahrungen in der Luft- und Raumfahrt profitieren und diese auf die meerestechnische Entwicklung übertragen.[47] Den Meeresbergbau unterteilten die Planer in zwei Bereiche: Lagerstätten im Meeresuntergrund und solche „auf oder dicht unter dem Meeresboden"; letztere betrafen Manganknollen und Mangankrusten sowie Mineralseifen, die vor allem wegen ihres Gehalts an Schwermineralien wirtschaftlich interessant waren. Die Förderung der Prospektion und Exploration sowie der Entwicklung von Techniken zur Ausbeutung ergiebiger Vorkommen und der weiteren Verarbeitung wurde hier bereits konkret als kooperatives Projekt der *Bundesanstalt für Bodenforschung* und – nicht näher vorgestellten „Firmen der deutschen Rohstoffindustrie" genannt.[48]

Indes sollten die Manganknollen für den gesamten Zeitraum, in dem das Thema Meeresbergbau von höchstem Interesse war, zum Symbol werden.[49] Dabei war Mangan nicht einmal das interessanteste Metall in diesem Zusammenhang. Die Knollen waren vielmehr aufgrund ihres Gehalts an Kupfer, Kobalt und Nickel attraktiv. Mangan wurde hauptsächlich in der Stahlveredelung verwendet, so dass mit dem konstanten Anstieg der Stahlproduktion seit 1955 auch ein steigender Bedarf an Mangan einherging.[50] Zwar gingen Prognosen von einer Verdoppelung bis Verdreifachung des Verbrauchs aller vier Hauptbestandteile der Knollen – also auch von Mangan – zwi-

---

44 *Bestandsaufnahme und Gesamtprogramm für die Meeresforschung in der Bundesrepublik Deutschland 1969–1973*, 107.

45 Ebd., 11.

46 Ebd., 17. Vgl. dazu auch Sparenberg, Ressourcenverknappung, 109 und 112–113.

47 *Bestandsaufnahme und Gesamtprogramm für die Meeresforschung in der Bundesrepublik Deutschland 1969–1973*, 35.

48 Ebd., 50–52, 66–68.

49 Sparenberg, Mining for Manganese Nodules, 159.

50 Günter Dorstewitz / Dieter Denk / Wolfgang Ritschel, *Meeresbergbau auf Kobalt, Kupfer, Mangan und Nickel. Bedarfsdeckung, Betriebskosten, Wirtschaftlichkeit* (Bergbau, Rohstoffe, Energie, Bd. 6), Essen 1971, 20.

schen 1970 und 1985 aus, doch die Vorräte an Mangan und Kobalt in terrestrischen Lagerstätten würden bis weit über 1985 hinaus reichen.[51] An gleicher Stelle und damit zu einem frühen Zeitpunkt der Meeresbergbau-Euphorie fand sich deshalb die Folgerung, „daß selbst bei den sehr günstigen Vorgabewerten für die die Wirtschaftlichkeit des Abbaus von Manganknollen bestimmenden Einflußfaktoren nach den Modellrechnungen kein wirtschaftlich befriedigendes Ergebnis erreicht wurde."[52]

Zur Rolle der Industrie im Rahmen des Meeresforschungs-Gesamtprogramms wiesen die Autoren des Dokuments darauf hin, dass hier auf dem Gebiet der Meerestechnik ein im Gegensatz zu den Universitäten höheres Potenzial und größere Expertise zur Entwicklung und Erprobung praxistauglicher Mittel zur Gewinnung mineralischer Rohstoffe zu. Die Studie fasste ebenso zuversichtlich wie knapp zusammen:

> „Im Bereich der Explorations- und Erschließungstechnik für mineralische Rohstoffe hat die deutsche Industrie bereits erhebliche Investitionen getätigt, und sie wird dieses Potential auch in Zukunft weiter ausbauen, ohne daß dieser Ausbau von Zuschüssen der öffentlichen Hand allgemein abhängig gemacht wird. [...] es kann damit gerechnet werden, daß beim Ausbau dieses Potentials keine wesentlichen Schwierigkeiten auftreten werden."[53]

Die forschungspolitischen Programme von Bundesregierung und DFG bildeten das öffentlich-politische Interesse am Ausbau der Meeresforschung und der Entwicklung des relativ jungen Bereichs der Meerestechnik ab. Diese war zunächst die Summe aller existierenden wissenschaftlich-technologischen Fachgebiete mit maritimem Bezug. Neu war nach dieser Auffassung lediglich der Obergriff Meerestechnik, der jedoch in vielen Augen die heterogene Zusammenstellung erst auf einen erkennbaren Nenner gebracht haben mochte. Nach einer anderen Auffassung stand Meerestechnik in erster Linie für die Ingenieursaufgaben, die durch die sich wandelnden Bedingungen der maritimen Wirtschaft seit etwa 1970 entstanden. Insbesondere die Seerechtsdiskussion schien komplett neue Formen der Nutzung der biologischen Ressourcen und – noch prägender für den Begriff Meerestechnik – der mineralischen Ressourcen in den Ozeanen erforderlich zu machen. Insbesondere in dieser Form lag die Meerestechnik am Kreuzungspunkt der Blickachsen von Wissenschaft, Politik und Wirtschaft.

Die *Bestandsaufnahme und Gesamtprogramm für die Meeresforschung* machte 1969 den Anfang, danach erschienen die Programme als *Gesamtprogramm Meeresforschung und Meerestechnik*: zunächst 1972 für den Zeitraum 1972–1975 und 1976 für

---

51 Ebd., 31.
52 Ebd., 87.
53 *Bestandsaufnahme und Gesamtprogramm für die Meeresforschung in der Bundesrepublik Deutschland 1969–1973*, 86.

1976–1979.[54] Die im Zusammenhang mit der Fischerei konstatierte Akzentverschiebung ging dahin, dass das zweite Gesamtprogramm von 1972 – mit einem wesentlich geringeren Gesamtumfang – an zentraler Stelle eine „intensivere Entwicklung der Meerestechnik" ankündigte und gleich am Anfang zum Meeresbergbau explizit auf Manganknollen, Erzschlämme und Mineralseifen hinwies, jene mineralienhaltigen Gesteine also, die im ersten Programm erst später in den ausführlicheren Erläuterungen genannt worden waren. In dem entsprechenden Kapitel wurden nun auch von den ersten Expeditionsfahrten des Forschungsschiff VALDIVIA im Roten Meer und im Indischen und Pazifischen Ozean sowie von weiteren Erkundungen berichtet.[55] Grundsätzlich verhielt es sich im Gesamtprogramm von 1976 nicht anders.[56]

Zur Weiterentwicklung von Fischfangtechniken hatte 1974 die *Gesellschaft für Kernenergieverwertung in Schiffbau und Schiffahrt* in Zusammenarbeit mit Vertretern aus Politik, Wissenschaft und Wirtschaft Projektvorschläge für die inhaltliche Fortschreibung der Regierungsprogramme zu Meeresforschung und Meerestechnik erarbeitet. Von den insgesamt 56 Vorschlägen bezog sich eine ganze Reihe auch auf den Meeresbergbau und entsprach, wie bei der Fischerei, insgesamt weitgehend den Ideen und Ansätzen der Industrie.[57] Sie bezogen sich auf Aufsuchung, Gewinnung und Förderung mineralischer Rohstoffe sowie auf Transport und Energieversorgung der erforderlichen Infrastruktur. Zu den konkret ins Auge gefassten marinen Erzvorkommen gehörten einmal mehr die Manganknollen, bei denen Fördertechnologien an erster Stelle standen.[58] Von besonderem Interesse war seitens der GKSS der Vorschlag für eine „Nukleare Energieversorgung für Manganknollenabbauanlagen." Die Knollengewinnung aus extremen Tiefen und in großer Entfernung vom Land

> „erfordert große Energiemengen in Form von Elektrizität zu Antriebs- und Förderzwecken sowie Wärme zur Prozeßführung. Die gesicherte Energieversorgung mit fossilen Brennstoffen gestaltet sich aus logistischen, wirtschaftlichen und wirtschaftspolitischen Gründen zunehmend problematisch, so daß der Einsatz der Kernenergie vorteilhaft erscheint."[59]

---

54 *Gesamtprogramm Meeresforschung und Meerestechnik in der Bundesrepublik Deutschland 1972–1975; Gesamtprogramm Meeresforschung und Meerestechnik in der Bundesrepublik Deutschland 1976–1979.*

55 *Gesamtprogramm Meeresforschung und Meerestechnik 1972–1975,* 4, 25–26.

56 *Gesamtprogramm Meeresforschung und Meerestechnik 1976–1979,* 43–49.

57 Gesellschaft für Kernenergieverwertung in Schiffbau und Schiffahrt mbH, *Vorschläge für technische Entwicklungsvorhaben zur Fortschreibung des Programmes „Meeresforschung und Meerestechnik" des Bundes,* Bd. 1, Geesthacht 1974.

58 Ebd., 78. Vgl. zu verschiedenen Fördersystemen und v. a. mit Blick auf ökologische Auswirkungen Sparenberg, Ressourcenverknappung, 120–122.

59 Ebd., 83.

Unter Verweis auf das von der GKSS betriebene Frachtschiff mit nuklearem Antrieb OTTO HAHN sei, so das Dokument, „die Eignung von Kernreaktoren für den Einsatz auf See hinreichend nachgewiesen." In die Forschungsprogramme ging dieser Vorschlag nicht ein. Da der Meeresbergbau in den folgenden Jahren nicht über das Planungsstadium hinauskam, blieb es bei dem Vorschlag.

Es handelte sich dennoch um einen zeitgemäßen Gedanken, wie wiederum die Firmenbroschüre der *Dornier System GmbH* zeigt. Zu seinen Kompetenzen auf dem Gebiet von Offshore-Bauwerken zählte das Unternehmen Standortanalyse und Systementwicklung von „Kraftwerksinseln im Meer" unter Beachtung der Aspekte Sicherheit und Ökologie. Bei dem in einer Illustration zu sehenden Bau sollte es sich laut Bildunterschrift um die „Konzeption eines Kernkraftwerkes auf einer künstlichen Insel im Wattenmeer" handeln.[60] Die Broschüre enthält keine Angaben, warum das Wattenmeer als Standortbeispiel gewählt wurde.

5.3 Machbarkeit und Meerestechnikindustrie

Im Gesamtprogramm von 1972 wurde auch erstmals ein Kooperationspartner aus der Industrie namentlich genannt: Die *Wirtschaftsvereinigung industrielle Meerestechnik e. V.* (WIM) mit Sitz in Düsseldorf unter dem Vorsitz von Günter Saßmannshausen, zugleich Vorstandsvorsitzender der PREUSSAG AG.[61] Die WIM hatte 1971 in direkter Reaktion auf das erste Gesamtprogramm des Bundesforschungsministeriums eine eigene Denkschrift veröffentlicht. Sie fand lobende Worte für das Gesamtprogramm und bemängelte hinsichtlich der darin aufgeführten Arbeits- und Aufgabenbereiche lediglich das Fehlen der Offshore-Förderung von Erdöl und Erdgas, von der „wesentliche Impulse" für das gesamte Gebiet der Meerestechnik ausgingen.[62]

Dennoch war die Schrift durchaus als Mahnung an die Politik zu verstehen, den Anschluss an die internationale Entwicklung nicht zu verpassen, wobei hier ebenfalls die Raumfahrt als Vergleichsgröße strapaziert wurde. Hervorgehoben wurde allerdings der gegenüber der Weltraumforschung unmittelbar erkennbare volkswirtschaftliche Nutzen der Meeresforschung; ein Argument, das zweifellos in erster Linie dazu diente, die eigenen Vorhaben aufzuwerten.[63] Insgesamt befassten sich die *Vorstellun-*

---

60 Firmenbroschüre „Ocean Engineering" der Dornier System GmbH, 10–11.
61 *Gesamtprogramm Meeresforschung und Meerestechnik 1972–1975*, 65.
62 Wirtschaftsvereinigung industrielle Meerestechnik, *Meerestechnik in der Bundesrepublik Deutschland. Vorstellungen der deutschen Industrie zur Förderung der Meerestechnik*, Düsseldorf 1971, 26.
63 Ebd., 24.

gen der deutschen Industrie zur Förderung der Meerestechnik mit der Meerestechnik als Wirtschaftsfaktor und stellten die vom industriellen Standpunkt wünschenswerten Forschungs- und Entwicklungsaufgaben dar. Kritik am Gesamtprogramm der Regierung enthielt das Dokument freilich auch; sie bezog sich auf das Ausmaß der bisherigen Finanzierung. Diese Kritik ging mit dem unaufdringlichen Hinweis einher, dass „bereits jetzt die notwendigen Haushaltsmittel eingeplant werden müßten", um der Industrie „eine Starthilfe zu geben."[64] Zur Betonung der Dringlichkeit skizzierten die Autoren den Stand der Meerestechnik in den USA, in Japan und in Frankreich[65] und bezifferten den finanziellen Bedarf zur Wahrung der internationalen Konkurrenzfähigkeit in Forschung und Entwicklung für den Zeitraum 1972 bis 1976 mit 613 Millionen DM. Von dieser Gesamtsumme entfiel allein ein Drittel auf den Bereich der „Aufsuchung, Gewinnung u. Verarbeitung fester miner. Rohstoffe."[66]

Welche industriellen Akteure waren überhaupt unter dem ominösen Namen *Wirtschaftsvereinigung industrielle Meerestechnik* vereinigt? Die WIM wurde 1969 als „Querschnittsverband" zur „Koordinierung und Wahrnehmung der Interessen der deutschen meerestechnischen Industrie" gegründet.[67] Zu diesem Zweck zählte laut Satzung an erster Stelle die „Gewinnung von Rohstoffen aus dem Meer"; des Weiteren verfolgte sie die Förderung der „Gewinnung von Nahrungsmitteln aus dem Meer", dessen Reinhaltung, den Küstenschutz und den Bau meerestechnischer Geräte.[68] Vier Jahre nach ihrer Gründung gehörten der WIM bereits 52 Mitglieder an – von *AEG* und *August-Thyssen-Hütte* über die bereits erwähnten Firmen *Dornier System* und *ERNO Raumfahrttechnik* bis zu *Siemens* und der *Maschinen- und Bohrgerätefabrik Alfred Wirth*.[69]

Auch die *Wirtschaftsvereinigung industrielle Meerestechnik* bemühte zunächst die viel diskutierten Motive für die „Nutzung des Meeres als Zukunftsaufgabe", nämlich die eminent wachsende Weltbevölkerung und ihre Versorgung mit Eiweiß und Trinkwasser sowie die Tatsache, dass bereits seinerzeit vielerorts Nahrungsmittelmangel und Wasserknappheit herrschten, ferner der steigende Bedarf an mineralischen Rohstoffen und schließlich die Reinhaltung der Meere nicht zuletzt, um sie und beson-

---

64 Ebd., 7, 26.

65 Ebd., 16–21.

66 Ebd., 37.

67 Wirtschaftsvereinigung Industrielle Meerestechnik e. V., *Die meerestechnische Industrie der Bundesrepublik Deutschland*, Düsseldorf 1973, 5; Walter Lenz, The German Committee for Marine Science and Technology (DKMM) – Origin, Objectives and Problems, in: *Historisch-Meereskundliches Jahrbuch 5 (1998)*, 92–101, 93–95; Friedrich Wilhelm Heierhoff, Situation der Meerestechnik in der Bundesrepublik Deutschland, in: *Hansa 110, 5 (1970)*, 350–351.

68 Wirtschaftsvereinigung Industrielle Meerestechnik e. V., *Die meerestechnische Industrie der Bundesrepublik Deutschland*, Düsseldorf 1973, 10.

69 Ebd., 17.

ders die Küsten als Erholungsräume zu erhalten. Das Fazit: „So gewaltig und teilweise unerschöpflich die in den Weltmeeren vorhandenen Reserven sind, sie werden nur dann erhalten und genutzt werden können, wenn Forschung und Technik dazu die Voraussetzungen schaffen.“[70] Zwar wurde der Unerschöpflichkeitstopos hier noch einmal bemüht, im selben Satz jedoch gleich wieder abgeschwächt. Das erklärte Ziel meerestechnischen Engagements war hiernach der Erhalt der maritimen Ressourcen.

Erwartungsgemäß bedeutungsvoll erscheint in der Denkschrift die Exploration der „im Überfluß vorhandenen marinen Erzvorkommen“, namentlich auch von Manganknollen.[71] Die WIM betonte diesbezüglich einen künftig besonders stark steigenden Bedarf in der Zukunft und sah in einer nennenswerten deutschen Beteiligung am Meeresbergbau eine vorbeugende Maßnahme gegen drohende Versorgungsengpässe.[72] Was nicht unterschlagen wird, sind die ökonomischen Risiken, die im Falle der Meerestechnik ähnlich gelagert und groß seien wie auf den Gebieten von Luft- und Raumfahrt, Kernenergie oder EDV. Wie hoch der finanzielle Aufwand letztlich sein musste, um die gewünschten Ergebnisse zu erzielen, galt bestenfalls als vage kalkulierbar.[73] Trotz dieser Vorbehalte lag das Hauptaugenmerk der WIM auf dem Meeresbergbau sowie auf der Entwicklung von Offshore-Technologie, wie den Jahresberichten der Wirtschaftsvereinigung zu entnehmen ist. Letztere blieb auch in den Folgejahren von zentraler Bedeutung für den Umsatz in der meerestechnischen Industrie; diesbezüglich prognostizierte die WIM auch für die Achtziger Jahre keine grundsätzliche Veränderung.[74] Zur Exploration mineralischer Ressourcen hieß es im Bericht von 1975:

„Der internationale Meeresbergbau steckt mitten im Forschungs- und Entwicklungsstadium, dessen Abschluß nicht vor Ende der 70er Jahre zu erwarten ist. Die ungeklärte völkerrechtliche Situation der Nutzung des Tiefseebodens – bei konträr einander gegenüberstehenden Standpunkten von Entwicklungs- und Industrieländern – und die weltweite Energie- und Rohstoffkrise haben das Streben nach finanzieller und politisch-rechtlicher Risikoteilung noch mehr forciert.“[75]

---

70 Wirtschaftsvereinigung industrielle Meerestechnik, *Meerestechnik in der Bundesrepublik Deutschland*, 14.
71 Ebd., 23; Wirtschaftsvereinigung Industrielle Meerestechnik e. V., *Jahresbericht Meerestechnische Aktivitäten in der Bundesrepublik Deutschland 1977*, 16–17; dies., *Jahresbericht Meerestechnische Aktivitäten in der Bundesrepublik Deutschland 1978*, 18.
72 Wirtschaftsvereinigung industrielle Meerestechnik, *Meerestechnik in der Bundesrepublik Deutschland*, 23.
73 Ebd., 30.
74 Wirtschaftsvereinigung Industrielle Meerestechnik, *Jahresbericht 1977*, 2.
75 Wirtschaftsvereinigung Industrielle Meerestechnik e. V., *Jahresbericht 1975*, 30.

Die Unsicherheit hinsichtlich der Seerechtsentwicklung begleitete die industriellen Überlegungen zum Meeresbergbau ebenso wie das politische Interesse an einer völkerrechtlichen Regelung ohne Einschränkungen für die küstenarme Bundesrepublik.[76] Der WIM ging es in erster Linie um das Ziel „einer größtmöglichen Unabhängigkeit von der internationalen Meeresbodenbehörde."[77] Allerdings war den Mitgliedern der WIM wohl bewusst, dass die internationale Entwicklung zumindest in Bezug auf die Einführung einer 200 Seemeilen-Wirtschaftszone den deutschen Interessen zuwiderlief; 1977 schätzte die WIM diese Entwicklung als „kaum noch aufzuhalten" ein. Hier freilich rechneten sich die beteiligten Unternehmen Chancen auf eine Mitwirkung mittels technischer Zusammenarbeit mit den Entwicklungsländern ein – „u. a. auch über Kanäle der Entwicklungshilfe."[78] Es ging dabei keineswegs um reine Selbstlosigkeit, sondern um die Erschließung alternativer Geschäftsfelder.[79] So wurde im Jahresbericht 1978 die Stagnation in der Diskussion um ein Meeresbodenregime vor dem Hintergrund einer immer klarer vorherrschenden „ideologischen Auseinandersetzung" zwischen Nord und Süd beklagt, in deren Folge – so befürchtete die WIM – solche Geschäftsbeziehungen zu einer einseitigen Angelegenheit werden könnten:

> „Mit Sorge sind auch die Bestrebungen zu betrachten, im Rahmen einer neu zu schaffenden Meeresboden-Konvention den Meeresbergbau-Unternehmen bei der Erteilung von Konzessionen automatisch eine Verpflichtung zum Technologie-Transfer aufzuerlegen."[80]

Trotz dieser politisch-rechtlichen Unsicherheiten führten Unternehmen der WIM in Kooperation mit ausländischen Partnern und der Bundesregierung über mehrere Jahre hinweg Expeditionen in verschiedenen Meeren durch, wie auch die forschungspolitischen Programme von 1972 und 1976 belegten.[81] Diese konkreten Aktivitäten

---

76 Vgl. generell zur Bedeutung des Seerechtsdiskurses für die deutsche Meeresbergbauwirtschaft Sparenberg, Meeresbergbau nach Manganknollen, 135–136.

77 Ebd., 44.

78 Wirtschaftsvereinigung Industrielle Meerestechnik, *Jahresbericht 1977*, 6.

79 Wenngleich in den Darstellungen der Konflikte im Rahmen von UNCLOS die Entwicklungsländer in der Regel als vergleichsweise geschlossene „Gruppe der 77" erscheinen, waren sie jenseits des Streits um die Nutzung der marinen Ressourcen durchaus heterogen. Die Möglichkeiten Deutschlands zur wirtschaftlichen Kooperation variierten entsprechend, was sich insbesondere nach dem Ölpreisschock von 1973 zeigte. Vgl. Edgar Wolfrum, *Die geglückte Demokratie. Geschichte der Bundesrepublik Deutschland von ihren Anfängen bis zur Gegenwart*, Stuttgart 2006, 376.

80 Wirtschaftsvereinigung Industrielle Meerestechnik, *Jahresbericht 1978*, 36.

81 *Gesamtprogramm Meeresforschung und Meerestechnik in der Bundesrepublik Deutschland 1972–1975*, 25–26; *Gesamtprogramm Meeresforschung und Meerestechnik in der Bundesrepublik Deutsch-*

am Meeresboden gingen seitens der Industrie auf eine der Arbeitsgemeinschaften zurück, die unter dem Dach der WIM gebildet wurden. 1969 entstand die *Arbeitsgemeinschaft Meerestechnik* mit fünf Firmen als Mitgliedern (*August-Thyssen-Hütte; DEMAG; Messerschmitt-Bölkow-Blohm; PREUSSAG; Rheinische Braunkohlenwerke*). 1971 folgte die *Interessengruppe „Meer und Technik" INTERMEER* mit vier Mitgliedsfirmen (*Brown, Boveri & Cie.; Deutsche Babcock & Wilcox; Dornier System; Hagenuk*). Beide AGs verfolgten zwar mehrere der in der Satzung genannten Ziele der WIM, in erster Linie aber die Entwicklung von Techniken zur Rohstoffexploration am Meeresboden.[82] In den Imagebroschüren späterer Jahren tauchen beide nicht mehr auf, dafür die *Vereinigung zur Förderung der Meerwasserentsalzung e. V.* und die 1972 gegründete *Arbeitsgemeinschaft meerestechnisch gewinnbare Rohstoffe* (AMR).[83] Die AMR trat 1972 praktisch an die Stelle der AG Meerestechnik. Zunächst gehörten ihr *PREUSSAG, Metallgesellschaft AG, Salzgitter AG* und *Rheinische Braunkohlenwerke AG*; letztere verließ die AMR 1979. Die Salzgitter AG blieb in Gestalt eines Tochterunternehmens, der *Deutschen Schachtbau- und Tiefbohrgesellschaft*, an Bord.[84] Im Rahmen der bundesdeutschen Aktivitäten auf dem Gebiet des Meeresbergbaus in den Siebziger Jahren sollte sich insbesondere die AMR als entscheidender Akteur auf Seiten der Industrie erweisen.

Die AMR wurde so etwas wie das Aushängeschild der WIM, und auch personell zeichnete sich hierbei ab, welches Unternehmen eine führende Rolle in der WIM einnahm. Die Preussag war nicht nur innerhalb der AMR maßgeblich, ihr Vorstandsvorsitzender Günther Saßmannshausen wurde auch als Vorsitzender der Wirtschaftsvereinigung 1975 wiedergewählt. Zu seinem Stellvertreter wählte die WIM-Jahresversammlung außerdem mit Hans-Jürgen Junghans ein Vorstandsmitglied der Salzgitter AG, welche ebenfalls von Beginn in der AMR engagiert war.[85] Zweifelsohne diente die WIM dem Lobbyismus und war darin durchaus erfolgreich; dem Fachausschuss Meeresforschung und Meerestechnik im Bundesforschungsministerium gehörten neben namhaften Meeresforschern auch Vertreter der maritimen Wirtschaft an:

land 1976–1979, 46–47.

82 Wirtschaftsvereinigung Industrielle Meerestechnik e. V., *Die meerestechnische Industrie der Bundesrepublik Deutschland*, Düsseldorf 1973, 14–15.

83 Wirtschaftsvereinigung Industrielle Meerestechnik e. V., *Die meerestechnische Industrie der Bundesrepublik Deutschland*, Düsseldorf 1976, 14–16; dies., *Die meerestechnische Industrie der Bundesrepublik Deutschland*, Düsseldorf 1979, 14–15. Vgl. Sparenberg, Meeresbergbau nach Manganknollen, 132.

84 Ich danke Ole Sparenberg für diesen Hinweis.

85 Wirtschaftsvereinigung Industrielle Meerestechnik e. V., *Jahresbericht 1975*, 51.

Dr.-Ing. Bartels, Blohm + Voss AG, Hamburg;

Dr. Ernst, Institut für Meeresforschung, Bremerhaven;

Prof. Dr. Führböter, Leichtweiß-Institut für Wasserbau, TU Braunschweig;

Prof. Dr. Hartl, Deutsche Luft- und Raumfahrt-Versuchsanstalt, Berlin;

Prof. Dr. Hempel, Institut für Meereskunde, Kiel;

Dr.-Ing. E. h. Saßmannshausen, Preussag AG, Hannover;

Dr.-Ing. E. h. Dr.-Ing. Schenck, Philipp Holzmann AG, Hamburg;

Prof. Dr. Seibold, Geologisch-Paläontologisches Institut, Universität Kiel;

Prof. Dr. Siedler, Institut für Meereskunde, Kiel;

Dr.-Ing. Späing, Deilmann-Haniel GmbH, Dortmund.[86]

Drei der vier Unternehmen waren Mitglieder der WIM – bis auf Blohm + Voss bereits in den ersten Jahren.[87]

Etwa im gleichen Zeitraum wie die WIM bildete sich außerdem eine weitere Vereinigung mit meerestechnischen Interessen, nämlich das *Deutsche Komitee für Meeresforschung und Meerestechnik* (DKMM).[88] Zu Beginn des Jahres 1970 hatten die *Schiffbautechnische Gesellschaft* (STG) und der *Verein Deutscher Ingenieure* (VDI) den *Fachausschuß Meerestechnik STG-VDI* gegründet, um als Plattform für den Austausch zwischen Unternehmen mit meerestechnischer Ausrichtung und Behörden und Ministerien zu fungieren.[89] In diesem Punkt besaß der STG-VDI – genau wie die WIM – die Funktion einer Lobby-Organisation. Aus ihren Reihen kam allerdings die Initiative zur Gründung einer Vereinigung zur Koordination aller Vorhaben der Meeresforschung und Meerestechnik in der Bundesrepublik. Was schließlich im Dezember 1973 als separate Körperschaft ins Leben gerufen wurde, war das DKMM. Im gehörten von Beginn an insgesamt 13 wissenschaftliche Gesellschaften und Institutionen, Verbände und Unternehmen an, darunter neben STG und VDI andere mitgliederstarke Vereine wie die Deutsche Physikalische Gesellschaft. Weitere Mitglieder kamen hinzu, darunter institutionelle wie die *Deutsche Gesellschaft für Meeresforschung* ebenso wie unternehmerische, etwa die WIM, der *Germanische Lloyd* oder die *Vereinigung der Naßbaggerunternehmen*. DKMM-Vorsitzender wurde der Präsident des *Deutschen Hydrographischen Instituts* Hans Ulrich Roll.[90] Die Aktivitäten der DKMM

---

86 Wirtschaftsvereinigung Industrielle Meerestechnik e. V., *Jahresbericht 1975*, Anlage 1.

87 Wirtschaftsvereinigung Industrielle Meerestechnik e. V., *Die meerestechnische Industrie der Bundesrepublik Deutschland*, Düsseldorf 1973, 17; dies., *Die meerestechnische Industrie der Bundesrepublik Deutschland*, Düsseldorf 1976, 17; dies., *Die meerestechnische Industrie der Bundesrepublik Deutschland*, Düsseldorf 1979, 16–17.

88 Deutsches Komitee für Meeresforschung und Meerestechnik, in: *Hansa 110*, 24 (1973), 2197.

89 Lenz, The German Committee for Marine Science and Technology, 95–96.

90 Ebd., 96–98.

orientierten sich ihrem Zweck gemäß an denen der deutschen meerestechnischen Industrie und an der Politik der Bundesregierungen. Als sich gegen Ende der Siebziger Jahre abzeichnete, dass beide Seiten der Meerestechnik insgesamt, einschließlich der Offshore-Technik, immer weniger Aufmerksamkeit schenkten, schränkte auch die DKMM ihre Tätigkeit zunehmend ein.[91]

Der VDI gab zudem seit 1970 eine Zeitschrift heraus, die sich als Zentralorgan der Meerestechnik in der Bundesrepublik verstand. Die *Meerestechnik* oder kurz *mt* erschien alle zwei Monate und veröffentlichte kurze Beiträge zu allen Bereichen, die unter den allgemeinen Begriff der Meerestechnik fielen, wie vor allem die Fischerei, oder die politische und rechtliche Rahmenbedingungen betrafen, wie die Entwicklung des Seerechts.[92] Die weitaus meisten Beiträge galten jedoch Offshore-Technologie, Schiffbau und Meeresbergbau. Letzterer war Gegenstand eines der ersten Beiträge der ersten Nummer von 1970 und erschien so als besonders präsentes Thema bei der Gründung der Zeitschrift.[93] Mit großer Aufmerksamkeit begleitete der VDI in seiner Zeitschrift außerdem die politischen und institutionellen Entwicklungen und informierte ausführlich über die Entstehung des ersten Gesamtprogramms zur Meeresforschung der Bundesregierung und über die Gründung des DKMM, zu dessen „Organ" zum Zweck „des Erfahrungsaustausches" die *mt* schließlich selbst erkoren wurde.[94] Die Gründung der Zeitschrift belegte, dass die Meerestechnik in Deutschland sich um 1970 im Aufschwung befand. Als 1979 der Wasserbautechniker Horst Oebius in der *mt* über die Entwicklung der meerestechnischen Industrie bis dato Bilanz zog, frohlockte er über einen Verlauf, „den ihr selbst optimistische Futurologen vorher nicht einräumten."[95]

5.4 Manganknollen an Bord: Meeresbergbau im Praxistest

Wie in den Gesamtprogrammen für Meeresforschung und Meerestechnik der Bundesregierung wurde auch seitens der AMR schon zu Beginn des Jahrzehnts der Ab-

---

91 Ebd., 99.

92 Vgl. beispielhaft Gotthilf Hempel, Mehr Nahrung aus dem Ozean – Anwendung biologischer Meeresforschung, in: *mt* 3, 4 (1972), 133–140; M.I. Kehden, Seerechtskonferenz und kein Ende? Zur Wiederaufnahme der Beratungen am 28. März in Genf, in: *mt* 9, 2 (1978), 37–43.

93 N. Hering, Rohstoffgewinnung aus dem Meer, in: *mt* 1, 0 (1970), 11–16.

94 Das Gesamtprogramm für die Meeresforschung in der Bundesrepublik Deutschland, in: *mt* 1, 4 (1970), 135–142; Deutsches Komitee für Meeresforschung und Meerestechnik gegründet, in: *mt* 5, 1 (1974), 1.

95 Horst U. Oebius, 10 Jahre Meerestechnik in der Bundesrepublik Deutschland, in: *mt* 10, 2 (1979), 37–43, hier 39.

bau von Manganknollen als oberstes wirtschaftliches Ziel genannt. Sie waren für den gesamten Meeresbergbau-Komplex – in der wissenschaftlichen, politischen und industriellen Wahrnehmung – vorherrschend.[96] Die ebenfalls seit 1972 mit dem Forschungsschiff VALDIVIA vor allem im Pazifik durchgeführten Fahrten schürten durchaus die Erwartungen hinsichtlich der Realisierbarkeit und Wirtschaftlichkeit eines Tiefseebergbaus mit deutscher Beteiligung. Von der zweiten Fahrt in das Zielgebiet im Zentralpazifik nahe Hawaii im Oktober 1972 berichtete der für die Metallgesellschaft AG, ein Mitgliedsunternehmen der AMR, mitreisende Hans Helmut Schultze-Westrum mehrfach von Erfolgen, u. a. von „hoher Knollenbelegung und guten Dregderfolgen."[97] Bis 1977 sollte sich herausstellen, dass die sich Forscher in dieser Region „nördlich des äquatorialen Ostpazifik" in dem „bisher höffigsten Gebiet" befanden.[98] Seine weitere Untersuchung stand deshalb weit oben auf der Prioritätenliste der Meeresgeologen.

Die von Dezember 1970 bis Januar 1979 vom Bundesforschungsministerium gecharterte und von der *RF Reedereigemeinschaft Forschungsschiffahrt* mit Sitz in Bremen bereederte VALDIVIA war ein umgebautes Fischereifahrzeug. Für die „rohstoffbezogene Meeresforschung" unternahm sie 25 Fahrten in alle Ozeane. Im Rahmen des einschlägigen Schwerpunkts des Gesamtprogramms von 1969 ging es dabei um Prospektions- und Explorationsvorhaben zu Manganknollen, Erzschlämmen und Schwermineralseifen, wobei die weitaus meisten Fahrten den Manganknollen galten.[99] Da es sich bei der VALDIVIA um einen ehemaligen Heckfänger – die *Vikingbank* aus Bremerhaven – handelte, musste das Schiff zunächst aufwändig umgebaut werden, bevor genügend Platz für die 25köpfige seemännische Besatzung, 17 Wissenschaftler und Techniker sowie Laborräume geschaffen war.[100] Mit der Wahl des Namens sollte an die historische deutsche Meeresforschung angeknüpft werden, denn 1898–1899 hatte mit einem Schiff gleichen Namens die erste deutsche Tiefsee-Expedition statt-

96 Sparenberg, The Oceans, 408.

97 BArch B 196/17848, Protokoll eines Anrufs von Schultze-Westrum von Bord VALDIVIA am 20.10.1972.

98 Eugen Seibold, Rohstoffe in der Tiefsee – Geologische Aspekte, in: Hempel, Gotthilf, *Meeresfischerei als ökologisches Problem (Rheinisch-Westfälische Akademie der Wissenschaften, Vorträge N 283)*, Opladen 1979, 49–88, hier 66. Hierzu genauer: Sparenberg, Meeresbergbau nach Manganknollen, 128–129.

99 Wolfgang Schott, Programm und Ergebnis der „Valdivia"-Fahrten. Ein Überblick, in: ders. u. a., *Die Fahrten des Forschungsschiffes „Valdivia" 1971–1978. Geowissenschaftliche Ergebnisse (Geologisches Jahrbuch, Reihe D, Heft 38)*, Hannover 1980, 9–21, hier 9–10; Rohstoffgewinnung aus dem Meer, in: *Hansa 110, 7 (1973)*, 547–548.

100 Arnim Kaiser, Schiffstechnischer Überblick, in: Wolfgang Schott u. a., *Die Fahrten des Forschungsschiffes „Valdivia" 1971–1978. Geowissenschaftliche Ergebnisse (Geologisches Jahrbuch, Reihe D, Heft 38)*, Hannover 1980, 23–34, hier 23–26.

gefunden und vor allem auf dem Gebiet der Meeresbiologie bedeutende Resultate erzielt. Bei der „alten" VALDIVIA hatte es sich ebenfalls um einen Umbau gehandelt, in dem Fall eines früheren Liniendampfers im Hamburg-Südamerika-Verkehr. Die ihren Namen leihende chilenische Stadt war im 16. Jahrhundert von dem spanischen Konquistador Don Pedro de Valdivia gegründet worden, wie Arnim Kaiser, Kapitän der *RF Reedereigemeinschaft* in seinem „Schiffstechnischen Überblick" zur „neuen" VALDIVIA 1980 schrieb.[101] Mancher Zeitgenosse fand es womöglich ironisch, ein zentrales Instrument der „rohstoffbezogenen Meeresforschung" der Bundesrepublik Deutschland den Namen eines frühneuzeitlichen Eroberers zu geben, dessen Interesse neben der Städteplanung gewiss auch den Schätzen der Neuen Welt gegolten hatte.

Neben dem wirtschaftlichen Interesse an der Prospektion und Exploration von Manganknollenvorkommen war für die Geowissenschaftler – sowohl denen im Auftrag der beteiligten Unternehmen als auch denen der Hochschulinstitute – die grundlegende Frage der Entstehung von Manganknollen motivierend. Der von Seiten der Preussag an VALDIVIA-Fahrten teilnehmende Geologe Rainer Fellerer sah „ein weites Feld wissenschaftlicher Spekulationen", weil „es eigentlich gar keine Manganknollen geben dürfte."[102] Die Knollen wachsen nur sehr langsam, es dauert „so um die 300.000 Jahre", bis sie um einen Millimeter zugenommen haben. Rätselhaft war für Fellerer, dass die Knollen auf der Oberfläche des Meeresbodens frei herumlagen, obwohl sich allein in dem genannten Zeitraum eine etwa drei Meter hohe Sedimentschicht auf den Knollen abgelagert haben müsste. Ein möglicher Erklärungsansatz war, dass kaum merkliche Strömungen die in die Tiefsee stetig hinabrieselnden Partikel vertreiben könnten; ein anderer, dass Bodenbewohner, wie Seesterne oder Borstenwürmer, die Knollen bewegen und so frei von Sediment halten; und schließlich wurde auch das wiederholte Aufplatzen der Manganknollen im Zuge ihres Wachstumsprozesses als denkbare Erklärung für die Existenz großer, offenliegender Knollenfelder angenommen.[103]

Auch deshalb nahm die Menge der Fachliteratur zum Thema Manganknollen in den Sechziger Jahren stark zu. Fellerer sprach von einem „wissenschaftlichen und technologischen Run", der in einer regelrechten „Publikationslawine" zum Ausdruck

---

101 Ebd., 26–27.

102 Rainer Fellerer, Manganknollen, in: Wolfgang Schott u. a., *Die Fahrten des Forschungsschiffes „Valdivia" 1971–1978. Geowissenschaftliche Ergebnisse (Geologisches Jahrbuch, Reihe D, Heft 38)*, Hannover 1980, 35–76, hier 52.

103 Ebd., 52–53. Die Erklärung, dass die Knollen von Tieren bewegt und so am Versinken im Sediment gehindert würden, sollte sich mehr als zehn Jahre später als wahrscheinlich erweisen: Fische suchen die Knollen nach Kleinstlebewesen ab und bewirken so ein „biogenes Lifting." Vgl. Peter Frey, Baggern nach der Knolle, in: *Die Zeit, Nr. 51 vom 16.12.1994,* 36.

kam.[104] Zu dieser Lawine trugen seit 1970 auch die VALDIVIA-Fahrten bei.[105] Eine ausgesprochen häufig zitierte Schrift stammte von dem amerikanischen Meeresgeologen John L. Mero und trug den Titel *The Mineral Resources of the Sea*.[106] Es bildete „[d]en eigentlichen Startschuss für die internationalen Aktivitäten der folgenden Jahre", wie Sparenberg schreibt.[107] Meros Buch war 1965 erstmals erschienen und befasste sich keineswegs nur mit Manganknollen. Ihnen allein hatte Mero zwar über einhundert Seiten gewidmet, insgesamt jedoch lieferte er einen Überblick über diverse mineralische Rohstoffe des Meeres, über die Gestalt von Lagerstätten vom Strand bis in die Tiefsee und über Bergbaumethoden. Fellerer nannte Meros Einschätzungen zur zukünftigen Bedeutung mariner Rohstoffe „allzu optimistisch", sah aber die weitreichenden Auswirkungen von Meros Prognosen auf die bundesdeutsche Industrie, Politik und Wissenschaft; Fellerer zufolge „strahlte die Erzknollen-Hausse in die wissenschaftlichen Institutionen hinein, nachdem das Projekt als national-ökonomisch bedeutsam und damit aus staatlichen Mitteln förderungswürdig deklariert worden war."[108]

Meros Buch lohnt eine nähere Betrachtung, die mit der ersten fotografischen Abbildung des Bandes beginnen kann: Unmittelbar vor dem Vorwort findet sich eine ästhetische Schwarz-Weiß-Fotografie von B. J. Nixon, der sich in den USA in erster Linie durch seine stilbildenden Aufnahmen von Werften einen Namen gemacht hatte.[109] Dieses Foto zeigte jedoch die Meeresbrandung unter einem bewölkten Himmel, durch den gleichwohl Sonnenstrahlen brechen. Außer Meer und Himmel zeigt das Bild nichts, der leere Horizont verweist auf die Weite des Ozeans. Die Bildunterschrift hilft dem Betrachter notfalls bei der Deutung: „The sea, a boundless, inexhaustible storehouse of the material stuff of civilization." Ob Mero grundsätzlich den Mythos von der Unerschöpflichkeit des Meeres vertrat, also auch mit Blick auf seine lebenden Ressourcen, lässt sich hier nicht überprüfen. Im weiteren Verlauf seiner Ausführungen ist eher die Rede von einer relativen Reichhaltigkeit.[110] Seine geowissenschaftlichen Überlegungen zur Bedeutung der mineralischen Ressourcen

104 Fellerer, Manganknollen, 41.
105 Seibold, Rohstoffe in der Tiefsee, 58.
106 John L. Mero, *The Mineral Resources of the Sea*, Amsterdam/London/New York 1965. Vgl. zur Wirkung des Buches generell Sparenberg, Mining for Manganese Nodules, 152–155.
107 Sparenberg, Meeresbergbau nach Manganknollen, 130.
108 Fellerer, Manganknollen, 41.
109 Photo Release: Newport News Shipbuilding Exhibits 125 Years of Shipbuilding History at the Mariner's Museum, GlobeNewswire, 4.8.2011, URL: http://www.globenewswire.com/news-release/2011/08/04/453231/228679/en/Photo-Release-Newport-News-Shipbuilding-Exhibits-125-Years-of-Shipbuilding-History-at-The-Mariners-Museum.html [30.04.2018].
110 Mero, *The Mineral Resources of the Sea*, 274.

des Meeres gründeten zumindest auf der Annahme, dass diese Ressourcen in hinreichend großer Menge in den Meeren zur Verfügung standen:

> „As a source of minerals, the sea has been little exploited relative to its potential. The major reasons for this default are, I believe, a lack of knowledge concerning what is in the ocean and of the advantages of exploiting marine mineral deposits, the absence of a technology to economically exploit the deposits, and no pressing need, either economic or political, to exploit them at the present time."[111]

Speziell zu den Manganknollen schrieb Mero, dass der Weltbedarf an den darin enthaltenen Mineralien für mehrere Jahrtausende auch dann noch gedeckt sein dürfte, wenn nur ein Prozent aller Vorkommen im Pazifik gefördert würde.[112] Er ging hier von einer Quasi-Unerschöpflichkeit aus.[113] Die für die Nutzung durch den Menschen zur Verfügung stehenden Erzmengen in terrestrischen Lagerstätten waren für Mero im Übrigen kein Grund, um die Reserven im Meer in Betracht zu ziehen. Vielmehr war die ungleiche Verteilung von Erzvorkommen über die Erde das grundlegende Problem, verstärkt durch eine ungleiche Verteilung der technischen Möglichkeiten zu ihrer Ausbeutung und durch politische und ökonomische Verwerfungen zwischen den Staaten.[114] In der Entwicklung der Meerestechnik für den Bergbau unter Wasser sah Mero folgerichtig nicht nur eine Verbesserung der Rohstoffversorgung der gesamten Menschheit, sondern auch die Chance, „to remove one of the historic causes of war between nations." An dieser Stelle räumte Mero freilich ein, dass auch der gegenteilige Effekt eintreten und die Erschließung mariner Rohstoffquellen zur Ursache neuer Konflikte werden könnte.[115] UNCLOS III warf zum Zeitpunkt des ersten Erscheinens von *The Mineral Resources of the Sea* zwar noch nicht ihren Schatten voraus – noch hatte Arvid Pardo seine vielbeachtete Rede vor den Vereinten Nationen nicht gehalten –, doch die Gestalt des Seerechts nach den Konventionen von 1958 konnte in den Augen Meros und seiner Zeitgenossen nicht der Weisheit letzter Schluss sein.

Was Mero ebenfalls nicht verschwieg, waren die technischen Probleme, die zu erwarten und zu überwinden waren, bevor der Meeresbergbau zu einer realen Alternative zum Landbergbau werden konnte. Die Bedingungen im Naturraum Meer unterschieden sich in vielerlei Hinsicht erheblich von denen an Land:

---

111 Ebd., 1.
112 Ebd., 234.
113 Sparenberg, The Oceans, 414, 416.
114 Mero, *The Mineral Resources of the Sea*, 5; Sparenberg, Mining for Manganese Nodules, 154.
115 Mero, *The Mineral Resources of the Sea*, 279.

„Nature is a formidable adversary for the mining engineer on land; at sea, we are faced with nature at her most capricious level. The ever changing moods of the sea present a continual challenge to the ocean miner who wants her secrets and her riches. Waves, unchecked winds, salt-water corrosion, and a constantly shifting foundation make the design of an effective ocean mining method truly challenging."[116]

Dennoch gab Mero dem Meeresbergbau auch von technischer Warte eine reelle Chance. Gemäß dem Wissen seiner Zeit ging Mero davon aus, dass die meisten Lagerstätten am und im Meeresboden – abgesehen von der Wassersäule – leichter zugänglich und geologisch einheitlicher beschaffen waren als an Land. Ohne die Situation allzu einfach darzustellen, erschienen Mero die technischen Aufgaben machbar.[117] Diese Überlegungen betrafen auch die wirtschaftliche Machbarkeit. Generell gab es bergbautechnische Argumente beispielsweise für den Manganknollenabbau, die ihn trotz des hohen Investitionsaufwands und der kaum zu kalkulierenden Rentabilität für die Industrie attraktiv erscheinen lassen mussten.[118] Auch deutsche Bergbauexperten sahen im Vergleich mit dem Landbergbau klare Vorteile, von der Beweglichkeit des (schwimmenden) Fördergeräts über den baldigen Beginn der Förderung nach Exploration der Lagerstätte bis zum direkten, kostengünstigen Transport mit Seeschiffen. Vorteilhaft schien den Fachleuten im Übrigen das verminderte „politische Risiko des Meeresbergbaus gegenüber einem im Ausland (vor allem in Entwicklungsländern) betriebenen Landbergbau."[119]

Wohl auch vor dem Hintergrund solcher fachlichen Einschätzungen ging die AMR 1975 ein internationales Joint-Venture mit drei weiteren Partner ein: die kanadische *International Nickel Company* (INCO) aus Toronto, eine Gruppe diverser Firmen der japanischen Unternehmensgruppe *Sumitomo* aus Tokio mit Namen *Deep Ocean Mining Company* (DOMCO) und das US-Bohrunternehmen *South Eastern Drilling Company* (SEDCO) aus Dallas. Das Konsortium firmierte unter dem Namen *Ocean Management Inc.* (OMI).[120] Über diese Pläne berichtete der *Spiegel* in einer kurzen Meldung im Januar 1975 und versah die wenigen Zeilen mit einer Überschrift, die wie-

---

116 Ebd., 242.

117 Ebd.; Sparenberg, Mining for Manganese Nodules, 155.

118 Wilfried Prewo, Tiefseebergbau: Goldgrube, Weißer Elefant oder Trojanisches Pferd? In: *Die Weltwirtschaft. Halbjahresschrift des Instituts für Weltwirtschaft an der Universität Kiel*, 1 (1979), 183–197, hier 184. Sparenberg, Ressourcenverknappung, 112–113.

119 Dorstewitz/Denk/Ritschel, *Meeresbergbau auf Kobalt, Kupfer, Mangan und Nickel*, 34.

120 Wirtschaftsvereinigung Industrielle Meerestechnik e. V., *Die meerestechnische Industrie der Bundesrepublik Deutschland*, Düsseldorf 1976, 15. Dem Konsortium gehörten bei Gründung im Februar 1975 zunächst AMR, INCO und Sumitomo an, die SEDCO kam kurze Zeit später hinzu. BArch B 196/27487, Kopie des Memorandum of Understanding vom 28.2.1975.

derum auf das bereits in der Öffentlichkeit bekannte Objekt der Begierde anspielte: „Knollen-Boom."[121] Weltweit war die OMI im Übrigen nicht das einzige Konsortium mit dem Ziel der Manganknollen-Exploration. Vier weitere internationale und zwei nationale Gruppen verfolgten zur gleichen Zeit ähnliche Ziele: die *Kennecott Copper Corporation* mit Unternehmen aus den USA, Kanada, Großbritannien und Japan; die amerikanisch-belgische *Ocean Mining Associates* (OMA); die amerikanisch-niederländische *Ocean Mineral Company* (OMCO); die *Continuous Line Bucket* mit Unternehmen aus den USA, Kanada, Frankreich, Japan und Australien sowie der deutschen AMR, die sich hier an der Entwicklung anderer Bergbau-Konzepte beteiligte; schließlich die rein französische *Association Française pour l'Etude et la Recherche des Nodules* und die japanische *Deep Ocean Mining Association*.[122]

Dass es Mitte der 1970er Jahre weltweit bereits mehrere großangelegte Unternehmungen mit dem Ziel der Tiefsee-Exploration gab, war vor allem auf die seit Jahren praktizierte Offshore-Gewinnung von Erdöl zurückzuführen. Auf diesem Gebiet geschahen technische Innovationen, die in der Folge auch für den Meeresbergbau von Belang waren. Die Entwicklung von Bohrtechnik für untermeerische Lagerstätten beispielsweise diente als Ausgangspunkt für die meerestechnische Explorations- und Fördertechnik mit Blick auf andere marine Rohstoffe. Abgesehen von Versuchen der Erdölförderung in Binnengewässern der USA und Venezuelas 1904 bzw. 1917 kamen erste Anlagen in den flachen Gebieten vor der Küste Louisianas 1936 und an tieferen Stellen vor Kalifornien ab den 1950er Jahren zum Einsatz.[123] Ab 1968 schließlich setzte die US-amerikanische *Scripps Institution of Oceanography* ein spezielles Bohrschiff für geologische Untersuchungen mit dem Ziel der Erforschung der Plattentektonik ein. Die zu diesem Zweck neu gebaute GLOMAR CHALLENGER führte von 1968 bis 1984 das *Deep Sea Drilling Project* (DSDP) in verschiedenen Meeren durch und erzielte herausragende ozeanografische Ergebnisse. Zugleich belegte das DSDP die prinzipielle Machbarkeit der Rohstoff-Exploration in der Tiefsee und diente als Vorbild für unternehmerische Vorhaben auf diesem Gebiet.[124] Industrielle Bohrtechnik

121 Knollen-Boom, in: *Der Spiegel*, 1 (1975), 55.

122 Fellerer, Manganknollen, 75; Sparenberg, Mining for Manganese Nodules, 159.

123 David K. van Keuren, Breaking New Ground. The Origins of Scientific Ocean Drilling, in: Helen M. Rozwadowski / David K. van Keuren (eds.), *The Machine in Neptune's Garden. Historical Perspectives on Technology and the Marine Environment*, Sagamore Beach 2004, 183–210, hier 184–185.

124 Ebd., 200–201. Die GLOMAR CHALLENGER ist nicht zu verwechseln mit der HUGHES GLOMAR EXPLORER, die der US-Milliardär und Luftfahrtunternehmer Howard Hughes bauen ließ und die der Tarnung der Suche nach einem gesunkenen sowjetischen U-Boot durch die CIA diente. Vgl. Sparenberg, Meeresbergbau nach Manganknollen, 132–133.

lieferte also zunächst technische Impulse für die ozeanografische Forschung, die wiederum mit ihren Erfolgen auf die wirtschaftliche Nutzung mineralischer Rohstoffe aus dem Meer hoffen ließ.

Diese Situation war gegeben, als im Februar 1974 zum ersten Mal Vertreter der AMR mit potenziellen Partnern in New York zu einer „Besprechung über die Bildung eines internationalen Konsortiums" zusammenkamen. Rund einen Monat nach dem positiv verlaufenen Treffen schrieb Preussag-Vorstand Saßmannshausen an Bundesforschungsminister Horst Ehmke und ersuchte um finanzielle Förderung. Sein zentrales Argument lautete:

> „Die Sicherung der Versorgung mit lebensnotwendigen Rohstoffen ist […] zu einer volkswirtschaftlichen Aufgabe geworden, zu deren Lösung die wirtschaftliche Kraft der deutschen Unternehmen allein in vielen Fällen nicht mehr ausreicht und bei der ein intensives staatliches Engagement notwendig ist."[125]

Wenige Wochen später wandte sich Hans Amann von der Preussag im Namen der AMR mit dem gleichen Ziel in einem Schreiben an das Ministerium. Darin verwies Amann auf das „Problem der Geheimhaltung und Exklusivität der Verfügungsmöglichkeiten über die im Rahmen des Konsortiums erarbeiteten Kenntnisse, Verfahren und Geräte." Problematisch für die AMR war der Umstand, dass seitens des Ministeriums für den Fall einer Förderung des neuen Konsortiums auf die *Bedingungen für Zuwendungen an Unternehmen der gewerblichen Wirtschaft* (BuWF) verwiesen worden war. Diese erlaubten keine Exklusivförderung einzelner Unternehmen, so dass Amann die Hoffnung äußerte, „in einem Gespräch mit Ihnen eine Formulierung [zu] finden, die allen Interessen gerecht wird."[126] Die Reaktion innerhalb des Ministeriums war nicht ablehnend, aber verhalten; eine interne Notiz lautete: „Die Sache ist […] brisant. […] Für unsere Entscheidung brauchen wir Unterlagen und müssen wir wissen, worauf wir uns einlassen. Dazu genügen diese freundlichen Briefe mitnichten."[127] An anderer Stelle wurden „schwerwiegende Bedenken" gegen eine exklusive Förderung einzelner Unternehmen geäußert, da diese eben nicht „der gesamten deutschen Volkswirtschaft" diene und dem öffentlichen Förderungsauftrag widerspreche:

> „Es fragt sich, was die Öffentlichkeit dazu sagen wird, wenn wir mit Steuermitteln einen solchen exklusiven Klub unterstützen. Es ist auch zu befürchten, daß die Angelegenheit rasch Schule machen wird. Es dürfte für einen inländischen Zuwendungsempfänger relativ leicht

---

125 BArch B 196/17801, Schreiben von Saßmannshausen an Ehmke vom 8.4.1974.
126 BArch B 196/17801, Schreiben von Amann an MinR Wilckens vom 24.5.1974.
127 BArch B 196/17801, Schreiben von Wilckens an Staatssekretär vom 30.5.1974.

sein, einem Vorhaben einen internationalen Anstrich zu geben, etwa durch Gründung eines belanglosen internationalen Konsortiums, und schon ist er aller Pflichten aufgrund der BuWF 1969 ledig."[128]

An der Vorgehensweise der Partner aus der Industrie bei den Manganknollen-Fahrten der frühen 1970er Jahre hatte es im Übrigen auch von Seiten der Universitätswissenschaftler Kritik gegeben. Anlässlich der Einsatzplanung für die VALDIVIA-Expeditionen in den Indischen Ozean für das Jahr 1973 schrieb der Meeresgeologe Eugen Seibold vom Geologisch-Paläontologischen Institut der Universität Kiel, „daß bei mir und auch bei verschiedenen anderen Teilnehmern ein recht ungutes Gefühl" zurückgeblieben war. Die Fahrten bewertete Seibold zwar als wichtig, um „nicht nur im Pazifik ‚unsere Flagge' zeigen" zu können, außerdem weil „der Indik durchaus auf längere Sicht wirtschaftlich genauso interessant werden" könnte, doch ein beteiligtes Unternehmen machte ihm Sorgen: „Die Vorbereitung der PREUSSAG war aber für diese Sitzung derart dürftig, daß es fast schockierend wirkt, dieses Schiff für einige Monate sozusagen auf reine Vertrauensbasis abzugeben."[129] Dennoch setzten die an der Prospektion beteiligten wissenschaftlichen Institute die Zusammenarbeit mit der AMR fort. Im August 1973 beantragte Seibold zusammen mit Vertretern der *Bundesanstalt für Bodenforschung* (BfB) in Hannover und der *Abteilung für Lagerstättenlehre* der RWTH Aachen die Nutzung der VALDIVIA für das 1974 anstehende „Forschungsvorhaben Manganknollen III" im Pazifik. Die geplanten Untersuchungen sollten „gemeinsam und in Zusammenarbeit mit der AMR an Bord der VALDIVIA" erfolgen, um „möglichst schon während der Fahrt erkennbare Ergebnisse" diskutieren zu können.[130] Neben den Instituten aus Kiel und Aachen und der Bundesanstalt für Geowissenschaften und Rohstoffe, zu der die BfB gehörte, war außerdem regelmüßig die *Technische Universität Clausthal-Zellerfeld* an den gemeinsam mit den AMR-Firmen durchgeführten Manganknollen-Expeditionen beteiligt.[131]

Schließlich stellte sich auch noch die VALDIVIA als extrem störungsanfällig heraus. Ein beträchtlicher Teil der Korrespondenz während der Fahrten entfiel auf technische Probleme insbesondere mit den Winden, aber auch mit dem Kompressor und dem Navigationssystem. Zudem zeichnete sich der umgebaute Heckfänger durch eine

128 BArch B 196/17801, Schreiben von Scholz an MinR Wilckens vom 10.6.1974. Die Skepsis im Ministerium kann als Beispiel für die Verringerung des politischen Einflusses auf die Tendenz zur Internationalisierung in der Wirtschaft gedeutet werden. Vgl. Eckart Conze, *Die Suche nach Sicherheit. Eine Geschichte der Bundesrepublik Deutschland von 1949 bis in die Gegenwart*, München 2009, 532–533.

129 BArch B 196/17850, Schreiben von Seibold an MinR Wilckens vom 5.7.1972.

130 BArch B 196/17852, Antrag dreier Stellen auf Nutzung der VALDIVIA vom 29.8.1973.

131 Fellerer, Manganknollen, 76.

ungünstige Achterlastigkeit aus.[132] Die unzuverlässige Elektronik des Windensystems beeinträchtigte insbesondere den Einsatz des Kastengreifers und damit des zentralen Arbeitsschrittes für die Bergung von Manganknollen erheblich. Schultze-Westrum berichtete entsprechend: „Durch die großen Schwierigkeiten und täglichen Ausfälle ist die Stimmung unter den Technikern nicht gerade die beste."[133] Hier widersprechen die Akten der 1980 veröffentlichten Gesamtdarstellung aller VALDIVIA-Fahrten; darin werden nur unbedeutende Unterbrechungen aus technischen Gründen angegeben.[134] Die technischen Probleme spielten in den kritischen Überlegungen hinsichtlich einer Fortsetzung bzw. Ausweitung der staatlichen Förderung auf die AMR als Partner in einem internationalen Joint Venture jedoch keine Rolle.

Trotz der bestehenden Vorbehalte kam es nach einem Treffen mit Vertretern der AMR im Forschungsministerium im Juli zu einer Vereinbarung zwischen beiden Seiten, wonach im Rahmen einer „relativ unverbindliche[n] Absichtserklärung" das vom Bund gecharterte Forschungsschiff VALDIVIA für die weiterhin gemeinsam durchzuführenden Manganknollen-Explorationsfahrten bis 1978 zur Verfügung gestellt werden sollte.[135]

Das Bundeswirtschaftsministerium unterstützte die Vorgehensweise des BMFT und sprach sich 1976 – jedenfalls „soweit möglich – für eine Intensivierung der finanziellen Förderung" aus, weil „die langfristige Sicherung der Rohstoffversorgung und das Erreichen einer technologischen Spitzenposition gleichrangig von vitalem Interesse für die Bundesrepublik sind."[136] In dem nur für den Dienstgebrauch ausgewiesenen Schriftstück *Wirtschaftliche Aspekte des Tiefseebergbaus auf Manganknollen* erörterte das BMWi die Zukunftschancen des Themas.[137] Das Dokument sagte „ein weiteres Ansteigen des Weltbedarfes an Kupfer, Nickel, Kobalt und Mangan" voraus, ging von einer hohen Relevanz des Meeresbergbaus ab „dem Jahre 2000" insbesondere für die Rohstoff-Versorgungssicherheit der Bundesrepublik aus und sah eine „beträchtliche volkswirtschaftliche Bedeutung" in der Unterstützung meerestechnisch tätiger deutscher Unternehmen. Hier sei „nur eine geringe Belastung mit fiskalischen und parafiskalischen Abgaben" ratsam, um ein „günstiges Investitionsklima"

---

132 BArch B 196/17850, diverse Schriftstücke.

133 BArch B 196/17848, Protokoll eines Anrufs von Schultze-Westrum von Bord VALDIVIA am 20.10.1972.

134 Schott, Programm und Ergebnis der „Valdivia"-Fahrten, 9–10; Kaiser, Schiffstechnischer Überblick, 28.

135 BArch B 196/17801, Ergebnisvermerk zur Besprechung mit der AMR „Konsortialbildung" am 12.7.1974 im BMFT.

136 BArch B 108/71390, Schreiben von Sames (BMWi) an Wilckens vom 15.12.1976.

137 Ebd., Anlage „Wirtschaftliche Aspekte des Tiefseebergbaus auf Manganknollen", 13.12.1976.

zu schaffen. Dennoch hieß es: „Vor 1985 ist kaum mit dem Beginn kommerzieller Knollenförderung zu rechnen."[138]

Einerseits wurde der Tiefseebergbau hier realistisch beschrieben als Projekt mit langer Anlaufphase, großem technologischem Entwicklungsaufwand und spät einsetzender wie vorab kaum zu beziffernder Rentabilität. Andererseits wurde im Falle erfolgreicher Etablierung ein Ertrag nahe der „international üblichen Anreizschwelle von 15 % nach Steuern" für möglich gehalten. Darüber hinaus erschien vor allem die Frage der technischen Machbarkeit als weitgehend geklärt: Auf den VALDIVIA-Fahrten wurden Explorationsgeräte aller Art auf ihre Praxistauglichkeit hin untersucht; sie dienten der Probenentnahme, der Erfassung der Meeresbodenbeschaffenheit und der Bildübermittlung von in die Tiefe hinabgelassenen Kameras – sogenanntes „Tiefseefernsehen".[139]

Bei diesen Gelegenheiten wurden zudem zwei Verfahren zur anschließenden Förderung der Knollen aus einer Tiefe von mehreren tausend Metern in Pilotversuchen getestet. Bei dem sogenannten Airliftverfahren wurde Pressluft durch ein Rohr auf den Meeresboden geleitet, um die Knollen durch die Förderleitung an Bord des Förderschiffs zu holen, beim Hydraulikverfahren erzeugte eine zwischengeschaltete Pumpe die erforderliche Förderkraft. Die Preussag hatte außerdem erfolgreich einen Kollektor eingesetzt, der für die Lösung der Knollen vom Meeresboden benötigt wurde.[140] Insbesondere die Entwicklung solcher Kollektoren machte im Lauf der 1970er Jahre große Fortschritte, wie dem *Gesamtprogramm Meeresforschung und Meerestechnik* des Bundesforschungsministeriums von 1976 zu entnehmen war.[141] Auf den VALDIVIA-Fahrten waren verschiedene Modelle getestet worden, die die Knollen mit einem Wasserstrahl vom Boden aufwirbelten oder mit einem Messer oder einer Schaufel anhoben, um sie in einen Fangkorb befördern – gleichsam nach dem Prinzip eines Rasenmähers –, während einfachere Bauarten lediglich über den Meeresboden gezogen wurden, um die Knollen passiv einzusammeln.[142] Der für die Preussag auf diesem Gebiet tätige Geophysiker Helmut Richter nannte die „Exploration der Tief-

---

138 Ebd. Zu den Wirtschaftlichkeitsprognosen im Allgemeinen vgl. Sparenberg, Meeresbergbau nach Manganknollen, 137–138.

139 Helmut Richter, Explorationstechnische Entwicklungen, in: Wolfgang Schott u. a., *Die Fahrten des Forschungsschiffes „Valdivia" 1971–1978. Geowissenschaftliche Ergebnisse (Geologisches Jahrbuch, Reihe D, Heft 38)*, Hannover 1980, 157–182, hier 161–176.

140 BArch B 108/71390, „Wirtschaftliche Aspekte des Tiefseebergbaus auf Manganknollen", 13.12.1976; Fellerer, Manganknollen, 72–74; Sparenberg, Meeresbergbau nach Manganknollen, 133.

141 *Gesamtprogramm Meeresforschung und Meerestechnik 1976–1979*, 45.

142 Richter, Explorationstechnische Entwicklungen, 177–181. Vgl. außerdem Klaus Wiendieck, Studie zur technischen Konzeption von Meeresboden-Fahrzeugen, in: *mt 3, 2 (1972)*, 41–48; Manganknollenbergbau: Erfolgreiche Kollektorerprobung, in: *mt 8, 1 (1977)*, 18–19.

see [einen] Schritt in technisches Neuland."[143] Sein Preussag-Kollege Fellerer sprach ebenfalls von „Neuland" und einer „terra incognita", in der „man sich langsam vorwärts tastend zurechtfinden, Fuß fassen und sich behaupten" musste.[144]

Es zeichnete sich also ab, dass eine ganze Reihe technischer Schwierigkeiten des Meeresbergbaus bei entsprechendem finanziellem und organisatorischem Aufwand durchaus lösbar waren. Eine weitere Problemlage zeichnete sich im Verlauf der 1970er Jahre allerdings auch ab: Die Gefährdung der Umwelt spielte eine zunehmende Rolle – auch in Verbindung mit technischen und organisatorischen Fragen des Meeresbergbaus. Dabei ging es keineswegs nur um eine mögliche Verschmutzung des Meerwassers oder eine Schädigung des Meeresbodens oder der im Pelagial lebenden Organismen eines Abbaugebiets. Diese Aspekte wurden schon früh und parallel zu den Explorationsversuchen untersucht und gewannen mit der Zeit an Bedeutung.[145]

Ebenso waren potenzielle Standorte für Verarbeitungsanlagen an Land unter Umweltgesichtspunkten abzuwägen. Mit Blick auf die Manganknollenfelder im Pazifik legten das *Forschungsinstitut für internationale technisch-wirtschaftlichen Zusammenarbeit* der *Technischen Hochschule Aachen* und das *Department of Economics* der *Florida Atlantic University* im Februar 1976 eine umfangreiche „Pre-Feasibility-Studie über alternative Standorte für eine Verarbeitungsanlage von Manganknollen" an der Westküste Kanadas und der Vereinigten Staaten oder Mexikos vor.[146] Die Studie entstand in Verbindung mit der Metallgesellschaft AG, einem Mitgliedsunternehmen der AMR, und bestand aus drei Teilen: Der erste Teil bezog sich auf einen Küstenabschnitt zu beiden Seiten der kanadisch-amerikanischen Grenze zwischen Prince Rupert in British Columbia auf Höhe der Queen Charlotte Islands und Grays Harbor im US-Bundesstaat Washington. In der gesamten Region, so stellte die Studie in mitunter bedauernd fest, galten für den Umweltschutz „so strenge Maßstäbe, daß Neuansiedlungen von Schwerindustrie häufig verhindert würden; versprochene Lockerungen – so äußerten sich zahlreiche Gesprächspartner – seien bisher leider noch nicht

---

143 Richter, Explorationstechnische Entwicklungen, 157.

144 Fellerer, Manganknollen, 68.

145 Hjalmar Thiel, Verschmutzung und Vergiftung der Meere. Zur Notwendigkeit des Meeresumweltschutzes, in: Wolfgang Graf Vitzthum (Hg.), *Die Plünderung der Meere. Ein gemeinsames Erbe wird zerstückelt*, Frankfurt a. M. 1981, 131–160; Jürgen Schneider, Ökologische Konsequenzen des Tiefseebergbaus. Vor dem Hintergrund zivilisationsökologischer Konflikte zwischen Rohstoff- und Umweltvorsorge, in: Wolfgang Graf Vitzthum (Hg.), *Die Plünderung der Meere. Ein gemeinsames Erbe wird zerstückelt*, Frankfurt a. M. 1981, 161–186; Sparenberg, Ressourcenverknappung, 119–122.

146 BArch B 196/19495, Site Selection. Pre-Feasibility-Studie über alternative Standorte für eine Verarbeitungsanlage von Manganknollen, bearb. von Franz Diederich / Wolfgang Müller / Hubertus Seifert / Willy J. Feuerlein / Havemann, Hans A., Aachen/Boca Raton, FL 1976.

durchgesetzt worden."[147] Eine Erkenntnis der Studie war: „Neben rein ökonomischen Gesichtspunkten [...] wird der Standortfaktor Umwelt zum entscheidenden Kriterium der Prozeßwahl."[148]

Der zweite Teil der Studie war möglichen Standorten in Mexiko gewidmet und kam im Prinzip zu ähnlichen Ergebnissen wie im Fall von Kanada und den USA.[149] Dennoch beurteilten die Autoren im Rahmen der Empfehlungen im dritten Teil der Studie Mexiko als geeigneteres Standortland. Zum einen ließen die jüngsten Prospektionsfahrten im östlichen Pazifik vermuten, dass die Distanzen von besonders ertragreichen Lagerstätten zur mexikanischen Küste geringer waren, was sich positiv auf den Transport als Kostenfaktor auswirken würde. Zum anderen

> „würde mit Mexiko ein Entwicklungsland in die Wahlmöglichkeiten einbezogen – ein Gesichtspunkt, der angesichts der Polarisation zwischen Industrie- und Entwicklungsländern sowie der noch ungeklärten Rechtslage beim Meeresbergbau eine besondere Bedeutung erlangen könnte."[150]

Die Umweltproblematik, die in der genannten Machbarkeitsstudie thematisiert war, tangierte die Seerechtsdiskussion zwar nur indirekt, aber die völkerrechtlichen Konfliktlinien auf dem Feld der Internationalen Beziehungen waren 1976 doch so ausgeprägt, dass auch dieser landbezogene Aspekt des Meeresbergbaus von ihnen berührt wurde.

5.5 Manganknollen unter Plexiglas: Meeresbergbau in der Öffentlichkeit

Seitens der WIM wurde beklagt, dass dem Seerechts-Komplex „sowohl bei den maßgeblichen politischen Gremien als auch in der Öffentlichkeit in der Bundesrepublik zu wenig Beachtung geschenkt" werde. Gleichwohl schrieb man sich den Erfolg zu, in beiden Bereichen mit entsprechenden Stellungnahmen eine Sensibilisierung bewirkt zu haben.[151] Obgleich der Wirkungsgrad schwer einzuschätzen ist und auf politischer Ebene auch ohne die Bemühungen der WIM bereits eine große Aufmerksamkeit in Seerechtsfragen herrschte, war ihre Öffentlichkeitsarbeit zweifellos rührig. Neben

---

147 Ebd., 25.
148 Ebd., 26.
149 Ebd., 87–88.
150 Ebd., 104.
151 Wirtschaftsvereinigung Industrielle Meerestechnik, *Jahresbericht 1978*, 43–44.

PR-Aktionen und der Teilnahme an in- und ausländischen Messen trug auch eine breit ausgerichtete Pressearbeit Früchte:

> „[Die] Placierung von Titelgeschichten und Grundsatzbeiträgen zwecks Profilierung eines Branchenbildes (z. B. Industriemagazin, Wirtschaftswoche, FAZ) haben zu einer starken Breitenwirkung bei der Durchsetzung des meerestechnischen Anliegens in öffentlicher Meinung und öffentlichem Urteil geführt. Eine firmengebundene Branchenanalyse der meerestechnischen Industrie ist bei der FAZ (Blick durch die Wirtschaft) in Form einer dreiteiligen Sonderserie in Vorbereitung."[152]

Die AMR als aktivste Gruppe innerhalb der Wirtschaftsvereinigung gab 1978 eine eigene, umfangreiche Informationsbroschüre heraus, die ebenfalls auf eine breite Wahrnehmung in der Öffentlichkeit zielte.[153] Der darin an prominenter Stelle zum Ausdruck gebrachte Dank an die Bundesministerien für Wirtschaft und für Forschung und Technologie für deren Förderung meerestechnischer Tätigkeiten seit 1969 galt dabei wohl nicht nur der Bundespolitik insgesamt. Der Bremerhavener SPD-Bundestagsabgeordnete Horst Grunenberg versandte die Broschüre an die Stadtverordnetenfraktion seiner Partei in der Hafenstadt mit dem Hinweis, „daß für Bremerhavener alles von Interesse ist, was seebezogene Wirtschaftsentwicklungen anbelangt." Grunenberg optimistisch: „Besonders der technologische Bereich ist für uns von höchstem Interesse, bieten sich doch für die Werften in der Zukunft Betätigungsmöglichkeiten, die weit über den bisherigen Schiffbau hinausgehen." Die Anregung zur Erstellung der Broschüre wollte Grunenberg außerdem selbst gegeben haben.[154]

Die Schrift diente dazu, die AMR und das internationale Joint-Venture kurz vorzustellen, besonders ausführlich aber auf die Ergiebigkeit der bekannten Manganknollen-Vorkommen in den Ozeanen, die politisch-rechtliche Situation im Hinblick auf ihre Ausbeutung und vor allem die technische Machbarkeit einzugehen. Diesbezüglich stach aus den hier reproduzierten einschlägigen Presseberichten eine Pressemitteilung der AMR vom 23.5.1978 hervor: „Es ist bewiesen, der Tiefsee-Bergbau von Manganknollen ist technisch realisierbar."[155] Allerdings enthielt die Broschüre ebenso eine Reihe von einschränkenden oder zurückhaltenden Aussagen, ausgehend

---

152 Ebd., 47.

153 Arbeitsgemeinschaft meerestechnisch gewinnbare Rohstoffe (Hg.), *Manganknollen aus der Tiefsee – Rohstoffe der Zukunft*, Frankfurt a. M. 1978, o. P.

154 Schreiben Horst Grunenbergs an SPD-Stadtverordnetenfraktion Bremerhaven vom 18.7.1978. Das Schreiben ist dem in der Bibliothek des Deutschen Schiffahrtsmuseums Bremerhaven vorhandenen Exemplar der genannten Broschüre beigelegt.

155 Arbeitsgemeinschaft meerestechnisch gewinnbare Rohstoffe, *Manganknollen aus der Tiefsee*.

von der „Erkenntnis, daß die Tiefsee in Wirklichkeit ein ebenso fremdes und technologisch enorm schwer erschließbares Terrain wie beispielsweise die Mondoberfläche darstellt." Die Meeresforschung habe „in den letzten Jahren wahrscheinlich den Schlüssel zu der Tür einer sehr großen, allerdings wiederum nicht unendlichen Rohstoffschatztruhe geliefert." Bezüglich der langfristigen Wirtschaftlichkeit des Tiefseebergbaus könnten „selbst die Experten nur vage Vermutungen anstellen." Und die Gestaltung des künftigen Seerechts hänge letztlich von der Lösung des Konflikts zwischen Industrie- und Entwicklungsländern ab.[156]

Hier gab sich die AMR allerdings optimistisch, um die zentrale Botschaft der Broschüre nicht ad absurdum zu führen, nämlich die Gewinnung mineralischer Rohstoffe als lohnend, machbar und vor allem notwendig darzustellen:

> „Die Erz-Reserven der Tiefsee stellen im Vergleich zu Landvorkommen insgesamt das wohl größte der Menschheit je bekanntgewordene Nichteisenmetall-Erzvorkommen dar. Wir können es uns nicht leisten, diese Tatsache lediglich zur Kenntnis zu nehmen und alle diesbezüglichen Arbeiten den nächsten Generationen zu überlassen. Wenn immer man gewillt ist, die Geschichte als eine Kausalkette von menschlichen Erfahrungen zu erachten, dann hat der Mensch gelernt, daß Vorsorgen meist besser ist als Abwarten."[157]

Im Übrigen wies die AMR darauf hin, dass die sogenannten Manganknollen im Allgemeinen „wohl besser als Erzknollen" zu bezeichnen seien, weil sie diverse andere Mineralien enthielten, die zudem wirtschaftlich interessanter als das namengebende Mangan wären.[158] Dennoch trug die Informationsschrift den Titel *Manganknollen aus der Tiefsee*, weil diese Bezeichnung sich wohl bereits in den Siebziger Jahren in Politik und Öffentlichkeit durchgesetzt hatte.

Die Forschungsprogramme der Bundesregierungen ebenso wie die Broschüren der meerestechnischen Industrie allein belegen, dass die Siebziger Jahre die Dekade waren, in dem das Thema Meeresbergbau sowohl in der Politik als auch in der Öffentlichkeit in Deutschland am präsentesten war.

Die Öffentlichkeit sollte in erster Linie durch eine ganze Reihe großer Messeveranstaltungen auf den Meeresbergbau aufmerksam werden. Vom 10. bis 15. November 1970 fand in Düsseldorf die *Interocean '70* statt. Die Messe wurde als *Internationaler Kongreß mit Ausstellung für Meeresforschung und Meeresnutzung* vorgestellt und sollte nach dem Willen der Veranstalter insbesondere zu einer Verstärkung der internationalen Zusammenarbeit in der maritimen Forschung führen. Dementsprechend

156 Ebd.
157 Ebd.
158 Ebd.

wurden rund ein Drittel der 21 Vorträge und ein vergleichbar großer Anteil der rund 70 schriftlichen Beiträge zu der zweibändigen Begleitpublikation von ausländischen Experten gehalten bzw. verfasst.[159] Die in dieser November-Woche in Düsseldorf behandelten Themen umfassten die gleichen Schwerpunkte wie das Gesamtprogramm der Bundesregierung von 1969 oder auch die Satzung der Wirtschaftsvereinigung industrielle Meerestechnik: Nutzung der biologischen und mineralischen Ressourcen des Meeres, Verhütung der Meeresverschmutzung, Küstenschutz und Entwicklung von Meerestechnik. Die WIM war zudem an der Organisation der Interocean '70 maßgeblich beteiligt. So war der Kongress für sie auch „[d]as wesentliche Ereignis für die deutsche Meerestechnik im Jahre 1970."[160]

Neben den Vortrags- und Diskussionssektionen ging es freilich in erster Linie um die Präsentation des meerestechnischen Entwicklungsstands am Beispiel der neuesten Gerätschaften aus deutscher und internationaler Produktion. Auf dem Düsseldorfer Messegelände stellten beispielsweise die *Deutsche Babeock AG* ein Unterwasserlaboratorium, das *Dräger-Werk* ein „Unterwasser-Iglu" und die britische Firma *Vickers* ein Forschungs-U-Boot vor. Ein Besuch von Jacques-Yves Cousteau verlieh der Schau zusätzlichen Glanz.[161] Die *Interocean '70* war vor allem eine Leistungsschau vornehmlich der meerestechnischen Industrie – aber eben nicht nur. Der Vorsitzende des Kongreßbeirats war der Präsident des Deutschen Hydrographischen Instituts, Hans Ulrich Roll. Die Vorträge hielten Experten aus Universitäten und anderen staatlichen Forschungseinrichtungen und aus der Industrie gleichermaßen. Die beiden Überblicksvorträge über den Meeresbergbau beispielsweise stammten von Wolfgang Schott von der *Bundesanstalt für Bodenforschung* und von Günther Saßmannshausen von der *Preussag*. Beide Vorträge künden noch von den Unsicherheiten hinsichtlich der Kenntnisse über Erzvorkommen am und im Meeresboden oder der Technik zur Exploration und Förderung von Mineralien.[162] 1970 waren die Expertisen der Experten noch überschaubar.

159 Interocean '70. Internationaler Kongreß mit Ausstellung für Meeresforschung und Meeresnutzung, 10. bis 15. November 1970. Bd. 1: Übersichtsreferate, Düsseldorf 1970; Interocean '70. Internationaler Kongreß mit Ausstellung für Meeresforschung und Meeresnutzung, 10. bis 15. November 1970. Bd. 2: Originalbeiträge, Düsseldorf 1970.

160 Wirtschaftsvereinigung Industrielle Meerestechnik e. V., Die meerestechnische Industrie der Bundesrepublik Deutschland, Düsseldorf 1973, 8. Zur Einschätzung der Bedeutung vgl. auch Interocean '70 – Forum für Meeresforschung und Meerestechnik, in: mt 2, 1 (1971), 9–19.

161 Interocean '70, Bd. 1, o. P. In der betreffenden Bildunterschrift lautet der Vorname des Franzosen allerdings fälschlich Jean-Yves.

162 Wolfgang Schott, Möglichkeiten der Nutzung mineralischer Rohstoffe aus dem Meeresboden und dem Meeresuntergrund, in: Interocean '70, Bd. 1, 23–28; Günther Saßmannshausen, Technische Probleme der Nutzung der marinen Lagerstätten, in: Interocean '70, Bd. 1, 29–34.

Der *Interocean '70* folgten in den Jahren 1973, 1976 und 1981 weitere drei Kongresse unter dem gleichen Namen. Was sich hingegen änderte, waren die thematischen Schwerpunkte sowie der Umfang der Veranstaltungen. Zunächst brachten *Interocean '73* und *Interocean '76* erneut zweibändige Begleitwerke mit jeweils sogar rund 100 Beiträgen hervor.[163] In beiden Jahren zeichnete Prof. Claus Kruppa vom Institut für Schiffstechnik der Technischen Universität Berlin für die Herausgabe verantwortlich. Was die behandelten Themen anging, fehlte 1973 der gesamte Bereich der Fischerei. Mehr als die Hälfte aller Beiträge bezog sich auf Erdöl, Erdgas und Mineralerze sowie auf deren Exploration, Förderung und Verarbeitung. Die übrigen Beiträge galten größtenteils der Entwicklung von Meerestechnik für die Meeresforschung und zum kleineren Teil bestimmten Fragen der Meeresverschmutzung. Letzteres fand wiederum 1976 nicht statt, dafür gab es wieder 15 Beiträge zum Gebiet der Fischerei. Indes hatte die Veranstaltung folgerichtig einen anderen Untertitel erhalten: *Internationaler Kongreß für Meerestechnik und Meeresforschung*.

Dann kam ein Bruch. Zur *Interocean '81* wurden nur noch zwölf Beiträge, die ausschließlich das Thema Meeresbergbau betrafen, geliefert.[164] Die Veranstalter benannten die frühere Messe in *Internationaler Kongreß für Meeresbergbau* um und verzichteten für die vierte Auflage auf die meerestechnische Ausstellung. Die *Interocean '81* fand daher auch an nur einem Tag im Juni statt. Die Autoren stammten mehrheitlich aus den Reihen der *Wirtschaftsvereinigung industrielle Meerestechnik* oder aus den mit den Manganknollen-Erkundungen befassten Forschungseinrichtungen, etwa der BGR oder der RWTH Aachen. Zudem wurde das „Kongreß-Berichtswerk" diesmal vom Vorstand der WIM herausgegeben. Der WIM-Vorsitzende Hans-Günther Stalp, wie Saßmannshausen gleichzeitig Vorstandsmitglied der *Preussag*, ging in seinem einleitenden, kurzen Beitrag nicht näher auf die Schrumpfung der von ihm immerhin als „traditionsreich" bezeichneten Veranstaltung ein.[165] Stalp zeigte sich dagegen zuversichtlich, dass die kurz vor dem Abschluss stehende Dritte Seerechtskonferenz der Vereinten Nationen noch Regelungen für den Meeresbergbau revidieren würde, die den deutschen Interessen entgegenstanden. Auch wollte er „jenen Zweiflern und

---

Saßmannshausens Ausführungen wurden allerdings von einem Mitarbeiter der Preussag vorgetragen, s. ebd.

163 *Interocean '73. 2. Internationaler Kongreß mit Ausstellung für Meeresforschung und Meeresnutzung, 13. bis 18. November 1973. Kongreß-Berichtswerk*, 2 Bde., Düsseldorf 1973; *Interocean '76. 3. Internationaler Kongreß mit Ausstellung für Meerestechnik und Meeresforschung, 15. bis 19. Juni 1976. Kongreß-Berichtswerk*, 2 Bde., Düsseldorf 1976.

164 *Interocean '81. Internationaler Kongreß für Meeresbergbau, 15. Juni 1981. Kongreß-Berichtswerk*, Essen 1981.

165 Hans-Günther Stalp, Wirtschaftliche und versorgungspolitische Aufgabenstellung des Meeresbergbaus, in: ebd., 1–3, hier 1.

Kritikern entgegentreten, die [...] die Gewinnung bestimmter mineralischer Rohstoffe aus dem Meer in das nächste Jahrhundert und später verlagern" wollten.[166] Die zu diesem Zeitpunkt fallenden Rohstoffpreise machten die Ausbeutung maritimer Vorkommen auch langfristig nicht obsolet, bekräftigte Stalp, sondern seien vielmehr notwendige Vorsorge:

> „Nun haben Knollen, Schlämme und Sande nicht die zentrale Bedeutung wie die Energie-
> rohstoffe, aber das derzeitige Überangebot an metallischen und nichtmetallischen Rohstof-
> fen, das zu sinkenden und vielfach nicht mehr auskömmlichen Preisen führt, ist kein Beweis
> für eine langfristig ausreichende Rohstoffvorsorge, sondern nur eine Folge des weltweiten
> Wachstumseinbruchs, letztendlich ausgelöst durch die Energiekrise."[167]

Die breite Öffentlichkeit bekam von der *Interocean '81* nicht mehr viel mit, da die Presse nicht nennenswert über die Veranstaltung berichtete.

Das war zehn Jahre zuvor noch anders gewesen. Allein in der FAZ erschienen zwischen dem 11. November – dem zweiten Kongreßtag – und dem 25. November 1970 fünf längere Berichte über die *Interocean '70*, von denen zwei auf meerestechnische Entwicklungen im engeren Sinn konzentriert waren und zwei weitere vor allem dem Thema Meeresverschmutzung Platz gaben.[168] Der allein für drei der Artikel verantwortliche Redakteur Key L. Ulrich ordnete die Veranstaltung nüchtern in ihren politischen und wirtschaftlichen Kontext ein; sie orientiere sich inhaltlich an den Schwerpunkten des im Jahr zuvor erstellten Gesamtprogramms für die Meeresforschung der Bundesregierung und finde in Düsseldorf und nicht etwa an einem der Küstenstandorte der Meeresforschung statt, da hier die Nähe zur mitveranstaltenden WIM und den in ihr vertretenen Firmen vornehmlich der Maschinenbau- und der Schwerindustrie gegeben sei. Deutsche Wirtschaft und Politik hätten die wachsende Relevanz der Gewinnung mineralischer Rohstoffe aus dem Meer erkannt. In dieser „Schatzsuche der Zukunft" bestehe denn auch das „Hauptthema" des Kongresses, das ferner die Fragen nach seerechtlichen Regelungen, dem Schutz der Meeresumwelt und so zwangsläufig auch eine internationale Dimension mit sich bringe:

---

166 Ebd., 2.
167 Ebd.
168 Key L. Ulrich, Für den Ozean-Bergbau gerüstet, in: *FAZ vom 11.11.1970*, 9; ders., Roboter auf dem Meeresgrund mit Fernsehleitung zum „Leitschiff", in: *FAZ vom 13.11.1970*, 9; ders., Menschen und Abfälle vereint im Meer, in: *FAZ vom 17.11.1970*, 8; Vom Unterwasserlabor bis zum Tiefsee-Bohrschiff, in: *FAZ vom 19.11.1970*, I; Vitalis Pantenburg, Die Bodenschätze der Ozeane, in: *FAZ vom 25.11.1970*, 33.

„Der völkerrechtliche verschwommene Begriff von der ‚Freiheit der Meere' ist die Zwickmühle für die Entscheidungen der Wirtschaft und damit auch für die Meeresforschung, die sich trotz aller ideellen internationalen Proklamationen im Schlepptau der nationalen Investitionspolitik befindet."[169]

So sachlich die Themenkreise der Veranstaltung und ihre Verknüpfungen zu beschreiben waren, so beeindruckend stellte sich die technische Dimension der Messe dem Beobachter dar. „Die Welt des Jules Verne ist in den Messehallen Düsseldorfs Wirklichkeit geworden", schrieb Ulrich angesichts der zahlreichen, futuristisch anmutenden und oft originalgroßen Exponate.[170]

Was im Zuge der ausführlichen Berichterstattung über die *Interocean* ebenfalls zum Gegenstand kritischer Betrachtung in der Tagespresse wurde, waren die Zusammenhänge zwischen einer Intensivierung der Nutzung der Ressourcen der Meere und den damit einhergehenden Gefahren für die Reinheit der Meere. Besonders offensichtlich erschien ein solcher Zusammenhang im Rahmen des Kongresses, wenn die einen Unternehmen über bessere Mittel und Wege der Offshore-Ölförderung berieten, während die anderen technische Möglichkeiten zur Beseitigung von Ölverschmutzungen thematisierten. Darüber hinaus bezog sich das Thema der Reinhaltung des Meeres vor allem auch auf die Sauberkeit von Badestränden. Wo Urlauber nach Erholung suchten, schien die Gesundheit eher zunehmend gefährdet.[171] Dass das Meer als globales Ökosystem insgesamt schutzbedürftig sein könnte, war ebenfalls bereits Thema, doch dieser Aspekt wurde – von den Badestränden abgesehen – in erster Linie als Problem der Einleitung von Verschmutzungen durch Flüsse behandelt. Von Einigkeit unter den teilnehmenden Experten darüber, was überhaupt als Verschmutzung zu gelten habe, ab welchem Ausmaß sie als schädlich anzusehen sei und wie diesbezüglich das Seerecht gestaltet sein müsse, wusste die Zeitung nicht zu berichten: „Insgesamt deutete nicht viel darauf hin, daß die Abfallflut vom Land zum Meer in naher Zukunft aufgehalten oder nur kontrolliert wird."[172]

Die beiden umfangreichsten Artikel aus der Reihe von Berichten zur *Interocean* '70 waren jedoch fast vollständig der Meerestechnik gewidmet. In ihnen ging es um Unterwasserfahrzeuge, Tauchtechniken, Bohrtechniken für die Exploration, Unterwasserlaboratorien und die Frage, wie Menschen unter Wasser überleben können, wobei gerade hierbei einmal mehr Tauchpionier Cousteau als Referenz diente.[173]

169 Ulrich, Für den Ozean-Bergbau gerüstet.
170 Ebd.
171 Ulrich, Roboter auf dem Meeresgrund.
172 Ulrich, Menschen und Abfälle vereint im Meer.
173 Vom Unterwasserlabor bis zum Tiefsee-Bohrschiff.

Die meerestechnische Machbarkeit war nicht die Kardinalfrage – hier gingen die Beobachter ebenso wie die vortragenden Experten und werbenden Unternehmen zumeist davon aus, dass die bestehenden Ansätze eine geeignete Grundlage für Verbesserungen und Fortentwicklungen seien. Dazu wurde die seit langem erfolgreich praktizierte Ausbeutung von Erdöllagerstätten vor den Küsten als Beweis geführt. Zu beklagen sei stattdessen der Rückstand, den die Bundesrepublik vor allem auf die meerestechnisch führende Nation USA hatte. Die Sowjetunion vermutete Redakteur Pantenburg zwar ebenfalls auf einem der vorderen Ränge, formulierte hier aber dennoch zurückhaltend. Das größte Hindernis für die Beseitigung des Entwicklungsrückstands vor allem gegenüber den USA stellte seinen Ausführungen zufolge „der akute Mangel an meerestechnischen Fachkräften" in Deutschland dar. Wenngleich an mehreren (nord-)deutschen Universtäten Ozeanografie gelehrt werde, fehle es doch an ingenieurstechnischen Studien- und Ausbildungsgängen. Die „Aufbauseminare Meerestechnik" an der TU Berlin bildeten die absolute Ausnahme.[174]

Die *Interocean '70* hatte einen Eindruck in der Öffentlichkeit hinterlassen, der dazu führte, dass über die Nachfolgeveranstaltung drei Jahre später bereits im Vorfeld berichtet wurde. In einem Bericht aus dem Dezember 1972 über Forderungen der WIM an die Bundesregierung nach einer höheren finanziellen Unterstützung – damit war vor allem eine „Ausfallbürgschaft für ‚technische Erstlingsspannen'" gemeint – warf die *Interocean '73* ihren Schatten voraus.[175] Als diese dann vom 13. bis 18. November 1973 stattfand, sorgte zweifellos auch der Ölpreisschock für eine erneut ausführliche Berichterstattung. Die Politik der Förderländer zu einer künstlichen Verknappung des Erdöls verlieh dem Kongress „eine nicht vorausgesehene aktuelle Bedeutung" und ließ das Thema der Nutzung von maritimen Erdöl- und Erdgaslagerstätten besonders brisant erscheinen.[176] Der Meeresthemenspezialist der FAZ Harald Steinert nutzte die Gelegenheit für einen umfassenden Überblick über die für die Erdölförderung in Frage kommenden Seegebiete vor Europas Küsten. Neben den als höchst ergiebig eingeschätzten Ölfeldern im Meeresuntergrund der Nordsee gäben vor allem Probebohrungen im Nordmeer und in der Barentssee Anlass zu der Hoffnung, Europas Abhängigkeit von Ölimporten erheblich zu reduzieren zu können. Allerdings lagen die „in groben Zügen" abgeschätzten Vorkommen in nördlichen Gewässern in Tiefen von mehreren hundert bis zu 1500 Metern und damit viel tiefer als in der vergleichsweise flachen Nordsee. Steinert blieb bei seinen Prognosen zur technischen Machbarkeit der Förderung vorsichtshalber noch im Konjunktiv.[177]

174 Pantenburg, Die Bodenschätze der Ozeane.
175 „Deutschland braucht eine starke Meerestechnik", in: *FAZ vom 5.12.1972*, 15.
176 Erdöl und Erdgas aus tiefem Wasser, in: *FAZ vom 13.11.1973*, 13.
177 Harald Steinert, Das Erdöl vor den Küsten Europas, in: *FAZ vom 22.11.1973*.

Das galt im Prinzip auch für die Möglichkeiten zur Gewinnung mineralischer Ressourcen. Nur fiel hier die finanzielle Dimension noch mehr ins Gewicht. Um eine rentable Erzförderung im Pazifik aufzubauen, seien Entwicklungsaufgaben zu erledigen, die „viele hundert Millionen Mark" erfordern würden.[178] Die rund 40 Millionen DM für 1973 und die 62 Millionen DM für 1974, die seitens der Bundesregierung für die Förderung von Meeresforschung und Meerestechnik bereitgestellt würden, wie Bundesforschungsminister Horst Ehmke in seiner Eröffnungsrede sagte, waren da eher geeignet, der Aufbruchstimmung Abbruch zu tun. Deutsche Unternehmen waren durchaus als Zulieferer für ausländische Offshore-Förderprojekte tätig, etwa im Bau von Spezialschiffen zur Versorgung von Bohrinseln oder von Unterwasserpipelines. Auch für eigene Aktivitäten rund um die Manganknollen-Exploration fanden sie durchaus funktionsfähige Lösungen für technische Aufgaben, beispielsweise Geräte zur Entnahme und Analyse von Erzproben aus der Tiefsee. Dennoch mochte die FAZ den Technikoptimismus, der auch 1973 wieder in der zum Kongress gehörenden Ausstellung mit spektakulären Exponaten zum Ausdruck gebracht wurde, nicht so recht zu teilen. In den drei Jahren seit der ersten messetauglichen Bestandserhebung der deutschen Meerestechnik habe es zwar Fortschritte gegeben, doch die aktuelle Ausstellung zeige nach wie vor beides: „Wirklichkeit und Träume" – in bestenfalls ausgeglichener Gewichtung.[179]

Die Preussag hatte sich freilich ein besonderes Werbegeschenk einfallen lassen: eine kleine Manganknolle unter Plexiglas, selbst gefördert sozusagen. Wie zum Beweis für die Machbarkeit des Tiefseebergbaus und wohl wissend um den Symbolcharakter der Knollen, zeigte die originelle Werbegabe an, was quasi als Flaggschifftechnologie der deutschen Meerestechnik gelten konnte. Die Zeitung deutete diese Knolle aber noch in anderer Hinsicht als Symbol, nämlich für den Entwicklungsstand der Meerestechnikindustrie: „ein harter Kern, unerreichbar eingesperrt in einem Gefängnis der Illusionen."[180] Dem Wissen um die generelle technische Machbarkeit des Meeresbergbaus und ersten greifbaren Erfolgen von bescheidenem Umfang stand die schwerwiegende Finanzierungsfrage gegenüber. Ferner setzten sich die technischen Herausforderungen nach der Förderung der Erzknollen fort; auch deren Weiterverarbeitung verlangte nach neuen Verfahren, die zudem umweltverträglich zu sein hatten. Der chemische Aufschluss der in den Knollen enthaltenen Metalle konnte mitunter giftige Abfallstoffe produzieren, die nicht einfach an Ort und Stelle verklappt werden konnten. Auch hierfür war 1973 noch kein ideales Verfahren gefunden worden.[181]

---

178 Schatzsucher, die viele hundert Millionen Mark brauchen, in: *FAZ vom 15.11.1973*, 10.

179 Ebd.

180 Ebd.

181 Harald Steinert, Teure Aufarbeitung der Tiefsee-Manganknollen, in: *FAZ vom 28.11.1973*, 34.

Dieses Problem sollte im Übrigen auch in der Machbarkeitsstudie zu Verarbeitungs-standorten an der Pazifikküste zwischen Kanada und Mexiko von 1976 eine wichtige Rolle spielen, in der darauf hingewiesen wurde, „wie schwierig häufig der Genehmi-gungsprozeß für die Deponien von ‚Dredge-Gut‘ ist; um wieviel sorgfältiger wird man prüfen, wenn nicht giftstoffreicher Sand und Kies, sondern Schlacke aus chemischen Prozessen abgelagert werden soll."[182] Insgesamt offenbarte die *Interocean '73* trotz aller „in Teilbereichen und bei kleineren Geräten und Instrumenten beachtliche[n] Fort-schritte" nach wie vor einen Rückstand der deutschen Industrie: „Die deutsche Mee-restechnik sucht den Anschluß."[183]

Als die dritte *Interocean* vom 15. bis 19. Juni 1976 stattfand, fiel das Presseecho nur noch verhalten aus: Am ersten Tag der Veranstaltung erschien in der FAZ immer-hin noch ein längerer Bericht, der die Meerestechnik einmal mehr zur „Wachstums-branche" erklärte und dabei die gleichen Aspekte betonte, die seit der ersten Auflage des Kongresses die öffentliche Wahrnehmung des Themas prägten, nämlich die im-pulsgebende Bedeutung der Offshore-Förderung von Erdöl und Erdgas für die Mee-restechnik insgesamt sowie die Spezialisierung der deutschen Industrie auf Service-leistungen und Verarbeitungstechnologien für den internationalen Offshore-Betrieb. Trotz der auf rund 100 Millionen DM gestiegenen staatlichen Finanzhilfen erschien der Kapitalbedarf für die als hoch risikoreich dargestellte Entwicklung von größeren eigenen Projekten deutscher Unternehmen nach wie vor als Hindernis.[184] Was sich seit 1970 geändert hatte, war die Zuversicht, dass die politisch-rechtlichen Rahmen-bedingungen für ein deutsches Engagement im Meeresbergbau langfristig günstig bleiben würden. Der im Wesentlichen einen Überblick über meerestechnische In-dustriezweige bietende Bericht stand im Zeichen dieser schwindenden Zuversicht:

> „In Nairobi haben die Entwicklungsländer auf der Welthandelskonferenz die Industrielän-
> der in die Enge getrieben, und zuvor ist in New York auf der Seerechtskonferenz der Ver-
> einten Nationen die ohnehin nur noch begrenzt vorhandene ‚Freiheit der Meere‘ weiter
> eingeengt worden."[185]

Diese „Verschiebungen", so der Autor des Berichts, seien in dieser Form für die deut-sche Politik und Wirtschaft vor der Ölkrise noch nicht absehbar gewesen. Die bei den früheren Gelegenheiten so ausführlich berichtende FAZ druckte außer diesem

---

182 BArch B 196/19495, Site Selection. Pre-Feasibility-Studie über alternative Standorte für eine Verarbeitungsanlage von Manganknollen, 27.
183 A. Johansen, Die deutsche Meerestechnik sucht den Anschluß, in: *FAZ vom 19.12.1973*, 25.
184 Hans-Jürgen Simmersbach, Großen Chancen liegen im Meer, in: *FAZ vom 15.6.1976*, 11.
185 Ebd.

Artikel nur noch eine Meldung von knapp 20 Zeilen Länge nach Abschluss der Veranstaltung. Darin war von „über 10.000 Besucher[n] aus 45 Ländern" und einem Umsatz der deutschen Meerestechnik-Industrie von 2 Milliarden DM in 1975 die Rede. Zugleich war es jedoch vorsichtig formuliert, wenn die Messe gezeigt habe, dass sich „ein Wachstumsmarkt der Zukunft entwickeln kann."[186]

Noch vor der letzten *Interocean*-Veranstaltung von 1981 ergab sich durch eine Kooperation mit dem *Deutschen Schiffahrtsmuseum* in Bremerhaven eine etwas anders gelagerte Gelegenheit für die meerestechnische Industrie, zum Thema mineralische Ressourcen des Meeres in die Öffentlichkeit zu wirken: Am 18. Januar 1980 wurde mit einer gut besuchten Vortragsveranstaltung und in Anwesenheit des Bremer Senators für Wissenschaft und Kunst Horst Werner Franke eine Sonderausstellung *Meerestechnik* eröffnet.[187] Die Exponate waren in kurzer Zeit von Industrie, Hochschulen und Verbänden zur Verfügung gestellt worden und sollten zum einen naturgemäß technisch interessierte Bürger ansprechen, um sie mit einer „Zukunftstechnik" vertraut machen, zum anderen aber auch die Politik, denn „Forschung benötigt in Zukunft immer größere Anteile aus Steuermitteln", so der Berichterstatter der Schifffahrtszeitschrift *Hansa*.[188] Die Ausstellung widmete sich den Themen Meeresforschung und Meerestechnik, Marine Lagerstätten – es ging vor allem um Manganknollen und Erzschlämme aus dem Roten Meer, also um jene Gegenstände, die seit einem Jahrzehnt im Fokus der deutschen Aktivitäten gelegen hatten –, Tauchtechnik, Offshoretechnik und Polarforschung, wobei hier das Thema Krill einen Bezug zu aktuellen Bemühungen der deutschen Fischereiforschung herstellte.[189] Ob die Sonderausstellung den Erwartungen entsprechen konnte, war dagegen kein Gegenstand der Berichterstattung mehr.

Die *Interocean*-Kongresse bis 1976 hatten insgesamt das größere Potenzial geboten, um Aufmerksamkeit auf die Meerestechnik zu ziehen. Somit können sie am ehesten als Gradmesser für die Entwicklung des meerestechnischen Machbarkeitsdenkens im Verlauf der 1970er Jahre gesehen werden. Die rein technische Machbarkeit stand dabei freilich weniger im Vordergrund. Lösungen für hochspezifische Aufgaben auf dem Gebiet der Tiefsee-Exploration beispielsweise lieferten die beteiligten deutschen Firmen durchaus. Vielmehr zeichneten die Veranstaltungen eben diesen Wandel der Rahmenbedingungen nach. Es ging zunehmend darum, was nach den Regeln

---

186 Wachstumsmarkt Meerestechnik, in: *FAZ* vom 21.6.1976, 11.
187 Sonderausstellung „Meerestechnik" im Deutschen Schiffahrtsmuseum Bremerhaven, in: *Hansa* 117, 5 (1980), 330–331.
188 Ebd., 331.
189 Ebd.

eines neuen Seerechts künftig politisch machbar sein würde, und dieser Faktor würde letztlich auch die finanzielle Machbarkeit bedingen.

Die finanzielle Dimension war aber bereits für sich genommen, auch ohne seerechtliche Unwägbarkeiten, von entscheidender Bedeutung. Der WIM trat erst zum Ende der 1970er Jahre mit der *Dresdner Bank* ein Unternehmen der Finanzwelt bei; sie blieb die einzige Bank in der Wirtschaftsvereinigung.[190] Die *Commerzbank* gab 1973 eine Studie heraus, die lediglich einen Überblick über das Thema Meeresnutzung bot, jedoch keinerlei konkrete Angaben zur Rolle der Banken enthielt. Immerhin war die *Commerzbank* insofern am Puls der Zeit, als die Passagen zur Nutzung von Rohstoffen im und am Meeresboden am umfangreichsten ausfielen.[191] Die Studie erschien nur wenige Monate vor der zweiten *Interocean* und erwähnte die bevorstehende Messe auch. Der knappe Hinweis diente aber vor allem dazu, den nach wie vor enormen Wissensbedarf auf allen Feldern der Meeresnutzung in Erinnerung zu rufen.[192] Tatsächlich schlossen die von Nobert Küppers unter Verwendung u. a. von Schriften und Daten der WIM zusammengetragenen Informationen mit der Prognose: „Gute Chancen für deutsche Industrie", um dann unter dieser Überschrift dennoch ein relativ zurückhaltendes Fazit zu ziehen:

> „Die deutsche Industrie hat trotz eines gewissen Vorsprungs der amerikanischen und teilweise auch der japanischen Konkurrenz gute Chancen, sich maßgeblich an der Entwicklung der Meerestechnik und der Bewältigung der wirtschaftlichen Probleme der Erforschung und Nutzung des Meeres zu beteiligen. Dies bedeutet zwar den Entschluß zur Expansion in einem mit vielen Risiken behafteten ‚Neuland'; die Voraussetzungen für eine erfolgreiche Beteiligung an diesem expandierenden Markt sind aber auf längere Sicht nicht ungünstig."[193]

Im Grunde war die Kernaussage der Commerzbank-Studie eine Aufforderung an die deutsche Industrie, sich stärker in der Meerestechnik zu engagieren. Hier lag wohl auch ein Grund dafür, dass der Meeresbergbau in der Bundesrepublik Deutschland nicht über erste Ansätze hinauskam. Zweifellos waren zwar dafür andere Aspekte von ausschlaggebenderer Bedeutung – nämlich die Ausgestaltung des Seerechtsübereinkommens von 1982 und der Verfall der Rohstoffpreise –, doch die Bedingungen für einen wenigstens einige Jahre im kleinen Rahmen praktizierten Bergbaubetrieb wa-

---

190 Wirtschaftsvereinigung Industrielle Meerestechnik e. V., *Die meerestechnische Industrie der Bundesrepublik Deutschland*, Düsseldorf 1979, 16.
191 Commerzbank, *Meeresnutzung*, o. O., 1973, 44–65.
192 Ebd., 2.
193 Ebd., 87.

ren durchaus gegeben. Die Erkundungsfahrten der VALDIVIA hatten ausreichend ergiebige Lagerstätten identifiziert und Geräte getestet, mit denen zumindest die Förderung von Manganknollen möglich war. Die Frage der Verarbeitung war zwar noch weitgehend offen, wäre aber für einen ebenso bescheidenen Rahmen möglicherweise zu beantworten gewesen. Schließlich hatte sich gezeigt, dass eine ganze Reihe von technischen Lösungen machbar gewesen wäre.

Es waren vor allem die Unwägbarkeiten im Hinblick auf die wirtschaftliche Machbarkeit, die das Wissen um die grundsätzliche technische Machbarkeit in den Schatten stellten. Nach mehreren Jahren der Exploration und technischen Entwicklung kamen gelegentlich auch Zweifel an der Qualität der Knollen selbst auf; auch diese für die Fachleute tendenziell schlechten Nachrichten fanden ihren Weg in die Öffentlichkeit, wenn auch in bescheidenerem Umfang als die großen politischen Fragen zur Seerechtskonferenz und zum Rolle der internationalen Joint Ventures. Über neue Erkenntnisse zur Abbauwürdigkeit der Knollen erschien zum Beispiel im Februar 1978 eine Meldung von gerade einmal 30 Zeilen Länge, nach der eine amerikanische Studie zu dem Ergebnis gekommen sei, dass der Gehalt an Nickel und Kupfer umso geringer ausfalle, je dichter die Knollenfelder auf dem Meeresboden besetzt waren. Da gerade die genannten Metalle die Knollen wirtschaftlich interessant machten, war das für die Rentabilitätsberechnungen ein beunruhigender Befund.[194] Ein halbes Jahr später hieß es in einer ebenfalls nur kurzen Meldung, dass der Bergbau auf Manganknollen wohl erst in den Neunziger Jahren rentabel sein werde, weil neben der weiter ungeklärten politischen und rechtlichen Lage nun auch der Weltmarktpreis für das „Schlüsselmetall" Nickel zu stark gefallen sei, um die erforderlichen immensen Investitionen zu wagen.[195] Nur einen Monat später präzisierte eine weitere Kurzmeldung mit Verweis auf Berechnungen der *Wirtschaftsvereinigung Bergbau*, dass eine rentable „Manganknollen-Ernte nur von Riesenfeldern" im Ausmaß von 60 Prozent der Fläche der Bundesrepublik lohne. Im Vergleich dazu musste die Ausbeutung von herkömmlichen Nickel-Lagerstätten an Land nun wiederum – auch ökonomisch betrachtet – naheliegender erscheinen.[196]

Was die Entwicklung des Wissens über die Manganknollen und ihre mögliche Förderung betraf, galt im Übrigen auch für die Exploration von Erzschlämmen im Roten Meer. Ebenfalls unter Einsatz der VALDIVIA und in Kooperation mit einem Bohrschiff des US-Konsortialpartners SEDCO förderten deutsche Geologen im Mai

---

194 Weniger Metallreserven in den Manganknollen? In: *FAZ vom 22.3.1978*, 29.

195 Meeresbergbau erst in den neunziger Jahren rentabel, in: *FAZ vom 8.8.1978*, 7. Zur Veränderung der Metallmarktentwicklung vgl. Sparenberg, Meeresbergbau nach Manganknollen, 138–139.

196 Manganknollen-Ernte nur von Riesenfeldern, in: *FAZ vom 6.9.1978*, 27.

1979 unter Leitung der Preussag aus dem Atlantis-II-Tief mitten im Meer zwischen Saudi-Arabien und dem Sudan erzhaltigen Schlamm aus rund 200 Metern Tiefe im Meeresboden, der sich wiederum an dieser Stelle in mehr als 2000 Metern Tiefe befindet.[197] Im Gegensatz zu den „legendären Manganknollen", wie *Spiegel*-Redakteur Bölke es ausdrückte, war am Schlamm aus dem Roten Meer in erster Linie die Gehalte an Zink und Kupfer und in geringerem Maß an Silber wirtschaftlich interessant. Den Preussag-Verantwortlichen Hans Amann zitierte der Artikel mit einem Satz, der für die zeitgenössische Einstellung der deutschen Meeresbergbaubefürworter nachgerade charakteristisch war: „Wir haben bewiesen, daß es technisch machbar ist." Bölke folgerte: „Die Preussag-Ingenieure machen da etwas, was vor ihnen noch niemand auf der Welt gemacht hat, und sie wollen, daß es funktioniert."[198] Darüber hinaus reichte die Frage der Wirtschaftlichkeit: „Zu gegenwärtigen Weltmarktpreisen, das wissen auch die Techniker der Preussag, würde der Abbau nicht lohnen. Da muß man weiter denken. ‚Lassen Sie bloß mal ein Produzentenland ausfallen', sinniert Amann. ‚Oder wenn's Krieg gibt …'"[199] In dem ausführlichen Artikel kam mithin jenes Dilemma zur Sprache, das sich 1979 für die Gewinnung mineralischer Rohstoffe aus dem Meer abzeichnete: Eine zunehmend ungünstige Entwicklung der Rohstoffpreise auf dem Weltmarkt ließ die meerestechnische Machbarkeit gegenüber der wirtschaftlichen Realisierbarkeit an Boden verlieren.

5.6 Tendenziös und esoterisch: Meeresbergbau und Seerecht

Obgleich die Entwicklung des Meeresbergbaus stark von makro-ökonomischen Faktoren bestimmt wurde, war der Einfluss der Seerechtsdiskussion zweifellos noch einflussreicher. Das wussten auch die Fachleute von der Preussag. Als der Manganknollen-Experte Rainer Fellerer nach Abschluss der VALDIVIA-Fahrten 1980 eine Bilanz in Sachen Manganknollen zog, sprach er davon, dass diese Rohstoffe „nach wie vor ungelöster Streitpunkt von UN-Seerechtskonferenzen sind und tendenziös auch als ‚Heritage of Mankind', ‚Erbe der Menschheit' bezeichnet werden."[200] Vom volkswirt-

197 Peter Bölke, Ein langer Weg nach Atlantis, in: *Der Spiegel, 26 (1979)*, 128–131, hier 128; Harald Bäcker, Erzschlämme, in: Wolfgang Schott u. a., *Die Fahrten des Forschungsschiffes „Valdivia" 1971–1978. Geowissenschaftliche Ergebnisse (Geologisches Jahrbuch, Reihe D, Heft 38)*, Hannover 1980, 77–108, hier 85–87.
198 Ebd., 129.
199 Ebd., 131.
200 Fellerer, Manganknollen, 39.

schaftlichen Standpunkt formulierte es Wilfried Prewo in der Halbjahresschrift des Kieler *Instituts für Weltwirtschaft* nüchtern und präzise:

> „Wirtschaftlichkeitsrechnungen des Meeresbergbaus müssen [...] neben den technisch-betriebswirtschaftlichen Aspekten die volkswirtschaftlichen Kosten einer effizienzmindernden rechtlich-institutionellen Regelung ebenso berücksichtigen wie die volkswirtschaftlichen Vorteile, die sich nicht in den Gewinnerwartungen eines einzelnen Projekts niederschlagen."[201]

Hatte die *Interocean '73* noch mit positiven Vorzeichen stattgefunden, waren auch die ersten Prospektionsfahrten in mehreren Meeren bis dato erfolgreich verlaufen und kündete die Gründung des internationalen Manganknollen-Joint Ventures Anfang 1975 ebenfalls noch von Optimismus, so begann mit den Verhandlungsrunden der Dritten Seerechtskonferenz ab 1974 das Pendel langsam in die entgegengesetzte Richtung auszuschlagen. Zunächst waren die Mitglieder der deutschen Delegation noch zuversichtlich, vorteilhafte Regelungen für die Nutzung von Rohstoffen aus der Tiefsee erzielen zu können. Die Konfliktlinie zwischen Entwicklungs- und Industrieländern war da jedoch bereits gezogen.[202]

Wie in den einführenden Kapiteln bereits dargelegt wurde, markierte eine Rede des Botschafters von Malta bei den Vereinten Nationen, Arvid Pardo, eine neue Stufe in der internationalen Seerechtsdiskussion. Es wäre nicht zutreffend, von einem Wiederbeginn zu sprechen, da bereits mit der Truman-Proklamation vom September 1945 ein „great sea rush" eingesetzt hatte.[203] Indem die USA mit dieser Proklamation die Ressourcen des Kontinentalschelfs und explizit auch des Meeresbodens ihrer Jurisdiktion unterwarfen, sorgten sie dafür, dass von Beginn an die Frage der Rohstoffe in allen künftigen Debatten um das Seerecht ihren Platz hatte. Die 1957 von der Generalversammlung der UN beschlossene erste Seerechtskonferenz trat von Februar bis April 1958 unter Beteiligung von 86 Staaten zusammen und verabschiedete die Konvention über das Küstenmeer und die Anschlusszone, die Konvention über die Hohe See, die Konvention über die Fischerei und die Erhaltung der lebenden Schätze der Hohen See sowie die Konvention über den Festlandsockel.[204] Letztere war die kürzeste der vier Konventionen und zum Zeitpunkt ihrer Verabschiedung

---

201 Prewo, Tiefseebergbau, 183.

202 Sparenberg, Meeresbergbau nach Manganknollen, 136; ders., Ressourcenverknappung, 116–117.

203 Glassner, *Neptune's Domain*, 5.

204 Ebd., 6–7; Hobe/Kimminich, *Einführung in das Völkerrecht*, 444.

keineswegs besonders umstritten;[205] die Aussicht auf den Meeresbergbau war noch zu diffus, die Interessen an der Nutzung der mineralischen Ressourcen waren noch nicht ausgeprägt genug. Zwar wurden die Konventionen binnen weniger Jahre von einer genügenden Anzahl von Staaten ratifiziert, um schließlich in Kraft zu treten, doch insgesamt war in der Staatengemeinschaft eine verbreitete Unzufriedenheit mit einer Vielzahl der Regelungen zu beobachten. Da die zweite Seerechtskonferenz von 1960 die offenen Fragen nicht klären konnte, traten also zwischen 1962 und 1966 vier Konventionen in Kraft, die das Konfliktpotenzial der Seerechtsthematik weniger einhegten denn bewahrten.[206]

Als Arvid Pardo im November 1967 in New York das Wort ergriff, lenkte er die Aufmerksamkeit sicher nicht auf die brennendste Frage, mit der sich die UN zu dieser Zeit hätten befassen können, er brachte aber mitnichten ein vergessenes Thema auf. Seine Rede war lang – sie dauerte insgesamt rund 3 Stunden – und leidenschaftlich.[207] Er äußerte seine Besorgnis über die verstärkte militärische Nutzung der Meere und die daraus drohenden Gefahren für eine Eskalation des Kalten Krieges, über die drohende Verseuchung der Meere durch radioaktive Abfälle, über die unbekannten ökologischen Konsequenzen des abzusehenden Meeresbergbaus, über die technischen Entwicklungen zur Rohstoffausbeutung in den Händen weniger reicher Staaten und die daraus folgende wachsende Ungleichheit zwischen Industrie- und Entwicklungsländern.[208] Letztere traten im Zuge des Nord-Süd-Konflikts und als wachsende Gruppe von unabhängigen Staaten infolge des Dekolonisationsprozesses immer stärker in Erscheinung.

Der gleichsam logische Schluss aus dieser langen Liste von beunruhigenden Entwicklungen im globalen maritimen Raum war die Forderung nach einer umfassenden Neuregelung des Seerechts. Pardo Vorschlag sah für die Meere außerhalb der nationalen Jurisdiktion nichts weniger vor als die Aufhebung der Freiheit der Meere, an deren Stelle ein neues Prinzip treten sollte: Jede Ausbeutung von marinen Ressourcen sollte zum gemeinschaftlichen Nutzen der Menschheit erfolgen und zur Verringerung der Ungleichheit zwischen reichen und armen Ländern beitragen. Im diesem Sinne sollte der Meeresboden des größten Teils der Weltmeere als *Common Heritage of Mankind* verstanden werden.[209] Mit Verweis auf die entsprechende Passage im Reso-

205 Prescott, *The Political Geography of the Oceans*, 145.

206 Glassner, *Neptune's Domain*, 7.

207 United Nations, Pardo 1967.

208 Robert L. Friedheim, Arvid Pardo, the Law of the Sea Conference, and the Future of the Oceans, in: ders. (ed.), *Managing Ocean Resources. A Primer*, Boulder, CO 1979, 149–161; Sparenberg, Ressourcenverknappung, 117.

209 Ebd., 152. Sparenberg, Meeresbergbau nach Manganknollen, 135.

lutionsentwurf schloss die Rede: „[...] the sea-bed and the ocean floor are a common heritage of mankind and should be used and exploited for peaceful purposes and for the exclusive benefit of mankind as a whole."[210]

Pardos Engagement lässt sich durchaus auf zwei Kernpunkte eingrenzen: Es ging ihm zum einen um die Einhegung militärischer Aktivitäten im Zeitalter des Kalten Krieges und der Atom-U-Boote und zum anderen um eine antikolonial und entwicklungspolitisch motivierte und organisierte Nutzung der Ressourcen des Ozeanbodens.[211] Der zweite Punkt aber wirkte sich deutlich stärker auf die Seerechtsdiskussion aus. Mit einer gehörigen Portion Pathos eröffnete Pardo seine Ausführungen im November 1967:

> „The dark oceans were the womb of life: from the protecting oceans life emerged. We still bear in our bodies – in our blood, in the salty bitterness of our tears – the marks of this remote past. Retracing the past, man, the present dominator of the emerged earth, is now returning to the ocean depths. His penetration of the deep could mark the beginning of the end for man, and indeed for life as we know it on this earth: it could also be a unique opportunity to lay solid foundations for a peaceful and increasingly prosperous future for all peoples."[212]

Schon das war ein direkter Bezug auf die zeitgenössischen Planungen für den Meeresbergbau, aber auch auf die Gewinnung von Erdöl und Erdgas aus dem Meer, die zur gleichen Zeit in Europa durch Großbritannien und Norwegen in der Nordsee in Gang kam und vor den Küsten der USA bereits seit langem stattfand.[213] Die Nordsee-Anrainer hatten seit der Konvention über den Festlandsockel – eine der Genfer Seerechtskonventionen von 1958 – das Recht der Förderung von Rohstoffen im Bereich des Kontinentalschelfs.[214]

Die Formel vom Meeresboden als *Common Heritage* und mit ihr die Frage nach der Form einer Aufsichts- und Verwaltungsbehörde bestimmte die Debatten und trug dazu bei, dass UNCLOS III letztlich zu einer „Mammutkonferenz" aus zwölf Verhandlungsrunden mit etwa 700 Delegierten wurde.[215] Außerdem lag zu Beginn der

---

210 United Nations, Pardo 1967.

211 Arvid Pardo, Who will Control the Seabed? In: *Foreign Affairs 47 (1968)*, 123–137.

212 United Nations, Pardo 1967.

213 Sparenberg, Ressourcenverknappung, 115; ders., Meeresbergbau nach Manganknollen, 134–135.

214 Wolfgang Müller-Michaelis, Öl und Gas aus der Nordsee, in: Hans R. Krämer (Hg.), *Die wirtschaftliche Nutzung der Nordsee und die Europäische Gemeinschaft (Schriftenreihe des Arbeitskreises Europäische Integration e. V., Bd. 6)*, Baden-Baden 1979, 55–65.

215 Hobe/Kimminich, *Einführung in das Völkerrecht*, 444–445.

Konferenz im Dezember 1973 bereits eine auf der 25. Sitzung der Generalversammlung im Dezember 1970 angenommene UN-Deklaration vor, in der das *Common Heritage*-Prinzip festgehalten war.[216] Zwei konkurrierende Ideen hinsichtlich der Umsetzung eines Nutzungsregimes standen von Beginn an im Raum: Den technologisch und finanziell deutlich im Nachteil befindlichen Entwicklungsländern schwebte eine Behörde, deren Befugnisse praktisch alle ökonomischen Aktivitäten kontrollieren, verwalten und in der Funktion eines Unternehmens auch selbst ausführen sollte. Die Industrieländer favorisierten ein „Parallelsystem", in dem neben der Behörde auch Privatunternehmen das Recht haben sollten, Meeresbergbau zu betreiben. Im Rahmen dieses Konflikts trafen nicht nur nationale und wirtschaftliche Interessen aufeinander, sondern auch ideologische, womit eine hochkomplexe Gemengelage den Fortgang der Konferenz bestimmte.[217] Einer ihrer „Biografen" urteilt deshalb: „UNCLOS III was the largest, longest and most complex international conference in history, and one of the most important."[218]

Diese Komplexität war den Zeitgenossen von Beginn an bewusst. Zum Beginn der von Juni bis August 1974 dauernden Verhandlungsrunde in Caracas stellte der Spiegel in einem Artikel von rund einer Seite Länge die Gemengelage dar: den Ost-West- und den Nord-Süd-Gegensatz ebenso wie die Ressourcen- und Seeverkehrskonflikte. Freilich war darin noch die Rede von einem Abschluss der Konferenz bis 1975. Das Magazin charakterisierte die Verhandlungsrunde in Anlehnung an das Zitat eines Teilnehmers als „Bataille" und wählte einen Titel, der auf den umstrittensten Gegenstand verwies: „Regime der Knollen."[219] Kurz nach Ende der Caracas-Verhandlungen erschien in der FAZ ein Leitartikel von Günther Gillessen, der ebenfalls einen militärischen Akzent setzte und vom „Angriff auf die Freiheit der Meere" sprach.[220] In Caracas waren verschiedene Interessen und maximale Forderungen aufeinandergetroffen, insbesondere die Konfrontation von Industrie- und Entwicklungsländern war offen zutage getreten. Sie zeigte den Beobachtern eine Tendenz an, die mit der weiteren Entwicklung des Seerechts verbunden sein würde. Gillessen bewertete diese Tendenz ausgesprochen negativ und beschrieb die Mehrheit der Staaten als „Räuberbande, die vor allem von ihrem Interesse an der Teilung der Beute zusammengehalten wird." Wirtschaftszonen und ein Tiefseebodenregime sah er als nur unzureichendes Mittel

---

216 United Nations, Resolution 2749 (XXV); Glassner, *Neptune's Domain*, 11.

217 Grewe, *Epochen der Völkerrechtsgeschichte*, 803–805. Vgl. zur Position Deutschlands in dieser Gemengelage Gregor Schöllgen, *Deutsche Außenpolitik. Von 1945 bis zur Gegenwart*, München 2013, 175–177.

218 Glassner, *Neptune's Domain*, 13.

219 Regime der Knollen, in: *Der Spiegel*, 26 (1974), 76–77.

220 Günther Gillessen, Angriff auf die Freiheit der Meere, in: *FAZ vom 9.9.1974*, 1.

zur Jagd auf diese Beute und kaum als Ansätze zu einer global gerechten Regelung der Nutzungsansprüche auf die Ressourcen des Meeres. Gillessen befürchtete eine völlige Abkehr vom Prinzip der Freiheit der Meere und zählte die Bundesrepublik zu einer Gruppe von „rohstoffarmen Welthandelsnationen mit kurzen oder gar keinen Küsten", die davon schwer getroffen wären. Seine Empfehlung:

> „Das einzige, was Länder in der Lage der Bundesrepublik tun können, ist, als Bremser mit-zumachen und Verbündete in jeder Ecke der Erde zu suchen, die mithelfen könnten, die Freiheit der Meere zu verteidigen unter den Notwendigkeiten einer verantwortlichen, Kon-flikte dämpfenden Erschließung und Nutzung der Schätze des Meeres."[221]

Dieser Leitartikel lag durchaus auf der Linie der deutschen Bundesregierung. Im Verlauf der weiteren UNCLOS-Verhandlungsrunden zeichnete sich dabei immer deutlicher ab, dass die Gestaltung und Zuständigkeiten der geplanten Meeresboden-behörde einen konkreten Ansatzpunkt für die Bundesrepublik und andere Staaten mit ähnlicher Interessenlage bilden würde. Die Positionen von Industrie- und Ent-wicklungsländern, bei ersteren besonders diejenigen, in denen bereits Investitionen in Explorationsfahrten getätigt worden waren, waren auch hier unterschiedlich: Die Industriestaaten sprachen sich dafür aus, dass die Meeresbodenbehörde lediglich administrative Funktion besitzen und eigene unternehmerische Bergbauaktivitäten höchstens parallel zu privaten Konsortien aus den Nationalstaaten ausüben sollte. Demgegenüber vertrat die sogenannte „Gruppe der 77" die Auffassung, dass die Be-hörde das alleinige Recht zur Ausbeutung und Vermarktung der Tiefseeressourcen im Sinne des *Common Heritage*-Prinzips haben sollte. Auch dieser spezifische Streit-punkt war Gegenstand der Presseberichterstattung.[222]

In einer Stellungnahme des Bundeswirtschaftsministeriums gegenüber dem Aus-wärtigen Amt zum Zwecke der Weitergabe an die Seerechtsdelegation hieß es im Mai 1974:

> „Um zu einem effizienten Abbau mariner Lagerstätten auch in unserem Interesse zu kom-men, ist es notwendig, eine Meeresbergbaubehörde zu gründen, die nach einer zu beschlie-ßenden Rechtsordnung Aufsuchung und Abbau mariner Lagerstätten lediglich verwal-tungsmäßig regelt und überwacht."[223]

Deshalb war mit der Stellungnahme der folgende Vorschlag verbunden:

---

221 Ebd.
222 Günther Gillessen, Das freie Meer wird immer kleiner, in: *FAZ vom 13.3.1976*, 6.
223 BArch B 108/71389, Schreiben BMWi an AA (Seerechtsdelegation) vom 17.5.1974.

„Die z. Z. geltende Rechtslage (Meeresfreiheit) sollte nicht betont aber bis auf weiteres auch nicht ausdrücklich aufgegeben werden (evtl. noch Handelsobjekt). Aus politischen Gründen sollte der Gedanke des common heritage of mankind aufgegriffen werden. Er müßte allerdings so ausgestaltet werden, daß er realistische Grundlage einer befriedigenden Gesamtregelung wird."[224]

Die Rhetorik belegt zumindest für diesen relativ frühen Zeitpunkt noch ein gewisses Lavieren. Immerhin herrschte 1974 offensichtlich noch genug Zukunftsvertrauen vor, um auf die Gestaltung des neuen Seerechts im Allgemeinen bzw. auf die mit ihm entstehenden Institutionen aktiv einwirken zu können. Im Jahr darauf sah das bereits anders aus. Als Berater der deutschen Seerechtsdelegation sandte der Völkerrechtler Wolfgang Graf Vitzthum dem Wirtschaftsministerium einen „Zwischenbericht über den Stand der Verhandlungen" über die Sitzungsperiode vom 15. März bis 10. Mai 1975 in Genf. Vitzthum zufolge waren zu diesem Zeitpunkt „die Interessengruppierungen [...] angesichts der Vielfalt der zu lösenden Probleme so zahlreich" geworden, dass es fast wahrscheinlich zu „unilateralen Ausweitungen von Hoheitsrechten kommt und die Konferenz sich nicht mehr in der Lage sieht, ein Meeresvölkerrecht für alle gebiets- und nutzungsrechtlichen Fragen zu schaffen." Folglich war Vitzthum pessimistisch mit Blick auf den Fortgang der Konferenz: „[B]ereits jetzt ist festzustellen, daß sie ihr selbstgesetztes Ziel nicht erreichen wird."[225]

Dabei war nach Ansicht von zeitgenössischen Meeresbergbau-Experten, deren Expertise nicht auf dem Gebiet des Rechts, sondern dem der Geologie oder der Volkswirtschaft lag, eine Eigentumsregelung für mineralische Rohstoffe vom Meeresboden relativ einfach zu gestalten. John Mero hatte bereits 1965 auf Gemeinsamkeiten und Unterschiede zwischen Fischerei und Meeresbergbau hingewiesen, wobei die Unterschiede aus seiner Sicht überwogen. Beide Operationen erforderten kapitalintensive Investitionen in spezielles Gerät, und in beiden Fällen ging es um eine Ressource, die in aller Regel in bestimmten Regionen gehäuft auftrat. Im Unterschied zu den stets in Bewegung befindlichen Fischbeständen blieben Mineralien jedoch an Ort und Stelle. Außerdem sei im Vorfeld einer Nutzung von mineralischen Ressourcen ein zusätzlicher Aufwand für Prospektion und Exploration vonnöten. An dieser Stelle unterschätzte Mero in seinem Vergleich den Aufwand für Fischereiforschung und Fischortung.[226]

---

224 Ebd.
225 B 102/248771, Zwischenbericht über den Stand der Verhandlungen (Sitzungsperiode in Genf vom 15. März bis 10. Mai 1975).
226 Mero, *The Mineral Resources of the Sea*, 291.

Entscheidend war für Mero aber der Umstand, dass ein Bergbauunternehmer für die Ausbeutung einer bestimmten Tiefsee-Lagerstätte durchaus erhebliche Investitionen tätigen und daher ein größeres Interesse an einem Exklusivrecht haben musste. Mero sah jedoch keinen allgemeinen Bedarf an der Schaffung solcher Rechte, weil er davon ausging, dass auch zukünftig nur wenige Staaten über die technischen Mittel verfügen würden, Tiefseelagerstätten wirtschaftlich auszubeuten. Dieser Gedanke bezog sich deshalb weniger auf die von ihm unterstellte faktische Unerschöpflichkeit der marinen Ressourcen als vielmehr auf eine faktische Unerreichbarkeit der Ressourcen für die meisten Bergbauinteressierten. Mero erachtete daher das Potenzial für Konflikte über die Nutzung von Vorkommen als gering und sah folglich auch keine Notwendigkeit zur Schaffung eines entsprechenden Nutzungsrechts.[227]

Im Gegensatz zu Mero, der also kurz vor Beginn der großen Seerechtsdebatte zumindest hinsichtlich des Meeresbergbaus schlicht keinen realen Bedarf für ein Seerecht sah, erkannte Wilfried Prewo aus volkswirtschaftlicher Sicht einen solchen generell schon. Er war jedoch der Ansicht, dass anders als bei „vielen anderen marinen Ressourcen [...] eine befriedigende eigentumsrechtliche Lösung für Manganknollen verhältnismäßig einfach" wäre.[228] Da die Knollen „stationär" seien, könnten Nutzungsrechte für klar voneinander abgegrenzte Gebiete festgelegt werden. Außerdem – hier entsprach Prewos Argument dem von Mero – sei die Wahrscheinlichkeit von Nutzungskonflikten aufgrund der zahlreichen Vorkommen weltweit ohnehin gering.[229] Dieser Auffassung waren im Übrigen auch Pardo und seine Unterstützer, allen voran Elisabeth Mann Borgese, die in dieser unterstellten faktischen Unerschöpflichkeit ein Mittel von globaler Reichweite zur Befriedung von Konflikten sah.[230]

Die von Prewo an gleicher Stelle angeführten rechtlichen Unwägbarkeiten zur Frage der Wirtschaftlichkeit von Meeresbergbau lokalisierte er in den Teilen des vorläufigen Vertragstextes, in denen die Aufgaben der geplanten Meeresbodenbehörde formuliert waren. Hier schrieb er von „unscharfen Verfahrensregeln", die für Privatunternehmen ein zentrales Problem schufen: „Rechtssicherheit als wichtige Grundlage von Investitionsentscheidungen ist nicht gewährleistet."[231]

Im Übrigen beschäftigten die langwierigen und komplizierten Verhandlungen über die juristischen Beratungen auf diplomatischer Ebene hinaus auch die akademische Rechtswissenschaft und Disziplinen mit Verbindung zur aktuellen Völkerrechtsdiskussion. Parallel zu den Verhandlungsrunden von UNCLOS III erschienen Stu-

---

227 Ebd., 292. Sparenberg, Ressourcenverknappung, 113.
228 Prewo, Tiefseebergbau, 188.
229 Ebd.
230 Sparenberg, The Oceans, 415.
231 Prewo, Tiefseebergbau, 194.

dien mit aktuellen Bezügen entweder zur welthistorischen Dimension des Vorgangs im Allgemeinen oder zu speziellen Fragen, die nicht nur das Völkerrecht betrafen. So gab es zahlreiche volkswirtschaftliche Aspekte zu erörtern, etwa die gerechte Verteilung von Profiten aus dem Meeresbergbau im Fall der gemeinschaftlichen Ausbeutung der mineralischen Rohstoffe durch die Industrie- und Entwicklungsländer.[232] Zahlreiche Fragestellungen ergaben sich zum ersten Mal überhaupt, vor allem die bergbauliche Nutzung des Meeresbodens war ein völlig neues Phänomen.[233] Besonders für akademische Qualifikationsschriften boten sich Chancen zur Untersuchung kontroverser Themen; eine Münchner politikwissenschaftliche Dissertation diskutierte die „Errichtung eines institutionellen Rahmens zur Beteiligung der UNO am Abbau von Manganknollen in der Tiefsee", während eine an der Wirtschafts- und Sozialwissenschaftlichen Fakultät der Universität zu Köln entstandene Doktorarbeit – quasi im Gegenteil – die ökonomisch effiziente Gewinnung von Ressourcen durch die Nationalisierung von Meeresräumen in Betracht zog.[234]

Jedenfalls verwies die Seerechtskonferenz auf das Kardinalproblem für den Meeresbergbau: Wie bei der Fischerei erwies sich die Seerechtsfrage als zentraler Vorbehalt für jede weitere Planung von wirtschaftlichem Bergbau in der Tiefsee. Die Bundesregierung folgerte 1976:

„Die sich abzeichnenden Tendenzen in der Gestaltung des zukünftigen Seerechts werden einschneidende Beschränkungen der deutschen Meeresforschung und fühlbare Belastungen für die Meerestechnik zur Folge haben."[235]

Und weiter im gleichen Dokument:

„Im Hinblick auf die seerechtliche Entwicklung muß die Bundesrepublik Deutschland prüfen, inwieweit Belastungen, die als Folge der Konferenz auf die deutsche Meeresforschung und Meerestechnik zukommen, durch verstärkte bilaterale Zusammenarbeit mit einigen

---

232 I. G. Bulkley, *Who Gains from Deep Ocean Mining? Simulating the Impact of Regimes for Regulating Nodule Exploitation*, Berkeley 1979.

233 Ebd., 72; Alexandra Maria Post, *Der Meeresbergbau aus der Sicht der internationalen Politik. Errichtung eines institutionellen Rahmens zur Beteiligung der UNO am Abbau von Manganknollen in der Tiefsee*, Frankfurt a. M./Bern 1981, 191. Am Beginn der internationalen Debatte entstand: Peter Kausch, *Der Meeresbergbau im Völkerrecht. Darstellung der juristischen Probleme unter Berücksichtigung der technischen Grundlagen (Bergbau, Rohstoffe, Energie, Bd. 4)*, Essen 1970.

234 Post, *Der Meeresbergbau aus der Sicht der internationalen Politik*; Volkmar J. Hartje, *Theorie und Politik der Meeresnutzung. Eine ökonomisch-institutionelle Analyse*, Frankfurt a. M./New York 1983.

235 *Gesamtprogramm Meeresforschung und Meerestechnik 1976–1979*, 8.

Küstenstaaten und – soweit möglich und notwendig – durch Zusammenarbeit mittels und im Rahmen der Europäischen Gemeinschaften und anderer internationaler Organisationen langfristig aufgefangen werden können."[236]

Wiederum wie bei der Fischerei gingen die Überlegungen vor allem in Richtung möglicher internationaler Kooperationen, wobei bilaterale Lösungen offenbar erneut den Vorzug vor umfassenderen Lösungen, etwa auf gesamteuropäischer Ebene, bekamen.

Mit den trüben Aussichten für die deutschen Seerechtsinteressen befasste sich auch der Bundestag immer häufiger. Eine der ersten Auseinandersetzungen mit dem Thema in der UNCLOS III-Phase ergab sich durch eine Kleine Anfrage der CDU/CSU-Fraktion zur Meerestechnik im Herbst 1974. Die einzelnen Fragen bezogen sich auf Meerwasserentsalzung im Rahmen der Entwicklungshilfe und auf die Förderung von Offshore-Projekten sowie in einer von fünf Fragen auf die potenzielle Bedeutung von mineralischen Ressourcen aus dem Meer zur Rohstoffversorgung der Bundesrepublik Deutschland. Die Antwort fiel gemäß dem Stand der UNCLOS-Verhandlungen vorsichtig aus und verwies darauf, dass zum einen „noch ein völkerrechtlicher Schutz der Investitionen Meeresbergbau betreibender Unternehmen" fehle, zum anderen die „Technik der Gewinnung und Verarbeitung von Manganknollen [...] noch weiter entwickelt werden" müsse. Während letzteres „bereits in den nächsten Jahren gelöst sein" könne, müssten die seerechtlichen Aussichten „skeptisch beurteilt werden." Dennoch komme marinen Rohstoffen „unter mittel- bis langfristigen Aspekten [...] hohe Bedeutung für die Sicherung der deutschen Rohstoffversorgung zu."[237] Worauf jedoch diese abschließende Gewissheit gründete, war der Antwort aus dem Bundeswirtschaftsministerium nicht zu entnehmen.

Gut eineinhalb Jahre später, am 5. Mai 1976, formulierte die CDU/CSU-Fraktion schließlich eine Große Anfrage zu den „Auswirkungen der Seerechtskonferenz der Vereinten Nationen auf die politischen und wirtschaftlichen Interessen der Bundesrepublik Deutschland."[238] Die diesmal aus dem Außenministerium folgende Antwort war natürlich „im allgemeinen positiv", was die Chancen für den Meeresbergbau anging, wies jedoch darauf hin, dass diese Chancen von der noch unbekannten Ver-

---

236 Ebd., 65.

237 Deutscher Bundestag, 7. Wahlperiode, Drucksache 7/2732 vom 5.11.1974, Antwort der Bundesregierung auf die Kleine Anfrage der Abgeordneten Lenzer, Benz, Engelsberger u. a. und der Fraktion der CDU/CSU betr. Meerestechnik, 3.

238 Deutscher Bundestag, 7. Wahlperiode, Drucksache 7/5120 vom 5.5.1976, Große Anfrage der Fraktion der CDU/CSU betr. Auswirkungen der Seerechtskonferenz der Vereinten Nationen auf die politischen und wirtschaftlichen Interessen der Bundesrepublik Deutschland.

fassung der Meeresbodenbehörde abhingen.[239] Auf die nicht unübliche Frage nach den ergriffenen Maßnahmen zur Information der Öffentlichkeit folgte neben dem Hinweis auf die üblicherweise genutzten Kanäle noch die Feststellung, dass die Seerechtsthematik gegenwärtig generell breiten Niederschlag in den Medien finde.[240]

Die generelle Haltung der Bundesregierung bewegte sich im Spannungsfeld von demonstrativer Gewissheit hinsichtlich der künftigen Bedeutung mineralischer Ressourcen aus dem Meer und Zurückhaltung hinsichtlich der unmittelbaren Seerechtsentwicklung. Diese Haltung teilte auch die Opposition, so dass im Juni 1977 die Fraktionen von SPD, FDP und CDU/CSU einen gemeinsamen Antrag in den Bundestag einbrachten. In fünf Punkten forderten sie die „Sicherung eines dauerhaften Zugangs ohne Diskriminierung zu den Meeresbodenschätzen", die Vermeidung dirigistischer Kontrolle insbesondere in Bezug auf Fördermengen und Vermarktung, die möglichst rasche Schaffung einer sicheren rechtlichen Grundlage sowie die Vermeidung unverhältnismäßiger finanzieller Belastungen für einzelne Staaten.[241] Der letzte Aspekt zielte auf die geplante Vorschrift zum Technologietransfer zu Gunsten der Entwicklungsländer. Ferner forderten die Antragsteller die Bundesregierung auf, im EG-Rahmen gemeinsame Positionen zu entwickeln und im Falle einer für Deutschland unvorteilhaften Entwicklung von UNCLOS III „Alternativ- oder Interimslösungen" gemeinsam mit anderen Staaten in vergleichbarer Lage zu suchen. Die abschließende Maßgabe lautete: „Die kontinuierliche Weiterentwicklung der Technologie des Tiefseebergbaus durch deutsche Unternehmen und die dazu bereits getätigten Investitionen sind zu sichern."[242] In diesem Antrag wurde deutlich, dass die Meerestechnik mittlerweile auch im politischen Diskurs zu einer festen Größe geworden war. In der politischen Debatte um die Versorgung der Bundesrepublik mit marinen mineralischen Rohstoffen waren neben der Frage der rechtlichen Machbarkeit immer auch die der technischen und der wirtschaftlichen Machbarkeit präsent. Der gemeinsame Antrag aller Fraktionen wurde in der Bundestagssitzung vom 24. Juni 1977 ohne weitere Beratung im Plenum einstimmig angenommen.[243]

Im April 1978 erging erneut eine Große Anfrage der CDU/CSU-Opposition, die sich auf die „Rohstoffpolitik der Bundesregierung" bezog und u. a. einmal mehr nach den konkreten Aussichten fragte, Rohstoffe aus dem Meer für die Versorgung der

239 Deutscher Bundestag, 7. Wahlperiode, Drucksache 7/5455 vom 23.6.1976, Antwort der Bundesregierung auf die Große Anfrage der Fraktion der CDU/CSU – Drucksache 7/5120, 3.
240 Ebd., 13.
241 Deutscher Bundestag, 8. Wahlperiode, Drucksache 8/661 vom 22.6.1977, Antrag der Fraktionen der CDU/CSU, SPD, FDP: Dritte Seerechtskonferenz der Vereinten Nationen, 1–2.
242 Ebd., 2.
243 Deutscher Bundestag, Plenarprotokoll 8/37 zur 37. Sitzung am 24.6.1977, 2884 D.

Bundesrepublik zu nutzen.[244] Im Grunde war die Situation in Anbetracht der festgefahrenen UNCLOS-Verhandlungen unverändert und so fielen die Antworten erneut
vage aus.[245] Zur Problematik der Verhandlungen äußerte sich die Bundesregierung
öffentlich auch direkt in der Tagespresse. Im März 1978, wenige Tage vor der eben genannten Großen Anfrage, legte der Staatssekretär im Auswärtigen Amt Peter Hermes
in der FAZ im Umfang von fast einer Zeitungsseite die UNCLOS-Konfliktlinien und
die jeweilige deutsche Position dar.[246] Mit Bezug auf den Meeresbergbau, dem Hermes rund ein Drittel des Artikels einräumte, verwies der Diplomat darauf, dass die
Bundesrepublik sich mit ihrer Forderung nach einem möglichst unbeschränkten Zugang zu den mineralischen Meeresressourcen einer „Front von Staaten aus der dritten
Welt" gegenübersehe. Damit seien „die Aussichten für eine befriedigende Regelung
auf diesem Gebiet noch nicht als günstig zu bezeichnen."[247]

Zudem merkte Hermes explizit an, dass die im Meeresbergbau-Konsortium OMI
in Gestalt der AMR vertretenen deutschen Firmen „demnächst zu entscheiden haben, ob das unternehmerische Risiko für derartige Investitionen tragbar erscheint."[248]
Dieser Hinweis stellte die deutsche Industrie als Akteur heraus, der über eine eigene
Handlungskompetenz verfügte und von dem also ebenso Entscheidungen zu erwarten waren wie von den politischen Beteiligten. Da die deutschen Aktivitäten auf dem
Gebiet der Meeresbergbau-Exploration bis dato in Kooperationen von Politik, Wissenschaft und Wirtschaft entfaltet und die finanziellen Aufwendungen der Industrie
durch staatliche Fördermittel deutlich verringert worden waren, konnte dieser Hinweis aber auch eine entlastende Funktion gehabt haben. Die Verantwortung für die
Realisierung von deutschen Meeresbergbauvorhaben lag nach dieser Deutung nicht
nur bei der deutschen Seerechtsdelegation im Besonderen und der Bundesregierung
im Allgemeinen, sondern auch bei den Beteiligten aus der Industrie. Auch in der
Großen Anfrage der Opposition im Sommer 1978 war nach der finanziellen Förderung von deutschen Unternehmen mit eigenen Interessen im Meeresbergbau gefragt
worden. Hierauf bezifferte die Bundesregierung zunächst den Umfang der bisherigen
Förderung und verkündete, diese Maßnahmen – vorbehaltlich der rechtlichen Entwicklung – fortsetzen zu wollen. Mit dieser Erklärung verbunden war jedoch die Auf-

---

244 Deutscher Bundestag, 8. Wahlperiode, Drucksache 8/1681 vom 4.4.1978, Große Anfrage
der Abgeordneten Breidbach, Dr. Narjes, Schmidhuber u. a. und der Fraktion der CDU/CSU
betr. Rohstoffpolitik der Bundesregierung.
245 Deutscher Bundestag, 8. Wahlperiode, Drucksache 8/1981 vom 7.7.1978, Antwort der Bundesregierung auf die Große Anfrage der Abgeordneten Breidbach, Dr. Narjes, Schmidhuber u. a.
und der Fraktion der CDU/CSU betr. Rohstoffpolitik der Bundesregierung, 8–9.
246 Peter Hermes, Kampf um den Meeresboden, in: *FAZ vom 29.3.1978*, 10.
247 Ebd.
248 Ebd.

forderung an die Industrie, „eine angemessene finanzielle Eigenbeteiligung" zu leisten.[249] Dieser Aspekt sollte in den folgenden Jahren eine zunehmende Rolle spielen.

Die Situation stellte sich auch 1980 noch verfahren dar: Schon in den Jahren zuvor hatten die Äußerungen der Rechtsexperten darauf hingedeutet, dass das Ergebnis der Konferenz dereinst wenig vorteilhaft ausfallen könnte, und auch vor der im März beginnenden 10. Verhandlungsrunde der Seerechtskonferenz zeichnete sich kein Durchbruch im Sinne der deutschen Haltung ab.[250] In dieser Zeit wurden in den sogenannten *like-minded*-Staaten – neben der Bundesrepublik waren dies die USA, Japan, Großbritannien, Frankreich, Belgien, Italien und die Niederlande – Überlegungen angestellt, wie für den Fall einer für sie nicht befriedigenden Lösung zumindest mittelfristig eine Rechtsgrundlage aussehen könnte, welche die weitere Exploration gerade mit Blick auf die bereits involvierten Privatunternehmen weiter ermöglichen würde. Die FAZ berichtete schon nach dem unbefriedigenden Ende der siebten Sitzungsperiode im Mai 1978 von entsprechenden Überlegungen in Bonn. Zwar hätten sich die Entwicklungsländer zur Regelung des Tiefseebergbaus durch die Meeresbodenbehörde offener gegenüber dem sogenannten Parallelsystem gezeigt – danach wäre neben der eigenen unternehmerischen Tätigkeit der Behörde auch der Bergbau durch private Konsortien möglich –, doch in die Frage des zwangsweisen Technologietransfers sei noch immer keine Bewegung gekommen, hieß es in dem Artikel.[251] Angesichts der deutschen Interessen im Bereich der meerestechnischen Industrie konnten also Stimmen aus der Politik für ein nationales Gesetz nicht mehr überraschen.

Nachdem im Juni 1980 in den USA der *Deep Seabed Hard Mineral Resources Act* in Kraft getreten war, folgte in der Bundesrepublik das *Gesetz zur vorläufigen Regelung des Tiefseebergbaus*, das der Bundestag am 3. Juli verabschiedete und das am 23. August in Kraft trat; Großbritannien und Frankreich schlossen sich bald an.[252] In der Begründung zu dem deutschen Gesetz heißt es:

---

249 Deutscher Bundestag, 8. Wahlperiode, Drucksache 8/1981 vom 7.7.1978, Antwort der Bundesregierung auf die Große Anfrage der Abgeordneten Breidbach, Dr. Narjes, Schmidhuber u. a. und der Fraktion der CDU/CSU betr. Rohstoffpolitik der Bundesregierung, 9.

250 Ernst-Ulrich Petersmann, Rechtsprobleme der deutschen Interimsgesetzgebung für den Tiefseebergbau, in: *Zeitschrift für ausländisches öffentliches Recht und Völkerrecht 41 (1981)*, 267–328, hier 288–289. Zeitgenössischer Überblick über die internationalen Konfliktlinien bei Wolfgang Graf Vitzthum, Neue Weltwirtschaftsordnung und neue Weltmeeresordnung. Innere Widersprüche bei zwei Ansätzen zu sektoralen Weltordnungen, in: *Europa-Archiv, 15 (1978)*, 455–468.

251 Bonn enttäuscht über den Verlauf der Genfer Seerechtskonferenz, in: *FAZ vom 22.5.1978*, 4.

252 Petersmann, Rechtsprobleme der deutschen Interimsgesetzgebung für den Tiefseebergbau, 277–288; Sparenberg, Meeresbergbau nach Manganknollen, 137.

„Eine für alle akzeptable Regelung des Tiefseebergbaus durch die III. VN-Seerechtskonferenz ist noch nicht absehbar. Um die unkontrollierte Erforschung und Ausbeutung der Schätze des Meeresbodens zu verhindern, den Unternehmen eine rechtliche Grundlage für ihre Tätigkeit zu geben und die Voraussetzungen für eine kontinuierliche Weiterentwicklung der marinen Technologie auch im Interesse der Entwicklungsländer zu gewährleisten, ist bis zum Inkrafttreten einer Konvention eine vorläufige gesetzliche Regelung des Tiefseebergbaus erforderlich.“[253]

Das Gesetz sollte Rechtssicherheit für einen Übergangszeitraum herstellen – die Bundesregierung ging davon aus, dass die Ratifizierung einer Konvention durch die Unterzeichnerstaaten sechs bis acht Jahre in Anspruch nehmen würde –, in dem eine Explorationspraxis fortgesetzt werden sollte, die bereits seit rund zehn Jahren bestand, deren uneingeschränkte Fortführung nach Inkrafttreten der zu erwartenden Konvention jedoch unwahrscheinlich erscheinen musste. So gesehen, handelte es sich um eine Zwischenlösung. Alternativ wäre wohl eine europäische gemeinsame Lösung in Frage gekommen, doch das war unrealistisch in Anbetracht der Tatsache, dass die EG auf der Seerechtskonferenz noch zu Beginn des Jahres 1980 zu keiner einheitlichen Haltung gefunden hatte, obwohl eine solche vom Europäischen Parlament auf seiner März-Tagung 1980 angemahnt worden war.[254] In der dort getroffenen Entschließung blieben die Formulierungen jedoch vage.[255]

Der Entwurf für das Interimsgesetz zur Regelung des Tiefseebergbaus war 1978 im Bundeswirtschaftsministerium entstanden.[256] Dort war spätestens ab 1981 auch die Auffassung, wonach die Industrie sich stärker finanziell an der Fortsetzung der Explorationstätigkeit beteiligen sollte, vorherrschend. Der mit Fragen im Bereich der metallischen Rohstoffe befasste Ministerialrat Carl-Wolfgang Sames sah ebenfalls ein „erhebliches [volkswirtschaftliches] Interesse an der Fortsetzung der deutschen

---

253 Ebd., 291; Deutscher Bundestag, Drucksache 8/4359, 3.7.1980, Beschlußempfehlung und Bericht des Ausschusses für Wirtschaft (9. Sitzung), 1.

254 Petersmann, Rechtsprobleme der deutschen Interimsgesetzgebung für den Tiefseebergbau, 301–302; Glassner, *Neptune's Domain*, 121; Hans Peter Ipsen, EWG über See. Zur seerechtlichen Orientierung des europäischen Gemeinschaftsrechts, in: ders. / Karl-Hartmann Necker (Hg.), *Recht über See. Festschrift Rolf Stödter zum 70. Geburtstag am 22. April 1979*, Hamburg/Heidelberg 1979, 167–207.

255 Deutscher Bundestag, Drucksache 8/3871, 27.3.1980, Unterrichtung durch das Europäische Parlament.

256 Petersmann, Rechtsprobleme der deutschen Interimsgesetzgebung für den Tiefseebergbau, 289.

Tiefseebergbauaktivitäten."[257] Doch sein Votum gegenüber Staatssekretär Dieter von Würzen fiel eindeutig aus:

> „Wegen der volkswirtschaftlichen Bedeutung eines Tiefseebergbaus sollte auf die AMR deutlich Druck ausgeübt werden, sich auch künftig zu Explorationstätigkeiten zu verpflichten (finanzielles commitment); nur ein Engagement der Privatwirtschaft selbst rechtfertigt auch staatliche Unterstützung; dies gilt erst recht für deren Verstärkung. Nur unter dieser Voraussetzung wird es der Bundesregierung möglich sein, im Rahmen internationaler Abkommen, sowohl unter den Meeresbergbaustaaten als auch innerhalb der Seerechtskonferenz, den Anspruch deutscher Unternehmen auf ein Abbaufeld geltend zu machen."[258]

Zu Beginn der 1970er Jahre hatte im Bundesforschungsministerium noch die Bereitschaft bestanden, die Explorationstätigkeiten – die freilich von AMR und staatlichen Forschungseinrichtungen gemeinsam durchgeführt wurden – mit der VALDIVIA substanziell und mit mehrjähriger Perspektive zu fördern. Noch 1974 war man bereit gewesen, die bestehenden gesetzlichen Förderrichtlinien im Sinne der AMR und der von ihr angestrebten Konsortialbeteiligung exklusiv auszulegen. Zu Beginn der 1980er Jahre jedoch war der politisch-rechtliche Rahmen ein anderer. Die langfristige Erwartung, dass der Meeresbergbau ab der zweiten Hälfte der Dekade die Schwelle zur Wirtschaftlichkeit übertreten haben könnte, genügte aus politischer Sicht nicht mehr.[259] Das unternehmerische Risiko sollte unter den veränderten Rahmenbedingungen künftig stärker von den Unternehmen getragen werden.

Ziel eines Gesprächs von Staatssekretär von Würzen mit Vorstandsmitgliedern der Muttergesellschaften der AMR im Oktober 1981 war es deshalb, „eine klare Aussage" seitens der AMR hinsichtlich „einer angemessenen Eigenleistung (Größenordnung ein Drittel)" für den Fall eines weiteren Engagements im Meeresbergbau zu erhalten. Dieses Engagement sollte die AMR idealerweise „als nationale Unternehmensgruppe" zeigen. Als solche sollte sie „Explorations-, Förder- und Verarbeitungsmethoden für die Manganknollen" weiterentwickeln, gestützt „auf eine nationale Explorationsgenehmigung." Damit verbunden war die Hoffnung, zu einem späteren Zeitpunkt, etwa gegenüber der internationalen Meeresbodenbehörde, „zu einer deutschen Dispositionsbefugnis über die gefundenen Rohstoffe" zu gelangen.[260] Die AMR hielt zwar „Investitionen bis zu 40 Mio Dollar innerhalb der nächsten 10 Jahre"

---

257 BArch B 102/248771, Schreiben von Sames an von Würzen vom 24.6.1981.
258 Ebd.
259 Als Beispiel für zeitgenössische Einschätzungen der Wirtschaftlichkeit vgl. Hartje, *Theorie und Politik der Meeresnutzung*, 269–276.
260 BArch B 102/248771, Gesprächsvorlage für von Würzen am 6.10.1981.

seitens des internationalen Konsortiums für möglich und war zu einem eigenen Explorationsantrag bereit. Doch wollte die AMR das Wagnis nur „als Treuhänder der OMI" und mit der Möglichkeit eines Widerrufsrechts eingehen, „falls sich größere wirtschaftliche Probleme ergeben." Die Zurückhaltung der Industrievertreter, „unter deutscher Flagge tätig zu werden", stieß im Wirtschaftsministerium freilich auf eine eher ablehnende Haltung.[261]

Die politischen Überlegungen dazu, welche Möglichkeiten die Bundesrepublik im Falle eines für deutsche Meeresbergbauinteressen unvorteilhaft gestalteten Seerechts hatte, um trotzdem auf dem Gebiet der Meerestechnik wirtschaftlich aktiv zu bleiben, waren 1981 bereits im Gang. Der SPD-Bundestagsabgeordnete Horst Grunenberg aus Bremerhaven, der nach eigener Aussage der AMR die Anregung zur Erstellung der Manganknollen-Informationsbroschüre von 1978 gegeben hatte und Leiter des Arbeitskreises Meerespolitik der SPD war, wandte sich im April mit einem Brief an Bundeskanzler Helmut Schmidt. Grunenberg fasste darin seine Einschätzungen zum Gang der Seerechtsverhandlungen zusammen. Bezüglich der Position Deutschlands auf der Konferenz, „die oft politisch sehr esoterisch [!] arbeitet", machte er sich wenig Illusionen; man werde „dejure zu den Verlierern [...] gehören."[262] Der Gedanke war direkt auf den Tiefseebergbau bezogen. Wie pessimistisch Grunenberg diesbezüglich die deutschen Chancen beurteilte, zeigte sich an seinem Vorschlag, die deutsche Wirtschaft an die zu erwartenden Regelungen durch die Stärkung eines völlig anderen Bereichs der Meerestechnik, nämlich der Werftenindustrie, anzupassen:

> „Alle Küstenstaaten haben das Bedürfnis, ihre Aquatorien vor dem Zugriff anderer bzw. die Abgrenzung gegenüber anderen aus der Luft, auf dem Wasser und Unterwasser, zu überwachen und zu kontrollieren. Diese Fahrzeuge werden allgemein mit Bewaffnung gewünscht. Es ist zu überprüfen, wieweit das Kriegswaffenkontrollgesetz bei entsprechenden Wünschen anderer Länder in Anwendung bzw. in Nichtanwendung zu bringen ist."[263]

Ob der militärische Schiffbau im Wirtschaftsministerium, wohin das Schreiben in kurzer Zeit gelangte, als unmittelbare meerestechnische Alternative weiter diskutiert wurde, lässt sich nicht nachvollziehen. Grunenbergs Vorschlag konnte jedenfalls nicht überraschen, denn zum einen musste das Interesse des Abgeordneten aus Bremerhaven grundsätzlich der Schiffbauindustrie gelten. Diese befand sich zu Beginn der 1980er Jahre in der Krise, was grundsätzlich eine wiederholte Intervention des

---

261 BArch B 102/248771, Vermerk zum genannten Gespräch mit der AMR vom 6.10.1981.
262 BArch B 102/248771, Schreiben Grunenbergs an Schmidt vom 29.4.1981.
263 Ebd.

früheren Werftmitarbeiters hervorrief.[264] Zum anderen knüpfte Grunenberg mit seinem Vorschlag quasi an die militärischen Ursprünge der industriellen wie der wissenschaftlichen Meerestechnik an.

Im Bundeswirtschaftsministerium befasste man sich dafür mit Grunenbergs Einschätzung, dass es zu keiner Konvention kommen werde, die nicht auf die Interessen der USA, Deutschlands und Frankreichs an einer Nutzung der maritimen Rohstoffe einging. Die Möglichkeit „einer Reservierung quasi-nationaler Felder" auf dem Meeresboden in Gebieten mit Manganknollen-Vorkommen und mit anderen Lagerstätten sollte sich die Bundesrepublik zwar „vorsichtig offenhalten", doch „mit Rücksicht auf die Weltmeinung werden die westlichen Industrieländer nicht alle verfügbaren Felder in Anspruch nehmen können."[265] Ein naheliegendes Verhandlungsziel war daher die Sicherung der „Rechte von Pionierinvestoren", wie die AMR sie darstellte. Daraus ergab sich für die deutsche Politik ebenjene Frage, wie künftig mit der AMR als Partner in einem internationalen Konsortium umgegangen werden sollte.[266]

Die Berichterstattung der deutschen Medien zur Seerechtskonferenz zeichnete ein durchaus zutreffendes Bild von den internationalen Konflikten. Dass die diffizile Rohstofffrage den Knackpunkt der gesamten Verhandlungen darstellte, war mithin allgemein bekannt. Kurz vor dem Ende der Konferenz verglich der *Spiegel* im März 1982 die Versuche der Industrieländer, den Zugriff auf die Rohstoffe des Meeresbodens von den nationalen technologischen Fähigkeiten abhängig zu machen, mit dem Überlegenheitsdenken der iberischen Seemächte bei der Aufteilung der Welt im Vertrag von Tordesillas von 1494. Das von den USA, der Bundesrepublik, Großbritannien und Frankreich angepeilte Separat-Abkommen, für das im Bundestag erst im Januar 1982 ein entsprechendes nationales Gesetz verabschiedet worden war, wertete der *Spiegel* als Versuch, sich „die festtesten Latifundien" gegen den Willen der Staatenmehrheit auf der Konferenz zu sichern.[267] Erwähnt wurde ferner der generelle Einfluss der am Meeresbergbau beteiligten Unternehmen, für die in Deutschland aus aktuellem Anlass der *Bundesverband der deutschen Industrie* das Wort ergriff und in einem Brief an mehrere Ausschüsse des Bundestags „„Deutschland zu einem Binnenland wie Nepal'" werden sah, sollten sich die Entwicklungsländer mit ihrer Position durchsetzen.[268]

---

264 Deutscher Bundestag, Drucksache 9/2111, 19.11.1982, Fragen für die Fragestunden der Sitzungen des Deutschen Bundestages am Mittwoch, dem 24. November 1982, am Freitag, dem 26. November 1982, 14.

265 BArch B 102/248771, Vermerk zum Schreiben Grunenbergs an Schmidt vom 12.5.1981.

266 Ebd.

267 Wie Nepal, in: *Der Spiegel*, 11 (1982), 47–49, hier 47.

268 Ebd., 49; Friedrich Wilhelm Heierhoff, 10 Jahre deutsche Meerestechnik – Rückblick und Perspektiven, in: *Hansa* 117, 2 (1980), 84–85.

Als der Konventionsentwurf von 1980 als Ergebnis aller Verhandlungsrunden seit 1973 auf dem Tisch lag, war die Gelegenheit für eine Bestandsaufnahme. Die *Vereinigung Deutscher Wissenschaftler* (VDW), die 1958 nach der kritischen Erklärung von 18 Atomwissenschaftlern gegründet worden war,[269] hielt ihre Jahrestagung von 1978 zum Thema der Nutzung der Meere ab und richtete dazu anschließend eine Studiengruppe mit Vertretern aus Wissenschaft, Politik und Wirtschaft ein. Die Publikation mit den Ergebnissen erschien 1981, so dass die Autoren bereits auf den Konventionsentwurf Bezug nehmen konnten.[270] Die darin vertretenen Positionen waren erwartungsgemäß heterogen: Während in den Aufsätzen von Elisabeth Mann Borgese und von Meereswissenschaftlern im Kapitel über *Das Meer als Medium, Mülleimer und Forschungsobjekt* vor allem die Bedeutung des Seerechts für die Meeresumwelt zur Sprache kam, betrafen die Beiträge seitens der Rechtswissenschaft und der Industrie in erster Linie die volkswirtschaftlich problematischen Passagen des Konventionsentwurfs. Mit Wolfgang Graf Vitzthum besaß der Band einen Herausgeber, der selbst im Auftrag der Bundesregierung an UNCLOS III teilgenommen hatte. Er stellte das VDW-Projekt als Aufklärungsarbeit für die Öffentlichkeit vor: Wissenschaft müsse „auch für den Nichtfachmann verständliche Sachinformationen liefern, um Seebewußtsein zu wecken."[271] Vitzthums Einleitung bot bereits im Grunde eine zusammenfassende und hart urteilende Einschätzung der Lage:

> „Das beunruhigendste Spiegelbild der Inbesitznahme des Meeres ist die Dritte Seerechtskonferenz der Vereinten Nationen. Sie ist die bisher größte, längste und teuerste internationale Verhandlung. Im Jahr 1973 mit hochfliegenden friedenspolitischen Vorsätzen eröffnet, ist sie angesichts neo-kolonialistischer Meeres- und Meeresbodennahmen mittlerweile vom Kurs abgekommen. [...] Zu vielfältige, gegenläufige, mit ungleicher Verhandlungsmacht verfolgte Absichten und Belange kreuzen sich auf dem Interessenschauplatz See."[272]

Die VDW-Arbeitsgruppe bildete mit ihren Ergebnissen also einen Überblick über die kontroversen Positionen der deutschen Akteure in Wissenschaft, Politik und Wirtschaft zu einem Zeitpunkt, an dem der seerechtliche Rahmen für eine künftige

---

269 Vgl. Elisabeth Kraus, Die Vereinigung Deutscher Wissenschaftler. Gründung, Aufbau und Konsolidierung (1958 bis 1963), in: Stephan Albrecht / Hans-Joachim Bieber / Reiner Braun u. a. (Hg.), *Wissenschaft – Verantwortung – Frieden: 50 Jahre VDW*, Berlin 2009, 27–71.

270 Wolfgang Graf Vitzthum (Hg.), *Die Plünderung der Meere. Ein gemeinsames Erbe wird zerstückelt*, Frankfurt a. M. 1981.

271 Wolfgang Graf Vitzthum, Einleitung, in: ders. (Hg.), *Die Plünderung der Meere. Ein gemeinsames Erbe wird zerstückelt*, Frankfurt a. M. 1981, 13–18, hier 13.

272 Ebd. Vgl. außerdem Wolfgang Graf Vitzthum / Renate Platzöder, Pro und contra Seerechtskonvention 1982, in: *Europa-Archiv, 19 (1982)*, 567–574.

Nutzung der marinen Ressourcen im Wesentlichen feststand. Das in der Konvention vorgesehene Meeresbodenregime stellte für den Völkerrechtler Rudolf Dolzer nicht jene Form von Rechtssicherheit dar, die aus Sicht der Bundesrepublik für einen ökonomisch sinnvollen Tiefseebergbau in der Zukunft notwendig war. Der im Sinne des *Common Heritage*-Gedankens geforderte Technologie-Transfer für den Tiefseebergbau von den Industrie- zu den Entwicklungsländern verstärkte die Einschätzung zusätzlich.[273] Preussag-Vorstand Hans-Günther Stalp bestätigte aus der Warte der Industrie, dass vor allem die Diskussion über die internationale Nutzung der Tiefseeressourcen den Plänen zu ihrer Gewinnung „bisher mehr geschadet als genützt" habe.[274] Es folge ohnehin eine mehrjährige weitere Forschungs- und Entwicklungsphase bis zum Beginn eines wirtschaftlichen Meeresbergbaus, der letztlich auch von nur relativ wenigen unternehmerischen Initiativen betrieben werden könnte. Damit sei nicht vor Ende des Jahrzehnts zu rechnen, und wie die Rohstoffpreise in den 1990er Jahren die Entwicklung beeinflussen würden, sei ebenso noch nicht absehbar.[275]

Als es schließlich im weiteren Verlauf des Jahres 1982 um die Unterzeichnung der Konvention ging, teilte US-Präsident Ronald Reagan mit, dass sein Land dies nicht tun werde. Deutsche Politiker hielten vor diesem Hintergrund den Spagat für möglich, die Konvention zu unterzeichnen und gleichzeitig ein separates Abkommen mit *like-minded*-Staaten zu schließen. Angesichts der absehbaren Konflikte um die Nutzung der Rohstoffe bei der Existenz von unterschiedlichen Meeresbodenregimen griff der *Spiegel* das Zitat eines Bundestagsabgeordneten als Überschrift auf und prophezeite ein „Versailles auf dem Meer."[276] Und Günther Gillessen von der FAZ leitartikelte wenige Tage vor der Unterzeichnung des SRÜ im Dezember 1982 über *Das Meer als Beute* und wog Für und Wider eines deutschen Beitritts ab. Von seiner in den Jahren zuvor bereits hinlänglich dargelegten Einschätzung, dass das Abkommen mehr Nachteile als Vorteile für die bundesdeutschen Interessen an der Nutzung der marinen Ressourcen enthalte, rückte er nicht ab. Sowohl die Wirtschaftszonen mit ihren Folgen für die Hochseefischerei – die freilich in vielen Fällen schon in nationalen

---

273 Rudolf Dolzer, Seerechtskonventionsentwurf und Bundesrepublik Deutschland, in: Wolfgang Graf Vitzthum (Hg.), *Die Plünderung der Meere. Ein gemeinsames Erbe wird zerstückelt*, Frankfurt a. M. 1981, 269–299, hier 272–278. Wolfgang Graf Vitzthum, Recht unter See. Völkerrechtliche Probleme einer Demilitarisierung und Internationalisierung der Tiefsee, in: Hans Peter Ipsen / Karl-Hartmann Necker (Hg.), *Recht über See. Festschrift Rolf Stödter zum 70. Geburtstag am 22. April 1979*, Hamburg/Heidelberg 1979, 355–392, hier 369–370.
274 Hans-Günther Stalp, Tiefseebergbau zwischen nationaler Rohstoffvorsorge und internationaler Wirtschaftsordnungspolitik, in: Wolfgang Graf Vitzthum (Hg.), *Die Plünderung der Meere. Ein gemeinsames Erbe wird zerstückelt*, Frankfurt a. M. 1981, 215–230, hier 217.
275 Ebd., 221–222.
276 Versailles auf dem Meer, in: *Der Spiegel*, 29 (1982), 24–25.

Alleingängen proklamiert worden waren, so dass die Konvention nur sanktionierte, was faktisch ohnehin bestand – als auch das dirigistische Meeresbergbau-Regime bezeichnete er als „Unheil." Daher empfahl Gillessen der Bundesregierung, in Montego Bay nicht zu unterzeichnen.[277]

Eine Woche später und noch immer drei Tage vor der Unterzeichnung des SRÜ meldete sich Horst Grunenberg in einem Leserbrief an die FAZ zu Wort. Darin betonte er die grundsätzliche Notwendigkeit eines neuen Seerechts und die Vorteile des vorliegenden Konferenzergebnisses. Bei der Fischerei sei die nunmehrige Rechtssicherheit zu begrüßen und beim Tiefseebergbau durch die noch ausstehende Differenzierung der Aufgaben der Meeresbodenbehörde die Möglichkeit zur Einflussnahme im Sinne der deutschen Pionierinvestoren gegeben. Grunenberg widersprach Gillessen, dem er ein Denken in kolonialen Kategorien vorwarf, und riet zur Unterzeichnung.[278] Grunenbergs SPD-Fraktion war zu diesem Zeitpunkt im Übrigen bereits keine Regierungsfraktion mehr. Im Oktober war durch ein Konstruktives Misstrauensvotum die Regierung Schmidt gestürzt und Helmut Kohl zum Bundeskanzler gewählt worden. Das öffentliche Interesse in der Bundesrepublik an den historischen Vorgängen auf dem Gebiet des Völkerrechts, die gerade auf Jamaika zu beobachten waren, war vor diesem Hintergrund zweifellos geringer, als es hätte sein können. Die Berichterstattung in der Tagespresse bot in diesem Zeitraum daher nichts, was mit dem zitierten Schlagabtausch zwischen Gillessen und Grunenberg noch vergleichbar gewesen wäre.

In den folgenden Jahren konzentrierte sich die Berichterstattung zum Bereich des Seerechts zunächst noch auf die Frage der Zeichnung der Konvention. Zwei Jahre nach Montego Bay lief die Zeichnungsfrist aus. Nachzuvollziehen war immerhin, dass sich die optimistische Prognose für den Übergang in die rentable Phase der Gewinnung von Tiefsee-Rohstoffen mit Beginn der 1980er Jahre aufzulösen begann. War auf den *Interocean*-Messen der 1970er Jahre noch von 1985 die Rede gewesen, stand mit dem Abschluss der Seerechtskonferenz bereits das Jahr 2000 im Raum. „Die Erwartung wurde somit immer weiter in die Zukunft verschoben", wie es Sparenberg zutreffend zusammenfasst.[279] Zu viele technische Entwicklungsaufgaben seien noch zu lösen, zitierte der *Spiegel* 1984 den zwischenzeitlich nicht mehr so forsch für einen deutschen meerestechnischen Alleingang eintretenden Grunenberg. Der plädierte, wie gesehen, für den Beitritt mit der Begründung, dass damit ein Maß an Rechtssi-

---

277 Günther Gillessen, Das Meer als Beute, in: *FAZ vom 1.12.1982*, 1.

278 Leserbrief „Die Vorteile aus der Seerechtskonvention" von Horst Grunenberg, in: *FAZ vom 7.12.1982*, 11.

279 Sparenberg, Meeresbergbau nach Manganknollen, 138.

cherheit zu erlangen sei, das für weitere internationale Verhandlungen über die Nutzung mineralischer Meeresressourcen wichtig werden dürfte.[280]

Dennoch verstrich die Frist im Dezember 1984, ohne dass die Bundesrepublik unterzeichnet hatte. Im Jahr darauf beriefen Bundeswirtschaftsminister Martin Bangemann und der Wirtschaftsminister des Landes Schleswig-Holstein Jürgen Westphal eine Konferenz ein, auf der Vertreter aus Politik, Wirtschaft und Wissenschaft über die Entwicklung einer deutschen Meerespolitik beraten sollten. Wie sich zeigte, hatten die politischen Akteure nach wie vor nicht die Hoffnung aufgegeben, auf dem Verhandlungswege vorteilhafte Änderungen an Teil XI des SRÜ zu erreichen. Über konkrete Vorschläge aus dem Kreis der geladenen Experten wurde jedoch nicht berichtet – eher über demonstrative Zuversicht auf Grundlage bekannter Argumente:

> „Westphal rief zu mehr Mut, Phantasie und Freiheit in der Meerespolitik und in der Meereswirtschaft auf, damit die hohe Leistungsfähigkeit der deutschen Industrie auf diesem Zukunftsmarkt, der vergleichbar mit der Luft- und Raumfahrt sei, ausgespielt werden könne."[281]

Die deutsche Industrie war indes längst nicht mehr so tatkräftig bei der Sache wie am Ende des vorigen Jahrzehnts. In den Prognosen zur Wirtschaftlichkeit des Meeresbergbaus setzte sich im Lauf der 1980er Jahre insgesamt die Zurückhaltung durch.[282] Obgleich das mineralische Potenzial der Weltmeere grundsätzlich nach wie vor als hoch eingeschätzt wurde, wurden weitere substanzielle Investitionen in den Meeresbergbau angesichts der politisch und rechtlich wenig ermutigenden Lage von gravierenden Veränderungen der internationalen ökonomischen Rahmenbedingungen abhängig gemacht. Nur bei einem extremen Anstieg des Rohstoffbedarfs, bei einer deutlichen Erschöpfung terrestrischer Lagerstätten oder bei außergewöhnlichen Innovationen in der Gewinnungstechnik.[283] Dieses Wissen deutete sich ebenso bei den besonders aktiven Verfechtern einer weiteren Entwicklung der Meerestechnik an. 1982 erschien die dritte Auflage eines von Horst Oebius erstellten Überblicks zur *Meerestechnik in der Bundesrepublik Deutschland*. Der Wasserbauingenieur an der Technischen Universität Berlin Oebius hatte erstmals 1977 im Rahmen seiner Mitarbeit im DKMM eine Reihe von Aufsätzen von Fachleuten zu deren meerestechnischen Tätigkeitsfeldern zusammengetragen. Unter Verweis auf die Ölpreiskrise von 1973 gab

---

280 Erbe der Menschheit, in: *Der Spiegel*, 45 (1984), 53–56, hier 54.
281 Bonn sucht eine neue Meerespolitik, in: *FAZ vom 14.6.1985*, 2.
282 Sparenberg, Mining for Manganese Nodules, 161–164.
283 Kurt Stehling, Ocean Resources, in: S. Fred Singer (ed.), *The Ocean in Human Affairs*, New York 1990, 217–234, hier 228.

Oebius zu bedenken, dass Prognosen zur künftigen Entwicklung der Meerestechnik „sowohl von innen- als auch von weltpolitischen Veränderungen abhängen."[284] Eine zweifellos bezeichnende Reaktion auf die weltpolitischen Veränderungen vor allem ab 1982 war die 1987 vollzogene Auflösung der *Wirtschaftsvereinigung industrielle Meerestechnik*.[285] Zwar gründeten noch im gleichen Jahr meerestechnische Unternehmen den *Verband für Schiffbau und Meerestechnik* (VSM), in dem die WIM offiziell aufging und in dem der Meeresbergbau als weiterhin wichtiges Interessengebiet bezeichnete, doch die Schwerpunkte verschoben sich klar in Richtung der Technik-Zulieferung für die internationale Offshore-Industrie, Schiffstechnik und zunehmend auch Technik für Anwendungen im Bereich des Meeresumweltschutzes.[286]

Im Übrigen nahm ab 1980 das Bewusstsein für die ökologischen Implikationen auch bei der Nutzung der nichtlebenden Ressourcen des Meeres deutlich zu.[287] Im September 1983 richtete die Fraktion der nach der Bundestagswahl vom März erstmals im Bundestag vertretenen *Grünen* eine Kleine Anfrage in Sachen UNCLOS III und Tiefseebergbau an die Bundesregierung. Auf die Frage nach den Erkenntnissen über mögliche Gefahren für das Ökosystem des Meeres bezeichnete das für die Beantwortung zuständige Wirtschaftsministerium die „Wahrscheinlichkeit von Umweltschäden [...] in der Aufsuchungsphase als äußerst gering." Für eine diesbezügliche Bewertung in der Phase der Förderung fehlten noch die Kenntnisse; zu wenig war in dieser Richtung bis dato geforscht worden, zu fern lag noch ein aktiv betriebener Meeresbergbau.[288]

War zwischen den beiden ersten Gesamtprogrammen zu Meeresforschung und Meerestechnik des BMFT noch von einer Akzentverschiebung die Rede gewesen, so war im Programm *Meeresforschung und Meerestechnik* der Bundesregierung von 1987 eine erneute Verschiebung er erkennen, doch diesmal in Richtung der ökologischen Forschung.[289] Dieses Programm hatte eine vierfache Zielsetzung: Neben dem Schutz des Meeres waren dies der generelle Zuwachs an Wissen über das Meer, die Vertie-

---

284 Horst Oebius, Einleitung, in: *Meerestechnik in der Bundesrepublik Deutschland. Eine zusammenfassende Darstellung der Voraussetzungen und Aktivitäten*, Hamburg 1982, 1.

285 Lenz, The German Committee for Marine Science and Technology, 99; Meeresforschung und Meerestechnik in Deutschland, in: *Hansa* 124, 15/16 (1987), 931–932.

286 Perspektiven und Schwerpunkte der Arbeit eines neuen Verbandes, in: *Hansa* 124, 21/22 (1987), 1359–1362.

287 Sparenberg, Mining for Manganese Nodules, 162–163.

288 Deutscher Bundestag, 10. Wahlperiode, Drucksache 10/401 vom 23.9.1983, Antwort der Bundesregierung auf die Kleine Anfrage des Abgeordneten Sauermilch und der Fraktion DIE GRÜNEN: UN-Seerechtskonvention (UNCLOS III) und Tiefseebergbau.

289 Bundesminister für Forschung und Technologie (Hg.), *Meeresforschung und Meerestechnik. Programm der Bundesregierung*, Bonn 1987.

fung der Kenntnisse über die Nutzungsmöglichkeiten der marinen Ressourcen insgesamt und Erhöhung der Wettbewerbsfähigkeit der deutschen meerestechnischen Industrie. Die Prospektion der mineralischen Rohstoffe sowie die diesbezügliche „Weiterentwicklung von Explorations- und Abbauverfahren" waren nur noch zwei von insgesamt 32 Schwerpunkten im Rahmen der Zielsetzung.[290] Die grundlegenden Annahmen zu den Potenzialen der mineralischen Ressourcen waren unverändert, danach stellten Manganknollen und Mangankrusten

> „ein noch nicht abzuschätzendes, riesiges Potential für Metalle wie Kupfer, Nickel, Kobalt und Mangan dar. Einige Gebiete im nordöstlichen Pazifik sind bereits so gut im Hinblick auf ihre Erzhöffigkeit untersucht, daß grundsätzlich mit den Explorationsarbeiten begonnen werden kann. Niedrige Preise für Nickel und Kupfer sowie noch nicht übersehbare Konsequenzen des neuen Seerechts lassen jedoch noch keine langfristige Prognose der wirtschaftlichen Nutzung durch die Rohstoffindustrie der westlichen Industrieländer zu."[291]

Die weitere geowissenschaftliche Arbeit mit dem Forschungsschiff SONNE und „die Weiterentwicklung des vorhandenen Instrumentariums für die Erkundung der Lagerstätten"[292] fanden im Rahmen der neuen Schwerpunktsetzung statt und waren weit von dem Sonderstatus entfernt, den sie in den Programmen der 1970er gehabt hatten. Die Nutzung der mineralischen Ressourcen des Meeres war auf der politischen Agenda der Meeresforschung nach unten gerückt.

5.7 Die nicht-lebenden Schätze im Sachbuch

Am Ende des Untersuchungszeitraums der vorliegenden Studie hatte sich das öffentlich verbreitete Wissen vom Meer gegenüber dem Stand zur Mitte des 20. Jahrhunderts erheblich verändert. Diese Veränderungen bestanden aus einer Mischung von manchmal schockierenden Gewissheiten über Verfügbarkeit und Zustand der Ressourcen des Meeres und ernüchternden Erkenntnissen darin, dass die Frage der Machbarkeit bei der Nutzung dieser Ressourcen von mehr als bloß technischen Faktoren abhing. Die biologischen Ressourcen der Ozeane hatten sich nicht nur als erschöpflich, sondern vielfach als bedroht erwiesen, mit den mineralischen Ressourcen waren trotz aller technischen Fortschritte erhebliche wirtschaftliche Unwägbarkeiten verbunden und auf beiden Gebieten waren die Akteure verstärkt internationalen Ein-

---

290 Ebd., 6, 22, 52–54.
291 Ebd., 52.
292 Ebd., 53.

flüssen unterworfen und mit einem zunehmenden Bewusstsein für die globalen Dimensionen der maritimen Probleme konfrontiert. War das Meer zunächst noch als Vorratskammer der Menschheit und als Wunderwelt im Fokus der Meeresforschung erschienen, so wurde es vor dem Hintergrund der Seerechtsdiskussion und den wachsenden Möglichkeiten der Meeresnutzung zu einem Verhandlungsgegenstand. In der Bundesrepublik Deutschland verschob sich in der öffentlichen Wahrnehmung des Meeres in der zweiten Hälfte des 20. Jahrhunderts der Akzent von der Unerschöpflichkeit eines Naturraums zur Verwundbarkeit eines Ökosystems. Die Ressourcenpotenziale des Meeres drangen im Kontext von internationalen Ressourcenkonflikten ins öffentliche Bewusstsein des Kurzküstenstaates.

Diese Entwicklung lässt sich – wie im Falle der Fischerei – auch für die Nutzung der mineralischen Rohstoffe anhand der im fraglichen Zeitraum erschienenen Sachbücher nachvollziehen. Allerdings nimmt die Nutzung der nicht-lebenden Ressourcen in den Sachbüchern der 1950er nur wenig Raum ein. Das ist nicht verwunderlich, da der Meeresbergbau erst im folgenden Jahrzehnt zu einem Gegenstand von allgemeinem Interesse wurde. Bis dahin beschränkten sich die Meeressachbücher auf kurze Passagen zu den damals schon in einzelnen Fällen ausgebeuteten Erdöllagerstätten in den Schelfmeeren. Rachel Carson beschrieb in *Geheimnisse des Meeres* die erdgeschichtliche Entstehung von Ölfeldern und ihre Verteilung über den Globus, ohne näher auf die Nutzungspraxis einzugehen.[293] Bemerkenswert aus heutiger Sicht war ihre Prognose hinsichtlich der Erdöllagerstätten unter dem Eis der Arktis; vorausschauend in der Sache und unkritisch in der Wertung vermutete sie, dass entlang der nordamerikanischen und der sibirischen Küste des Nordpolarmeeres „möglicherweise eines der größten Ölfelder der Zukunft" liegen werde.[294]

In John Colmans *Wunder des Meeres* von 1952 blieb die Thematik dagegen ebenso unbehandelt wie in Norman John Berrills *Atlantischer Wunderwelt* von 1953. In Reinhard Demolls *Früchte des Meeres* von 1957 fanden natürlich ohnehin nur die biologischen Ressourcen Berücksichtigung. Hans Wolfgang Behm erwähnte in *Der unzähmbare Ozean* von 1956 „Manganhydrat-Krusten [...], die ihrerseits wieder schwarze Knollen von Kartoffel- bis Faustgröße aufweisen" könnten, doch befand sich dieser Hinweis im Kapitel über *Landschaften und Bergwelten unter Wasser* und vervollständigte lediglich eine Beschreibung der Sedimente am Meeresboden, ohne auch auf eine etwaige Nutzbarmachung der Manganknollen einzugehen.[295]

In den 1960ern vollzog sich – parallel zu den entsprechenden Aktivitäten von Wissenschaft und Industrie und dem politischen Flankenschutz in Gestalt von

---

293 Carson, *Geheimnisse des Meeres*, 230–234.
294 Ebd., 231.
295 Behm, *Der unzähmbare Ozean*, 128.

Forschungsprogrammen und Fördermaßnahmen – in den Meeressachbüchern der Schwenk hin zu einer Erschließung der geologischen Rohstoffpotenziale. Das galt freilich nicht für alle Publikationen. In dem von George Deacon 1962 im Original herausgegebenen und 1963 für den deutschen Sachbuchmarkt von Jens Meincke bearbeiteten Text-Bild-Band *Die Meere der Welt. Ihre Eroberung – ihre Geheimnisse* war, wie gesehen, schon der Bereich der Fischerei nur relativ knapp dargestellt und kaum problematisiert worden. Mineralische Rohstoffe spielten ebenfalls keine besondere Rolle; die Gewinnung von Silber, Kochsalz und Magnesium aus dem Meerwasser war dem Autor des betreffenden Kapitels drei Absätze wert, von Manganknollen war dagegen an keiner Stelle die Rede.[296] Eine Erklärung mochte darin liegen, dass der Text auf existierende und nicht auf damals noch hypothetische Methoden konzentriert bleiben sollte. Allerdings passte dazu nicht die Erwähnung von Hermann Sörgels *Atlantropa*-Projekt oder von anderen, nicht verwirklichten Vorhaben zum Beispiel auf dem Gebiet der Energiegewinnung.[297] Auch *Wunder des Meeres*, die deutsche Übersetzung der von Anne Terry White erstellten Jugendbuchversion von Rachel Carsons Klassiker, beschränkt sich – inhaltlich identisch mit dem Original – im Wesentlichen auf das Erdöl.[298] White hatte Carsons Vorlage nicht aktualisiert, zudem war ihre Version in den USA bereits 1958 erschienen, während die deutsche Ausgabe erst zehn Jahre später herauskam. Sie war also schlicht veraltet, als sich die Manganknollen-Euphorie in Veröffentlichungen und Aktivitäten von Bundesforschungsministerium und *Wirtschaftsvereinigung industrielle Meerestechnik* niederzuschlagen begann.

Ansonsten jedoch spiegelten die Sachbücher der 1960er den Aufbruch in die mineralische Exploration am Meeresboden, wie sich bereits in Cord-Christian Troebsts *Der Griff nach dem Meer* zeigte. Obwohl das Buch schon im Jahr 1960 veröffentlicht wurde, als auch die aktive Erforschung des Weltraums noch am Anfang stand und bis zur ersten Mondlandung noch fast das ganze Jahrzehnt verstreichen sollte, zitierte Troebst die Klage des amerikanischen Ozeanografen Harrison Brown, wonach es um das Wissen über den Meeresboden schlechter bestellt sei als um das über die Mondoberfläche. Troebst zog im Verlauf des Werks öfters den Vergleich zwischen Meeres- und Weltraumforschung.[299] Das lag wohl auch daran, dass er im Jahr zuvor ebenfalls im Econ-Verlag ein Buch mit dem nahezu identischen Titel *Der Griff nach dem Mond*

---

296 R. J. Currie, Künftige Nutzung des Meeres, in: George E. R. Deacon (Hg.), Die Meere der Welt. Ihre Eroberung – ihre Geheimnisse, Stuttgart 1963, 234–243, hier 239–240.

297 Ebd., 241–242.

298 Carson, *Wunder des Meeres*, 144–145.

299 Troebst, *Der Griff nach dem Meer*, 11. Weitere Stellen: Vorwort, 13, 21, 29, 52, 122, 160, 236, 325–326, 340.

publiziert hatte.[300] Troebst war nicht der einzige Sachbuchautor, der vor dem Hintergrund der Debatte *Inner Space* versus *Outer Space* beide Felder bearbeitete; so schrieb auch Alexander F. Marfeld sowohl über den Weltraum als auch über das Weltmeer.

Der Gewinnung mineralischer Ressourcen vom Meeresboden widmete Troebst ein eigenes Kapitel mit der futuristisch anmutenden Überschrift *Bergwerke am Meeresgrund*.[301] Darin berichtete er von der wissenschaftlichen

> „Feststellung, daß ein weiteres gewaltiges Vermögen geradezu abrufbereit in den Ozeanen wartet. Ihr Boden nämlich ist von Hunderttausenden großer metallhaltiger Klumpen und Kugeln bedeckt. Sie warten nur darauf, in die Hochöfen zu wandern, und tatsächlich werden in Amerika bereits Methoden für ihre Förderung ausgearbeitet."[302]

Die Bezeichnung *Manganknolle* verwendet Troebst hier zwar noch nicht, doch gibt er die Ansichten von John Mero und anderen Geologen wieder, nach denen „der Boden der Ozeane in allen Tiefen von diesen braun-schwarzen Klumpen buchstäblich übersät ist." Und wie bei allen Phänomenen, die der Öffentlichkeit unbekannt sind, bedurften die Klumpen einer griffigen Beschreibung, und so kategorisierte Troebst nach den Größen von „Pingpongbällen oder abgeflachten Billardkugeln", in großen Tiefen würden sie sogar „größer als Medizinbälle".[303] Unklarheiten über die Entstehung der Knollen, über ihre genaue Verbreitung und über die Wirtschaftlichkeit und die technische Machbarkeit eines Abbaus verschwieg Troebst nicht. Er lieferte jedoch genügend optimistische Zitate von Experten, die dem Meeresbergbau in technischer wie in ökonomischer Hinsicht realisierbar erscheinen ließen, etwa aus dem Scripps-Institut für Ozeanografie: „Mangan wird eines Tages wie Fisch geerntet werden. Es ist in solchen Mengen im Meer vorhanden, daß man stets nur soviel abbauen wird, wie man gerade verkaufen kann."[304] In diesem Zitat verband sich die Auffassung, dass die Förderung mineralischer Ressourcen vom Meeresboden technisch gesehen Routine werden würde, mit der generellen Erwartung von Konkurrenzfähigkeit auf dem Rohstoffmarkt.

Eine ähnliche Auffassung vertrat auch Wissenschaftsjournalist Robert Gerwin in seinem Büchlein *Neuland Ozean* von 1964. Er schrieb zu diesem Zeitpunkt bereits von den „sogenannten Manganknollen", die in so großer Menge in den Weltmeeren

---

300 Cord-Christian Troebst, *Der Griff nach dem Mond. Amerika und Rußland im Kampf um den Weltraum*, Düsseldorf 1959.

301 Troebst, *Der Griff nach dem Meer*, 235–255.

302 Ebd., 235–236.

303 Dieses und die folgenden Zitate ebd., 237.

304 Ebd., 244–245.

vermutet würden und zudem einen derart hohen Gehalt an Nicht-Eisenmetallen wie Mangan, Nickel und Kobalt enthielten, dass die marinen Reserven das Potenzial der terrestrischen Lagerstätten übertrafen: „Man kann also die Bedeutung der Mangan-knollen für die zukünftige Entwicklung der Rohstoffversorgung der Welt eigentlich gar nicht hoch genug einschätzen."[305] Im Übrigen bemühte auch Gerwin mehrfach den Vergleich mit der Raumfahrt und dem Weltraum, um einerseits die unermess-lichen Möglichkeiten für eine Erschließung neuer Räume und Ressourcen in den Ozeanen und andererseits das Ausmaß der technischen Herausforderungen im Zuge dieser Erschließung zu unterstreichen. Bei diesen Gelegenheiten fehlte weder die Anspielung auf die genauere Kenntnis von der Mondoberfläche im Vergleich zur Unkenntnis vom Meeresboden der Tiefsee noch die Klage über die mangelnde Aufmerksamkeit für die Meere gegenüber der in der Öffentlichkeit deutlich stärker beachteten Weltraumforschung.[306] Dabei könne es über die größere „praktische Nut-zung" der Meeresforschung, die zumal durchaus vergleichbar zum technologischen Fortschritt beitrage, keine Zweifel geben: „[D]ie Ozeane bergen darüber hinaus noch im wahrsten Sinn des Wortes Schätze, die bisher so gut wie unangetastet sind."[307] Das Kapitel zu den modernen Methoden der meereswissenschaftlichen Forschung beti-telte Gerwin denn auch mit Raumfahrt in der Tiefe.[308]

Das Seerecht war aber weder bei Troebst noch bei Gerwin ein eigenes Thema. Beider Ausführungen erfolgten unter den Prämissen des Kalten Krieges, wie bei Troebst besonders deutlich wird: Die Titelei – *Amerika und Rußland im Kampf um die Ozeane der Welt* – verwies auf die Konfrontation der Supermächte, was im Buch jedoch nur bedingt eingehalten wurde; die Darstellung von Forschung und Techno-logie hatte Vorrang vor dem politischen Konflikt. Gerwin dagegen vermisste eher allgemein „die Entwicklung der menschlichen Gesellschaft zu politischer Weisheit und Reife" und versprach sich von der Meeresforschung einen Beitrag zur Lösung der sozialen und ökonomischen Probleme vor allem „bei einem weiteren Hochschnel-len der Bevölkerungszahlen", wenngleich sich hier leiser Zweifel anschloss: „Aber die Wunschträume von heute können nur in einem Klima politischer Toleranz und Verständigungsbereitschaft Wirklichkeit werden."[309] Deutlicher als bei Troebst kam in Gerwins Erörterung der Chancen und Risiken der zukünftigen Meeresnutzung die Notwendigkeit internationaler Kooperation zur Sprache. Die Frage der Verfügungs-

---

305 Gerwin, *Neuland Ozean*, 84.
306 Ebd., 10, 15.
307 Ebd., 15.
308 Ebd., 36–56.
309 Ebd., 117.

rechte über die Ressourcen der Meere wurde jedoch von beiden noch nicht so ausführlich thematisiert, wie es seit den späten 1960ern der Fall war.

Wie schon mit Blick auf die Fischerei konstatiert, schlug sich der Aufschwung im Seerechtsdiskurs insbesondere seit dem Vortrag Arvid Pardos im November 1967 auch in den Sachbüchern zu maritimen Themen nieder. Joachim Joestens *Wem gehört der Ozean?* von 1969 spiegelte diese Entwicklung bereits im Titel wider.[310] Dieses Buch war noch weniger ein naturkundliches Sachbuch über das Meer als zum Beispiel die Titel von Troebst und Gerwin, sondern eher eine Art wissenschaftsjournalistischer Rundumschlag zur Erfassung der hochaktuellen Vorgänge mit Meeresbezug. Zu diesem Eindruck trägt freilich die ausführliche Darlegung eines Spionagevorfalls vor der koreanischen Küste, von populären Piratensendern in englischen Gewässern und einem Fall von Piraterie auf dem portugiesischen Passagierschiff *Santa Maria* bei. Joesten ging es zweifellos nicht nur um eine Erörterung der neuesten Seerechtsentwicklungen oder die erste schwere Tankerkatastrophe mit Ölpest vor einer europäischen Küste und damit um eine Sensibilisierung für das wenig bekannte Thema Meeresverschmutzung. Die Betonung von skandalösen, schockierenden und bisweilen unterhaltsamen Aspekten der Seerechtsfrage hatte durchaus mehr als nur flankierenden oder anekdotischen Charakter, vielmehr prägten diese Aspekte das Buch deutlich.

Gleichwohl stellte auch Joesten den Themenkomplex aus Meeresnutzung und Meeresforschung – die Reihenfolge war eindeutig – der Weltraumforschung gegenüber:

> „Noch steht die Weltraumfahrt dank der geglückten ersten Mondlandung ganz im Blickfang der Öffentlichkeit, während der an sich nicht minder faszinierende Vorstoß des Menschen in das ewige Dunkel tiefster Meeresgründe noch nicht so recht in ihr Bewußtsein gedrungen ist."[311]

Tatsächlich erschien das Buch noch im Jahr der ersten Mondlandung. Folglich zeigte das Vorwort nicht nur den Anspruch des Autors auf Aktualität, sondern ließ auch den Grund für die inhaltliche Zusammenstellung erahnen. Gegenstand der Wissenspopularisierung war in diesem Sachbuch weniger der derzeitige Kenntnisstand auf den Gebieten der meereskundlichen Grundlagenforschung als vielmehr die politisch-rechtliche Gemengelage auf und in den Weltmeeren mit einem deutlichen Akzent auf dem Skandalösen. Die Aussage, nach der die Bedeutung der maritimen Fragen der Gegenwart „noch nicht so recht" in das öffentliche Bewusstsein gelangt sei, war das gattungstypische Merkmal eines Sachbuchs. Diesen Aspekt unterstrich Joesten

---

310 Zu Joesten vgl. auch Höhler, Exterritoriale Ressourcen, 59.
311 Joesten, *Wem gehört der Ozean?* Vorwort.

durch den in Meeressachbüchern ebenso geläufigen Hinweis auf den höheren Anwendungsbezug gegenüber der Mondlandung, „die, so spektakulär sie auch war, bislang keinen erkennbaren Nutzen abgeworfen hat.“[312] Ob das angesichts der zeitlichen Nähe überhaupt realistisch war, erörterte Joesten freilich nicht.

Auf Pardo und seinen Vorschlag, die Ressourcen der Meere als gemeinsames Erbe der Menschheit zu behandeln, ging Joesten hingegen ein. Dazu zählte auch ein Verweis auf die Frage der technischen Machbarkeit für die Nutzung der marinen Ressourcen.[313] In den entsprechenden Kapiteln breitete Joesten das gesamte Tableau an mineralischen Rohstoffen, an technischen Möglichkeiten zu ihrer Gewinnung und an ihrer gegenwärtigen wirtschaftlichen Bedeutung aus. Die Manganknollen zählte er dabei zu „den aufregendsten Entdeckungen der Tiefseeforschung unserer Zeit.“[314] Dabei bezog er sich auf relativ junge Funde im Pazifik, hatte also möglicherweise keine Kenntnis davon, dass schon auf der *Challenger*-Expedition von 1872–1876 Manganknollen entdeckt und beschrieben worden waren. Ihre Nutzung im industriellen Maßstab nannte er zwar noch „reine Zukunftsmusik“, aber ihr Potenzial für die Zukunft schätzte er als derart hoch ein,

> „daß der Wettlauf nach den Schätzen des pazifischen Meeresbodens vielleicht schon in einigen Jahren mit noch größerer Leidenschaft geführt werden wird als jener, mit der [!] sich Europa im 19. Jahrhundert in die Eroberung seiner Kolonialreiche in Afrika und Asien stürzte.“[315]

Dieser Vergleich mit der europäischen Kolonialgeschichte hat Seltenheitswert, obwohl der Gedanke den zeitgenössischen Beobachtern der Entwicklung von Meeresforschung und Meerestechnik durchaus naheliegend erscheinen konnte. Oft genug war die Rede vom Neuland in den Ozeanen, von den Schatzkammern der Meere, von Erschließung und Eroberung vorhandener, aber ungenutzter Ressourcen. Rhetorik und Motive erinnerten durchaus an den Kolonialdiskurs. Zwei Gründe mochten dafür verantwortlich gewesen sein, dass die Bewertung des Meeres als *terra nullius* nur selten im kolonialen Licht erschien: Zum einen drängte sich der Vergleich mit dem Weltraum geradezu auf, die wie ständigen Verweise auf Raumfahrttechnik und Mondlandung belegen. Insbesondere die technische Dimension bei der Erforschung beider Räume legte diesen Vergleich nahe, aber auch die Vorstellung, dass es sich um unermessliche, geheimnisvolle und nicht zuletzt um gefahrvolle Räume handele.

312 Ebd.
313 Ebd.
314 Ebd., 56.
315 Ebd., 56–57.

Beide Räume waren nur mit modernster Technologie und auf der Grundlage neuester wissenschaftlicher Erkenntnisse zu erschließen. Zum anderen traten ab den 1960ern zahlreiche ehemalige Kolonien als souveräne nationalstaatliche Akteure in Erscheinung und nahmen gerade auf der Dritten UN-Seerechtskonferenz die selbstbewusste Position von Konkurrenten im Konflikt um den Zugriff auf die Ressourcen der Weltmeere ein. Eine aus dem kaum abgeschlossenen Dekolonisationsprozess geborene kritische Haltung der Industrienationen zur Kolonialvergangenheit mochte weniger der Grund für unterlassene Kolonialvergleiche gewesen sein. Eine Verbindung zum Topos des *Edlen Wilden*, des Kannibalen oder irgendeines anderen menschlichen Anderen, den es aus kolonialistischer Sicht stets zu unterwerfen, zu missionieren, zu erziehen galt, lag beim Blick in die Tiefsee oder in das Weltall fern. Außerirdisches Leben spielte im Übrigen in keiner der hier untersuchten Quellen eine Rolle.[316]

Das im Kontext von Meeresforschung, Meerestechnik und Seerechtsdiskussion angesprochene Neuland sollte dem Völkerrecht unterworfen werden.[317] Der 1970 publizierte Band *Letztes Neuland – die Ozeane* von Tony Loftas geht zwar auf diese internationale Aufgabe ein, stellt jedoch ansonsten in Inhalt und Aufbau eher ein klassisches Meeressachbuch dar. Ein Bezug zur Raumfahrt erfolgte hier nur im Zuge der Benennung eines Kapitels über Tauchtechnik und über Unterwasser-Stationen und -fahrzeuge: *Inner Space*.[318] Loftas – ebenfalls Wissenschaftsjournalist, wenngleich studierter Meeresökologe – befasste sich nicht nur ausführlich mit der Fischerei, sondern auch mit Konzepten zur Energieerzeugung mittels Wellen oder Gezeiten sowie mit der Exploration mineralischer Ressourcen. Wie Stellvertreter für den gesamten Meeresbergbau treten auch bei Loftas die Manganknollen prominent in Erscheinung. Generell schloss auch er sich noch im Jahr 1970 den Ansichten früherer Autoren an und bezeichnete Prognosen über die künftige Entwicklung des Meeresbergbaus als „noch reine Spekulation."[319]

Dennoch erörterte er die beiden üblichen Bereiche in diesem Zusammenhang: die technische und die wirtschaftliche Machbarkeit. Die natürlichen Voraussetzungen sah Loftas für beide gegeben, weil die Menge der Mineralien auf den Böden der

---

316 Gleichwohl könnte für die Entwicklung des *terra nullius*-Gedankens im 20. Jahrhundert ein auf diesen Aspekt bezogener Vergleich beispielsweise der Berliner Westafrika-Konferenz von 1884/85 und der UN-Seerechtskonferenzen erkenntnisfördernd sein.

317 Bei Joesten kommt außerdem – ebenfalls als Gegenstand eines aktuellen politischen Konflikts – der vor dem Internationalen Gerichtshof verhandelte Streit der Bundesrepublik Deutschland mit den Niederlanden und Dänemark um die Grenzziehung in der Nordsee zur Sprache. Joesten, *Wem gehört der Ozean?* 34–38.

318 Loftas, *Letztes Neuland*, 173–206.

319 Ebd., 110–111.

Weltmeere „Dimensionen beinahe jenseits jedes Vorstellungsvermögens" besäßen.[320] Dabei stützte er sich wie auch viele andere auf John Meros optimistische Angaben sowohl zu den Mengen als auch zu den technischen Möglichkeiten der Gewinnung. Die dabei beschriebenen Techniken entsprachen durchaus den Konzepten, denen auch Wissenschaft und Industrie bei ihren Explorationsversuchen nachgingen. Diverse Varianten von Baggern und Dredgen oder die sogenannten Knollenkollektoren und „so etwas wie Riesenstaubsauger", überwacht von Unterwasser-Fernsehkameras wurden von Loftas vorgestellt.[321] Eine ganze Reihe von ihnen kam in den folgenden Jahren versuchsweise auf den zahlreichen VALDIVIA-Explorationsfahrten der bundesdeutschen geowissenschaftlichen Forschungsanstalten gemeinsam mit der *Arbeitsgemeinschaft meerestechnisch gewinnbare Rohstoffe* zum Einsatz. So folgert Loftas schließlich auch: „Im Augenblick mutet der Tiefsee-Bergbau noch beängstigend futuristisch an, aber die einschlägige Technologie liegt bereits innerhalb des realen Vorstellungsvermögens der Ingenieure."[322] In der Frage der Wirtschaftlichkeit des Meeresbergbaus verließ sich Loftas in seinem Urteil auf Berechnungen amerikanischer Institute und Unternehmen. Einen rentablen Betrieb hielt er nach einer weiter günstigen technologischen Entwicklung und bei entsprechenden Investitionen für realistisch. Langfristig werde die Nutzung von marinen Lagerstätten ökonomischer als die von terrestrischen sein.[323] Die Aussichten auf die Nutzung der mineralischen Ressourcen des Meeres schätzte Loftas mithin ebenso positiv ein wie das Potenzial der biologischen Ressourcen zur Ernährung der Weltbevölkerung.

In dem einschlägigen Kapitel von *Kontinente unter Wasser* fiel die Prognose des Autors nicht grundsätzlich anders aus. Der 1969 in den USA und 1971 in der Bundesrepublik erschienene Band von Clarence P. Idyll und anderen war in der Vermittlung fischereiwissenschaftlichen Wissens ungewöhnlich vage geblieben. Zu den mineralischen Ressourcenpotenzialen äußerte sich der Meeresgeologe Robert S. Dietz eindeutiger. Sie seien „außerordentlich vielversprechend", offen sei im Grunde nur, auf welche Rohstoffe im Einzelnen letztlich die Wahl fiele.[324] Zwar seien die technischen Herausforderungen viel größer, als es die Fiktion in der „Groschenheftchen-Zukunft" oft weismachen wollte.[325] Doch insbesondere bei den Manganknollen erschien Dietz die Frage der Machbarkeit keineswegs utopisch. Allerdings neigten jegliche Über-

---

320 Ebd., 123.
321 Ebd., 123–130, Zitat 128.
322 Ebd., 130.
323 Ebd., 136–139.
324 Robert S. Dietz, Die Mineral- und Energievorräte des Meeres, in: Clarence P. Idyll u. a., *Kontinente unter Wasser. Erforschung und Nutzung der Meere*, Bergisch Gladbach 1971, 234–273, hier 272–273.
325 Ebd., 235.

legungen zur Wirtschaftlichkeit einer Manganknollenförderung aus der Tiefsee aus US-amerikanischer Perspektive zu optimistischen Urteilen, weil die USA das für die Stahlproduktion wichtige Mangan mangels eigener Lagerstätten größtenteils importieren mussten. Der Abbau gestalte sich in vielerlei Weise leichter als in terrestrischen Lagerstätten, denn schließlich müssten die lose herumliegenden Knollen nur eingesammelt und an Bord eines Transportschiffs befördert werden.[326] Dass die Pläne für den Meeresbergbau bestens geeignet waren, um die Idee der *Frontier* aufleben zu lassen, kam bei Dietz ganz explizit zum Ausdruck:

> „Für die Amerikaner hat der Begriff des Neulands schon immer eine besondere Bedeutung gehabt. Das Neuland des Wilden Westens existiert nur noch in der Geschichte; was uns heute zu erschließen bleibt, ist das Neuland in der Tiefe der Ozeane."[327]

Für die deutschen Leserinnen und Leser war aber die spezifisch amerikanische Sichtweise für die eigene Interpretation des zuvor dargelegten Wissens zu den Ressourcen der Meere und zur Möglichkeit ihrer Nutzung nicht entscheidend. Das Interesse an mineralischen Rohstoffen aus dem Meer basierte auch in der Bundesrepublik auf dem Wissen um ihre Ressourcenarmut. Das Interesse war politischer, industrieller und wissenschaftlicher Natur und wurde deshalb in verschiedenen Formen auch öffentlich manifest: in der Presseberichterstattung über politische Debatten, unternehmerische Aktivitäten und wissenschaftliche Expeditionen ebenso wie in politischen Programmen und Öffentlichkeitsarbeit seitens der Industrie selbst. Indem die Nutzung der Ressourcen des Meeres als öffentliches Thema existierte, konnte auch eine Wissenspopularisierung durch Sachbücher gelingen, für die im Gegenzug ein entsprechender Markt vorhanden war.

Dem allgemeinen Interesse in der Bundesrepublik an den marinen Ressourcen lagen freilich nicht nur Pläne und Diskussionen, sondern auch die konkreten Aktivitäten deutscher Firmen und Institute zugrunde. Die Fahrten der VALDIVIA eigneten sich besonders für die Darstellung im Sachbuch, weil sie die kollektive Faszination für Forschung zur See ansprachen und einen Hauch von maritimem Abenteuer vermittelten. Besonders ausführlich ging Alexander F. Marfeld auf diese Aspekte ein. Wie eingangs bereits erwähnt, machte sich auch Marfeld die Bezüge zwischen Meeres- und Weltraumforschung zu Nutze und besaß – wie Cord-Christian Troebst – auch eigene Expertise auf dem Gebiet der Weltraum-Sachbücher. In seiner Vermittlung von Meeresforschung und Meerestechnik fehlte jedenfalls nicht der Hinweis auf „Forde-

---

326 Ebd., 250–253.
327 Ebd., 273.

rungen an Geist und Wissen, an Investitionsfreude und nicht zuletzt auch Mut zum Risiko, ohne den es in der lebensfeindlichen Umwelt der See überhaupt nicht gehen kann."[328]

In Marfelds *Bericht – Dokumentation – Interpretation zur gesamten Ozeanologie und Meerestechnik* von 1972 war daher den bis dahin erfolgten und den geplanten Fahrten der VALDIVIA, aber auch anderen internationalen Explorationsschiffen wie der GLOMAR CHALLENGER viel Platz eingeräumt.[329] Die industrielle Dimension der Aktivitäten war dabei klar hervorgehoben: „Bei den ‚Valdivia'-Unternehmen handelt es sich um angewandte Wissenschaft mit deutlichen kommerziellen Absichten."[330] Mit Blick auf den gesamten Meerestechnik-Sektor präsentierte er geradezu ein „riesiges Arsenal höchstentwickelter Technik", in dem eine von der Duisburger DEMAG, einem Mitglied der *Wirtschaftsvereinigung industrielle Meerestechnik*, entwickelte Manganknollen-Förderanlage ebenso zu finden war wie ein Tauchbojen-System für die tiefenvariable Erfassung ozeanografischer Daten, die per Satellit weitergeleitet werden konnten. Das System wurde von einem Firmenkonsortium entwickelt, dem auch die *Dornier System GmbH* und die *Erno Raumfahrttechnik GmbH* angehörten. Zu der umfassenden Darstellung des bundesdeutschen Engagements insbesondere in der Meerestechnik zählte schließlich auch noch der Hinweis auf die einschlägigen Aufbauseminare an der TU Berlin, an denen Marfeld nach eigener Aussage teilgenommen hatte.[331]

Der Vorrang, den die Manganknollen in beinahe allen Meeressachbüchern in den Abschnitten zum mineralischen Rohstoffpotenzial des Meeres besaßen, war natürlich in der 1977 als englische und deutsche Ausgabe erschienenen *Enzyklopädie der Meeresforschung und Meeresnutzung* ebenfalls gegeben. Dabei zeichnete Robert Barton in seiner integrierten Darstellung der lebenden und nicht-lebenden Ressourcen ein insgesamt negatives Bild des Meeresbergbaus. In spöttischem Tonfall beschrieb er die in den 1960ern einsetzende Euphorie in Sachen Meeresbergbau:

> „In einem Jahrzehnt, da die anscheinend unbesiegbare Technologie der Raumfahrt- und Elektronikkonzerne es möglich machte, einen Menschen auf den Mond und wieder zurückzubringen. Wie leicht schien das alles!"[332]

---

328 Marfeld, *Zukunft im Meer*, 447.
329 Ebd., 361–373.
330 Ebd., 363.
331 Ebd., 425.
332 Robert Barton, Rohstoffe aus dem Ozean, in: N. C. Flemming / Jens Meincke (Hg.), *Das Meer. Enzyklopädie der Meeresforschung und Meeresnutzung*, Freiburg/Basel/Wien 1977, 126–165, hier 157.

Den Hauptauslöser für die „Mineralmanie" erkannte Barton in John Meros viel zitierter Studie *The Mineral Resources of the Sea*. Zwar bestritt Barton nicht die Vorkommen mineralischer Rohstoffe sowohl in gelöster Form im Meerwasser als auch am Meeresboden, doch erschien ihm das Ganze wohl eher als Sturm im Wasserglas:

> „Nur wenige Pläne wurden über das Papierstadium hinaus verfolgt. Als das Leben sich wieder normalisierte, machten sich die erfahrenen Meerestechniker, die mit Erstaunen und lächelnd die plötzliche Einmischung der Riesenkonzerne und wirklichkeitsfremden Wissenschaftler beobachtet hatten, wieder an die tägliche Arbeit."[333]

Dennoch folgte eine verhältnismäßig ausführliche Darstellung zu Vorkommen und Beschaffenheit von Manganknollen, zu den technischen Anforderungen an ihre Gewinnung, zur nicht minder komplizierten Frage der Wirtschaftlichkeit und schließlich zur ungeklärten seerechtlichen Lage und damit zum Konflikt über die Verfügbarkeit der marinen Ressourcen insgesamt.[334] Hatte Barton schon beim Fischfang eine skeptische Haltung vertreten, was die Chancen für eine internationale Verständigung auf die nachhaltige Nutzung der Bestände anging, so galt das in ähnlicher Weise für die mineralischen Ressourcen. Die technischen Herausforderungen mochten langfristig lösbar sein, doch von der Frage der Verfügungsrechte werde „alles überschattet."[335] In diesem Punkt teilte denn auch der Autor des Seerechtskapitels, Robin Churchill, die Skepsis Bartons. Aufgrund dieser problematischen Gemengelage ging auch Churchill davon aus, dass es „mit Sicherheit kein Eldorado geben wird, wie man einst euphorisch glaubte."[336]

Die Weltmeere waren Ende der 1970 kein Eldorado mehr, würden aber „noch lange Zeit für die Ozeanographen Neuland" bleiben, wie es Dieter Rösner 1984 vermutete.[337] UNCLOS III war zwei Jahre zuvor zu Ende gegangen und hatte die internationalen Ressourcenkonflikte nicht befriedigend zu lösen vermocht. Der im Wesentlichen auf die Entwicklungszusammenarbeit mit Afrika spezialisierte Rösner, der neben dem Sachbuch unter dem nur teilweise zutreffenden Titel *Wettlauf zum Meeresboden* keine weiteren Veröffentlichungen mit maritimem Schwerpunkt vorzuweisen hatte, bewertete die Seerechtskonferenz angesichts ihres Verlaufs als „Weltwirtschafts-

---

333 Ebd.
334 Ebd., 162–165.
335 Ebd., 164.
336 Robin Churchill, Seerecht und Politik, in: N. C. Flemming / Jens Meincke (Hg.), *Das Meer. Enzyklopädie der Meeresforschung und Meeresnutzung*, Freiburg/Basel/Wien 1977, 282–301, hier 292.
337 Rösner, *Wettlauf zum Meeresboden*, 8.

konferenz", auf der „die Neuverteilung der Meere eine politische Frage wurde."[338] Was den Meeresbergbau anging, konnte allerdings auch Rösner nicht mehr leisten, als die hinlänglich bekannten Fakten zu den bekannten und vermuteten Manganknollenlagerstätten, zum Stand der Gewinnungstechnik, zu dem trotz Seerechtskonvention weiterhin bestehenden Konflikt zwischen Industrie- und Entwicklungsländern um *Common Heritage*-Prinzip und Technologietransfer und zur Wirtschaftlichkeitsproblematik zu referieren.[339] Rösners Ausführungen belegten, dass sich weder Wissensstand noch Aussichten gegenüber den späten 1970ern wesentlich verändert hatten. Zwar war sein Werk mehr Seerechts- und Wirtschafts- als Meeressachbuch, es zeichnete sich aber – wie im Zusammenhang mit seinen Ausführungen zur Fischerei gesehen – durch eine stärkere Berücksichtigung des Umweltschutzes und der Meeresverschmutzung aus und kündete damit von einem Schwerpunkt der 1980er Jahre.

Walter Gröhs *Freiheit der Meere* von 1988 bestätigte diese Tendenz. Allerdings war dem Meeresbergbau nach wie vor viel Raum gegeben; von den insgesamt rund 200 Seiten des Buches entfielen die letzten 50 darauf. Und nach wie vor führte auch Gröh mit dem Kartoffel-Vergleich, dem Hinweis auf John Mero und die angesichts der hohen Investitionskosten nur kleine Zahl von eventuell acht zum Abbau befähigten Unternehmen bzw. Konsortien in die Thematik ein. Neu war hingegen die Beobachtung, dass die industriellen Akteure sich „seit Jahren in Abwarteposition" befanden, weil es noch an Rechtssicherheit mangelte. Die Staaten, in denen sie beheimatet waren, hatten weder das SRÜ unterzeichnet noch separate Abkommen getroffen, in deren Rahmen ebenso der Schutz von „Pionierinvestoren" – so die diesbezügliche Formulierung des SRÜ – möglich wäre.[340] Für die zweite Variante sollten nationale Tiefseebergbau-Gesetze, wie es sie zu diesem Zeitpunkt in der Bundesrepublik Deutschland und in den USA längst gab, den Boden bereiten. Insgesamt dokumentierte Gröh den Stillstand, der am Ende der 1980er in der Meeresbergbaufrage in politisch-rechtlicher und industrieller Hinsicht eingetreten war.

5.8 Manganknollen im Dornröschenschlaf

Die deutschen Pläne für den Meeresbergbau verschwanden Ende der 1980er quasi in der Schublade. Die Akteure sowohl in der Politik wie in der Industrie rückten davon ab, nachdem sich herausgestellt hatte, dass weder in politisch-rechtlicher noch in ökonomischer Hinsicht von einer realistischen Machbarkeit ausgegangen werden

338 Ebd., 222.
339 Ebd., 178–196.
340 Gröh, Freiheit der Meere, 152.

konnte. Daran änderte auch die Tatsache des zumindest akzeptablen Stands der technischen Machbarkeit nichts. Folglich verschwanden das Thema Meeresbergbau und damit die mineralischen marinen Ressourcen im Allgemeinen und die Manganknollen im Besonderen aus der öffentlichen Diskussion. Erst einige Zeit nach der Jahrtausendwende änderte sich dieser Zustand wieder.[341] Im August 2010 war in der *Frankfurter Allgemeinen Sonntagszeitung* zu lesen: „Lange hatte man nichts mehr gehört von den Manganknollen am Grunde der Tiefsee. Angesichts steigender Rohstoffpreise wird der Abbau wieder interessant."[342] In einem umfangreichen Artikel schrieb die Wissenschaftsjournalistin Sarah Zierul über die jüngsten Aktivitäten im Meeresbergbau. Akteure waren die Bundesrepublik und die *Bundesanstalt für Geowissenschaften und Rohstoffe*; diese besaß die deutschen Explorationsrechte an zwei ausgedehnten Manganknollenvorkommen im Pazifik. Diese Rechte nun vergab die durch das UN-Seerechtsübereinkommen geschaffene internationale Meeresbodenbehörde mit Sitz auf Jamaika. Wer den Artikel in Kenntnis der Manganknollen-Euphorie früherer Jahre las, konnte vieles wiedererkennen. So begleitete Zierul den BGR-Geologen Hermann-Rudolph Kudraß beim Besuch der *Aker Wirth Maschinen- und Bohrgerätefabrik* im rheinischen Erkelenz, von der meerestechnisches Gerät zur Offshore-Öl- und Gasgewinnung gebaut wurde und für den Meeresbergbau auf Manganknollen umgerüstet werden sollte. Den Unternehmens-Geschäftsführer zitierte Zierul mit den Worten, dass die Knollen „ja im Grunde nur noch eingesammelt werden" müssten. Nicht zuletzt hing die Frage eines wirtschaftlichen Abbaus von der Dichte der Manganknollenfelder ab.[343]

An den Explorationsfahrten waren Meeresbiologen beteiligt, um die ökologischen Folgen des Abbaus zu untersuchen. Das Projekt erfüllte damit entsprechende Auflagen der Meeresbodenbehörde. Den Umweltrisiken galt im Gegensatz zu früher von Beginn an eine höhere Aufmerksamkeit. Im Zuge der ersten Meeresbergbau-Welle war dieser Aspekt nur „am Rande" beachtet worden.[344] Konkrete Fragen nach den ökologischen Risiken wurden verstärkt gestellt, als die Welle bereits verebbte. Wie Sparenberg betont, widmete sich die bundesdeutsche Meeresforschung sogar verstärkt solchen Untersuchungen.[345] Als beunruhigend mussten es da die Leser von Zieruls Artikels empfinden, dass die jüngsten Forschungsfahrten zu den Stellen

---

341 Der bislang einzige geschichtswissenschaftliche Beitrag dazu: Sparenberg, Meeresbergbau nach Manganknollen.

342 Sarah Zierul, Deutschlands Hoffnung im Pazifik, in: *Frankfurter Allgemeine Sonntagszeitung vom 15.8.2010*, 54.

343 Ebd.

344 Sparenberg, Ressourcenverknappung, 120.

345 Ebd., 121.

der früheren Förderversuche nachhaltige Schäden am Meeresgrund dokumentiert hatten. Die Schneisen der Kollektorfahrzeuge waren auch nach 30 Jahren noch deutlich zu erkennen. Der von der Autorin hierzu befragte Experte war der inzwischen emeritierte Meeresforscher Hjalmar Thiel, der seinerzeit selbst an den ersten ökologischen Untersuchungen teilgenommen hatte und nun explizit vor den Umweltschäden warnte.[346]

Thiel hatte bereits einen Beitrag zu dem von Wolfgang Vitzthum im Anschluss an die bereits erwähnte VDW-Konferenz 1981 herausgegebenen Band mit dem provokanten Titel *Die Plünderung der Meere* beigesteuert.[347] Seither hatte Thiel für eine stärkere Beachtung von Umweltfragen bei Meeresbergbau-Projekten geworben. Mitten in der Flaute des Themas wies er 1993 auf einem Symposium in Berlin darauf hin, dass die Technikfolgenabschätzung in diesem Bereich weitergehen müsse. Den Umstand, dass die industriellen Aktivitäten damals ruhten, sah er als Chance für die Forschung, ohne Beeinträchtigungen und rechtzeitig „Einfluß auf technische und gesetzgeberische Entwicklungen zu nehmen." Schließlich hatte Thiel keine Zweifel daran, dass der Meeresbergbau in Zukunft – seinen treffenden Schätzungen nach um 2010 – wieder interessant sein könnte.[348] Zu Thiels Aufforderung, die Ruhe im Diskurs zu nutzen, um die Forschung zu den Folgen des Meeresbergbaus für das Großökosystem Meer ungestört voranzubringen, passte ein Artikel in der *Zeit* vom Dezember 1994. Darin war zunächst die Rede von einer Studie im Auftrag der BGR, wonach die jüngste Generation von Kollektorfahrzeugen eine weit höhere Förderleistung erzielen konnte als ihre Vorgänger aus den 1970ern. Aber der größte Teil des Artikels befasste sich mit den Auswirkungen dieser Art von Bergbau auf die Meeresumwelt und mit der ungeklärten Frage, wie mit der Manganschlacke zu verfahren sei, die in riesigen Mengen anfiele, wenn lediglich die wertvolleren Metallbestandteile der Knollen verwertet würden.[349] Zu einzelnen Studien zur Weiterentwicklung der Meeresbergbautechnologie in jenen Jahren kamen also durchaus ökologische Forschungen, die im Falle einer Veröffentlichung des Wissensstands bestimmend für die Wahrnehmung des Themas waren. Zudem bedurfte es eines besonderen Anlasses, um das Thema Meeresbergbau nach längerer Funkstille wieder einmal in die Öffentlichkeit zu bringen. In diesem Fall war es das Inkrafttreten der UN-Seerechtskonvention im November

---

346 Zierul, Deutschlands Hoffnung im Pazifik. Zu Thiels Bedeutung für die kritische Bewertung des Meeresbergbaus vgl. Sparenberg, Ressourcenverknappung, 119–122.

347 Thiel, Verschmutzung und Vergiftung der Meere.

348 Hjalmar Thiel, Umweltschutz in der Tiefsee, in: *Deutsches Komitee für Meeresforschung und Meerestechnik, Maritime Umwelttechnik – Mariner Umweltschutz. Symposium, 19. April 1993 in Berlin*, Hamburg 1993, 2 [Paginierung nur für den Aufsatz].

349 Peter Frey, Baggern nach der Knolle, in: *Die Zeit, Nr. 51 vom 16.12.1994*, 36.

1994, auch wenn sie hier nicht als Startschuss für eine neue Manganknollen-Euphorie gedeutet wurde:

> „Obwohl die Seerechtskonvention der Vereinten Nationen seit dem 16. November, nach mehr als zwanzig Jahre währenden Streitereien, auch dem Tiefseebergbau einen rechtlichen Rahmen zimmert, sieht es derzeit nicht so aus, als rückte nun der Mensch dem Meeresboden mit mächtigen Maschinen zu Leibe. Und das ist wohl ganz gut so."[350]

Wenigstens bis zum Jahr 2000 hielt die Flaute im Meeresbergbau an, wie auch eine 23-seitige Broschüre des VSM aus den Jahren 1995 bis 1999 mit dem Titel *Sea the Future* belegt. Der Verband postulierte darin die wachsende Bedeutung des maritimen Sektors für globale Zukunftsfragen – mit dem Titel sozusagen auf Augenhöhe: „[D]er ‚blaue Planet' ist in der Tat auf dem Weg in ein maritimes Zeitalter."[351] Vorrangig ging es um Schifffahrt und Schiffstechnik, während der Meeresbergbau als Feld für die Meerestechnik nur noch marginal Erwähnung fand.

Abgesehen vom stärkeren Umweltbewusstsein schienen die Voraussetzungen für das ressourcenbezogene Machbarkeitsdenken unverändert bzw. geradezu wiederbelebt. Besonders deutlich wurde das auch an einem längeren Artikel in der mit der maritimen Wirtschaft befassten Fachzeitschrift *Schiff & Hafen* von 2008.[352] Die Autorin und Autoren erörterten den Meeresbergbau im Hinblick auf *Chancen für die deutsche maritime Wirtschaft*, ausgehend von der aktuellen Ressourcenverknappung und der Pachtung der Explorationsgebiete im Pazifik durch die Bundesrepublik Deutschland. Die Rede war vom „zwischenzeitlichen ‚Dornröschenschlaf'" der Thematik, deshalb erinnerte der Artikel: „Vor dreißig Jahren wurde der Meeresbergbau in der internationalen Rohstoffindustrie schon einmal ganz groß geschrieben!"[353] In jenen Jahren habe die deutsche meerestechnische Industrie eine „Systemführerschaft" errungen und bis heute „Schlüsselkompetenzen und Know-How erhalten."[354] Es fehlte auch hier nicht an Verweisen auf den Umweltschutz, der „neben der wirtschaftlichen und technischen Machbarkeit heutzutage eine der wichtigsten Randbedingungen bei der

---

350 Ebd.

351 Verband für Schiffbau und Meerestechnik e. V., *Sea the Future*, Hamburg ca. 1995–1999, 3. Der Titel der Broschüre war im Übrigen identisch mit dem einer Seminarreihe, die der Bereich Schiffs- und Meerestechnik am Institut für Land- und Seeverkehr [vormals Institut für Schiffs- und Meerestechnik] der TU Berlin wenig später veranstaltete. Vgl. Institut für Land- und Seeverkehr, *Jahresbericht 2003*, Berlin 2003, 5.

352 Johannes Post / Peter Halbach / Petra Mahncke / Michael Wiedicke, Meeresbergbau – Chancen für die deutsche maritime Wirtschaft, in: *Schiff & Hafen* 59, 2 (2008), 74–76.

353 Ebd., 74.

354 Ebd., 74–75.

Entwicklung von Förderstrategien und -technologien für den Meeresbergbau der Zukunft" sei.[355] Die Stimmen kritischer Experten kamen allerdings nicht explizit zu Wort, dafür bestimmte ein geradezu klassischer Topos das Bild, nämlich die Vorstellung einer faktischen Unerschöpflichkeit der mineralischen Ressourcen des Meeres: „Die unermesslichen Rohstoffreserven des Meeresbodens werden bisher kaum genutzt", hieß es verheißungsvoll.[356] Mit Blick auf die technische Machbarkeit angesichts der meerestechnologischen Expertise der deutschen Industrie erschien auch die Wirtschaftlichkeitsfrage in positivem Licht: „Der Tiefseebergbau befindet sich mittlerweile am Beginn der Wirtschaftlichkeit."[357]

Außerdem illustriert ein interessantes Detail an dem *Schiff & Hafen*-Report von 2008 buchstäblich die argumentative Anknüpfung an die 1970er. Im Verlauf des Artikels erschien neben anderen Abbildungen ein Querschnitt durch eine Manganknolle, der wie ein Tortendiagramm eingefärbt war, um die Anteile der verschiedenen Metalle darzustellen, die eine solche Erzknolle durchschnittlich enthielt.[358] Zumindest hinsichtlich der Knolle und der farbigen Sektoren handelte es sich um exakt die gleiche Abbildung, die auch 1978 als Titelbild der AMR-Broschüre *Manganknollen aus der Tiefsee – Rohstoffe für die Zukunft* Verwendung gefunden hatte. Die Abbildung stammte offensichtlich aus der BGR und erfüllte auch nach exakt 30 Jahren noch den Zweck, die Metallgehalte der Manganknollen lediglich grob zu veranschaulichen. Dennoch unterstreicht die erneute Verwendung einer drei Jahrzehnte alten Abbildung in gewisser Weise den engen Anschluss an frühere Argumentationsmuster und Darstellungsweisen und belegt Beharrungskräfte des Meeresbergbaudiskurses.

Mit Beginn der zweiten Dekade des 21. Jahrhunderts war immer häufiger über die neuesten Entwicklungen auf dem Gebiet des Meeresbergbaus zu lesen. Im Juli 2011 meldete die *Financial Times Deutschland* unter Berufung auf die BGR, dass in den gepachteten Explorationsgebieten „sich der Abbau durchaus lohnen könnte." Mit zusammen 75.000 Quadratkilometern seien die zwischen Hawaii und Mexiko gelegenen Gebiete etwa so groß wie Bayern und seien „übersät mit Manganknollen."[359] Und die *Neue Zürcher Zeitung* kündete im Juli 2014 von einer „Goldgräberstimmung am Meeresboden" und prognostizierte dazu: „Eine Industrialisierung des Meeresbo-

---

355 Ebd., 75.
356 Ebd.
357 Ebd., 76.
358 Ebd.
359 Volker Kühn, Bodenschätze: Deutschlands 17. Bundesland liegt im Pazifik, in: *Financial Times Deutschland vom 10.7.2011*. Vgl. dazu Sparenberg, Meeresbergbau nach Manganknollen, 128–129 und 141–141.

dens zeichnet sich ab.“[360] Immerhin fügte sie auch dem gängigen Kartoffel-Vergleich von Manganknollen eine originale Variante hinzu: „Diese Mineralienklumpen erinnern optisch ein wenig an Pferdeäpfel und liegen lose auf dem Meeresboden verstreut – [...] mancherorts so dicht wie das bucklige Kopfsteinpflaster einer alten Dorfstrasse [!].“[361]

Die Wissenschaftsjournalistin Sarah Zierul, deren Zeitungsartikel von 2010 zu den längeren Pressebeiträgen anlässlich der jüngsten Manganknollen-Euphorie gehörte, verfasste im Übrigen ein im selben Jahr erschienenes Sachbuch zum Thema. *Der Kampf um die Tiefsee* war auf die künftige Nutzung der marinen Ressourcen konzentriert.[362] Es war somit kein umfassendes Sachbuch über das Meer, und doch handelte es sich um eine Form des Meeressachbuchs, die ihre Vorgänger hatte und die im Zuge der öffentlichen Debatten um die Nutzung von marinen Rohstoffen seit etwa 1950 entstanden war. Was es freilich von früheren Büchern zur Zukunft der Meeresnutzung unterschied, war eine deutliche Skepsis bezüglich der ökologischen Folgen einer intensiven Mineralienförderung aus der Tiefsee. Gleichwohl spielt auch bei Zierul die Frage der Machbarkeit eine wesentliche Rolle. Möglicherweise ist es ein Faktor für die begrenzte, aber konstante Präsenz des Themas Meeresnutzung in maritimen Sachbüchern, dass zumindest der Tiefseebergbau einen Hauch von Utopie verströmt,[363] weil die Nutzung der mineralischen Ressourcen des Meeres sich als machbar darstellen lässt, ohne bisher realisiert worden zu sein. In der verbreiteten Wahrnehmung des *ganzen Meeres* als Großökosystem könnte sich allerdings schon jetzt ein paradoxer Umstand einstellen, auf den die Seerechts-Expertin Kristina Gjerde hinweist:

> „It is deeply ironic that the deep seabed area, designated as the ‚common heritage of mankind‘ to ensure equitable and ecologically benign mineral exploitation, is subject to far greater damage through high seas bottom trawl fishing than from, still theoretical, seabed mining.“[364]

---

360 Tim Schröder, Goldgräberstimmung am Meeresboden, in: *Neue Zürcher Zeitung* vom *23.7.2014* [Online-Ausgabe, abgerufen am 28.2.2018].

361 Ebd.

362 Sarah Zierul, *Der Kampf um die Tiefsee. Wettlauf um die Rohstoffe der Erde*, Hamburg 2010.

363 Sparenberg, The Oceans, 413–415.

364 Gjerde, High Seas Fisheries Management, 305.

5.9 Zusammenfassung

In den 1960er Jahren war der Weltraum in den Wissenschaften und Gesellschaften der Industrienationen präsenter als jemals zuvor. Besonders wirksam war in der öffentlichen Wahrnehmung der „Wettlauf" zum Mond zwischen den USA und der UdSSR. Das Vertrauen in die technischen Möglichkeiten der Zeit war groß und schien durch die Mondlandung im Juli 1969 bestätigt zu werden. Gleichzeitig nahm vielerorts das Interesse an den Weltmeeren und ihren wenig erforschten Regionen ebenso wie ihren ökonomischen Potenzialen zu. Auch hier wirkte ein ausgeprägter Optimismus hinsichtlich der technischen Machbarkeit enorm verstärkend. Die mineralischen Ressourcen der Tiefsee genossen besondere Aufmerksamkeit, die auf einem höchst heterogenen Mix aus öffentlichen Aussagen gründete: Dazu gehörten (1.) wissenschaftliche Publikationen, wie John L. Meros Studie von 1965, (2.) politische Äußerungen und Interessensbekundungen, wie die Rede des maltesischen Botschafters Arvid Pardo vor der Generalversammlung der Vereinten Nationen von 1967 oder die meereswissenschaftlichen Forschungsprogramme der Bundesregierung seit 1969, (3.) industrielle Öffentlichkeitsarbeit, wie die Interocean-Messen seit 1970 und ein konstant durch Printprodukte unterstützter Meerestechnik-Lobbyismus, (4.) eine phasenweise äußerst intensive Presseberichterstattung sowie (5.) eine langfristige Verankerung des Themas auf dem populärwissenschaftlichen Buchmarkt.

Im Ergebnis lebte die Vorstellung einer prinzipiellen Unerschöpflichkeit des Meeres als Ressourcenraum wieder auf. Dabei hatte sie gerade in den 1960er Jahren zunächst in der Fischereiforschung und einige Jahre später in der Öffentlichkeit den Rückzug angetreten, weil sich die Fischbestände der Ozeane als eben nicht unbegrenzt nutzbar erwiesen hatten. Gewissermaßen tauchte sie mit dem Meeresbergbau an anderer Stelle wieder auf. Die Diskussion um die mineralischen Rohstoffe der Tiefsee führte zwar nirgendwo messbar zu einem rückwärtsgerichteten Umdenken bei den „lebenden Schätzen", doch für die Wahrnehmung und Bewertung des Meeres als sensibles Großökosystem, dessen Nutzung einer generellen kritischen Überprüfung harrte, musste sie einen Dämpfer darstellen. Die Neueinschätzung der marinen Ressourcenpotenziale generierte in Kombination mit der zeitgenössischen Zuversicht in Fragen der technischen Machbarkeit einen neuen, spezifischen Unerschöpflichkeitsdiskurs.

6

FAZIT UND AUSBLICK

Wenn diese Studie eine Geschichte der Wahrnehmung des Meeres darstellt, ist darunter nur partiell eine Imaginationsgeschichte zu verstehen. Der Wandel in der Wahrnehmung des Meeres, wie er in den untersuchten Debatten zwischen Akteuren aus Publizistik, Wissenschaft, Wirtschaft und Politik zur Geltung kam, basierte auf einem realen Wandel im maritimen Raum. Die Nutzung der marinen Ressourcen – der lebenden wie der nicht-lebenden – führte den Wandel herbei. Tatsächlich waren die Meere nicht mehr das, was sie einmal gewesen. Mit Bezug auf den Kollaps der Kabeljaubestände im Nordwestatlantik zu Beginn der 1990er-Jahre brachte Jeffrey Bolster auf den Punkt, was im Prinzip für die biologischen Ressourcen aller Meere galt: Die Einwirkung des Menschen auf den Ozean hatte vor allem im Verlauf des 20. Jahrhunderts kontinuierlich zugenommen, und zwar „in both time and space."[1] Es wurde mithin nicht nur mehr gefischt, es wurden auch Meeresräume aufgesucht, die zuvor zu entfernt gelegen hatten. Das war zum einen die Folge davon, dass ehedem küstennah zu findende Fischbestände immer weiter in die Hohe See auswichen.[2] Zum anderen bemühte sich auch die angewandte Fischereiforschung in der Bundesrepublik Deutschland verstärkt um die Erschließung bisher ungenutzter Räume, zum Beispiel vor Südamerika, um die Verwertung bisher ungenutzter Fischarten sowie anderer Meerestiere, wie dem Krill, und um die Befischung der Tiefsee. Räumliche Ausdehnung war immer stärker auch dreidimensional gemeint. Diese Bemühungen erschienen in allen Debatten als Notwendigkeit: zur Versorgung der deutschen Verbraucherinnen und Verbraucher mit Fisch und Fischprodukten, als Antwort auf die wachsende Weltbevölkerung und zur Sicherung der Fischwirtschaft, die freilich gerade als Hochseefischerei im Untersuchungszeitraum zumeist die Form einer kapitalintensiven Industrie besaß.

Aus Nutzung wurde immer deutlicher Ausbeutung und bisweilen Zerstörung. Angesichts dieses Wandels verlor die Vorstellung von einer *Unerschöpflichkeit* der

---

1 Bolster, *The Mortal Sea*, 267.
2 Ebd., 179.

Ressourcen des Meeres relativ früh ihre Gültigkeit. Die Expertendebatten um die Bewertung der Überfischung belegen eine gewisse Festigkeit dieser Vorstellung, weil sie auf der Basis fischereiwissenschaftlicher Methoden auf der Suche nach dem Nutzungsoptimum blieben. Die Möglichkeiten, das Leben in den Meeren so präzise quantifizieren zu können, wie erforderlich war, um Höchstfangmengen festzulegen und Fangquoten auf Fischereinationen zu verteilen, blieben jedoch bis zum Ende des Untersuchungszeitraum begrenzt. Die hinter Konzepten wie dem *Maximum Sustainable Yield* stehende Idee der Nachhaltigkeit wurde kontinuierlich durch die zunehmende Technisierung der Fischereien konterkariert, so dass auch ein elaboriertes Fischereimanagement, wie es etwa im Rahmen der Gemeinsamen Fischereipolitik der EG praktiziert wurde, die marinen Gemeingüter nicht zuverlässig zu schützen vermochte. In den Medien – sowohl in der Presse als auch in Sachbüchern mit Meeresthematik – war einerseits der „Raubbau" an den Fischbeständen bereits früh und dauerhaft präsent, andererseits spiegelten gerade die Sachbücher im zeitlichen Verlauf den Stand der Fachdiskussion. Spätestens 1970 war die Überfischung von der Mehrheit anerkannt, die Sachbücher erfüllten mithin die Aufgabe, Wissen über marine Ressourcen zu vermitteln.

Das galt für die biologischen ebenso wie für die mineralischen Ressourcen des Meeres. Der wesentliche Unterschied lag darin, dass deren Nutzung – von den ersten Ansätzen zu Exploration und Förderung durch Geowissenschaft und Industrie abgesehen – im gesamten Untersuchungszeitraum nur Theorie blieb. Dennoch stellte sich auch hier die Frage nach den in den Meeren vorhandenen Potenzialen. In Anbetracht der hohen technischen und ökonomischen Hürden für den Meeresbergbau war die Debatte durchaus von einem Glauben an eine zumindest faktische Unerschöpflichkeit geprägt. Wenn nur wenige die Schätze der Tiefsee bergen konnten, so das Argument, mussten die marinen Reserven mehr als ausreichen. Bei dieser Sicht war der Bedarf an einem Nutzungsregime naturgemäß groß. Robert Jay Wilder beschrieb den darauf beruhenden Konflikt zwischen Industrie- und Entwicklungsländern als Konfrontation von *Common Heritage*-Prinzip und Technisierungsgrad.[3] Die internationale Diskussion um die Neuordnung des Seerechts wirkte sich insbesondere während der Dritten UN-Seerechtskonferenz erheblich auf die deutsche Debatte um die mineralischen Rohstoffe aus. Die Frage der *Machbarkeit* des Meeresbergbaus war also nicht nur technischer und ökonomischer Art, sondern umfasste auch eine politisch-rechtliche Dimension. Internationale Debatten um die Nutzung der lebenden wie der nicht-lebenden Ressourcen unterlagen so den gleichen Faktoren. In den Plänen zum Meeresbergbau war die technische Dimension indes zusätzlich hervorgehoben, weil diese Debatte zu einem Zeitpunkt begann, als mit der ersten Mondlandung

---

3 Wilder, *Listening to the Sea*, 79.

das wohl am stärksten wirkende Ereignis der Raumfahrt zu verzeichnen war. Auch in Deutschland zeigte sich damals „[d]er zeittypische, fast ungebrochene und in dieser Ausprägung nie danach wieder in Erscheinung getretene Zukunftsoptimismus."[4] Der Meeresbergbau konnte hier nicht nur in imaginativer Hinsicht anknüpfen, sondern auch ganz praktisch: Die meerestechnische Industrie, zu der von Beginn an Unternehmen aus der Luft- und Raumfahrtbranche gehörten, orientierte sich für die Erschließung des *Inner Space* auch an technischen Konzepten für den *Outer Space*.

Letztlich ging es in beiden Ressourcendebatten um Vorgänge, die durch den Raum, in dem sie stattfanden, schwer kalkulierbar waren. Der maritime Raum setzte weit stärker als der terrestrische eine hohe Anpassungsleistung voraus. Daher war zweifellos das Machbarkeitsdenken besonders gefordert, es kam aber auch im Wandel der Zeit und der Debatten zu einer Veränderung im Wissen über den Meeresraum. Die Folgen der Ressourcennutzung – der realen durch die Fischerei, aber auch der antizipierten Folgen des Meeresbergbaus – zeigten immer deutlicher die *Verwundbarkeit* des Meeres. Sie wurde zunächst als Ressourcenverknappung, als Überfischung, und damit getrennt von anderen anthropogenen schädlichen Einflüssen auf die Meeresumwelt wahrgenommen. Erst gegen Ende des Jahrhunderts setzte sich sowohl in der Fischwirtschaft wie in der Öffentlichkeit ein holistisches Verständnis vom Meer als Großökosystem durch – wenigstens zwanzig Jahre später als das Verständnis von der kontinentalen Umwelt zur Entstehung und Verbreitung von Umweltbewusstsein geführt hatte. Eines der wichtigsten internationalen Dokumente für maritime und marine Belange, das Seerechtsübereinkommen der Vereinten Nationen von 1982 belegt diese Verspätung. Es enthält zwar grundlegende Formulierungen zum Schutz der Meeresumwelt, spricht aber nur einmal in 320 Artikeln vom Meer als Ökosystem, wie Martin Ira Glassner kritisch anmerkte:

> „Instead, the world ocean, the global sea, has been partitioned – horizontally, vertically and functionally – into innumerable international, regional, national and private jurisdictions with no centralized control over them, and no overall plan for preserving its integrity."[5]

Der Bereich der *Ocean Governance* auf regionaler Ebene wurde in dieser Studie nur nachrangig betrachtet. Auf dem Gebiet der internationalen Meerespolitik könnte das wachsende Interesse an den Meeren im Rahmen der europäischen Integration bzw. der europäischen Institutionen zu neuen und weitreichenden Forschungsfragen führen. Wie erwähnt, hatte die EG zum Gegenstand des Meeresbergbaus zu keiner einheitlichen Haltung auf der Seerechtskonferenz gefunden. Hinzu kam, dass mit

4 Wolfrum, *Die geglückte Demokratie*, 188.
5 Glassner, *Neptune's Domain*, 64.

Großbritannien und der Bundesrepublik zwei wichtige europäische Staaten der Konvention – zumindest im Zeitraum dieser Untersuchung – nicht beitraten. Im Sektor der Fischerei war die Gemeinschaft dagegen praktisch gezwungen, eine abgestimmte Fischereipolitik aufs Gleis zu setzen, weil mit der Norderweiterung gleich drei Fischereinationen und später noch einmal zwei weitere der EG beitraten. Die Fischereipolitik erwies sich als äußerst heikles Politikfeld und die GFP als im Sinne der nachhaltigen Nutzung der lebenden Meeresressourcen schwer beherrschbares Instrument. Auch nach ihrer Einführung bestimmte „nationaler Eigensinn" die Verhandlungen um die Fangquoten, die zudem weiterhin nach dem auf einzelne Fischarten angelegten MSY-Prinzip errechnet wurden.[6]

Erst 2006 legte die EU-Kommission ein *Grünbuch* vor zum Thema: *Die künftige Meerespolitik der EU: Eine europäische Vision für Ozeane und Meere.*[7] Das Papier sollte zur Gestaltung einer Meerespolitik anregen,

> „die von einer ganzheitlichen Betrachtung der Ozeane und Meere ausgeht. Diese werden uns nur dann weiter Nutzen bringen können, wenn wir achtsam mit ihnen umgehen in einer Zeit, da ihre Ressourcen durch verschiedene negative Einflüsse, nicht zuletzt durch unsere wachsenden technischen Nutzungsmöglichkeiten, ernsthaft bedroht sind. Die beschleunigte Abnahme der biologischen Vielfalt der Meere durch Umweltbelastungen, Auswirkungen des Klimawandels und Überfischung sind Warnsignale, die wir nicht ignorieren können."[8]

Meerespolitik sollte alle Bereiche der ökonomischen und gesellschaftlichen Meeresnutzung, die Meeresforschung und die Entwicklung der Küstenregionen umfassen und von einem holistischen Verständnis des Meeres ausgehen. Eine geschichtswissenschaftliche Bewertung in Form der Marinen Umweltgeschichte kann einen geeigneten Beitrag dazu leisten.

Gegenstand und Fragestellung der hier vorgelegten Untersuchung legen nahe, dass sie in erster Linie in den lange Zeit bestimmenden Kanon der umwelthistorischen Erzählungen von Verlust und Niedergang einzuordnen ist.[9] Angesichts der Orientierung am realen Schwund der marinen Biodiversität trifft das teilweise durch-

---

6 Gerd Kraus / Ralf Döring, Die Gemeinsame Fischereipolitik der EU: Nutzen, Probleme und Perspektiven eines pan-europäischen Ressourcenmanagements, in: *Zeitschrift für Umweltrecht, 1* (2013), 3–9.

7 Kommission der Europäischen Gemeinschaften, *Grünbuch. Die künftige Meerespolitik der EU: Eine europäische Vision für Ozeane und Meere*, Brüssel, 7.6.2006, KOM (2006) 275 endgültig, Teil II – Anhang.

8 Ebd., 4–5.

9 McNeill, Umweltgeschichte, 391.

aus zu. Der beobachtete Wandel in der Wahrnehmung der Verwundbarkeit der Meere und in der Deutung der Prozesse als Folge menschlichen Handelns belegt jedoch zugleich, dass die Thematik aus umwelthistorischer Warte inzwischen auch anders bewertet werden kann.

Welche weiteren Möglichkeiten und Aufgaben bieten sich darüber hinaus für eine Umweltgeschichte der Meere und Ozeane? Die Fischerei als klassisches Beispiel der Meeresnutzung gehört hier zweifellos zum Kernbestand.[10] Gerade marine Ressourcen eröffnen aber bei einer breiteren Kontextualisierung die Chancen für genuin historische, multiperspektivische Fragestellungen wie für interdisziplinäre Anknüpfungspunkte. Zwei Beispiele sollen noch einmal hervorgehoben werden.

Shifting Baselines: Über die Seerechtsfragen hinaus zeigten die Debatten um die Nutzung mariner Ressourcen, dass sich Shifting Baselines in allen Bereichen der Gesellschaft wiederfanden. Das Konzept entstand mit Blick auf die Wahrnehmung von Fischereiforschern, die Generation für Generation von ihrem professionellen Standpunkt aus den Zustand des Meeres definierten. Die Fachöffentlichkeit im Fischereisektor interferierte allerdings stets mit politischen und publizistischen Akteuren und sorgte so dafür, dass die jeweils vorherrschenden Bewertungen von Unerschöpflichkeit, Machbarkeit und Verwundbarkeit sich kontinuierlich überlagerten. Die Untersuchung der Ressourcendebatten entlang dieser drei Topoi hat gezeigt, dass in Deutschland ein Kommunikationsraum vorhanden war, in dem diverse Akteure sich mit dem Thema Meeresnutzung befassten. Wenngleich sie dies mit unterschiedlichen Interessen und Akzenten taten, bietet sich hier ein Ansatz für die Marine Umweltgeschichte, um kollektive Wahrnehmungen des Meeres zu erforschen. Wie sich am Beispiel der Bundesrepublik gezeigt hat, bleibt dieser Ansatz auch dann bestehen, wenn der Fokus auf einem Staat mit kurzen Küsten bzw. einer Gesellschaft ohne ausgeprägtes Meeresbewusstsein liegt.

Anthropozän: Insbesondere ab der Jahrhundertmitte lässt sich mit Poul Holm durchaus von einer „Great Acceleration" der Nutzung, Verschmutzung und anderer negativer Einwirkungen auf Meere und Ozeane durch den Menschen sprechen.[11] Holm überträgt damit einen Begriff auf den maritimen Raum, der in der Diskussion um das Anthropozän eine zentrale Rolle spielt. In der Tat bilden die Prozesse des globalen Wandels einen weiteren und weitreichenden Anknüpfungspunkt, der gerade auch vor dem Hintergrund des Trends zu globalhistorischen Fragestellungen attraktiv erscheint. Es stellt zum einen einen zeitlichen Entwurf dar und berührt zum anderen den realen Wandel in der Meeresumwelt. Beide Aspekte zusammen könn-

---

10 Heidbrink, Whaling, fisheries and marine environmental history in the International Journal of Maritime History, 122.

11 Holm, World War II and the „Great Acceleration" of North Atlantic Fisheries.

ten sich mit Blick auf die Periodisierung der Meeresnutzungsgeschichte als nützlich erweisen. Bolsters *The Mortal Sea* vollzieht, ähnlich wie Blackbourns *Die Eroberung der Natur*, das Verhältnis von Mensch und Natur, vor allem die aktive Veränderung der Natur durch den Menschen langfristig nach. Die Umweltgeschichte der Meere und Ozeane kann hierbei an Erkenntnisse älterer Arbeiten anschließen. So führte der Schweizer Historiker Christian Pfister Mitte der 1990er Jahre den Begriff *1950er Syndrom* in die Forschung ein. Damit fasste er den verschwenderischen Verbrauch von fossilen Brennstoffen in den Industriegesellschaften, den gedankenlosen Umgang mit Müll und die Nutzung von Landschaft in den ersten ein bis zwei Jahrzehnten nach dem Zweiten Weltkrieg zusammen.[12]

In Reaktion auf Pfister bereicherte Patrick Kupper einige Jahre später die Debatte um den Begriff *1970er Diagnose*.[13] Mit der sperrigen Formulierung bezeichnete Kupper die zunehmende Aufmerksamkeit in Politik und Öffentlichkeit für Umweltprobleme, Naturschutz und Nachhaltigkeitsfragen. Kupper macht diesen Wandel an der Verbreitung von Umweltschutzbewegungen, an der Institutionalisierung der Umweltpolitik und an der Breitenwirkung von wissenschaftlichen Erkenntnissen über den Zustand der Umwelt im lokalen wie globalen Rahmen fest. Das hierbei wohl am häufigsten zitierte Beispiel dürfte die Studie mit dem Titel *Die Grenzen des Wachstums* von 1972 sein, die im Auftrag des *Club of Rome* entstanden war.[14] Das Dokument problematisierte das Verhalten der Industriegesellschaften in den Jahrzehnten zuvor und mahnte ein ökologisches Umdenken an. Inzwischen wurden viele Inhalte der Studie relativiert, woran auch Kupper Anteil hat.[15] Doch die Wirkung in der zeitgenössischen Öffentlichkeit bleibt davon unberührt.

Anknüpfend an jene Diskussionen und in Verbindung mit den Ergebnissen dieser Arbeit ließe sich – um den ursprünglichen gedanklichen Faden weiter zu spinnen – eine Geschichte der Wahrnehmung von Prozessen des globalen Wandels in Angriff nehmen, die Ozeane und Kontinente gleichberechtigt in den Blick nimmt. Das Anthropozän könnte hierfür den konzeptionellen Rahmen bilden.

---

12 Christian Pfister, Das „1950er Syndrom" – die umweltgeschichtliche Epochenschwelle zwischen Industriegesellschaft und Konsumgesellschaft, in: ders. (Hg.), *Das 1950er Syndrom. Der Weg in die Konsumgesellschaft*, Bern/Stuttgart/Wien 1995, 51–95.

13 Patrick Kupper, Die „1970er Diagnose". Grundsätzliche Überlegungen zu einem Wendepunkt der Umweltgeschichte, in: *Archiv für Sozialgeschichte 43*, 2003, 325–348.

14 Dennis L. Meadows u. a., *Die Grenzen des Wachstums. Bericht des Club of Rome zur Lage der Menschheit*, Stuttgart 1972. Vgl. dazu auch Uekötter, Deutschland in Grün, 110–111.

15 Patrick Kupper, „Weltuntergangs-Vision aus dem Computer". Zur Geschichte der Studie „Die Grenzen des Wachstums" von 1972, in: Frank Uekötter / Jens Hohensee (Hg.), *Wird Kassandra heiser? Die Geschichte falscher Ökoalarme (HMRG Beihefte 57)*, Stuttgart 2004, 98–111.

Es ist aus Sicht der hier untersuchten Fragen wenig sinnvoll, sich in der anhaltenden Diskussion, ob der Beginn des Anthropozäns um 1800 oder um 1950 angesetzt
werden sollte, eindeutig zu positionieren. Der hier gesetzte zeitliche Rahmen für die
untersuchten Wahrnehmungs- und Deutungsprozesse deckt sich zwar mit dem zweiten Vorschlag. Doch die industriell geprägte Meeresnutzung, auf die sich Wahrnehmung und Deutung beziehen, begann im Fall der Fischerei bereits im 19. Jahrhundert,
während dem Meeresbergbau erst in den letzten Jahren eine ernsthaftere Aussicht
auf Realisierung bescheinigt werden kann. Der kulturhistorische Ansatz dieser Studie legt eine gewisse Distanz zwischen diese Arbeit und die Prämissen der interdisziplinären *Anthropocene Working Group*, die einen Vorschlag zur offiziellen Anerkennung des Anthropozäns als Erdzeitalter vorbereitet haben. Wenngleich irreversible
Veränderungen der Biodiversität zu den Hauptmerkmalen gerechnet werden, tritt
beispielsweise die Überfischung gegenüber dem Meeresspiegelanstieg oder geoche-
mischen Prozessen in den Hintergrund.[16]

Ob die *International Union of Geological Sciences* dem Vorschlag der Working
Group nach einem langwierigen Prüfprozess zustimmen wird, ist offen.[17] Auch ändern sich bisweilen die Einschätzungen, ob nun der Verlust der globalen biologischen
Vielfalt und die unkontrollierte Verbreitung invasiver Arten oder Klimawandel und
Meeresspiegelanstieg die größten Gefahren für die Lebensbedingungen auf der Erde
darstellen. Was das Anthropozän-Konzept dennoch gerade für eine global denkende
und Disziplinen übergreifende Diskussion umwelthistorischer Fragen interessant
macht, fasst Helmuth Trischler so zusammen: „In fact, reintegrating the nonhuman
into historical narratives and anthropological ontologies is perhaps the one common
denominator that most scholars working on the Anthropocene could agree on.“[18] Die
Geschichtswissenschaft insgesamt kann im wissenschaftlichen und im gesellschaftlichen Kontext dazu wesentliche Beiträge leisten. Meere und Ozeane bieten hierfür ein
bislang noch viel zu wenig beachtetes historisches Themenreservoir.

16 Vidas, Meere im Anthropozän, 57.
17 Trischler, The Anthropocene, 316; Christian Schwägerl, In der neuen Zeit sterben alte Gewissheiten, in: Frankfurter Allgemeine Wissen, Online-Ausgabe, 19.09.2016, URL: http://www.
faz.net/aktuell/wissen/erde-klima/forschungen-der-anthropocene-working-group-14432805.
html [30.04.2018].
18 Trischler, The Anthropocene, 328.

ABKÜRZUNGSVERZEICHNIS

AFZ	Allgemeine Fischwirtschaftszeitung
AHR	American Historical Review
AMR	Arbeitsgemeinschaft meerestechnisch gewinnbare Rohstoffe
AWI	Alfred-Wegener-Institut für Polar- und Meeresforschung
BFAF	Bundesforschungsanstalt für Fischerei
BfB	Bundesanstalt für Bodenforschung
BGR	Bundesanstalt für Geowissenschaften und Rohstoffe
BMFT	Bundesministerium für Forschung und Technologie
BML	Bundesministerium für Ernährung, Landwirtschaft und Forsten
BMWi	Bundesministerium für Wirtschaft
DFG	Deutsche Forschungsgemeinschaft
DFZ	Deutsche Fischereizeitung
DHI	Deutsches Hydrographisches Institut
DKfO	Deutsche Kommission für Ozeanographie
DKMM	Deutsches Komitee für Meeresforschung und Meerestechnik
DOMCO	Deep Ocean Mining Company
DSDP	Deep Sea Drilling Project
DWK	Deutsche Wissenschaftliche Kommission für Meeresforschung
EWG	Europäische Wirtschaftsgemeinschaft
FAO	Food and Agriculture Organization of the United Nations
FAZ	Frankfurter Allgemeine Zeitung
GFP	Gemeinsame Fischereipolitik
GKSS	Gesellschaft für Kernenergieverwertung in Schiffbau und Schiffahrt
GWU	Geschichte in Wissenschaft und Unterricht
HMRG	Historische Mitteilungen der Ranke-Gesellschaft
HZ	Historische Zeitschrift
ICES	International Council for the Exploration of the Sea
ICNAF	International Convention for the North-West Atlantic Fisheries
IJMH	International Journal of Maritime History
INCO	International Nickel Company
KDM	Konsortium Deutsche Meeresforschung

MSC	Marine Stewardship Council
MSY	Maximum Sustainable Yield
mt	Meerestechnik (Zeitschrift)
NAFO	Northwest Atlantic Fisheries Organization
NEAFC	North East Atlantic Fisheries Commission
OMA	Ocean Mining Associates
OMCO	Ocean Mineral Company
OMI	Ocean Management Incorporated
RIMH	Research in Maritime History
SEDCO	South Eastern Drilling Company
SRÜ	Seerechtsübereinkommen der Vereinten Nationen
STG	Schiffbautechnische Gesellschaft
TAC	Total Allowable Catch
UNCLOS	United Nations Conference on the Law of the Sea
UNFSA	United Nations Fish Stocks Agreement
VDI	Verein deutscher Ingenieure
VDW	Vereinigung deutscher Wissenschaftler
VSM	Verband für Schiffbau und Meerestechnik
WIM	Wirtschaftsvereinigung meerestechnische Industrie
WWF	World Wide Fund for Nature

QUELLEN- UND LITERATURVERZEICHNIS

Unveröffentlichte Quellen

Bundesarchiv Koblenz (BArch)

Bundesministerium für Wirtschaft
B 102/248771

Bundesministerium für Verkehr
B 108/71389
B 108/71390

Bundesministerium für Ernährung, Landwirtschaft und Forsten
B 116/22064
B 116/65164
B 116/67821
B 116/67822
B 116/67823

Bundeskanzleramt
B 136/22475

Bundesministerium für Forschung und Technologie
B 196/17801
B 196/17848
B 196/17850
B 196/17852
B 196/19495
B 196/27487

Veröffentlichte Quellen

Arbeitsgemeinschaft meerestechnisch gewinnbare Rohstoffe (Hg.), Manganknollen aus der Tiefsee – Rohstoffe der Zukunft, Frankfurt a. M. 1978.

Bäcker, Harald, Erzschlämme, in: Wolfgang Schott u. a., Die Fahrten des Forschungsschiffes „Valdivia" 1971–1978. Geowissenschaftliche Ergebnisse (Geologisches Jahrbuch, Reihe D, Heft 38), Hannover 1980, 77–108.

Bartz, Fritz, Die großen Fischereiräume der Welt. Versuch einer regionalen Darstellung der Fischereiwirtschaft der Erde, Bd. 1: Atlantisches Europa und Mittelmeer, Wiesbaden 1964.

Bartz, Fritz, Die großen Fischereiräume der Welt. Versuch einer regionalen Darstellung der Fischereiwirtschaft der Erde, Bd. 2: Asien mit Einschluß der Sowjetunion, Wiesbaden 1965.

Bartz, Fritz, Die großen Fischereiräume der Welt. Versuch einer regionalen Darstellung der Fischereiwirtschaft der Erde, Bd. 3: Neue Welt und südliche Halbkugel, Wiesbaden 1974.

Behm, Hans Wolfgang, Vor der Sintflut. Ein Bilderatlas aus der Vorzeit der Welt, Stuttgart 1924.

Behm, Hans Wolfgang, Welteis und Weltentwicklung. Gemeinverständliche Einführung in die Grundlagen der Welteislehre, Leipzig 1926.

Behm, Hans Wolfgang, Welteislehre. Ihre Bedeutung im Kulturbild der Gegenwart, Leipzig 1929.

Behm, Hans Wolfgang, Der unzähmbare Ozean. Ein Buch vom Meer und vom Leben der Tiefe, Berlin 1956.

Berrill, Norman John, Atlantische Wunderwelt, München 1953.

Böhnecke, Günther / Meyl, Arwed H. u. a., Denkschrift zur Lage der Meeresforschung, Wiesbaden 1962.

Bulkley, I. G., Who Gains from Deep Ocean Mining? Simulating the Impact of Regimes for Regulating Nodule Exploitation, Berkeley 1979.

Bundesminister für wissenschaftliche Forschung (Hg.), Bestandsaufnahme und Gesamtprogramm für die Meeresforschung in der Bundesrepublik Deutschland 1969–1973, Bonn 1969.

Bundesminister für Bildung und Wissenschaft (Hg.), Gesamtprogramm Meeresforschung und Meerestechnik in der Bundesrepublik Deutschland 1972–1975, Bonn 1972.

Bundesminister für Forschung und Technologie (Hg.), Gesamtprogramm Meeresforschung und Meerestechnik in der Bundesrepublik Deutschland 1976–1979, Bonn 1976.

Bundesminister für Forschung und Technologie (Hg.), Meeresforschung und Meerestechnik. Programm der Bundesregierung, Bonn 1987.

Carson, Rachel, Under the Sea-Wind: A Naturalist's Picture of Ocean Life, New York 1941.

Carson, Rachel, Geheimnisse des Meeres, München 1952.

Carson, Rachel, Wunder des Meeres. Ausgabe für die Jugend von Anne Terry White, Ravensburg 1968.

Clover, Charles, Fisch kaputt. Vom Leerfischen der Meere und den Konsequenzen für die ganze Welt, München 2005.

Coll, Pieter, Das Meer, der unentdeckte Kontinent. Die abenteuerliche Erforschung des Meeres. Seine Erschließung als Nahrungs- und Energiequelle, Würzburg 1968.

Colman, John S., Wunder des Meeres, Stuttgart 1952.

Commerzbank, Meeresnutzung, o. O., 1973.

Cousteau, Jacques, Introduction, in: Richard C. Vetter (ed.), Oceanography. The Last Frontier, New York 1973, 3–11.

Currie, R. J., Künftige Nutzung des Meeres, in: George E. R. Deacon (Hg.), Die Meere der Welt. Ihre Eroberung – ihre Geheimnisse, Stuttgart 1963, 234–243.

Demoll, Reinhard, Früchte des Meeres (Verständliche Wissenschaft, Bd. 64), Berlin/Göttingen/Heidelberg 1957.

Deutscher Bundestag, 7. Wahlperiode, Drucksache 7/2732 vom 5.11.1974, Antwort der Bundesregierung auf die Kleine Anfrage der Abgeordneten Lenzer, Benz, Engelsberger u. a. und der Fraktion der CDU/CSU betr. Meerestechnik.

Deutscher Bundestag, 7. Wahlperiode, Drucksache 7/5120 vom 5.5.1976, Große Anfrage der Fraktion der CDU/CSU betr. Auswirkungen der Seerechtskonferenz der Vereinten Nationen auf die politischen und wirtschaftlichen Interessen der Bundesrepublik Deutschland.

Deutscher Bundestag, 7. Wahlperiode, Drucksache 7/5455 vom 23.6.1976, Antwort der Bundesregierung auf die Große Anfrage der Fraktion der CDU/CSU – Drucksache 7/5120.

Deutscher Bundestag, 8. Wahlperiode, Drucksache 8/661 vom 22.6.1977, Antrag der Fraktionen der CDU/CSU, SPD, FDP: Dritte Seerechtskonferenz der Vereinten Nationen.

Deutscher Bundestag, Plenarprotokoll 8/37 zur 37. Sitzung am 24.6.1977, 2884 D.

Deutscher Bundestag, 8. Wahlperiode, Drucksache 8/1681 vom 4.4.1978, Große Anfrage der Abgeordneten Breidbach, Dr. Narjes, Schmidhuber u. a. und der Fraktion der CDU/CSU betr. Rohstoffpolitik der Bundesregierung.

Deutscher Bundestag, 8. Wahlperiode, Drucksache 8/1981 vom 7.7.1978, Antwort der Bundesregierung auf die Große Anfrage der Abgeordneten Breidbach, Dr. Narjes, Schmidhuber u. a. und der Fraktion der CDU/CSU betr. Rohstoffpolitik der Bundesregierung.

Deutscher Bundestag, 8. Wahlperiode, Drucksache 8/1981 vom 7.7.1978, Antwort der Bundesregierung auf die Große Anfrage der Abgeordneten Breidbach, Dr. Narjes, Schmidhuber u. a. und der Fraktion der CDU/CSU betr. Rohstoffpolitik der Bundesregierung.

Deutscher Bundestag, Drucksache 8/3871, 27.3.1980, Unterrichtung durch das Europäische Parlament.

Deutscher Bundestag, Drucksache 8/4359, 3.7.1980, Beschlußempfehlung und Bericht des Ausschusses für Wirtschaft (9. Sitzung).

Deutscher Bundestag, Drucksache 9/2111, 19.11.1982, Fragen für die Fragestunden der Sitzungen des Deutschen Bundestages am Mittwoch, dem 24. November 1982, am Freitag, dem 26. November 1982.

Deutscher Bundestag, 10. Wahlperiode, Drucksache 10/401 vom 23.9.1983, Antwort der Bundesregierung auf die Kleine Anfrage des Abgeordneten Sauermilch und der Fraktion DIE GRÜNEN: UN-Seerechtskonvention (UNCLOS III) und Tiefseebergbau.

Dietrich, Günter / Meyl, Arwed H. / Schott, Friedrich, Deutsche Meeresforschung 1962–73. Fortschritte, Vorhaben und Aufgaben. Denkschrift II, Wiesbaden 1968.

Dornier System GmbH, Friedrichshafen, ca. 1972 [Firmenbroschüre].

Dorstewitz, Günter / Denk, Dieter / Ritschel, Wolfgang, Meeresbergbau auf Kobalt, Kupfer, Mangan und Nickel. Bedarfsdeckung, Betriebskosten, Wirtschaftlichkeit (Bergbau, Rohstoffe, Energie, Bd. 6), Essen 1971.

Duden. Das Fremdwörterbuch, Mannheim u. a. [9]2007.

Ellis, Richard, Der lebendige Ozean. Nachrichten aus der Wasserwelt, Hamburg 2006.

ERNO Raumfahrttechnik GmbH, Bremen, ca. 1970 [Firmenbroschüre].

FAO, Fisheries and Aquaculture Department, Code of Conduct for Responsible Fisheries, URL: http://www.fao.org/docrep/005/v9878e/v9878e00.htm#1 [30.04.2018].

Fellerer, Rainer, Manganknollen, in: Wolfgang Schott u. a., Die Fahrten des Forschungsschiffes „Valdivia" 1971–1978. Geowissenschaftliche Ergebnisse (Geologisches Jahrbuch, Reihe D, Heft 38), Hannover 1980, 35–76.

Fischmehlfabrik „Unterweser" Fuhrmann & Co (Hg.), Das Meer, ein unerschöpflicher Quell eiweißreicher Nahrung, Bremerhaven 1952.

Flannery, Tim, Wir Wettermacher. Wie die Menschen das Klima verändern und was das für unser Leben auf der Erde bedeutet, Frankfurt a. M. 2009.

Flemming, N. C. / Meincke, Jens (Hg.), Das Meer. Enzyklopädie der Meeresforschung und Meeresnutzung, Freiburg/Basel/Wien 1977.

Gerwin, Robert, Neuland Ozean. Die wissenschaftliche Erforschung und die technische Nutzung der Weltmeere, München 1964.

Gesellschaft für Kernenergieverwertung in Schiffbau und Schiffahrt mbh, Vorschläge für technische Entwicklungsvorhaben zur Fortschreibung des Programmes „Meeresforschung und Meerestechnik" des Bundes, Bd. 1, Geesthacht 1974.

Gröh, Walter, Freiheit der Meere. Die Ausbeutung des „Gemeinsamen Erbes der Menschheit", Bremen 1988.

Grotius, Hugo, Von der Freiheit des Meeres, übers. von Richard Boschan, Leipzig 1919.

Hempel, Gotthilf, Meeresfischerei als ökologisches Problem (Rheinisch-Westfälische Akademie der Wissenschaften, Vorträge N 283), Opladen 1979, 7–40.

Henking, Hermann, Das Meer als Nahrungsquelle, in: Meereskunde. Sammlung volkstümlicher Vorträge zum Verständnis der nationalen Bedeutung von Meer und Seewesen, 7. Jg. (1913), Heft 9.

Idyll, Clarence P. u. a., Kontinente unter Wasser. Erforschung und Nutzung der Meere, Bergisch-Gladbach 1971.

Institut für Land- und Seeverkehr, Jahresbericht 2003, Berlin 2003.

Institut für Schiffs- und Meerestechnik, Jahresbericht 1980, Berlin 1980.

Interocean '70. Internationaler Kongreß mit Ausstellung für Meeresforschung und Meeresnutzung, 10. bis 15. November 1970, 2 Bde., Düsseldorf 1970.

Interocean '73. 2. Internationaler Kongreß mit Ausstellung für Meeresforschung und Meeresnutzung, 13. bis 18. November 1973. Kongreß-Berichtswerk, 2 Bde., Düsseldorf 1973.

Interocean '76. 3. Internationaler Kongreß mit Ausstellung für Meeresforschung und Meeresnutzung, 15. bis 19. Juni 1976. Kongreß-Berichtswerk, 2 Bde., Düsseldorf 1976.

Interocean '81. Internationaler Kongreß für Meeresbergbau, 15. Juni 1981. Kongreß-Berichtswerk, Essen 1981.

Joesten, Joachim, Wem gehört der Ozean? Politiker, Wirtschaftler und moderne Piraten greifen nach den Weltmeeren, München 1969.

Kaiser, Arnim, Schiffstechnischer Überblick, in: Wolfgang Schott u. a., Die Fahrten des Forschungsschiffes „Valdivia" 1971–1978. Geowissenschaftliche Ergebnisse (Geologisches Jahrbuch, Reihe D, Heft 38), Hannover 1980, 23–34.

Kommission der Europäischen Gemeinschaften, Grünbuch. Die künftige Meerespolitik der EU: Eine europäische Vision für Ozeane und Meere, Brüssel, 7.6.2006, KOM (2006) 275 endgültig, Teil II – Anhang.

Konsortium Deutsche Meeresforschung, Deutsche Meeresforschung: In Zukunft Meer, Berlin o. J., o. O.

Kurlansky, Mark, Kabeljau. Der Fisch, der die Welt veränderte, Berlin 2000.

Latif, Mojib, Das Ende der Ozeane. Warum wir ohne die Meere nicht überleben werden, Freiburg i. B. 2014.

Lemke, Peter, Was bewegt das Meer? Ein Blick in die Physik der Ozeane, in: Gerold Wefer / Frank Schmieder / Stephanie Freifrau von Neuhoff (Hg.), Tiefsee. Expeditionen zu den Quellen des Lebens. Begleitbuch zur Sonderausstellung im Ausstellungszentrum Lokschuppen Rosenheim, 23. März bis 4. November 2012, Rosenheim 2012, 16–23.

Linke, Peter, In allen Tiefen Daten und Proben sammeln, in: Gerold Wefer / Frank Schmieder / Stephanie Freifrau von Neuhoff (Hg.), Tiefsee. Expeditionen zu den Quellen des Lebens. Begleitbuch zur Sonderausstellung im Ausstellungszentrum Lokschuppen Rosenheim, 23. März bis 4. November 2012, Rosenheim 2012, 58–61.

Loftas, Tony, Letztes Neuland – die Ozeane, Frankfurt a. M. 1970.

Marfeld, Alexander F., Zukunft im Meer. Bericht – Dokumentation – Interpretation zur gesamten Ozeanologie und Meerestechnik, Berlin 1972.

Maribus (Hg.), World Ocean Review, Bd. 1: Mit den Meeren leben, Hamburg 2010.

Maribus (Hg.), World Ocean Review, Bd. 2: Die Zukunft der Fische – die Fischerei der Zukunft, Hamburg 2013.

Maribus (Hg.), World Ocean Review, Bd. 3: Rohstoffe aus dem Meer – Chancen und Risiken, Hamburg 2014.

McKee, Alexander, Farming the sea. First steps into Inner Space, London 1967.

Meadows, Dennis L. u. a., Die Grenzen des Wachstums. Bericht des Club of Rome zur Lage der Menschheit, Stuttgart 1972.

Mero, John L., The Mineral Resources of the Sea, Amsterdam/London/New York 1965.

Meyer-Waarden, Paul-Friedrich, Raubbau im Meer? Hamburg 1947.

Michelet, Jules, Das Meer, Frankfurt a. M./New York 2006.

Oebius, Horst, Einleitung, in: Meerestechnik in der Bundesrepublik Deutschland. Eine zusammenfassende Darstellung der Voraussetzungen und Aktivitäten, Hamburg 1982.

Pardo, Arvid, Who will Control the Seabed? In: Foreign Affairs 47 (1968), 123–137.

Pardo, Arvid, Law of the Sea Conference – What Went Wrong, in: Robert L. Friedheim (ed.), Managing Ocean Resources: A Primer, Boulder, CO 1979, 137–148.

Pauly, Daniel, Anecdotes and the shifting baseline syndrome of fisheries, in: Trends in Ecology and Evolution 10 (1995), 430.

Petersmann, Ernst-Ulrich, Rechtsprobleme der deutschen Interimsgesetzgebung für den Tiefseebergbau, in: Zeitschrift für ausländisches öffentliches Recht und Völkerrecht 41 (1981), 267–328.

Prewo, Wilfried, Tiefseebergbau: Goldgrube, Weißer Elefant oder Trojanisches Pferd? In: Die Weltwirtschaft. Halbjahresschrift des Instituts für Weltwirtschaft an der Universität Kiel (1/1979), 183–197.

Ratzel, Friedrich, Das Meer als Quelle der Völkergröße. Eine politisch-geographische Studie, München/Leipzig 1900.

Richter, Helmut, Explorationstechnische Entwicklungen, in: Wolfgang Schott u. a., Die Fahrten des Forschungsschiffes „Valdivia" 1971–1978. Geowissenschaftliche Ergebnisse (Geologisches Jahrbuch, Reihe D, Heft 38), Hannover 1980, 157–182.

Riedel, Dietmar, Der Hering, Wittenberg-Lutherstadt 1957.

Rösner, Dieter, Wettlauf zum Meeresboden. Rohstoff- und Nahrungsquelle, München 1984.

Rudolph, Willi, Nahrung und Rohstoffe aus dem Meer, Stuttgart 1946.

Rühmer, Karl, Fische und Nutztiere des Meeres, deren Fang und Verwertung, München 1954.

Schätzing, Frank, Der Schwarm, Frankfurt a. M. 32005.

Schätzing, Frank, Nachrichten aus einem unbekannten Universum, Frankfurt a. M. [8]2012.

Schnakenbeck, Werner, Die deutsche Seefischerei in Nordsee und Nordmeer, Hamburg 1953.

Schott, Wolfgang, Programm und Ergebnis der „Valdivia"-Fahrten. Ein Überblick, in: ders. u. a., Die Fahrten des Forschungsschiffes „Valdivia" 1971–1978. Geowissenschaftliche Ergebnisse (Geologisches Jahrbuch, Reihe D, Heft 38), Hannover 1980, 9–21.

Seibold, Eugen, Rohstoffe in der Tiefsee – Geologische Aspekte, in: Gotthilf Hempel, Meeresfischerei als ökologisches Problem (Rheinisch-Westfälische Akademie der Wissenschaften, Vorträge N 283), Opladen 1979, 49–88.

Stenzel, Alfred (Hg.), Deutsches Seemännisches Wörterbuch, Berlin 1904.

Technische Universität Berlin, 1. Aufbauseminar Meerestechnik. Vorlesungsmanuskripte März 1969.

Teschke, Holger, Heringe. Ein Portrait (Naturkunden, Bd. 9), Berlin 2014.

Troebst, Cord-Christian, Der Griff nach dem Meer. Amerika und Rußland im Kampf um die Ozeane der Welt, Düsseldorf 1960.

United Nations, Official Records of the General Assembly, Twenty-Second Session, Agenda Item 92: Examination of the question of the reservation exclusively for peaceful purposes of the sea-bed and the ocean floor, and the subsoil thereof, underlying the high seas beyond the limits of present national jurisdiction, and the use of their resources in the interests of mankind. URL: http://www.un.org/Depts/los/convention_agreements/texts/pardo_ga1967. pdf [30.04.2018].

United Nations, Resolution 2749 (XXV), Declaration of Principles Governing the Sea-Bed and the Ocean Floor, and the Subsoil Thereof, beyond the Limits of National Jurisdiction, URL: http://www.un.org/documents/ga/res/25/ares25. htm [30.04.2018].

United Nations Convention on the Law of the Sea, 10.12.1982, URL: http://www.un.org/ Depts/ los/convention_agreements/texts/unclos/unclos_ e.pdf [30.04.2018].

United Nations, Agreement for the Implementation of the Provisions of the United Nations Convention on the Law of the Sea of 10 December 1982 Relating to the Conservation and Management of Straddling Fish Stocks and Highly Migratory Fish Stocks, A/Conf.164/37, 8 September 1995, URL: http://www. un.org/depts/los/convention_agreements/convention_overview_fish_stocks.htm [30.04.2018].

Verband für Schiffbau und Meerestechnik e. V., Sea the Future, Hamburg ca. 1995–1999.

Verne, Jules, Zwanzigtausend Meilen unter dem Meer. Zweiter Band, Zürich 1976.

Vetter, Richard C., Editor's Preface, in: ders. (ed.), Oceanography. The Last Frontier, New York 1973, xi–xii.

Wirtschaftsvereinigung industrielle Meerestechnik, Meerestechnik in der Bundesrepublik Deutschland. Vorstellungen der deutschen Industrie zur Förderung der Meerestechnik, Düsseldorf 1971.

Wirtschaftsvereinigung industrielle Meerestechnik e. V., Die meerestechnische Industrie der Bundesrepublik Deutschland, Düsseldorf 1973.

Wirtschaftsvereinigung industrielle Meerestechnik e. V., Die meerestechnische Industrie der Bundesrepublik Deutschland, Düsseldorf 1976.

Wirtschaftsvereinigung industrielle Meerestechnik e. V., Die meerestechnische Industrie der Bundesrepublik Deutschland, Düsseldorf 1979.

Wirtschaftsvereinigung industrielle Meerestechnik e. V., Jahresbericht Meerestechnische Aktivitäten in der Bundesrepublik Deutschland 1975.

Wirtschaftsvereinigung industrielle Meerestechnik e. V., Jahresbericht Meerestechnische Aktivitäten in der Bundesrepublik Deutschland 1977.

Wirtschaftsvereinigung industrielle Meerestechnik e. V., Jahresbericht Meerestechnische Aktivitäten in der Bundesrepublik Deutschland 1978.

Wissenschaftlicher Beirat der Bundesregierung Globale Umweltveränderungen, Hauptgutachten: Welt im Wandel. Menschheitserbe Meer, Berlin 2013.

Zierul, Sarah, Der Kampf um die Tiefsee. Wettlauf um die Rohstoffe der Erde, Hamburg 2010.

Zeitungen, Zeitschriften und Fachperiodika

Allgemeine Fischwirtschaftszeitung

Allgemeine Zeitung

Berliner Zeitung

Deutsche Fischereizeitung

Financial Times Deutschland

Fischeinzelhändler, Der

Frankfurter Allgemeine Magazin

Frankfurter Allgemeine Sonntagszeitung

Frankfurter Allgemeine Zeitung

Fischwirtschaftszeitung

Hansa. Zentralorgan für Schiffahrt, Schiffbau, Hafen

Jahresberichte der Bundesforschungsanstalt für Fischerei

Jahresberichte über die deutsche Fischwirtschaft

Kieler Nachrichten

Meerestechnik

Neue Zürcher Zeitung

Nordsee-Zeitung

Schiff & Hafen

Spiegel, Der

Spiegel Special

Zeit, Die

Forschungsliteratur

Anderson, Malcolm, New Borders. The Sea and Outer Space, in: Paul Ganster / David E. Lorey (eds.), Borders and Border Politics in a Globalizing World, Oxford 2005, 317–336.

Arndt, Melanie, Umweltgeschichte, Version: 3.0, in: Docupedia-Zeitgeschichte, 10.11.2015, URL: http://docupedia.de/zg/Arndt_umweltgeschichte_v3_de_2015 [30.04.2018].

Ausubel, Jesse H., Foreword: Future Knowledge of Life in Oceans Past, in: David J. Starkey / Poul Holm / Michaela Barnard (eds.), Oceans Past: Management Insights from the History of Marine Animal Populations, London 2008, XIX–XXVI.

Bailyn, Bernard, Atlantic History. Concept and Contours, Cambridge 2005.

Barnes, Richard / Freestone, David / Ong, David M., The Law of the Sea: Progress and Prospects, in: dies. (eds.), The Law of the Sea. Progress and Prospects, Oxford 2006, 1–27.

Barnes, Richard, The Convention on the Law of the Sea: An Effective Framework for Domestic Fisheries Conservation? In: ders. / David Freestone / David M. Ong (eds.), The Law of the Sea. Progress and Prospects, Oxford 2006, 233–260.

Barnes, Richard A., The Law of the Sea, 1850–2010, in: David J. Starkey / Ingo Heidbrink (eds.), A History of the North Atlantic Fisheries, vol. 2: From the 1850s to the Early Twenty-First Century (Deutsche Maritime Studien, Bd. 19), Bremen 2012, 177–225.

Bateman, Sam, UNCLOS and the Modern Law of the Sea, in: N. A. M. Rodger (ed.), The Sea in History: The Modern World, Woodbridge 2017, 70–80.

Bayly, Christopher A., Die Geburt der modernen Welt. Eine Globalgeschichte 1780–1914, Frankfurt a. M./New York 2006.

Benson, Keith R. / Rozwadowski, Helen M. / Keuren, David K. van, Introduction, in: Helen M. Rozwadowski / David K. van Keuren (eds.), The Machine in Neptune's Garden. Historical Perspectives on Technology and the Marine Environment, Sagamore Beach 2004, xiii–xxviii.

Bentley, Jerry H., Sea and Ocean Basins as Frameworks of Historical Analysis, in: The Geographical Review 89, 2 (1999), 215–224.

Blackbourn, David, Die Eroberung der Natur. Eine Geschichte der deutschen Landschaft, München 2006.

Bösch, Frank, Umbrüche in die Gegenwart. Globale Ereignisse und Krisenreaktionen um 1979, in: Zeithistorische Forschungen / Studies in Contemporary History, Online-Ausgabe 9, 1 (2012), URL: http://www.zeithistorische-forschungen.de/1-2012/id=4421 [30.04.2018].

Bolster, W. Jeffrey, The Mortal Sea. Fishing the Atlantic in the Age of Sail, Cambridge, MA 2014.

Bolster, W. Jeffrey, Opportunities in Marine Environmental History, in: John R. McNeill / Alan Roe (eds.), Global Environmental History. An introductory reader, London/New York 2013, 53–81.

Bonanno, Alessandro / Constance, Douglas H., Stories of Globalization. Transnational Corporations, Resistance, and the State, University Park, PA 2008.

Borscheid, Peter, Das Tempo-Virus. Eine Kulturgeschichte der Beschleunigung, Frankfurt a. M. 2004.

Brandstetter, Thomas / Wessely, Christina, Einleitung: Mobilis in mobili, in: Berichte zur Wissenschaftsgeschichte 36, 2 (2013), 119–127.

Bright, Charles / Geyer, Michael, Globalgeschichte und die Einheit der Welt im 20. Jahrhundert, in: Sebastian Conrad / Andreas Eckert / Ulrike Freitag (Hg.), Globalgeschichte. Theorien, Ansätze, Themen (Globalgeschichte, Bd. 1), Frankfurt a. M./New York 2007, 53–80.

Broeze, Frank, From the Periphery to the Mainstream: The Challenge of Australia's Maritime History, in: The Great Circle 11, 1 (1989), 1–13.

Broeze, Frank, Introduction, in: ders. (ed.), Maritime History at the Crossroads: A Critical Review of Recent Historiography (Research in Maritime History 9), St. John's 1995, IX–XXI.

Brüggemeier, Franz-Josef, Schranken der Natur. Umwelt, Gesellschaft, Experimente. 1750 bis heute, Essen 2014.

Brunner, Bernd, Wie das Meer nach Hause kam. Die Erfindung des Aquariums, Berlin 22011.

Bulkley, I. G., Who Gains from Deep Ocean Mining? Simulating the Impact of Regimes for Regulating Nodule Exploitation, Berkeley 1979.

Chiarappa, Michael / McKenzie, Matthew, New Directions in Marine Environmental History: An Introduction, in: Environmental History 18 (2013), 3–11.

Churchill, Robin / Owen, Daniel, The EC Common Fisheries Policy, Oxford 2010.

Clemens, Gabriele / Reinfeldt, Alexander / Wille, Gerhard, Geschichte der europäischen Integration. Ein Lehrbuch, Paderborn 2008.

Conrad, Sebastian, Globalgeschichte. Eine Einführung, München 2013.

Conrad, Sebastian / Eckert, Andreas, Globalgeschichte, Globalisierung, multiple Modernen: Zur Geschichtsschreibung der modernen Welt, in: dies. / Ulrike Freitag (Hg.), Globalgeschichte. Theorien, Ansätze, Themen (Globalgeschichte, Bd. 1), Frankfurt a. M./New York 2007, 7–49.

Conze, Eckart, Die Suche nach Sicherheit. Eine Geschichte der Bundesrepublik Deutschland von 1949 bis in die Gegenwart, München 2009.

Cook, Andrew S., Surveying the Seas. Establishing the Sea Routes to the East Indies, in: James R. Akerman (ed.), Cartografies of Travel and Navigation, Chicago/London 2006, 69–96.

Cooney, Gabriel, Introduction: seeing land from the sea, in: World Archaeology 35, 3 (2003), 323–328.

Corbin, Alain, Meereslust. Das Abendland und die Entdeckung der Küste 1750–1840, Berlin 1990.

Coull, James R., The Fisheries of Europe. An Economic Geography, London 1972.

Cowen, Robert C., Frontiers of the Sea. The Story of Oceanographic Exploration, London 1960.

Crosby, Alfred W., Ecological Imperialism: The Biological Expansion of Europe, 900–1900, Cambridge 32004.

Crutzen, Paul J., Geology of mankind, in: Nature 415 vom 03.01.2002, 23.

Cushing, D. H., The Provident Sea, Cambridge 1988.

Daum, Andreas W., Wissenschaftspopularisierung im 19. Jahrhundert. Bürgerliche Kultur, naturwissenschaftliche Bildung und die deutsche Öffentlichkeit, 1848–1914, München 22002.

Deacon, George E. R. (Hg.), Die Meere der Welt. Ihre Eroberung – ihre Geheimnisse, Stuttgart 1963.

Deacon, Margaret, Scientists and the Sea 1650–1900. A Study of Marine Science, New York 1971.

Deacon, Margaret / Summerhayes, Colin, Introduction, in: dies. / Tony Rice (eds.), Understanding the Oceans. A century of ocean exploration, London/New York 2001, 1–23.

Doering-Manteuffel, Anselm, Langfristige Ursprünge und dauerhafte Auswirkungen. Zur historischen Einordnung der siebziger Jahre, in: Konrad H. Jarausch (Hg.), Das Ende der Zuversicht? Die siebziger Jahre als Geschichte, Göttingen 2008, 313–329.

Dolzer, Rudolf, Seerechtskonventionsentwurf und Bundesrepublik Deutschland, in: Wolfgang Graf Vitzthum (Hg.), Die Plünderung der Meere. Ein gemeinsames Erbe wird zerstückelt, Frankfurt a. M. 1981, 272–278.

Dorsey, Kurk, Crossing Boundaries. The Environment in International Relations, in: Andrew C. Isenberg (ed.), The Oxford Handbook of Environmental History, Oxford 2014, 688–715.

Eder, Franz X., Historische Diskurse und ihre Analyse – eine Einleitung, in: ders. (Hg.), Historische Diskursanalysen: Genealogie, Theorie, Anwendungen, Wiesbaden 2006, 9–23.

Elvert, Jürgen, Brauchen wir einen „Maritime Turn"? Oder: Warum maritime Fragen in den Geschichtswissenschaften größere Aufmerksamkeit verdient hätten, in: Luise Güth / Niels Hegewisch / Dirk Mellies / Hedwig Richter (Hg.), Wo bleibt die Aufklärung? Aufklärerische Diskurse in der Postmoderne (HMRG Beihefte, Bd. 84), Stuttgart 2013, 193–205.

FAO, Species Fact Sheet Euphausia superba, URL: www.fao.org/fishery/species/3393/en [30.04.2018].

Faulstich, Werner, Art. „Buch", in: Helmut Reinalter / Peter J. Brenner (Hg.), Lexikon der Geisteswissenschaften. Sachbegriffe – Disziplinen – Personen, Wien/Köln/Weimar 2011, 520–525.

Finley, Carmel, A Political History of Maximum Sustainable Yield, 1945–1955, in: David J. Starkey / Poul Holm / Michaela Barnard (eds.), Oceans Past: Management Insights from the History of Marine Animal Populations, London 2008, 189–206.

Finley, Carmel, All the Fish in the Sea. Maximum Sustainable Yield and the Failure of Fisheries Management, Chicago/London 2011.

Fischer, Lewis R., Are We in Danger of Being Left with Our Journals and Not Much Else: The future of maritime history? In: The Mariner's Mirror 97, 1 (2011), 366–381.

Franckx, Erik, The Protection of Biodiversity and Fisheries Management: Issues Raised by the Relationship between CITES and LOSC, in: Richard Barnes / David Freestone / David M. Ong (eds.), The Law of the Sea. Progress and Prospects, Oxford 2006, 210–232.

Friedheim, Robert L., Arvid Pardo, the Law of the Sea Conference, and the Future of the Oceans, in: ders. (ed.), Managing Ocean Resources. A Primer, Boulder, CO 1979, 149–161.

Fusaro, Maria, Maritime History as Global History? The Methodological Challenges and a Future Research Agenda, in: dies. / Amélia Polónia (eds.), Maritime History as Global History (Research in Maritime History 43), St. John's 2010, 267–282.

Gillis, John R., The Human Shore. Seacoasts in History, Chicago/London 2012.

Gjerde, Kristina M., High Seas Fisheries Management under the Convention on the Law of the Sea, in: Richard Barnes / David Freestone / David M. Ong (eds.), The Law of the Sea. Progress and Prospects, Oxford 2006, 281–307.

Glassner, Martin Ira, Neptune's Domain. A political geography of the sea, Boston 1990.

Graf, Rüdiger, Ressourcenkonflikte als Wissenskonflikte. Ölreserven und Petroknowledge in Wissenschaft und Politik, in: GWU 63, 9/10 (2012), 582–599.

Greiner, Bernd, Wirtschaft im Kalten Krieg. Bilanz und Ausblick, in: ders. / Christian Th. Müller / Claudia Weber (Hg.), Ökonomie im Kalten Krieg (Studien zum Kalten Krieg, Bd. 4), Hamburg 2010, 7–28.

Grewe, Wilhelm, Epochen der Völkerrechtsgeschichte, Baden-Baden 1984.

Grießmer, Axel, Die Kaiserliche Marine entdeckt die Welt. Forschungsreisen und Vermessungsfahrten im Spannungsfeld von Militär und Wissenschaft (1874 bis 1914), in: Militärgeschichtliche Zeitschrift 59 (2000), 61–98.

Grober, Ulrich, Die Entdeckung der Nachhaltigkeit. Kulturgeschichte eines Begriffs, München
2013.

Grove, Richard H., Green imperialism. Colonial expansion, tropical island Edens and the origins
of environmentalism, 1600–1860, Cambridge 1995.

Hahnemann, Andy / Oels, David (Hg.), Einleitung, in: dies. (Hg.), Sachbuch und populäres
Wissen im 20. Jahrhundert, Frankfurt a. M. 2008, 7–25.

Hamblin, Jacob Darwin, Oceanographers and the Cold War. Disciples of Marine Science,
Seattle/London 2005.

Hardin, Garrett, The Tragedy of the Commons, in: Science 162 (1968), 1243–1248.

Hartje, Volkmar J., Theorie und Politik der Meeresnutzung. Eine ökonomisch-institutionelle
Analyse, Frankfurt a. M./New York 1983.

Haslinger, Peter, Diskurs, Sprache, Zeit, Identität. Plädoyer für eine erweiterte Diskursgeschichte, in: Franz X. Eder (Hg.), Historische Diskkursanalysen: Genealogie, Theorie, Anwendungen, Wiesbaden 2006, 27–50.

Hattendorf, John B., Introduction, in: The Oxford History of Maritime History, vol. 1: Actium,
Battle of – Ex Voto, Oxford 2007, XVII–XXIV.

Hattendorf, John B., Maritime History Today. in: Perspectives on History, February 2012, URL:
http://www.historians.org/publications-and-directories/perspectives-on-history/february-
2012/maritime-history-today [30.04.2018].

Haus der Kulturen der Welt, Das Anthropozän-Projekt: Kulturelle Grundlagenforschung mit
den Mitteln der Kunst und der Wissenschaft, Übersicht online unter: https://www.hkw.de/
de/programm/projekte/2014/anthropozaen/anthropozaen_2013_2014.php [30.04.2018].

Heidbrink, Ingo, „Deutschlands einzige Kolonie ist das Meer!" Die deutsche Hochseefischerei
und die Fischereikonflikte des 20. Jahrhunderts (Schriften des Deutschen Schiffahrtsmuseums, Bd. 63), Bremerhaven/Hamburg 2004.

Heidbrink, Ingo, From Sail to Factory Freezer: Patterns of Technological Change, in: David
J. Starkey / Ingo Heidbrink (eds.), A History of the North Atlantic Fisheries, vol. 2: From
the 1850s to the Early Twenty-First Century (Deutsche Maritime Studien, Bd. 19), Bremen
2012, 58–78.

Heidbrink, Ingo, Whaling, fisheries and marine environmental history in the International Journal of Maritime History, in: IJMH 26, 1 (2014), 117–122.

Heidbrink, Ingo, Fisheries, in: N. A. M. Rodger (ed.), The Sea in History: The Modern World,
Woodbridge 2017, 364–373.

Heiman, Michael, Art. „Tragedy of the Commons", Shepard Krech III / John R. McNeill / Carolyn Merchant (eds.), Encyclopedia of World Environmental History, vol. 3: O–Z, New
York/London 2004, 1216–1218.

Herrmann, Bernd, Umweltgeschichte. Eine Einführung in Grundbegriffe, Berlin/Heidelberg
2013.

Heunemann, Julia, No straight lines. Zur Kartographie des Meeres bei Matthew Fontaine Maury,
in: Alexander Kraus / Martina Winkler (Hg.), Weltmeere. Wissen und Wahrnehmung im
langen 19. Jahrhundert (Umwelt und Gesellschaft, Bd. 10), Göttingen 2014, 149–168.

Hobe, Stephan / Kimminich, Otto, Einführung in das Völkerrecht, Tübingen/Basel [8]2004.

Höhler, Sabine, Depth Records and Ocean Volumes: Ocean Profiling by Sounding Technology, 1850–1930, in: History and Technology 18, 2 (2002), 119–154.

Höhler, Sabine, Profilgewinn. Karten der Atlantischen Expedition (1925–1927) der Notgemeinschaft der Deutschen Wissenschaft, in: NTM. Zeitschrift für Geschichte der Wissenschaften, Technik und Medizin, 10, 4 (2002), 234–246.

Höhler, Sabine, Exterritoriale Ressourcen: Die Diskussion um die Tiefsee, die Pole und das Weltall um 1970, in: Jahrbuch für Europäische Geschichte 15 (2014): Global Commons im 20. Jahrhundert, hg. von Isabella Löhr / Andrea Rehling, 53–82.

Höhler, Sabine, Die Weltmeere. Science und Fiction des Unerschöpflichen in Zeiten neuer Wachstumsgrenzen, in: Geschichte und Gesellschaft 40 (2014), Heft 3: Lebensraum Meer, hg. von Christian Kehrt / Franziska Torma, 437–451.

Höhler, Sabine, Spaceship Earth in the Environmental Age, 1960–1990, London 2015.

Holbach, Rudolf / Reeken, Dietmar von, Das Meer als Geschichtsraum, oder: Warum eine historische Erweiterung der Meeresforschung unabdingbar ist, in: dies. (Hg.), „Das ungeheure Wellen-Reich". Bedeutungen, Wahrnehmungen und Projektionen des Meeres in der Geschichte (Oldenburger Schriften zur Geschichtswissenschaft, Bd. 15), Oldenburg 2014, 7–22.

Holden, Mike, The Common Fisheries Policy. Origin, Evaluation and Future, Oxford 1994.

Holm, Poul / Starkey, David J. / Smith, Tim D., Introduction, in: dies. (eds.), The Exploited Seas: New Directions for Marine Environmental History (Research in Maritime History 21), St. John's 2001, XIII–XIX.

Holm, Poul, Art. „Oceans and Seas", in: Shepard Krech III / John R. McNeill / Carolyn Merchant (eds.), Encyclopedia of World Environmental History, vol. 3: O–Z, New York/London 2004, 957–962.

Holm, Poul / Coll, Marta / MacDiarmid, Alison u. a., HMAP Response to the Marine Forum, in: Environmental History 18 (2013), 121–126.

Holm, Poul, World War II and the Great Acceleration of North Atlantic Fisheries, in: Global Environment 10 (2012), 66–91.

Holtorf, Christian, Die Modernisierung des nordatlantischen Raumes. Cyrus Field, Taliaferro Shaffner und das submarine Telegraphennetz von 1858, in: Alexander C. T. Geppert / Uffa Jensen / Jörn Weinhold (Hg.), Ortsgespräche. Raum und Kommunikation im 19. und 20. Jahrhundert, Bielefeld 2005, 157–178.

Holtorf, Christian, Der erste Draht zur Neuen Welt. Die Verlegung des transatlantischen Telegraphenkabels, Göttingen 2013.

Holzer, Kerstin, Elisabeth Mann Borgese. Ein Lebensportrait, Berlin ⁸2002.

Hubbard, Jennifer, Changing Regimes: Governments, Scientists and Fishermen and the Construction of Fisheries Policies in the North Atlantic, 1850–2010, in: David J. Starkey / Ingo Heidbrink (eds.), A History of the North Atlantic Fisheries, vol. 2: From the 1850s to the Early Twenty-First Century (Deutsche Maritime Studien, Bd. 19), Bremen 2012, 129–176.

Hubbard, Jennifer, Mediating the North Atlantic Environment: Fisheries Biologists, Technology, and Marine Spaces, in: Environmental History 18 (2013), 88–100.

Hünemörder, Kai F., Die Frühgeschichte der globalen Umweltkrise und die Formierung der deutschen Umweltpolitik (1950–1973), (HMRG Beihefte, Bd. 53), Stuttgart 2004.

Hughes, J. Donald, What is Environmental History? Cambridge/Malden, MA 2006.

Innerhofer, Roland, Bewegung im Bewegten. Das Meer bei Jules Verne, in: Thomas Brandstetter / Karin Harrasser / Günther Friesinger (Hg.), Grenzflächen des Meeres, Wien 2010, 87–106.

Ipsen, Hans Peter, EWG über See. Zur seerechtlichen Orientierung des europäischen Gemeinschaftsrechts, in: Hans Peter Ipsen / Karl-Hartmann Necker (Hg.), Recht über See. Festschrift Rolf Stödter zum 70. Geburtstag am 22. April 1979, Hamburg/Heidelberg 1979, 167–207.

Jackson, Jeremy B. C. / Kirby, Michael X. / Berger, Wolfgang H. u. a., Historical Overfishing and the Recent Collapse of Coastal Ecosystems, in: Science 293 (2001), 629–638.

Jakubowski-Tiessen, Manfred, Einleitende Bemerkungen, in: ders. / Jana Sprenger (Hg.), Natur und Gesellschaft. Perspektiven der interdisziplinären Umweltgeschichte, Göttingen 2014, 1–5.

Jantzen, Katharina, Cod in Crisis? Quota Management and the Sustainability of the North Atlantic Fisheries, 1977–2007 (Deutsche Maritime Studien, Bd. 15), Bremen 2010.

Jenisch, Uwe, Meeresbewußtsein, in: Außenpolitik 37, 2 (1986), 194–205.

Jensen, Uffa, Art. „Welteislehre", in: Wolfgang Benz / Hermann Graml / Hermann Weiß (Hg.), Enzyklopädie des Nationalsozialismus, Stuttgart ³1998, 801.

Jóhannesson, Gudni Th., ‚Life is Salt Fish': The Fisheries of the Mid-Atlantic Islands in the Twentieth Century, in: David J. Starkey / Ingo Heidbrink (eds.), A History of the North Atlantic Fisheries, vol. 2: From the 1850s to the Early Twenty-First Century (Deutsche Maritime Studien, Bd. 19), Bremen 2012, 277–292.

Jung, Michael, Hans Hass. Ein Leben lang auf Expedition. Ein Portrait, Stuttgart 1994.

Kaienburg, Hermann, Die Wirtschaft der SS, Berlin 2003.

Karagiannakos, Apostolos, Fisheries Management in the European Union, Aldershot u. a. 1995.

Karlsdóttir, Hrefna, Fishing Rights in the Postwar Period: The Case of the North Sea Herring, in: Gordon Boyce / Richard Gorski (eds.), Resources and Infrastructures in the Maritime Economy, 1500–2000 (Research in Maritime History 22), St. John's 2002, 103–118.

Kausch, Peter, Der Meeresbergbau im Völkerrecht. Darstellung der juristischen Probleme unter Berücksichtigung der technischen Grundlagen (Bergbau, Rohstoffe, Energie, Bd. 4), Essen 1970.

Kehrt, Christian / Torma, Franziska, Einführung: Lebensraum Meer. Globales Umweltwissen und Ressourcenfragen in den 1960er und 1970er Jahren, in: Geschichte und Gesellschaft 40 (2014), Heft 3: Lebensraum Meer, hg. von Christian Kehrt / Franziska Torma, 313–322.

Kehrt, Christian, „Dem Krill auf der Spur." Antarktisches Wissensregime und globale Ressourcenkonflikte in den 1970er Jahren, in: Geschichte und Gesellschaft 40 (2014), Heft 3: Lebensraum Meer, hg. von Christian Kehrt / Franziska Torma, 403–436.

Keiner, Christine, How Scientific Does Marine Environmental History Need to Be?, in: Environmental History 18 (2013), 111–120.

Kersten, Jens, Das Anthropozän-Konzept. Kontrakt – Komposition – Konflikt, in: Rechtswissenschaft 5 (2014), 378–414.

Keuren, David K. van, Breaking New Ground. The Origins of Scientific Ocean Drilling, in: Helen M. Rozwadowski / ders. (eds.), The Machine in Neptune's Garden. Historical Perspectives on Technology and the Marine Environment, Sagamore Beach 2004, 183–210.

Klein, Bernhard / Mackenthun, Gesa, Einleitung. Das Meer als kulturelle Kontaktzone, in: dies. (Hg.), Das Meer als kulturelle Kontaktzone. Räume, Reisende, Repräsentationen (Konflikte und Kultur – Historische Perspektiven, Bd. 7), Konstanz 2003, 1–16.

Kraus, Alexander / Winkler, Martina, Weltmeere. Für eine Pluralisierung der kulturellen Meeresforschung, in: dies. (Hg.), Weltmeere. Wissen und Wahrnehmung im langen 19. Jahrhundert (Umwelt und Gesellschaft, Bd. 10), Göttingen 2014, 9–24.

Kraus, Elisabeth, Die Vereinigung Deutscher Wissenschaftler. Gründung, Aufbau und Konsolidierung (1958 bis 1963), in: Stephan Albrecht / Hans-Joachim Bieber / Reiner Braun u. a. (Hg.), Wissenschaft – Verantwortung – Frieden: 50 Jahre VDW, Berlin 2009, 27–71.

Kraus, Gerd / Döring, Ralf, Die Gemeinsame Fischereipolitik der EU: Nutzen, Probleme und Perspektiven eines pan-europäischen Ressourcenmanagements, in: Zeitschrift für Umweltrecht, 1 (2013), 3–9.

Kunzig, Robert, Der unsichtbare Kontinent. Die Entdeckung der Meerestiefe, Hamburg 2002.

Kupper, Patrick, Die „1970er Diagnose". Grundsätzliche Überlegungen zu einem Wendepunkt der Umweltgeschichte, in: Archiv für Sozialgeschichte 43 (2003), 325–348.

Kupper, Patrick, „Weltuntergangs-Vision aus dem Computer". Zur Geschichte der Studie „Die Grenzen des Wachstums" von 1972, in: Frank Uekötter / Jens Hohensee (Hg.), Wird Kassandra heiser? Die Geschichte falscher Ökoalarme (HMRG Beihefte, Bd. 57), Stuttgart 2004, 98–111.

Lajus, Julia, Understanding the Dynamics of Fisheries and Fish Populations: Historical Approaches from the 19th Century, in: David J. Starkey / Poul Holm / Michaela Barnard (eds.), Oceans Past. Management Insights from the History of Marine Animal Populations, London/Sterling, VA 2008, 175–187.

Landwehr, Achim, Kulturgeschichte, Version: 1.0, in: Docupedia-Zeitgeschichte, 15.05.2013, URL: http://docupedia.de/zg/Kulturgeschichte?oldid=86934 [30.04.2018].

Lear, Linda, Rachel Carson. Witness for Nature, New York 1997.

Leigh, Michael, European Integration and the Common Fisheries Policy, London/Canberra 1983.

Lenz, Walter, Die Überfischung der Nordsee – ein historischer Überblick des Konfliktes zwischen Politik und Wissenschaft, in: Historisch-Meereskundliches Jahrbuch 1 (1992), 87–108.

Lenz, Walter, The German Committee for Marine Science and Technology (DKMM) – Origin, Objectives and Problems, in: Historisch-Meereskundliches Jahrbuch 5 (1998), 92–101.

Lewis, Martin W., Dividing the Ocean Sea, in: The Geographical Review 89, 2 (1999), 188–214.

Lewis, Michael, And All Was Light? – Science and Environmental History, in: Andrew C. Isenberg (ed.), The Oxford Handbook of Environmental History, Oxford 2014, 207–226.

Ludlow, Piers / Elvert, Jürgen / Laursen, Johnny, Die Auswirkungen der ersten Erweiterung, in: Die Europäische Kommission 1973–1986. Geschichte und Erinnerungen einer Institution, Luxemburg 2014.

Mack, John, The Sea. A Cultural History, London 2011.

Michael Makropoulos, Art. „Meer", in: Ralf Konersmann (Hg.), Wörterbuch der philosophischen Metaphern, Darmstadt 2007, 236–248.

Manley, Justin E. / Foley, Brendan, Deep Frontiers. Ocean Exploration in the Twentieth Century, in: Daniel Finamore (ed.), Maritime History as World History. New Perspectives on Maritime History and Nautical Archaeology, Salem, MA 2004, 82–101.

Mann Borgese, Elisabeth, Mit den Meeren leben. Über den Umgang mit den Ozeanen als globaler Ressource, Köln 1999.

Manning, Patrick, Global History and Maritime History, in: IJMH 25, 1 (2013), 1–22.

Mathieu, Jon, Die dritte Dimension. Eine vergleichende Geschichte der Berge in der Neuzeit (Wirtschafts-, Sozial- und Umweltgeschichte, Bd. 3), Basel 2011.

Matsen, Brad, Jacques Cousteau. The Sea King, New York 2009.

Mauch, Christof, Blick durchs Ökoskop. Rachel Carsons Klassiker und die Anfänge des modernen Umweltbewusstseins, in: Zeithistorische Forschungen / Studies in Contemporary History, Online-Ausgabe 9, 1 (2012), URL: http://www.zeithistorische-forschungen.de/1–2012/id=4595 [30.04.2018].

Mauelshagen, Franz, Die Klimakatastrophe. Szenen und Szenarien, in: Gerrit Jasper Schenk (Hg.), Katastrophen. Vom Untergang Pompejis bis zum Klimawandel, Ostfildern 2009, 205–223.

Mauelshagen, Franz, „Anthropozän". Plädoyer für eine Klimageschichte des 19. und 20. Jahrhunderts, in: Zeithistorische Forschungen / Studies in Contemporary History, Online-Ausgabe 9, 1 (2012), URL: http://www.zeithistorische-forschungen.de/1–2012/id=4596 [30.04.2018].

Maugeri, Leonardo, The Mythology, History and Future of the World's Most Controversial Resource, Westport, CT 2006.

McClenachan, Loren, Documenting Loss of Large Trophy Fish from the Florida Keys with Historical Photographs, in: Conservation Biology 23, 3 (2009), 636–643.

McClenachan, Loren / Ferretti, Francesco / Baum, Julia K., From archives to conservation: why historical data are needed to set baselines for marine animals and ecosystems, in: Conservation Letters 5 (2012), 349–359.

McEvoy, Arthur F., The Fisherman's Problem: Ecology and Law in the California Fisheries, 1850–1980, Cambridge 1986.

McKenzie, Matthew, ,The Widening Gyre': Rethinking the Northwest Atlantic Fisheries Collapse, in: David J. Starkey / Ingo Heidbrink (eds.), A History of the North Atlantic Fisheries, vol. 2: From the 1850s to the Early Twenty-First Century (Deutsche Maritime Studien, Bd. 19), Bremen 2012, 293–305.

McNeill, John R., Observations on the Nature and Culture of Environmental History, in: History and Theory 42 (2003), 5–43.

McNeill, John R., Blue Planet. Die Geschichte der Umwelt im 20. Jahrhundert, Bonn 2005.

McNeill, John R. / Engelke, Peter, Mensch und Umwelt im Zeitalter des Anthropozän, in: Akira Iriye (Hg.), Geschichte der Welt, Bd. 6: 1945 bis heute. Die globalisierte Welt, München 2013, 357–534.

McNeill, John R., Umweltgeschichte, in: Ulinka Rublack (Hg.), Die Neue Geschichte. Eine Einführung in 16 Kapiteln, Frankfurt a. M. 2013, 385–404.

Merk, Kurt-Peter, Das Rechtsregime der Meere – Verschwendung, Raubfang und Piratenfischerei, in: Peter Cornelius Mayer-Tasch (Hg.), Meer ohne Fische? Profit und Welternährung, Frankfurt a. M./New York 2007, 125–145.

Mesinovic, Sven Asim, Globale Güter und territoriale Ansprüche. Meerespolitik in der Bundesrepublik Deutschland und den USA in den 1960er Jahren, in: Geschichte und Gesellschaft 40 (2014), Heft 3: Lebensraum Meer, hg. von Christian Kehrt / Franziska Torma, 382–402.

Möllers, Nina, Das Anthropozän: Wie ein neuer Blick auf Mensch und Natur das Museum verändert, in: Heike Düselder / Annika Schmitt / Siegrid Westphal (Hg.), Umweltgeschichte. Forschung und Vermittlung in Universität, Museum und Schule, Köln/Weimar/Wien 2014, 217–299.

Möllers, Nina / Schwägerl, Christian / Trischler, Helmuth (Hg.), Willkommen im Anthropozän. Unsere Verantwortung für die Zukunft der Erde, München 2015.

Müller-Michaelis, Wolfgang, Öl und Gas aus der Nordsee, in: Krämer, Hans R. (Hg.), Die wirtschaftliche Nutzung der Nordsee und die Europäische Gemeinschaft (Schriftenreihe des Arbeitskreises Europäische Integration e. V., Bd. 6), Baden-Baden 1979, 55–65.

Nagel, Brigitte, Die Welteislehre. Ihre Geschichte und ihre Rolle im „Dritten Reich", Diepholz ²2002.

Nandan, Satya, Administering the Mineral Resources of the Deep Seabed, in: Richard Barnes / David Freestone / David M. Ong (eds.), The Law of the Sea. Progress and Prospects, Oxford 2006, 75–92.

Nellen, Walter / Dulčić, Jakov, A survey of the progress of man's interest in fish from the Stone Age to this day, and a look ahead, in: Historisch-Meereskundliches Jahrbuch 14 (2008), 7–68.

North, Michael, Zwischen Hafen und Horizont. Weltgeschichte der Meere, München 2016.

Ojala, Jari / Tenold, Stig, What is Maritime History? A Content and Contributor Analysis of the International Journal of Maritime History, 1989–2012, in: IJMH 25, 2 (2013), 17–34.

Oldfield, Frank / Barnosky, Anthony D. / Dearing, John u. a., The Anthropocene Review: Its significance, implications and the rationale for a new transdisciplinary journal, in: The Anthropocene Review 1/1 (2014), 3–7.

Osterhammel, Jürgen, Die Verwandlung der Welt. Eine Geschichte des 19. Jahrhunderts, München ²2009.

Ostrawsky, Karin, Art. „Fischereirecht", in: Jäger, Friedrich (Hg.), Enzyklopädie der Neuzeit, Bd. 3: Dynastie – Freundschaftslinien, Stuttgart/Weimar 2006, 1013–1015.

Paine, Lincoln, Beyond the Dead White Whales: Literature of the Sea and Maritime History, in: IJMH 22, 1 (2010), 205–228.

Paine, Lincoln, The Sea & Civilization. A Maritime History of the World, New York 2013.

Painter, David S., Oil, resources, and the Cold War, 1945–1962, in: Melvyn P. Leffler / Odd Arne Westad (eds.), The Cambridge History of the Cold War, vol. 1: Origins, Cambridge 2010, 486–507.

Palmer, Sarah, The Maritime World in Historical Perspective, in: IJMH 28, 1 (2012), 1–12.

Pauly, Daniel / Maclean, Jay, In a Perfect Ocean. The State of Fisheries and Ecosystems in the North Atlantic Ocean, Washington/Covelo/London 2003.

Pfister, Christian, Das „1950er Syndrom" – die umweltgeschichtliche Epochenschwelle zwischen Industriegesellschaft und Konsumgesellschaft, in: ders. (Hg.), Das 1950er Syndrom. Der Weg in die Konsumgesellschaft, Bern/Stuttgart/Wien 1995, 51–95.

Photo Release: Newport News Shipbuilding Exhibits 125 Years of Shipbuilding History at the Mariner's Museum, GlobeNewswire, 4.8.2011, URL: http://www.globenewswire.com/news-release/2011/08/04/453231/228679/en/Photo-Release-Newport-News-Shipbuilding-Exhibits-125-Years-of-Shipbuilding-History-at-The-Mariners-Museum.html [30.04.2018].

Polónia, Amélia, Maritime History: A Gateway to Global History?, in: Maria Fusaro / Amélia Polónia (eds.), Maritime History as Global History (Research in Maritime History 43), St. John's 2010, 1–20.

Poulsen, Bo, Dutch herring. An environmental history, c. 1600–1860, Amsterdam 2008.

Post, Alexandra Maria, Der Meeresbergbau aus der Sicht der internationalen Politik. Errichtung eines institutionellen Rahmens zur Beteiligung der UNO am Abbau von Manganknollen in der Tiefsee, Frankfurt a. M./Bern 1981.

Prager, Herman, Global Marine Environment. Does The Water Planet Have A Future? Lanham/ New York/London 1993.

Prescott, John R. V., The Political Geography of the Oceans, Newton Abbot/London/Vancouver 1975.

Proelß, Andreas, Mit den Meeren leben. Zu Elisabeth Mann Borgeses Konzeption einer gerechten Nutzung der Ozeane, in: Holger Pils / Karolina Kühn (Hg.), Elisabeth Mann Borgese und das Drama der Meere, Hamburg 2012, 104–111.

Quaratiello, Arlene R., Rachel Carson. A Biography, Westport, CT/London 2004.

Radkau, Joachim, Natur und Macht. Eine Weltgeschichte der Umwelt, München 2000.

Radkau, Joachim, „Nachhaltigkeit" als Wort der Macht. Reflexionen zum methodischen Wert eines umweltpolitischen Schlüsselbegriffs, in: François Duceppe-Lamarre / Jens Ivo Engels (Hg.), Umwelt und Herrschaft in der Geschichte (Ateliers des Deutschen Historischen Instituts Paris, Bd. 2), München 2008, 131–136.

Raphael, Lutz, Geschichtswissenschaft im Zeitalter der Extreme. Theorien, Methoden, Tendenzen von 1900 bis zur Gegenwart, München 2003.

Redgwell, Catherine, From Permition to Prohibition: The 1982 Convention on the Law of the Sea and Protection of the Marine Environment, in: Richard Barnes / David Freestone / David M. Ong (eds.), The Law of the Sea. Progress and Prospects, Oxford 2006, 180–191.

Reinalter, Helmut, Art. „Kulturgeschichte", in: ders. / Peter J. Brenner (Hg.), Lexikon der Geisteswissenschaften. Sachbegriffe – Disziplinen – Personen, Wien/Köln/Weimar 2011, 982–986.

Reinkemeier, Peter, Die moralische Herausforderung des Anthropozän. Ein umweltgeschichtlicher Problemaufriss, in: Manfred Jakubowski-Tiessen / Jana Sprenger (Hg.), Natur und Gesellschaft. Perspektiven der interdisziplinären Umweltgeschichte, Göttingen 2014, 83–101.

Reith, Reinhold, Art. „Ressourcennutzung", in: Jäger, Friedrich (Hg.), Enzyklopädie der Neuzeit, Bd. 11: Renaissance – Signatur, Stuttgart/Weimar 2010, 122–134.

Richards, John F., The Unending Frontier. An Environmental History of the Early Modern World, Berkeley/Los Angeles/New York 2003.

Richter, Dieter, Das Meer. Geschichte der ältesten Landschaft, Berlin 2014.

Roberts, Callum, The Unnatural History of the Sea, Washington 2008.

Roberts, Callum, Der Mensch und das Meer. Warum der größte Lebensraum der Erde in Gefahr ist, München 2012.

Rogers, Raymond A., The Oceans are Emptying. Fish Wars and Sustainability, Montréal/New York/London 1995.

Rost, Dietmar, Wandel (v)erkennen. Shifting Baselines und die Wahrnehmung umweltrelevanter Veränderungen aus wissenssoziologischer Sicht, Wiesbaden 2014.

Rothermund, Dietmar, Globalgeschichte und Geschichte der Globalisierung, in: Margarete Grandner / Dietmar Rothermund / Wolfgang Schwentker (Hg.), Globalisierung und Globalgeschichte (Globalgeschichte und Entwicklungspolitik, Bd. 1), Wien 2005, 12–35.

Rozwadowski, Helen M., The Sea Knows No Bounderies. A Century of Marine Science under ICES, Seattle/London 2002.

Rozwadowski, Helen M., Engineering, Imagination and Industry. Scripps Island and Dreams for Ocean Science in the 1960s, in: dies. / David K. van Keuren (eds.), The Machine in Neptune's Garden. Historical Perspectives on Technology and the Marine Environment, Sagamore Beach 2004, 315–353.

Rozwadowski, Helen M., Fathoming the Ocean. The Discovery and Exploration of the Deep Sea, Cambridge MA/London 2005.

Rozwadowski, Helen M., Arthur C. Clarke and the Limitations of the Ocean as a Frontier, in: Environmental History 17 (2012), 578–602.

Rudolph, Lydia, Die Maritime Politik der Europäischen Union, in: Peter Ehlers / Rainer Lagoni (eds.), Maritime Policy of the European Union and Law of the Sea (Schriften zum See- und Hafenrecht, Bd. 13), Hamburg 2008, 11–30.

Ruppenthal, Jens, Europa vom Wasser aus. Die südliche Peripherie aus der Sicht deutscher Segler 1950–1980, in: Frank Bösch / Ariane Brill / Florian Greiner (Hg.), Europabilder im 20. Jahrhundert. Entstehung an der Peripherie (Geschichte der Gegenwart, Bd. 5), Göttingen 2012, 237–258.

Ruppenthal, Jens, Wie das Meer seinen Schrecken verlor. Vermessung und Vereinnahmung des maritimen Naturraumes im deutschen Kaiserreich, in: Alexander Kraus / Martina Winkler, Weltmeere. Wissen und Wahrnehmung im langen 19. Jahrhundert (Umwelt und Gesellschaft, Bd. 10), Göttingen 2014, 215–232.

Ruppenthal, Jens, „Lessons from the Torrey Canyon". Maritime Katastrophen, Kalter Krieg und westeuropäische Erinnerungskultur, in: Jürgen Elvert / Lutz Feldt / Ingo Löppenberg / ders. (Hg.), Das maritime Europa. Werte – Wissen – Wirtschaft (HMRG Beihefte 95), Stuttgart 2016, S. 245–256.

Sackel, Johanna, Food justice, common heritage and the oceans: Resource narratives in the context of the Third Conference on the Law of the Sea, in: IJMH 29, 3 (2017), 645–659.

Sahrhage, Dietrich, Institut für Seefischerei – 75 Jahre Fischereiforschung, in: Archiv für Fischereiwissenschaft 36, 1/2 (1985), 3–25.

Sahrhage, Dietrich / Lundbeck, Johannes, A History of Fishing, Berlin/Heidelberg 1992.

Schlacke, Sabine, Die Meere im Anthropozän und als Erbe der Menschheit, in: Zeitschrift für Umweltrecht, 10 (2013), 513–514.

Schlee, Susan, The Edge of an Unfamiliar World. A History of Oceanography, London 1975.

Schmiedke, Daniel / Mesinovic, Sven Asim, Der Traum von der Besiedlung der Meere, in: Ingeborg Siggelkow (Hg.), Gedächtnis, Kultur und Politik (Berliner Kulturanalysen, Bd. 1), Berlin 2006, 45–54.

Schnakenbeck, Werner, Die deutsche Seefischerei in Nordsee und Nordmeer, Hamburg 1953.

Schneider, Jürgen, Ökologische Konsequenzen des Tiefseebergbaus. Vor dem Hintergrund zivilisationsökologischer Konflikte zwischen Rohstoff- und Umweltvorsorge, in: Wolfgang Graf Vitzthum (Hg.), Die Plünderung der Meere. Ein gemeinsames Erbe wird zerstückelt, Frankfurt a. M. 1981, 161–186.

Scholl, Lars U., German Maritime Historical Research since 1970: A Critical Survey, in: Frank Broeze (ed.), Maritime History at the Crossroads: A Critical Review of Recent Historiography (Research in Maritime History 9), St. John's 1995, 113–133.

Schöllgen, Gregor, Deutsche Außenpolitik. Von 1945 bis zur Gegenwart, München 2013.

Schröder, Iris / Höhler, Sabine, Welt-Räume. Geschichte, Geographie und Globalisierung seit 1900, Frankfurt a. M./New York 2005.

Schulz-Walden, Thorsten, Anfänge globaler Umweltpolitik. Umweltsicherheit in der internationalen Politik (1969–1975), (Studien zur Internationalen Geschichte, Bd. 33), München 2013.

Schwach, Vera, An Eye into the Sea. The Early Development of Fisheries Acoustics in Norway, 1935–1960, in: Helen M. Rozwadowski / David K. van Keuren (eds.), The Machine in Neptune's Garden. Historical Perspectives on Technology and the Marine Environment, Sagamore Beach 2004, 211–242.

Schwägerl, Christian, Living in the Anthropocene: Toward a New Global Ethos, in: environment360, posted: 24.01.2011, URL: e360.yale.edu/feature/living_in_the_anthropocene_ toward_a_new_global_ethos/2363/ [30.04.2018].

Schwägerl, Christian, Menschenzeit. Zerstören oder Gestalten? Wie wir heute die Welt von morgen erschaffen, München 2012.

Schwägerl, Christian, In der neuen Zeit sterben alte Gewissheiten, in: Frankfurter Allgemeine Wissen, Online-Ausgabe, 19.09.2016, URL: http://www.faz.net/aktuell/wissen/erde-klima/ forschungen-der-anthropocene-working-group-14432805.html [30.04.2018].

Schwan, Patrick, Die Geschichte der (Meeres-)Fischerei. Ein Überblick, in: Peter Cornelius Mayer-Tasch (Hg.), Meer ohne Fische? Profit und Welternährung, Frankfurt a. M./New York 2007, 35–55.

Seidel, Katja, Die Errichtung des „Blauen Europa" – die Gemeinsame Fischereipolitik, in: Die Europäische Kommission 1973–1986. Geschichte und Erinnerungen einer Institution, Luxemburg 2014, 343–350.

Smith, Tim D., Scaling Fisheries. The Science of Measuring the Effects of Fishing, 1855–1955, Cambridge 1994.

Sparenberg, Ole, The Oceans: A Utopian Resource in the 20th Century, in: Deutsches Schiffahrtsarchiv 30 (2007), 407–420.

Sparenberg, Ole, „Segen des Meeres": Hochseefischerei und Walfang im Rahmen der nationalsozialistischen Autarkiepolitik (Schriften zur Wirtschafts- und Sozialgeschichte, Bd. 86), Berlin 2012.

Sparenberg, Ole, Mining for Manganese Nodules. The Deep Sea as a Contested Space (1960s–1980s), in: Marta Grzechnik / Heta Hurskainen (eds.), Beyond the Sea. Reviewing the Manifold Dimensions of Water as Barrier and Bridge, Köln/Weimar/Wien 2015, 149–164.

Sparenberg, Ole, Ressourcenverknappung, Eigentumsrechte und ökologische Folgewirkungen am Beispiel des Tiefseebergbaus, ca. 1965–1982, in: Günther Schulz / Reinhold Reith (Hg.), Wirtschaft und Umwelt vom Spätmittelalter bis zur Gegenwart. Auf dem Weg zur Nachhaltigkeit? (VSWG-Beiheft 233), Stuttgart 2015, 109–124.

Sparenberg, Ole, Meeresbergbau nach Manganknollen (1965–2014). Aufstieg, Fall und Wiedergeburt? In: Der Anschnitt 67 (2015), Heft 4/5, 128–145.

Stafford, Robert A., Exploration and Empire, in: Robin Winks (ed.), The Oxford History of the British Empire, vol. 5: Historiography, Oxford 1999, 290–302.

Stalp, Hans-Günther, Tiefseebergbau zwischen nationaler Rohstoffvorsorge und internationaler Wirtschaftsordnungspolitik, in: Wolfgang Graf Vitzthum (Hg.), Die Plünderung der Meere. Ein gemeinsames Erbe wird zerstückelt, Frankfurt a. M. 1981, 215–230.

Starkey, David J. / Thór, Jón Th. / Heidbrink, Ingo (eds.), A History of the North Atlantic Fisheries, vol. 1: From Early Times to the Mid-Nineteenth Century (Deutsche Maritime Studien, Bd. 6), Bremen 2009.

Starkey, David J., The North Atlantic Fisheries: Bearings, Currents and Grounds, in: ders. / Ingo Heidbrink (eds.), A History of the North Atlantic Fisheries, vol. 2: From the 1850s to the Early Twenty-First Century (Deutsche Maritime Studien, Bd. 19), Bremen 2012, 13–26.

Starkey, David J., Fish: A Removable Feast, in: ders. / Ingo Heidbrink (eds.), A History of the North Atlantic Fisheries, vol. 2: From the 1850s to the Early Twenty-First Century (Deutsche Maritime Studien, Bd. 19), Bremen 2012, 327–335.

Stehling, Kurt, Ocean Resources, in: Fred S. Singer (ed.), The Ocean in Human Affairs, New York 1990, 217–234.

Steinberg, Philip E., The Social Construction of the Ocean, Cambridge 2001.

Stöver, Bernd, Der Kalte Krieg. Geschichte eines radikalen Zeitalters 1947–1991, München 2007.

David Symes / Nathalie Steins / Juan-Luis Alegret, Experiences with Fisheries Co-Management in Europe, in: Douglas Clyde Wilson / Jesper Raakjaer Nielsen / Poul Degnbol (eds.), The Fisheries Co-Management Experience: Accomplishments, Challenges and Prospects, Dordrecht 2003, 119–133.

Taylor, Joseph E. III, Knowing the Black Box: Methodological Challenges in Marine Environmental History, in: Environmental History 18 (2013), 60–75.

Teisch, Jessica B., Art. „Hardin, Garrett", in: Shepard Krech III / John R. McNeill / Carolyn Merchant (eds.), Encyclopedia of World Environmental History, vol. 2: F–N, New York/ London 2004, 633–634.

Thiel, Hjalmar, Verschmutzung und Vergiftung der Meere. Zur Notwendigkeit des Meeresumweltschutzes, in: Wolfgang Graf Vitzthum (Hg.), Die Plünderung der Meere. Ein gemeinsames Erbe wird zerstückelt, Frankfurt a. M. 1981, 131–160.

Thiel, Hjalmar, Umweltschutz in der Tiefsee, in: Deutsches Komitee für Meeresforschung und Meerestechnik, Maritime Umwelttechnik – Mariner Umweltschutz. Symposium, 19. April 1993 in Berlin, Hamburg 1993.

Thurow, Fritz, Sustained fish supply. An introduction to fishery management, in: Archiv für Fischereiwissenschaft 33, 1/2 (1982), 1–42.

Tiews, Klaus, Institut für Küsten- und Binnenfischerei – 50 Jahre, in: Archiv für Fischereiwissenschaft 40, 1/2 (1990), 3–38.

Trischler, Helmuth, The Anthropocene. A Challenge for the History of Science, Technology, and the Environment, in: NTM Journal of the History of Science, Technology, and Medicine 24/3 (2016), 309–335.

Tschacher, Werner, „Mobilis in mobili". Das Meer als (anti)utopischer Erfahrungs- und Projektionsraum in Jules Vernes 20.000 Meilen unter den Meeren, in: Alexander Kraus / Martina Winkler (Hg.), Weltmeere. Wissen und Wahrnehmung im langen 19. Jahrhundert (Umwelt und Gesellschaft, Bd. 10), Göttingen 2014, 46–65.

Uekötter, Frank, Umweltgeschichte im 19. und 20. Jahrhundert (Enzyklopädie deutscher Geschichte, Bd. 81), München 2007.

Uekötter, Frank, Gibt es eine europäische Geschichte der Umwelt? Bemerkungen zu einer überfälligen Debatte, Themenportal Europäische Geschichte, Dokumenterstellung: 8.7.2009, URL: http://www.europa.clio-online.de/Portals/_Europa/documents/B2009/E_Uekoetter_Geschichte_der_Umwelt.pdf [30.04.2018].

Uekötter, Frank, Deutschland in Grün. Eine zwiespältige Erfolgsgeschichte, Göttingen 2015.

Urff, Winfried von, Agrar- und Fischereipolitik, in: Jahrbuch der Europäischen Integration 1980, 131–141.

Vennen, Mareike, „Echte Forscher" und „wahre Liebhaber" – Der Blick ins Meer durch das Aquarium im 19. Jahrhundert, in: Alexander Kraus / Martina Winkler (Hg.), Weltmeere. Wissen und Wahrnehmung im langen 19. Jahrhundert (Umwelt und Gesellschaft, Bd. 10), Göttingen 2014, 84–102.

Vidas, Davor, Meere im Anthropozän – und die Regeln des Holozäns, in: Nina Möllers / Christian Schwägerl / Helmuth Trischler (Hg.), Willkommen im Anthropozän. Unsere Verantwortung für die Zukunft der Erde, München 2015, 56–59.

Vitzthum, Wolfgang Graf, Neue Weltwirtschaftsordnung und neue Weltmeeresordnung. Innere Widersprüche bei zwei Ansätzen zu sektoralen Weltordnungen, in: Europa-Archiv, 15 (1978), 455–468.

Vitzthum, Wolfgang Graf, Recht unter See. Völkerrechtliche Probleme einer Demilitarisierung und Internationalisierung der Tiefsee, in: Hans Peter Ipsen / Karl-Hartmann Necker (Hg.), Recht über See. Festschrift Rolf Stödter zum 70. Geburtstag am 22. April 1979, Hamburg/Heidelberg 1979, 355–392.

Vitzthum, Wolfgang Graf, Einleitung, in: ders. (Hg.), Die Plünderung der Meere. Ein gemeinsames Erbe wird zerstückelt, Frankfurt a. M. 1981, 13–18.

Vitzthum, Wolfgang Graf / Platzöder, Renate, Pro und contra Seerechtskonvention 1982, in: Europa-Archiv, 19 (1982), 567–574.

Vitzthum, Wolfgang Graf, Raum und Umwelt im Völkerrecht, in: ders. (Hg.), Völkerrecht, Berlin ⁴2007, 387–489.

Walsh, Don, The Exploration of Inner Space, in: Fred S. Singer (ed.), The Ocean in Human Affairs, New York 1990, 187–214.

Weir, Gary E., Fashioning Naval Oceanography. Columbus O'Donnell Iselin and American Preparation for War, 1940–1941, in: Helen M. Rozwadowski / David K. van Keuren (eds.), The Machine in Neptune's Garden. Historical Perspectives on Technology and the Marine Environment, Sagamore Beach 2004, 65–91.

Wessely, Christina, Welteis. Eine wahre Geschichte, Berlin 2013.

Whitmarsh, David, Adaptation and Change in the Fishing Industry since the 1970s, in: David J. Starkey / Chris Reid / Neil Ashcroft (eds.), England's Sea Fisheries. The Commercial Sea Fisheries of England and Wales since 1300, London 2000.

Wigen, Kären, Oceans of History. Introduction, in: AHR 111, 3 (2006), 717–721.

Wigen, Kären, Introduction, in: Jerry H. Bentley / Renate Bridenthal / Kären Wigen (eds.), Seascapes. Maritime Histories, Littoral Cultures, and Transoceanic Exchanges, Honolulu 2007, 1–18.

Wilder, Robert Jay, Listening to the Sea. The Politics of Improving Environmental Protection, Pittsburgh, PA 1998.

Williams, David M., Humankind and the Sea: The Changing Relationship since the Mid-Eighteenth Century, in: IJMH 22, 1 (2010), 1–14.

Winiwarter, Verena / Knoll, Martin, Umweltgeschichte. Eine Einführung, Köln/Weimar/Wien 2007.

Winiwarter, Verena / Bork, Hans-Rudolf, Geschichte unserer Umwelt. Sechzig Reisen durch die Zeit, Darmstadt 2014.

Wöbse, Anna-Katharina, Die Brent Spar-Kampagne. Plattform für diverse Wahrheiten, in: Frank Uekötter / Jens Hohensee (Hg.), Wird Kassandra heiser? Die Geschichte falscher Öko-alarme (HMRG Beihefte, Bd. 57), Stuttgart 2004, 139–160.

Wöbse, Anna-Katharina, Weltnaturschutz. Umweltdiplomatie in Völkerbund und Vereinten Nationen 1920–1950 (Geschichte des Natur- und Umweltschutzes, Bd. 7), Frankfurt a. M./ New York 2012.

Wöbse, Anna-Katharina, Der Knechtsand – ein Erinnerungsort in Bewegung, in: Frank Uekötter (Hg.), Ökologische Erinnerungsorte, Göttingen 2014, 29–49.

Wolfrum, Edgar, Die geglückte Demokratie. Geschichte der Bundesrepublik Deutschland von ihren Anfängen bis zur Gegenwart, Stuttgart 2006.

Zelko, Frank, Greenpeace. Von der Hippiebewegung zum Ökokonzern (Umwelt und Gesellschaft, Bd. 7), Göttingen 2014.

PERSONENREGISTER

A
Amann, Hans 200, 218
Arndt, Melanie 14

B
Bangemann, Martin 238
Barnes, Richard 67, 70, 164–165
Barton, Robert 154–155, 250–251
Bartz, Fritz 88, 120
Bateman, Sam 67
Bauer, U. 181
Bayly, Christopher 33, 34
Behm, Hans Wolfgang 138–139, 143, 241
Berann, Heinrich 176
Berrill, Norman John 136–137, 139, 143, 241
Blackbourn, David 53, 264
Bölke, Peter 218
Bolle, Fritz 138
Bolster, W. Jeffrey 16, 58, 259, 264
Bork, Hans-Rudolf 55
Bösch, Frank 12
Braudel, Fernand 34
Bright, Charles 45
Broeze, Frank 13, 32
Brown, Harrison 242

C
Carson, Rachel 51, 133–135, 137, 139, 144–145, 241–242
Carstensen, Peter Harry 159
Ceram, C. W. 131, 137
Churchill, Robin 154–155, 251
Clarke, Arthur C. 176
Coll, Pieter 146
Colman, John S. 135, 139, 143–144, 152, 241

D
Deacon, George 143, 242
Deimer, Petra 130
Demoll, Reinhard 137–139, 141, 143, 152, 241
Dietrich, Günter 90, 143, 153
Dietz, Robert S. 248
Dolzer, Rudolf 236
Dorsey, Kurk 80

E
Eckert, Andreas 45
Ehmke, Horst 200, 213
Ellis, Richard 73
Elvert, Jürgen 37–38
Ertl, Josef 113

F
Fellerer, Rainer 195, 204, 218
Finley, Carmel 80
Fischer, Lewis R. 33
Flemming, N. C. 153
Fock, Joachim 82
Forbes, Edward 43
Franckx, Erik 67
Franke, Horst Werner 215
Franklin, Benjamin 144
Freestone, David 70
Fusaro, Maria 33, 36

Conrad / Corbin (Spalte)
Conrad, Sebastian 35, 45, 51
Corbin, Alain 40–41
Corten, A. 161
Cousteau, Jacques-Yves 132, 177–179, 208, 211
Crosby, Alfred 46
Crutzen, Paul 47–48

Franz Steiner Verlag   ISSN 0939–5385

67. Ralph Dietl
Emanzipation und Kontrolle
Europa in der westlichen Sicherheitspolitik
1948–1963. Eine Innenansicht des westlichen Bündnisses. Teil 2: Europa
1958–1963: Ordnungsfaktor oder Akteur?
2007. 430 S., kt.
ISBN 978-3-515-09034-6

68. Herbert Elzer
Die Schmeisser-Affäre
Herbert Blankenhorn, der „Spiegel" und
die Umtriebe des französischen Geheim-
dienstes im Nachkriegsdeutschland
(1946–1958)
2008. 373 S. mit 10 Abb., kt.
ISBN 978-3-515-09117-6

69. Günter Vogler (Hg.)
**Bauernkrieg zwischen Harz
und Thüringer Wald**
2008. 526 S. mit 14 Abb., kt.
ISBN 978-3-515-09175-6

70. Rüdiger Wenzel
Die große Verschiebung?
Das Ringen um den Lastenausgleich
im Nachkriegsdeutschland von den ersten
Vorarbeiten bis zur Verabschiedung des
Gesetzes 1952
2008. 262 S., kt.
ISBN 978-3-515-09218-0

71. Tvrtko P. Sojčić
**Die ‚Lösung' der kroatischen Frage
zwischen 1939 und 1945**
Kalküle und Illusionen
2009. 477 S., kt.
ISBN 978-3-515-09261-6

72. Jürgen Elvert / Jürgen Nielsen-Sikora
(Hg.)
**Kulturwissenschaften
und Nationalsozialismus**
2009. 922 S., geb.
ISBN 978-3-515-09282-1

73. Alexander König
Wie mächtig war der Kaiser?
Kaiser Wilhelm II. zwischen Königs-
mechanismus und Polykratie von 1908
bis 1914
2009. 317 S., kt.
ISBN 978-3-515-09297-5

74. Jürgen Elvert / Jürgen Nielsen-Sikora
(Hg.)
Leitbild Europa?
Europabilder und ihre Wirkungen
in der Neuzeit
2009. 308 S. mit 8 Abb., kt.
ISBN 978-3-515-09333-0

75. Michael Salewski
Revolution der Frauen
Konstrukt, Sex, Wirklichkeit
2009. 508 S. mit 34 Abb., geb.
ISBN 978-3-515-09202-9

76. Stephan Hobe (Hg.)
**Globalisation – the State
and International Law**
2009. 144 S., kt.
ISBN 978-3-515-09375-0

77. Markus Büchele
Autorität und Ohnmacht
Der Nordirlandkonflikt und die katholische
Kirche
2009. 511 S., kt.
ISBN 978-3-515-09421-4

78. Günter Wollstein
**Ein deutsches Jahrhundert
1848–1945. Hoffnung und Hybris**
Aufsätze und Vorträge
2010. 437 S. mit 2 Abb., geb.
ISBN 978-3-515-09622-5

79. James Stone
The War Scare of 1875
Bismarck and Europe in the Mid-1870s.
With a Foreword by Winfried Baumgart
2010. 385 S., kt.
ISBN 978-3-515-09634-8

80. Werner Tschacher
Königtum als lokale Praxis
Aachen als Feld der kulturellen
Realisierung von Herrschaft. Eine
Verfassungsgeschichte (ca. 800–1918)
2010. 580 S., kt.
ISBN 978-3-515-09672-0

81. Volker Grieb / Sabine Todt (Hg.)
**Piraterie von der Antike
bis zur Gegenwart**
2012. 313 S. mit 15 Abb., kt.
ISBN 978-3-515-10138-7

82. Jürgen Elvert / Sigurd Hess /
Heinrich Walle (Hg.)
Maritime Wirtschaft in Deutschland
Schifffahrt – Werften – Handel – Seemacht
im 19. und 20. Jahrhundert
2012. 228 S. mit 41 Abb. und 4 Tab., kt.
ISBN 978-3-515-10137-0

83. Andreas Boldt
Leopold von Ranke und Irland
2012. 28 S., kt.
ISBN 978-3-515-10198-1

84. Luise Güth / Niels Hegewisch /
Knut Langewand / Dirk Mellies /
Hedwig Richter (Hg.)
Wo bleibt die Aufklärung?

Aufklärerische Diskurse in der Postmoderne. Festschrift für Thomas Stamm-
Kuhlmann
2013. 372 S. mit 12 Abb., kt.
ISBN 978-3-515-10423-4

85. Ralph L. Dietl
Equal Security
Europe and the SALT Process, 1969–1976
2013. 251 S., kt.
ISBN 978-3-515-10453-1

86. Matthias Stickler (Hg.)
**Jenseits von Aufrechnung
und Verdrängung**
Neue Forschungen zu Flucht, Vertreibung
und Vertriebenenintegration
2014. 204 S., kt.
ISBN 978-3-515-10749-5

87. Philipp Menger
Die Heilige Allianz
Religion und Politik bei Alexander I.
(1801–1825)
2014. 456 S., kt.
ISBN 978-3-515-10811-9

88. Marc von Knorring
**Die Wilhelminische Zeit
in der Diskussion**
Autobiographische Epochencharakterisie-
rungen 1918–1939 und ihr zeitgenössischer
Kontext
2014. 360 S., kt.
ISBN 978-3-515-10960-4

89. Birgit Aschmann /
Thomas Stamm-Kuhlmann (Hg.)
1813 im europäischen Kontext
2015. 302 S., kt.
ISBN 978-3-515-11042-6

90. Michael Kißener
**Boehringer Ingelheim
im Nationalsozialismus**
Studien zur Geschichte eines mittel-
ständischen chemisch-pharmazeutischen
Unternehmens
2015. 292 S. mit 16 Abb. und 13 Tab., kt.
ISBN 978-3-515-11008-2

91. Wolfgang Schmale (Hg.)
Digital Humanities
Praktiken der Digitalisierung,
der Dissemination und der Selbstreflexivität
2015. 183 S. mit 2 Tab., kt.
ISBN 978-3-515-11142-3

92. Matthias Asche / Ulrich Niggemann (Hg.)
Das leere Land
Historische Narrative von Einwanderer-
gesellschaften
2015. 287 S. mit 8 Abbildungen

ISBN 978-3-515-11198-0

93. Ralph L. Dietl
Beyond Parity
Europe and the SALT Process in the
Carter Era, 1977–1981
2016. 306 S., kt.
ISBN 978-3-515-11242-0

94. Jürgen Elvert (Hg.)
Geschichte jenseits der Universität
Netzwerke und Organisationen in der
frühen Bundesrepublik
2016. 276 S. mit 8 Abbildungen, kt.
ISBN 978-3-515-11350-2

95. Jürgen Elvert / Lutz Feldt /
Ingo Löppenberg / Jens Ruppenthal (Hg.)
Das maritime Europa
Werte – Wissen – Wirtschaft
2016. 322 S. mit 10 Abb. und 11 Tab., kt.
ISBN 978-3-515-09628-7

96. Bea Lundt / Christoph Marx (Hg.)
Kwame Nkrumah 1909–1972
A Controversial African Visionary
2016. 208 S. mit 21 Abbildungen, kt.
ISBN 978-3-515-11572-8

97. Frederick Bacher
Friedrich Naumann und sein Kreis
2017. 219 S. mit 8 Abb., kt.
ISBN 978-3-515-11672-5

98. Wolfgang Schmale / Christopher
Treiblmayr (Hg.)
**Human Rights Leagues in Europe
(1898–2016)**
2017. 323 S. mit 28 Abb., geb.
ISBN 978-3-515-11627-5

99. Jürgen Elvert / Lutz Adam /
Heinrich Walle (Hg.)
Die Kaiserliche Marine im Krieg
Eine Spurensuche
2017. 247 S. mit 18 Abb., kt.
ISBN 978-3-515-11824-8

100. Jens Ruppenthal
Raubbau und Meerestechnik
Die Rede von der Unerschöpflichkeit
der Meere
2018. 293 S., geb.
ISBN 978-3-515-12121-7

101. Marion Aballéa / Matthieu Osmont (Hg.)
**Une diplomatie au cœur de
l'histoire européenne /
Diplomatie im Herzen der europä-
ischen Geschichte**
La France en Allemagne depuis 1871 /
Frankreich in Deutschland seit 1871
2017. 204 S. mit 2 Abb., kt.
ISBN 978-3-515-11865-1